科学养护宠物犬

唐胜球　董小英　主编

暨南大學出版社
JINAN UNIVERSITY PRESS

中国·广州

图书在版编目（CIP）数据

科学养护宠物犬/唐胜球，董小英主编．—广州：暨南大学出版社，2011.12
ISBN 978－7－5668－0060－2

Ⅰ．①科…　Ⅱ．①唐…　②董…　Ⅲ．①犬—驯养　Ⅳ．①S829.2

中国版本图书馆 CIP 数据核字(2011)第 248020 号

出版发行：暨南大学出版社

地　址：中国广州暨南大学
电　话：总编室（8620）85221601
营销部（8620）85225284　85228291　85228292（邮购）
传　真：（8620）85221583（办公室）　85223774（营销部）
邮　编：510630
网　址：http：//www.jnupress.com　http：//press.jnu.edu.cn

排　版：广州市天河星辰文化发展部照排中心
印　刷：湛江日报社印刷厂

开　本：787mm×960mm　1/16
印　张：23.75
字　数：520 千
彩　插：8
版　次：2011 年 12 月第 1 版
印　次：2011 年 12 月第 1 次
印　数：1—3000 册

定　价：48.00 元

（暨大版图书如有印装质量问题，请与出版社总编室联系调换）

前 言

现代人由于社会节奏加快，生活、工作和学习压力增大，加上独生子女现象、社会老龄化与城市居住单元化等因素影响使得人际交往逐渐减少，而豢养宠物有助于缓解紧张状态对人们精神生活的冲击，有利于人们的身心健康与情感释放。为此，随着人们物质条件的不断改善以及对高层次精神生活的不断追求，饲养宠物已成为不少家庭中一项有意义且不可或缺的娱乐活动。众所周知，宠物犬是一种忠实可爱的家养动物，具有憨态可掬、聪慧伶俐、热情活泼、灵性极高等特性，对人类而言，有着各种各样的用途和帮助。在长期相依为伴的生活中，人类已与宠物犬产生了深厚的感情。宠物犬对主人热情忠心，既能看家护院，又能供人观赏逗玩，尤其是善解人意的宠物犬对于孤独者、老年人和小孩子来说，更是知心解闷的好伴侣，给人们的精神生活增添了数不尽的快乐时光与美好记忆。因此，犬已成为人们驯养宠物的首选对象。

目前，随着社会经济的飞速发展和居民生活水平的不断提高，饲养宠物犬的人士越来越多。据初步统计，2008 年，中国宠物犬数量超过 1 亿只，中国宠物消费超过 150 亿元；2010 年，中国宠物犬数量约为 1.5 亿只，中国宠物市场的规模也达到 400 亿元人民币左右。现今，我国已经成为世界上宠物产品需求增长最快的国家之一，预计未来十年，宠物犬饲养人数还会出现爆发性增长。

可见，在当今时代，宠物犬已经成为人类社会生活中的重要组成部分。随着爱犬人士与所养犬只数量的不断增长，使得犬与卫生健康、社会环境、人的心态与防疫安全发生着更多的联系，随之而来也产生了更多的新问题。为此，我们对于科学地、有计划地养护宠物犬，有必要知道更多的知识，承担起更多的责任！鉴于此，我们组织了国内众多富有专业知识与实践经验的教研人员编写了这本教材，以供广大宠物犬爱好者、宠物犬科技工作者、行业内管理者与大专院校相关专业学生课内外阅读和参考。

用科学知识与技术来丰富和指导我们生活，已成为现代人更新观念和美化生活的迫切需要。家庭宠物犬具有特殊的生活习性，必须学习家庭养犬的有关知识与技能，才能使宠物犬养护既科学得当，又能从中获得玩赏乐趣，有利于人们怡情养性。为此，我们根据多年的研究成果和生活经验，并参考了几十种国内外相关报刊书籍，历经数年的艰苦努力，终于完成该教材的编写工作。该教材系统介绍了宠物犬的品种、生活习性和生理特点、饲养管理、繁殖育种、调教训练、鉴赏购买以及犬病防治等知识，科学实用，全面具体，通俗易懂，图文并茂，非常适合广大宠物犬爱好者用于犬的日常科学养护，提高鉴赏水平与常见犬病诊疗技能，创造更加丰富多彩的新生活。

本教材在编写过程中，韶关学院许多同事、韶关市宠物医院等单位和个人曾给予了极大的支持和帮助；许多专家教授和技术人员提出了很好的建议和意见；并参阅了国内外众多宠物犬爱好人士与学者的论著和学术成果；在出版过程中还得到韶关学院教务处赵永泉副处长、暨南大学出版社苏彩桃副编审等的大力支持和指导，在此一并表示衷心的感谢！

本教材内容全面，取材新颖，既有深入的系统理论知识，又有实用价值较高的临床诊断新技术和新方法，是一本理论与实践并重的专著。可供宠物医学专业、动物医学专业、畜牧兽医专业学生及从事与宠物专业有关的教学、科研与管理者及临床诊疗人员学习参考，亦是宠物犬爱好者必备的参考书和工具书。由于编者水平有限，纰漏和不妥之处在所难免，敬请专家和读者予以批评指正，以便再版时改正。

编　者

2011 年 10 月

目　录

绪 论

随着社会经济的高速发展与社会形态的快速转化，特别是人们生活水平的极大提高以及休闲、娱乐、消费和情感寄托方式的变革，使得犬类在日常生活中的作用和地位发生了巨大的改变，绝大多数犬类已逐步失去原有的工作用途，转变为受人们喜爱的宠物犬，供人玩赏或作为陪伴，成为人们高层次的精神追求。所谓的宠物犬，也称伴侣犬，是指适合家庭饲养的犬种，并以为人类提供乐趣、玩赏、陪伴、守护与警戒等用途为主要目的而豢养或管领的犬只。简而言之，人类豢养并宠爱的犬均可称为宠物犬。由此可见，警犬、玩赏犬、狩猎犬与宠物犬等类别只是犬类的相对分法，多数犬种都兼有宠物犬的功能。此外，人们常将宠物犬的所有人或管领者称为饲主。

宠物犬被称为“人类最忠实的朋友”，是饲养率最高的宠物。自 20 世纪 90 年代以来，饲养宠物犬的热潮在全世界范围内愈来愈盛。目前，美国约有 36% 的家庭养有一条犬，全国养犬数量接近 8 000 万只，市场经济规模为 400 亿美元；日本也有接近 2 000 万只犬，家庭饲养率达 16.7%。随着宠物犬逐步成为众多家庭的“新型居民”，对饲养纯种犬的追求也日渐成为新一代城乡居民的时尚潮流。近年来，世界各地宠物犬行业勃发出无限生机与商业前景。

我国的养犬历史悠久，品种资源十分丰富，是被世界公认的犬类重要起源地之一。近年来，随着国民经济实力的不断增强，中国人开始步入小康生活，尤其是在沿海的发达城市，国际化生活情趣已成为大家追求的目标；加之传统家庭结构的变化，生活节奏的加快，工作压力的增大，人际关系逐渐趋于淡化，使得越来越多的人将情感与时间投注于宠物犬身上。为此，饲养宠物犬已经成为当前社会的一种时尚潮流，这为宠物犬相关行业带来了极大的市场空间和丰厚的利润回报，反过来也给宠物犬业提供了空前的发展机遇。经过多年的发展与建设，宠物犬业作为新兴产业正在逐渐形成与犬有关的良种繁育、科学饲养、品质改良、护理美容、科目训练、疾病诊疗、婚介、旅游、展览、赛会、摄影、托管、媒体、网络、犬粮、犬具、犬药、犬饰与殡葬等领域的产业结构链，带动了相关学科教育科研的发展与专业人才的培养，并创造了新的社会经济增长点。

据统计，从我国城市拥有犬只的家庭比率来看，北京为 7.5%，上海为

4.5%，全国平均仅为1.7%。由此可见，我国宠物犬业与国际相比还存在巨大差距，国内市场在未来将面临更大的商业机遇和发展空间。特别是随着未来消费意识的进步，农村逐步向城市化转移，宠物犬数量将会逐步增长，并进一步带动整个宠物犬业的迅速发展，预计中国宠物犬业将以每年35%的速度持续增长。

目前，全世界养犬数量已超过10亿，我国现有养犬数量也与日俱增，为1.5亿只左右，市场规模达数百亿元人民币。仅北京、上海、重庆与天津四个大城市的统计数据，每个城市养犬数均在100万只以上。北京、上海、广州、重庆和武汉被公认为五大“宠物城市”，平均每年在单只宠物犬身上的消费超过6 000 元。2008 年，五大“宠物城市”之首的北京，宠物犬消费就达20亿元之多。

一、宠物犬的社会功能

宠物犬之所以能逐渐走进千家万户，受到人们的喜爱与欢迎，这是由于宠物犬具有很多优良的社会功能，如陪伴玩赏、情感需求、安全守护、教育功能、促进健康与经济价值等多个方面。此外，由于饲养宠物犬的人群不同，每个人的意图也有差别，故其养护宠物犬所发挥的社会功能也不尽相同。

（一）陪伴玩赏

犬类品种繁多，形态各异，外貌优美，气质独特，在日常生活中与之玩耍休闲，可以给人一种赏心悦目的感受，有益于怡情雅趣。犬还具有活泼好动、聪慧温顺、亲切易近与富有灵性等许多其他宠物所没有的优良特性，是人类最佳的伴侣动物。经过适当训练，大多数犬可以完成精准的动作，并表现出矫健的步态和充满灵性的意识，能顺利参与犬展赛事等展示科目，借此活动可拓展饲主的社会交际圈，并一起享受比赛带来的乐趣。

此外，犬对人类忠心耿耿，热情而又任劳任怨地执行主人的口令，互动性强。在工作之余，身边无人陪伴，寂寞难耐时，宠物犬可以提供最好的陪伴，这也是其目前最基本的义务和功能。

（二）情感需求

随着我国社会经济发展和城市化进程的加快，城市居民的独立性、封闭性、个性化和人口老龄化问题日益突出，居民的情感需求和表达方式也呈现出多样化发展。越来越多的城乡居民将饲养宠物犬作为生活的情感补充，甚至成为很多爱犬人士生活中不可或缺的一部分。一些空巢老人、独生子女、独身者或丁克家庭，需要宠物犬来弥补或充当宣泄情感的角色。当身边无人可宠或没有值得宠爱的人，满腔爱心与热情无处释放，许多时间无聊度过，这时饲养一只宠物犬，悠闲时的宠爱之心则可与犬尽情挥洒。

在外承受压力，或事业不顺、情场失意时，宠物犬的亲昵和友好极为真实与亲切，一颗失意和沮丧的心会因此得到慰藉。在竞争日益激烈的社会中，饲养宠物犬可以提供精神支持，特别是在遇到打击时，通过与宠物犬的交流，有利于饲主的身心恢复，保持健康心理，减轻各种不必要的压力，从而提高工作效率。

在物化环境里，宠物犬能从一而终、不弃不离，无条件的忠诚足以让人感动终生。

（三）安全守护

饲养宠物犬可以保护家庭，防止被盗窃与侵犯，起到护卫作用，使整个家庭有一种安全感。宠物犬的听觉和嗅觉都十分敏感，对主人家庭十分忠诚，在发生意外时，宠物犬会挺身而出不顾自己的生命安全保护主人。另外，家里如果发生一些煤气泄露或是忘关水龙头的事件时，它也会及时提醒主人。

值得信任的宠物犬时刻伴随在主人的身边，是饲主的精神支持，宠物犬与饲主之间会因为共同生活而产生一种紧密的精神联系。对于一些独居的老年人，通过与宠物犬的相互沟通，使老年人生活得更充实，有益于他们的身心健康。犬对于独居的人是最好的伴侣。而对部分单身老年人在家发生一些意外情况，如突然中风或心脏病突发，经过训练的宠物犬还能及时地起到报警作用。

（四）教育功能

拥有宠物犬不仅可以使饲主学会承担责任和促使其学习相关的知识，还可以培养人的爱心、耐心和社交能力。在养护宠物犬时，饲主会扮演正面角色，分享幸福。饲养宠物犬会给人以责任感，以及对动物的理解与同情，并促进友谊、情感、忠诚和信赖的建立，这些常常会转移到人际关系上，帮助饲主建立良好的人缘。

（五）促进健康

宠物犬喜欢在户外运动，在绿荫场所游玩，这将会带动饲主多出门活动，有利于舒缓精神压力，增进身心健康。医学研究证实，宠物犬特别能够给老年人带来多种好处，如能降低血压，减轻孤独感，消除因丧偶而产生的生理和心理的痛楚，抵抗沮丧低沉的情绪等，以带来轻松快乐的心情，减少烦恼的困扰，有利于和谐社会秩序的安定。

目前，犬还被心理学家广泛地用于医治或帮助有心理障碍的人，使其重拾自我，发现自己存在的价值，建立自信的生活。

（六）经济价值

“宠物经济”是一个庞大的产业，国际宠物市场已经逐步成熟。饲养宠物犬已经成为国家经济实力、社会发达的一种标志，世界上发达国家都在养犬。世界宠物犬经济的迅猛发展带动相关产业的急速发展，并逐步规范化、标准化、国际化。宠物犬的数量、经济利益逐年上升。人们对宠物犬的喜爱促使其用品销售和服务行业迅速发展，宠物经济、宠物食品销售、宠物用品、宠物美容店、宠物医院等新兴产业相继产生并迅速成长起来，宠物犬市场日趋旺盛。

养犬家庭的不断增多，有利于创造新的社会经济增长点。宠物犬作为产业正在逐渐形成良种繁育、科学饲养、品质改良、犬只的训练、展示比赛、犬粮、犬具、犬药、医疗的产业结构链。

宠物犬有时候还具有某种标签的功能，它是收入状况和生活质量的标志，更是一种价值认同。尤其是纯种犬，广泛应用于繁殖或犬展比赛，经济价值极高。目前，市面上品相一般的宠物犬价格几百到数万元不等，部分稀有品种售价在几百万元以上，而名贵纯种的宠物犬价格可高达上千万元，如曾获得2009年最佳中国藏獒（铁包金）公犬新秀奖的“祥禹”，其价值就为上千万元，2010年南京躲獒专览会国度A级躲獒（铁包金）“巨熊”，价值1 200万元，2010年暨第六届藏獒展览会巡回展的北京藏獒“巨无霸”身价超过2 000万元。此外，由名贵宠物犬所衍生的产业，其价值更是无法估量。

二、饲养宠物犬注意事项

（一）饲养环境

犬是需要室内外活动的动物，饲养时应当具备适当的空间场所。有庭院的住房可以考虑饲养大型或中型犬种，这样犬不但有活动空间，还可以看家护院，担任警戒职能。在单元式的楼房里则以饲养小型、比较安静的犬种为宜。

饲养宠物犬对户外环境也有一定的要求，因其户外活动时易对环境造成污染，饲主应加强环保意识，防止犬在小区或公共场所随意大小便。此外，宠物犬的尸体不能随意丢弃，避免污染生活环境以及人与犬共患疾病的流行。

（二）经济状况

养犬需要足够的时间和经济基础。德国明文规定，犬主人需要抽出一定的时间陪伴宠物犬，如一天要遛3次，每次不低于1小时，主人出门要带上犬，不能单独让犬在家待3小时以上，否则会被投诉到动物保护组织。此外，长毛的犬种必须经常修剪、梳理被毛，饲主得有时间和耐心；短毛犬种的照料则相对容易些。养一只宠物犬需要不少的经济投入，据统计月均消费在1 000元以上，包括办证费、管理费、培训费、购买饲料费与美容护理费等，此外，还需要经常到宠物医院进行体检、看病、注射疫苗与驱虫等，会消耗不少资金。

（三）疾患防控

人和犬存在共同感染或可交叉感染的一些传染病和寄生虫病等共患病，如狂犬病、伪狂犬病、炭疽、血吸虫病、冠状病毒病、轮状病毒病、疱疹病毒病、结核病、布鲁氏菌病、沙门氏菌病、钩端螺旋体病、破伤风、麻风病、放线菌病、多数真菌性疾病、弓形虫病、阿米巴病与旋毛虫病等多种人畜共患病。因此，在养犬过程中需要做好共患病防控工作。为预防该类病害的发生，要科学管理宠物犬，改善饲养管理条件，确保饲料和饮水的清洁卫生，保持圈舍的清洁和干燥，严格搞好宠物犬粪尿、污物的无害化处理，对犬定期预防接种疫苗，定期驱虫和杀灭犬体内、体表寄生虫，切忌养成与爱犬过分亲昵，甚或同床共枕的习惯，并定期请兽医为犬进行体检，一旦染病应及时作处置，防止疾病传染给人类。

（四）人际关系

宠物犬天性好动，需要较大的饲养和运动空间，还不时喜欢吠叫，过分地吠叫会使主人感到烦躁，还影响左邻右舍，使他人无法继续正常生活，不利于饲主与邻居或朋友关系的维护。此外，有些犬只会散发出异味，随处流涎，破坏财产设施，偶尔还会对路人或畜禽造成意外伤害等，引起不必要的纠纷，这也要引起饲主的充分重视。

（五）法律法规

根据国内外现有法律法规，饲养宠物犬应具备一定的法律资格。首先，应有注册的常住正式户口，即合法身份证明，能以自己的行为依法享受权利和承担义务，从而使法律关系发生变更或消灭的资格。其次，饲主住所应在禁止养犬区域以外，并有固定住所且独户居住，为经公安机关确认的在单元式楼房独单元居住的居民户，或者在平房和非单元式楼房住室独门出入的居民户。再次，饲主应该遵守有关养犬的管理规定。

第一章　犬的起源与生物学特性

第一节　犬的起源与历史

一、犬的祖先和驯化史

（一）犬的祖先

犬的学名为Canis Famillaris，也称为“狗”。在动物分类学上，犬属于脊索动物门（Chordata）→椎动物亚门（Vertebrata）→哺乳纲（Mammalia）→真兽亚纲（Eutheria）→食肉目（Carnivora）→裂脚亚目（Fissipeda）→犬科（Canidae）→犬属（Canis）→犬种（Canis familaris lineaus）动物，犬科类动物主要包括犬（Dog）、狼（Wolf）、狐（Fox）、貉（Raccoon Dog）、狸（Leopard Cat）、山狗（Coyote）、豺（Jackal）及野生猎犬（Yamainu Wild Dog）等。

犬的原始祖先出现于5 000万年前，当时地球上生活着一种尾长体小、善跑而且会爬树的食肉动物——麦芽西兽（Miacis），这就是犬科动物的原始祖先，也是现代食肉动物猫科、犬科、熊科与鼬科等动物的共同祖先。在大约4 700万年前的始新世中期，麦芽西兽开始逐渐分化出猫亚目和犬亚目两个类群。猫亚目是现代猫科动物的祖先，而犬亚目则逐渐分化出现代犬科动物。其中犬亚目分化出“拟指犬”和“指犬”，到2 500万年前的中世纪，它们便进化为“新兽狼”，到了1 200万年前的上新世，进化为“汤氏熊”，大约在300余万年前的更新世时期，进一步演化成狼、狐、貉与豺等犬科动物。直到2万多年前，中型的亚洲狼才开始出现，并逐渐与人类发生接触。

当人类还在从事游动的狩猎生活时，部落每次迁移后，常常会遗弃大量的动物骨骼以及其他烤焦的可食废弃物，吸引了狼、豺和其他犬属动物，紧紧追随在人类生活圈左右。当人类从游猎转为定居生活后，这类动物仍然在部落或村庄周围游弋和栖息。经过相当长的一段时间后，原始人与狼、豺等犬属动物建立起了稳定的感情联系。后来，人类发现它们在狩猎和采集活动中非常有用，并慢慢地建立起相互依赖、相互协作的伙伴关系，逐渐将其引入自己的家庭，成为人类最早开始豢养的犬属动物，带领它们进行野外狩猎活动，帮助饲主追逐猎物，偶尔还能担任陪伴、警戒与守卫任务。为此，这些犬属动物依靠人类的生产活动而生存与繁衍下来，并最终进化成家犬。

因此，犬是由狼演化而来的，具有狼性，喜欢成群追击，服从权威的领导。后来，人类根据需要，陆陆续续地改良纯化了350多种不同的犬类，有看家用的、当警卫的、带路的、打猎的、做玩具的，还有牧羊的。直至今天，仍有专门缉毒的，或为残障、肢障者服务的犬只。

研究证明，犬的祖先更倾向于胡狼，因为没有一种犬具有纯粹狼的血统，只有极少数犬种具有狼的血统。为此，针对犬直系祖先是何种动物的溯源一直存在争论，一元学说认为世界上所有的犬均是由狼驯化、演变而来；而多元学说认为犬是由狼、丛林狼、黑背胡狼、侧纹胡狼、豺和澳洲野犬六种犬属动物驯化而来的。

经过长期的研究与探索发现，犬的起源始于狼已得到共识，但对于具体的发源地和时间还是众说纷纭。迄今为止，最早的犬化石来自德国1.4万年前的一个下颌骨化石，另外一个来源于中东大约1.2万年前的一个小型犬科动物骨架化石，这些考古学证据支持犬起源于西南亚或欧洲。而另一面，犬的骨骼学特征鉴定提示犬可能起源于狼，由此提出了犬的东亚起源学说。此外，不同品种的犬在形态上具有极其丰富的多样性，似乎又倾向于“犬起源于不同地理群体的狼”的假说。所以仅靠考古学，很难提供犬起源的可靠线索。

生物学专家通过犬体内遗传物质“线粒体DNA”的研究发现，五大洲的犬具有几乎相同的基因，从遗传学上证明全世界所有的犬都拥有一个共同的起源地——东亚，然后才渐渐扩散到世界各地。因此，大家已认同东亚的某些原始野狼，是如今400多种家犬的共同祖先。另据研究，人类与犬的友好渊源可以追溯到1.5万年前。当时，东亚的人类首先开始驯化狼等动物，并在漫长的岁月里逐渐把驯化的犬带到欧洲，甚至穿过白令海峡带到美洲。

（二）犬的驯化史

根据犬种协会分类法，现有的家养犬属动物可以分为十类，且不同类别者均可杂交并繁育后代，基本特征也完全相同。野生的犬属动物可以分为六个种类，分别是：狼、豺、美洲山狗、黑背胡狼、斯门士胡狼与侧纹胡狼。其中狼是一个除人之外进化极为成功的猎手，也是世界上分布最广的哺乳动物。达尔文在研究动物的变异时发现，世界各地的家犬在形态和习性上大都与当地的野生狼相差甚微。犬与狼的平均寿命都是12年，染色体均为2n=78，其中有一对为性染色体，公犬为XY、母犬为XX。此外，犬和狼有许多共同的体内外寄生虫，易患相同的传染病。因此，近几十年来，大多数人逐步相信家犬是由狼驯化而来的。也有研究者通过对家犬和野生犬属动物的狩猎特征进行分析发现，生活在野外的犬与狼的狩猎特征有区别，且犬与其他除狼以外的犬属动物也可以杂交，但一致认为犬与狼关系最大，其狩猎特征的差异可能与犬被人类驯化有关。

据报道，世界上最早发现并被认为是家养犬的遗骸，是在1.2万至1万年前耶利哥的特尔早期遗址和伊拉克的巴勒哥拉洞穴之中。科学家认为，犬的驯化史大约始于1.5万年前的中石器时代，甚至从遗传学的角度论证称，可能早在10万年前，犬就已被人类驯化。

考古学的证据充分证明，约在9 000年以前，即使生活在同一区域的狼与犬，其体型和大小均有了明显的差别。在罗马时代，驯服和留养的犬大部分用于狩猎、守护和牧畜等，其已具有现代犬种的许多特征。到中世纪，经过各种气候条件的自然适应和高度的选择繁育，陆续出现和形成许多不同类型犬的形态和体型特征。至18世纪，已经逐渐形成许多高度聪慧和专门驯化的犬种。

新石器时代，中国也有大量的狼生存，在驯化动物的过程中，狼也被驯化成为犬。有报道表明，磁山遗址中犬的骨骸可以肯定属于家畜。因为犬骨额部明显隆起，吻部较短，臼齿适合于杂食习性，下颌骨的角突明显向上弯成钩形；成年个体的体型都不算大，鼻骨长度明显比狼的小。从头骨及下颌骨的特征及测量数据看，可以肯定该动物为家犬。因而认为犬在我国的饲养时间应在7 000年前。河南省新郑市裴李岗遗址、浙江余姚河姆渡遗址也出土了犬的骨骸。此外，余姚河姆渡遗址还出土了陶塑小犬。由此判断，大约在7 400年前，犬已被驯化成为家养动物了。

但就犬的驯养史而言，真正具有特殊意义和最具明显变化的阶段，仅仅是最近的一两百年。工业革命将人类从繁重的劳动中解放出来，也使众多的工作犬丧失了原有的生活用途，为适应新时期的需要，人们根据不同的目的开始大量选育犬的新品种，各种犬类急剧增长。至19世纪初，已经有了组织良好并且公布固定评判标准的犬展，人为地产生了许多纯种犬，在外貌上与狼的差异越来越大，并主要当做人类的宠物而豢养。到19世纪中期，犬展或犬赛成为养犬者的时尚，用以比较和判定各犬种的标准也随之制定和建立。1873年，英国热心养犬者组建了世界上第一个养犬协会（或称“养犬俱乐部”），进一步推动了许多犬种标准的制定和确立，并实施了种犬登录和系谱制度，同时也制定了犬展或犬赛的各项规则。随后许多国家和地区纷纷效仿，成立养犬协会，定期举办犬展，大大促进了各国犬种的交流与繁衍。

二、我国养犬的历史

人类驯化家畜的顺序为：犬、猪、绵羊、山羊、牛、马、鸡。犬作为人类最早驯养的动物之一，也是人类最早的家畜。在漫漫的历史长河中，犬随着人类文明的发展而历尽沧桑。

据科学家考证，犬与人类共同生活的历史可以追溯到1.2万年前。考古资料显示，我国大约在旧石器时代就已开始豢养犬类。在中国吉林榆树县周家油坊等地层中，即旧石器时代的更新世晚期，约在公元前2.6万年至前1万年，出现了家犬的头骨“半化石”，表明中国东北地区的居民在旧石器时代已开始将犬驯化。随后，在河南裴李岗、河北磁山与甘肃大地湾等新石器时代地下文化遗址中，都发现了犬的骨头，证实7 000多年前人们便已将狼驯化为家犬。此外还发现，甘肃大地湾新石器文化遗址出土的彩陶壶上绘有四只家犬，其形象生动，十分可爱。可见，我国远古时期就确立了人与犬在生活中是亲密伙伴的关系。此外，在河南安阳、河北磁山、陕西西安半坡、山东大汶口、江苏常州等地均发掘了全新世后期家犬的骨骼化石，进一步揭示中国是家犬驯化的中心之一。

由于犬既可作为肉食，又可作狩猎助手，且易与人接近和听从驱使，故人和犬的关系很早就十分密切。正是由于犬在家畜中拥有极具聪慧伶俐、善解人意、热情活泼、忠贞不贰的特性，一直是人类忠实的朋友，以至于在人类文化中大量凸显出人与犬的关系，仅以中国汉字为例，就有诸如“犬子”、“犬马”、“鸡犬相闻”、“鸡犬不宁”、“犬牙”、“犬儒”、“犬牙相制”、“犬牙交错”等说法，由此可看出人类与犬的关系不一般。文史资料表明，我国自古以来就是养犬大国，将犬作为宠物来饲养也有着非常悠久的历史。据古书记载，我国古时就把犬列为六畜之一。《史记》证实，在秦代时就出现了宫廷养犬。

经过人类的不断培养，如今犬的种类已超过500种，从大型犬（体重超过100 kg）到小型迷你犬（体重不足2 kg），品种繁多，应有尽有，作为宠物早已走进寻常百姓家。就我国而言，性状优秀且基因稳定的品种有数百种之多，且许多国外优秀犬种中都含有中国犬基因。目前，我国现有珍贵的犬种资源，如松狮、藏獒、蝴蝶犬、贵宾犬、萨摩耶、昆明犬、北京犬、沙皮犬与八哥犬等，深受爱犬人士的喜爱。尤其是改革开放以来，随着社会经济的发展和人民生活水平的提高，宠物犬热在全国，特别是城市中悄然兴起，方兴未艾。

随着我国改革开放的深化和商品经济向纵深的发展，人们精神生活与物质生活的不断改善，社会人口老龄化步伐加快，都市居住环境单元化，独生子女家庭和丁克家庭增多等客观因素的凸显，人们的休闲、消费和情感寄托方式也呈现多样化发展。宠物犬已经走入千家万户，成为不少家庭中不可或缺的一员。

我国南北方宠物市场是全国乃至世界的宠物犬贸易基地之一，为客户源源不断地输送各类犬种。宠物犬业的兴盛，不仅能丰富人民精神文化生活，拓宽就业门路，引领人们致富，还可带动相关产业的持续发展，促进国民经济腾飞。

三、国外养犬的历史

从人类发展史的总体情况看，养犬的习俗渊源甚早，大约发生在旧石器时代的狩猎生产阶段。犬作为狩猎的最佳助手，开始逐步进入被驯养的行列。

国外的考古资料也表明，犬很早就与人类文明交织在一起了。公元前7 000年至公元前6 500年，伊拉克贾尔木早期村庄的遗址中发现有犬的骨骼。土耳其凯奥努遗址中犬骨的年代，被测定为公元前7 000年。大约在同一时期，欧洲也有了家犬，在丹麦中石器时代马格勒莫斯文化层中有犬化石的发现。公元前7 500年，英国约克郡的斯塔尔加尔中石器时代遗址中也发现了犬骨。从犬遗骸考古学来看，早在公元前七八千年以前，国外就开始饲养家犬，并已相当普遍。

第二节　犬体结构与生理特点

犬体是由形态特征、组织结构与生理机能各个不同的器官和系统所组成的。各种组织器官或生理系统均具有相对独立的结构及功能，但它们却不能独立发挥正常的生理功能，而是相辅相成，共同组成犬的统一有机体，共同完成生命活动。

只有熟练掌握犬的形体外貌、组织器官与系统结构，才能进一步认识其生理功能与病理变化，并利用这些基本规律，进行犬的合理训练、科学饲养与全面管理，以便有效地促进其繁殖、生长和发育，并及时做好各种疾患的防控工作。

一、犬的体形外貌

（一）身体部位

为了进一步掌握和了解犬的解剖特点、生理特点与生活习性等知识，应先熟悉犬体各组成部分及其部位名称。犬体大致分为头部、前躯、躯干和后躯四个部分。（如图1－1所示）

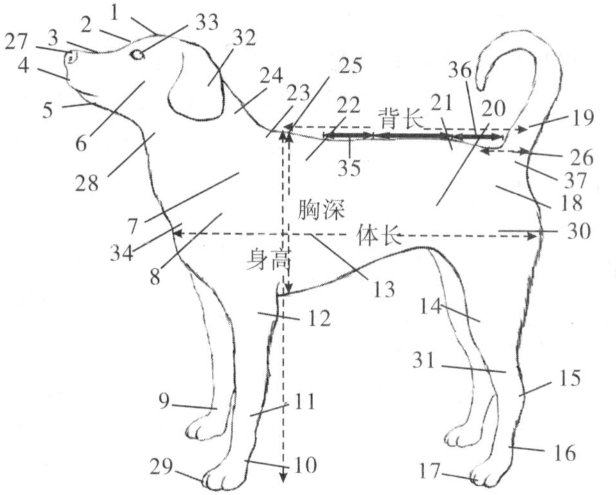

图 1－1 犬的部位

1. 头颅 2. 额角 3. 吻部 4. 唇 5. 下颌 6. 颊部 7. 肩 8. 肩峰 9. 腕部 10. 掌部 11. 前臂 12. 肘部 13. 胸部 14. 膝部 15. 跗部 16. 跖部 17. 趾部 18. 臀部 19. 尾部 20. 腰部 21. 髋部 22. 背部 23. 肩隆 24. 颈部 25. 髻甲 26. 尻部 27. 鼻镜 28. 喉部 29. 指部 30. 股部 31. 小腿部 32. 耳 33. 眼 34. 前胸 35. 背部 36. 荐部 37. 尾根

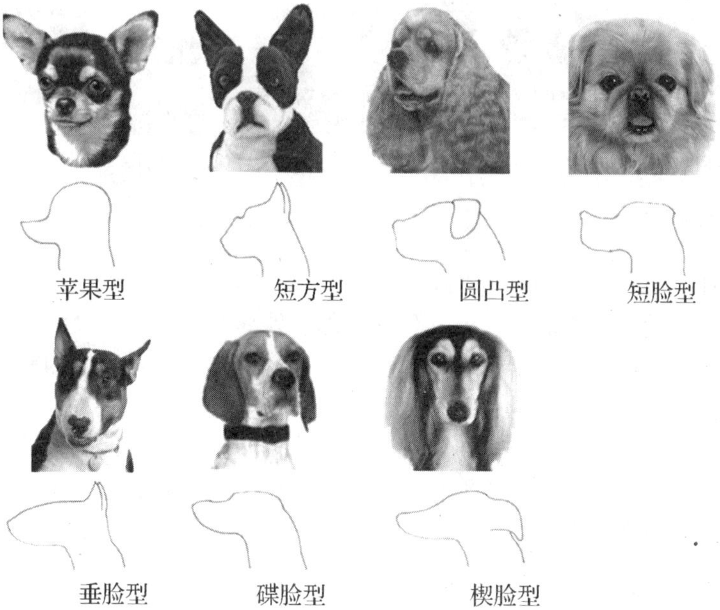

图 1－2 犬的头型

1. 头部

犬的头型可根据头颅或脸面外形大致分为七种：①苹果型，如吉娃娃等；②短方型，如波士顿梗等；③圆凸型，如可卡犬等；④短脸型，如北京犬等；⑤垂脸型，如斗牛梗等；⑥碟脸型，如指示犬等；⑦楔脸型，如萨卢基犬等。犬的头型图例和示意，如图 1－2 所示。头部以内眼角和颧弓下缘为界，又可将其分为上方的颅部与下方的面部。

（1）颅部。

颅部是指颈到额段所形成角之间的部位，即位于颅腔周围的部分。根据组织解剖学方法，又可将其分为枕部、顶部、额部、颞部和耳部。

枕部：在颅部后方，头颈交界处，两耳根之间；顶部：在枕部的前方，颅腔的顶壁，左右顶部间有高的顶嵴；额部：又称额鼻阶、额段，是额骨与鼻骨相接部位的凹处，不同犬种在此可形成不同程度的阶梯状，故得此名；颞部：在顶部两侧，耳眼之间；耳部：包括耳及耳根。

图 1－3　耳朵类型

犬的耳包括外耳、中耳与内耳三部分。外耳和中耳是收集和传导声波的部分，内耳是听觉和位觉器官。外耳包括耳郭、外耳道和鼓膜。犬的耳郭形状因品种、类型和个体差异而有所不同，依据其大小、形状与耳壳质地的软硬等可分为多种类型，如图 1－3 所示。主要有直立耳，如德国牧羊犬、哈士奇与萨摩耶等；纽扣耳，如猎狐梗、沙皮与八哥犬等；半立耳，如喜乐蒂与柯利犬等；垂耳，如可卡、雪达与激飞猎犬等；玫瑰耳，如斗牛、惠比特与灵缇等；蝙蝠耳，如法国斗牛、波士顿与柯基犬等；榛子耳，如贝灵顿梗等；皱褶耳，如寻血猎犬等；V 形耳，如梅斯蒂夫与匈牙利刚毛维兹拉猎犬等。其中直立耳一般可分为自然耳和剪耳两种。外耳道是从耳郭基部到鼓膜的管道。鼓膜介于外耳和中耳之间，是一片具有弹性的半透明膜。中耳由鼓室、听小骨和咽鼓管组成。内耳侧又叫迷路，外部是骨质小腔管，叫骨路。骨迷路分前庭、三枚骨质半规管和耳蜗。听觉的传导是声波震动鼓膜，经听小骨传递到前窗，震动外淋巴及小淋巴，刺激感受器，然后经神经传递至脑，产生听觉。

（2）面部。

面部是指口腔和鼻腔周围的区域，是头部的前面部，由眼部、眶下部、止部、鼻部、吻部、咬肌部、颊部、唇部、颏部和下颌间隙部等组成。

眼部包括眼和眼睑，眼睑包括上眼睑、下眼睑、第三眼睑。

正常情况下犬眼按形状可分为杏核形眼、卵形眼、三角形眼与圆形眼四种，如图 1 –4 所示。眶下部在眼眶的前下方。止部是指连接头盖骨与鼻梁的线段，处于两眼之间。鼻部位于额段到吻尖之间，在额部前方，以鼻骨为基础，包括鼻背、鼻尖、鼻孔、鼻翼与鼻镜。其中鼻镜为吻尖无毛湿润的肉质部，周围有色素沉着。咬肌部则在颞部下方。颊部位于咬肌部前下方。唇部包括上、下唇，是指上、下颚覆盖牙齿的肉质部，不同犬种的唇形态各异，有的犬唇干净，有的犬唇比较松弛，形成特有的垂唇。颏部位于下唇腹侧。下颌间隙位于下颌骨之间。以上部位中，由鼻和上下颚可组成吻部，又称口鼻部或口吻，是眼前的头部，不同犬种口吻长短有差异。

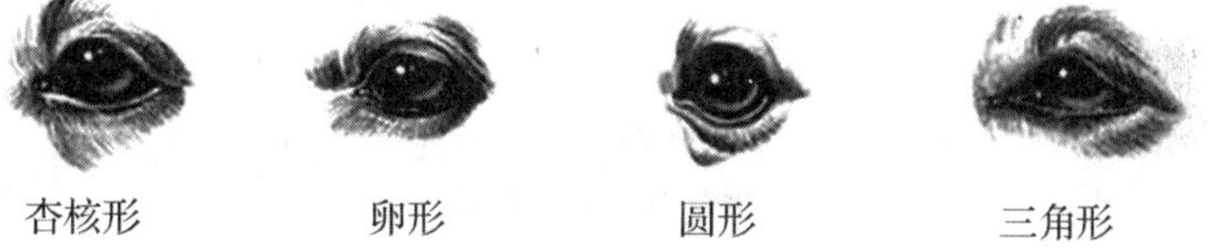

图 1 –4　眼睛类型

面部形态的好坏与牙齿的咬合方式密切相关，而咬合方式是指上下颚闭合时，上下牙齿的相对位置关系，因犬种不同，其咬合方式也有差异。犬的常见咬合方式如图 1 –5 所示。

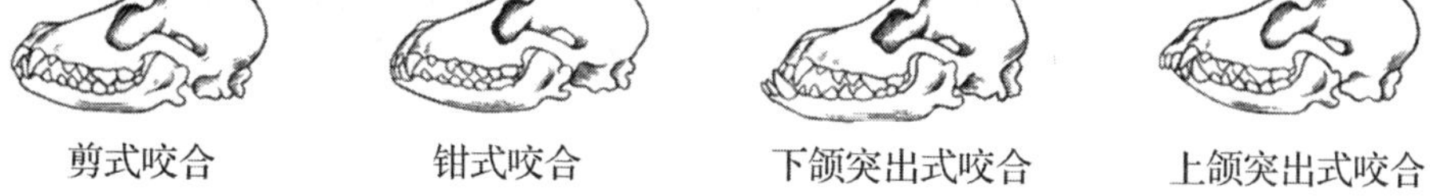

图 1 –5　牙齿咬合类型

2. 前躯部

前躯部亦称前幅，是指颈部往后至肩胛骨的区域，包括犬的颈部、前胸部与肩胛及前肢。

（1）颈部。

颈部是以颈椎为基础，从肩胛至头骨的部位，前接头部，后连躯干，因品种不同可长可短，但绝大部分犬的颈长与头长大致相等，但短吻品种例外，如北京犬。颈部可分为颈背侧部、颈侧部和颈腹侧部。颈背侧部位于颈背侧，前接头的枕部，后端达鬐甲部的前缘。颈侧部位于颈部两侧。颈腹侧部位于颈部腹侧，前接喉部，后方接前胸部。

（2）前胸。

前胸部是躯干的重要组成部分，以肋骨包围为基础，其前段被前肢的肩胛部和臂部覆盖，后方以肋弓腹部为界，胸腹侧部包括胸前部和胸骨部，胸前部在胸骨柄附近，胸骨部自两侧前肢之间向后达到剑状软骨。胸腔的大小关系着心脏与肺脏的发育，故此一般要求犬的胸部宽而深。有缺陷的前胸部一般分为太平、太凸与鸽子形胸三种，如图 1－6 所示。

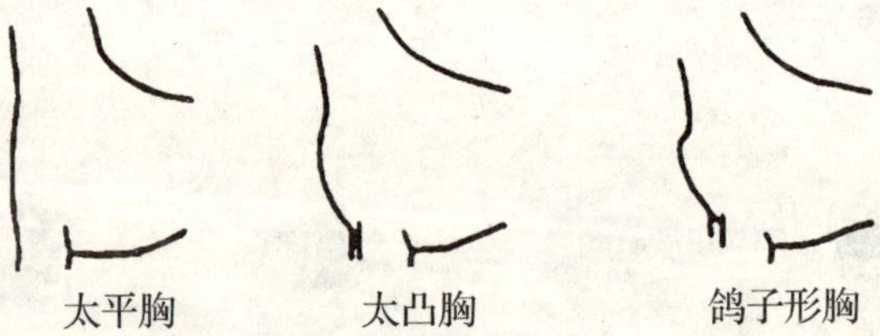

图 1－6　前胸缺陷

（3）前肢。

前肢通过肩胛和臂部与躯干的胸背部相连，但与胸背部不形成关节，是依靠强大肌肉群而附着。前肢的形态有多种，如图 1－7 所示，但一般以挺直为佳。自上而下，可将前肢分为肩胛部（肩带部、肩部）、臂部、前臂部和前脚部。前脚部包括腕部、掌部、指部和爪。一般要求脚的指（趾）部拱起、紧凑、呈圆形或椭圆形，犬脚的外部形状如图 1－8 所示。犬前爪共有五指，其中第一指仅有两个指节，在行走时并不着地，属于退化指。足爪是中脚部和指（趾）部的合称。

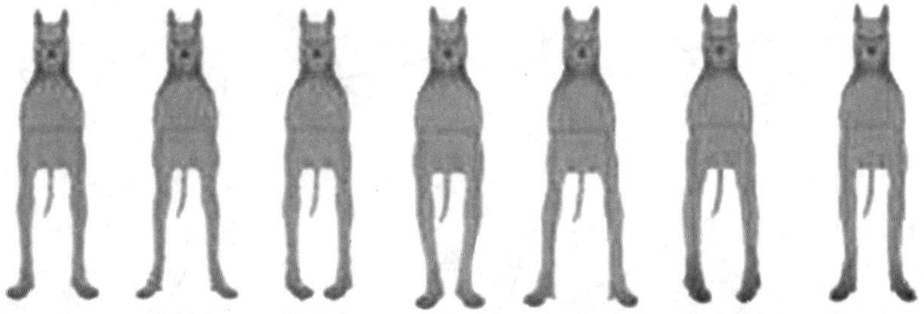

图 1－7　前肢姿态

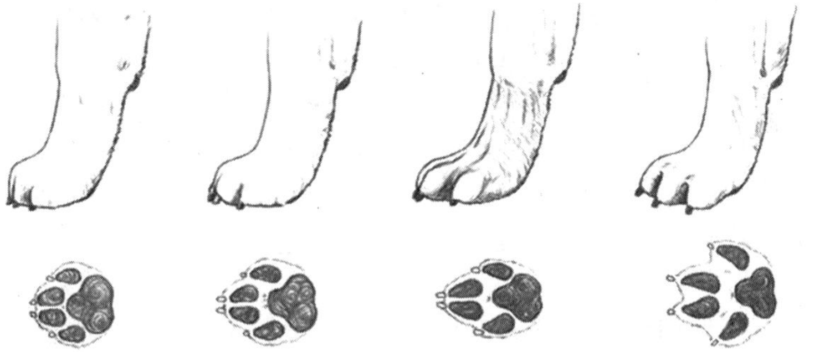

图 1－8　脚的类型

3. 躯干部

躯干部亦称中幅，是指从肩胛骨往后至骨盆以前的区域，不包括骨盆，主要部位有背部、腰部、腹部和荐臀部。

（1）背部。

背部位于颈部和腰、腹部之间，包括背部和胸侧部、胸腹侧部。它是颈背侧的延续，主要以胸椎为基础，根据品种不同，背可呈平直、凹陷或拱起三种形状，但大部分品种的背要求平直。犬的背部形状如图 1－9 所示。背部前接鬐甲部，后方为腰部。鬐甲为肩的最上部，是测量肩高（体高）的上限点，绝大多数犬种的鬐甲要高于背线，而背线是指犬的身体从肩胛后角至尾的外形线。

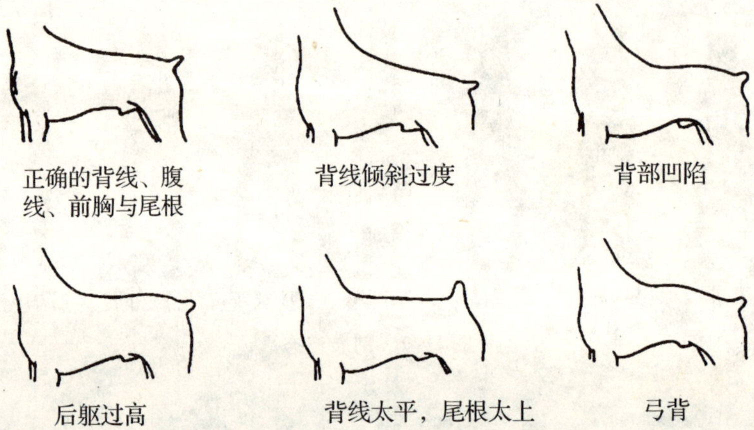

图 1－9　躯干结构

（2）腰部。

腰是背部的延续，主要以腰椎为基础。腰是连接前躯和后躯的部位，犬在奔跑或转动时，主要靠腰部发力。常要求犬的腰部宽广而平直，且肌肉发达。

（3）腹部。

腹部是指胸部和骨盆之间、腰椎横突腹侧的软腹壁部分。因品种不同，有些犬腹部大而圆，有些犬腹上收，有些犬腹小而窄。其形态一般以犬的腹线来描述。腹线是指犬前胸下线至腹部的下线，由骨盆到肋骨基部或胸骨宽长肌肉所供给。如果犬的这部分肌肉强壮且紧绷，会呈现出清晰而流畅的腹线，腹线上收过度或不足皆为缺陷，如图 1－10 所示。

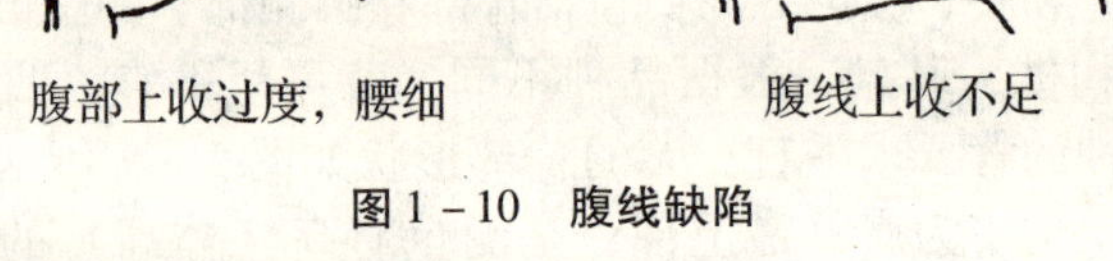

图 1－10　腹线缺陷

（4）荐臀部。

荐臀部位于腰腹部和尾部之间，后肢之上部分。上方为荐部，以荐椎为基础。荐部两侧为臀部，其解剖基础是荐椎，品种不同，臀的长、宽、平和角度要求也不同。

4. 后躯部

后躯部亦称后幅，是指犬骨盆以后的所有部位，主要包括尾、后腿。

（1）尾部。

位于荐部之后，以尾椎为基础，是犬体的最末端，可分为尾根、尾体和尾尖。它是犬种特征之一，其形状和姿态因品种不同而有差异，可有卷尾、钩状尾、直立尾、螺旋尾、镰刀尾与剑状尾等。少数犬种还可按标准断尾。犬尾的形状如图 1－11 所示。尾根是指尾巴与荐椎相连的基部，尾根应该结实，位置与高低符合品种标准，一般要求与臀部相平，为背线的自然延伸，过高或偏低都不好，如图 1－12 所示。

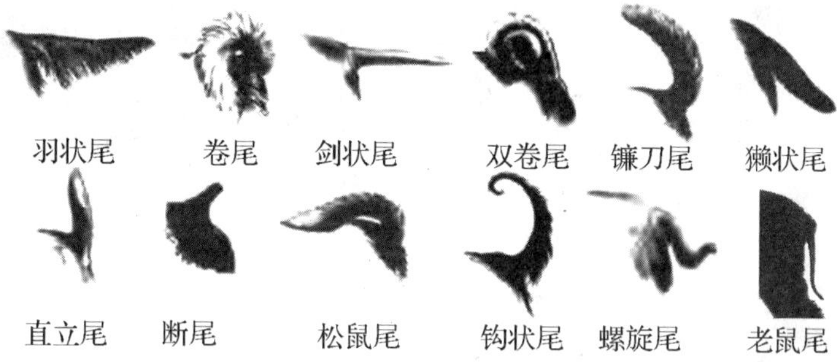

图 1－11　尾巴类型

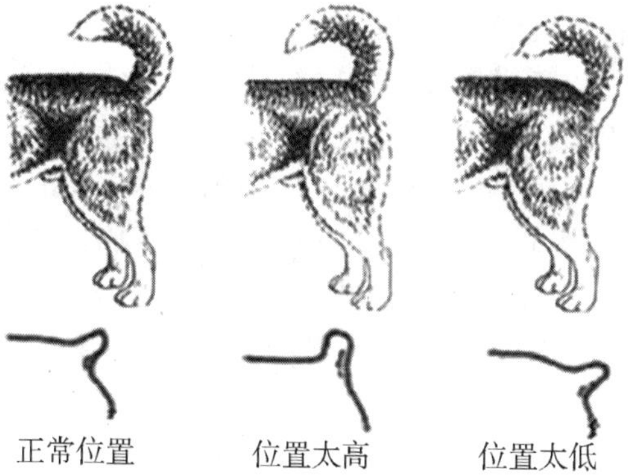

图 1－12　尾根位置

（2）后肢。

后肢通过臀部与荐部相连，可分为大腿部（股部）、膝部、小腿部和后脚部。膝关节是由大腿骨远端与小腿骨近端所形成的单轴复关节。后脚部又由跗部、跖部、趾部和爪组成。跗关节又称飞节，是由小腿骨远端、跗骨和跖骨近端形成的单轴复关关节。犬的趾部通常只有四趾，第一趾缺失，属退化趾，如有的俗称“狼爪”，狼爪是犬退化的脚趾，是返祖现象，靠近飞节的位置，该趾一般悬在半空中而不着地，故也叫“悬蹄”。出生1周内应切除。犬的后肢形态也有多种，如图1－13所示。好的犬种常要求后肢结实发达，强壮有力，富有弹性，弯曲角度良好。

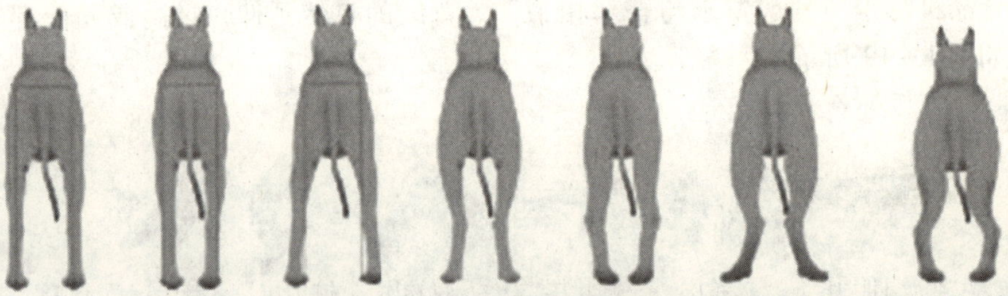

图1－13　后肢姿态

（二）被毛、毛色与步态

1. 被毛

覆盖在犬体表的毛发称为被毛，大致可分为饰毛、覆毛与绒毛三种类型。饰毛是指着生于耳、尾与四肢下部起装饰作用的毛，具有华丽、美观与欣赏性强等特点，可增加美感，吸引异性，更能给人一种赏心悦目的感觉。覆毛也称上毛、针毛，是构成犬毛色的主要部位，一般都比较长，其质地粗糙而坚硬，主要起保温作用，保护犬体组织免受外界伤害，具有防雨御风的功能，是犬在漫长进化过程中为适应生存环境而形成的，对犬产生实质性的作用，大多数犬都拥有比较发达的针毛层。绒毛层一般都非常柔软且浓密，主要作用是维持体温和保护身体，尤其是生活在低温地区的犬种，身上的绒毛非常发达。犬的被毛长短因品种而异，如玛尔济斯犬毛发洁白、柔顺、垂地，无底毛，显得优美华贵；爹利犬毛发则为刚毛；而墨西哥无毛犬全身几乎无毛，显得精干利落。

被毛还可以根据长短可分为长毛、中毛和短毛三种；根据品质可分为直毛、卷毛、波状毛、绢丝毛、粗毛、刚毛、细毛与绒毛等。

2. 毛色

毛色是指被毛的颜色，是由毛发内的色素粒及色素粒的聚散方式来决定的。当色素粒凝聚紧密时，毛呈深色；当色素粒分布松散时，毛色鲜艳。犬的毛色多种多样，世界上找不到两条毛色完全相同的犬只。常见的有白色、黑色、红色、黄色、褐色、黑褐色、铁灰色、灰褐色、黄褐色、灰白色、黑白色、黄红色、淡红色、灰色和青色等纯色犬，也有双色或三色犬，还有杂色、斑点或条块等杂色犬。多毛色的犬其颜色对称或不对称地分布。总的来讲，白色为大多数人喜爱的毛色。不同品种的犬具有其特定的毛色，这与犬只的遗传特性和身体的健康状况有关。

3. 步态

犬在移动中的各种形态称为“步态”，步态是犬运步时的姿态，包括步幅（步距）等具体指标，也是品种特征的重点内容。步幅是指犬周期性迈步跨越的水平距离，也称步距。正常的步态可分为常步、速步和驱步三类。非正常步态包括飞越、袭步、侧对步与鸡跛步几种。此外，还有非正确步态。

（1）正常步态。

常步：因犬的躯体经常受地面支撑，故也称为接地性步态，同侧前后肢同时齐步踏出的侧对步即属于该种步态。

犬处于常步时，采取相对角前后肢依次单独抬起再着地的方式。运步顺序有两种，①右前肢—左后肢（右对角线上的双肢）；②左前肢—右后肢（左对角线上的双肢）。因此，其中一双足常着于地面，而另两足离地。仔细观察，相对角的前肢实际上比后肢稍早离地前行，然后依次着地。运步要比速步缓慢，消耗的力量更少。

速步：其步式与常步一致，对侧肢运步几乎同时，快速疾跑。速步可分为浮动速步、振动速步、早急速步与自然速步四种。

驱步：是指背部肌肉紧张，以减轻前躯负担并使之抬高，同时后躯须以非常大的驱动力来发动。因此，后肢可深入体下踏步，并将负重向上反弹。如果背腰软弱，则犬的耐久力会较差。驱步可分为普通驱步与快速驱步（伸张驱步）两种。

（2）非正常步态。

飞越：跟驱步跳跃相同，从驱步进行中可进行飞越，停止间或短距步伐也可以做到。飞越是由于后肢突然强力伸张，促使犬体离开地面冲向前方。

袭步：是飞越的连续动作。后肢做出强而急的伸张，使犬体远离地面，连续做出向前冲出的动作。

侧对步：同侧的前后肢同时离地又同时着地的步态，常步或速步中均有这种步式。为避开不平地面，或者想让一肢休息而将后躯轻偏向单侧，都会造成侧对步态。

鸡跛步：犬在行进中，后肢飞节不张开，仍保持锐角，似鸡步行将后肢高扬，使后肢无法深踏入体下，产生的推进力很弱。

(3) 其他非正确步态。

常步或速步时，前视或后视犬足迹不在直线上，而是左右两肢向内侧描画弧形，踏步狭小，称为狭踏步态；或左右两肢向外侧描画弧形，踏步过宽，则称为广踏步态。左右双肢呈交错步态。膝向外画弧线、趾部却向内画弧线；或双膝向内画弧线、趾部却画外弧线的外向步态。前肢高抬攀步的步态。

(4) 正确步态的基本条件。

步态是基于身体结构的动态反映，故对犬进行体型审查时必须以速步审查为基础。富于耐久力的运步，必须行动自然，尽可能少地消耗能量。因此，犬要表现出最理想的步态，犬的四肢骨骼曲线应对着犬体中心面，方可做到平行面的机能活动，如此良好的犬体骨骼构造，还须具备发达、干燥而有弹性的肌肉组织，这样才能够产生强力、敏捷度以及耐久力。

尤其是处于速步与驱步时，犬体瞬间腾空，任何部位都不接触地面，其动态的展现是在肌肉的伸缩作用下，促使四肢产生系统动作来完成移动。由后肢发动推进力，经由胫骨、上腿骨、肠骨，将力量经由腰、背传导至犬体的前方重心。因此，犬的后肢对于推进运动的作用最大，其骨骼构造的优劣对步态的好坏影响很大。

二、犬的运动系统

犬的运动系统由骨、关节与肌肉三大部分组成。而运动器官则由被动运动器官——骨骼和韧带，主动运动器官——肌肉所构成。犬体的运动是在神经的支配下，由肌肉、骨骼和关节协调完成的，肌肉是运动的动力，骨骼是运动的杠杆，关节是运动的枢纽。肌肉在神经的支配下，发生收缩与舒张，牵引骨骼而引起关节活动，使肢体的姿势发生改变，从而形成各种运动。

（一）骨骼

犬全身骨骼近300块，包括头骨46块、躯干骨77~80块、四肢骨176块和内脏骨（阴茎骨）1块，如图1-14所示。犬骨骼起着全身支撑和杠杆的作用，其他部分附着并固定在骨骼上。骨骼不仅使犬产生多样性运动，而且保护着犬体的重要器官，并可作为确定各器官位置与关系的正确指标。

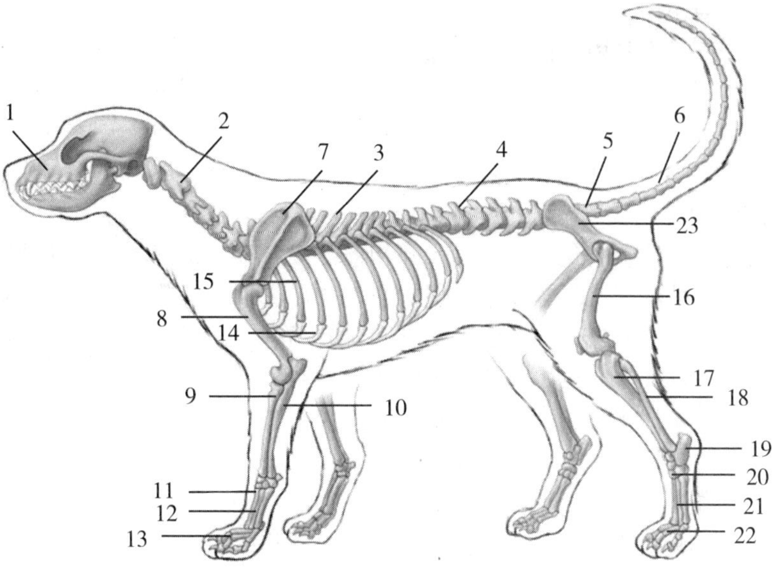

图 1－14　犬的骨骼

1. 头骨　2. 颈椎　3. 胸椎　4. 腰椎　5. 荐椎　6. 尾椎　7. 肩胛骨　8. 臂骨（肱骨）
9. 桡骨　10. 尺骨　11. 腕骨　12. 掌骨　13. 指骨　14. 胸骨　15. 肋骨　16. 股骨　17. 胫骨
18. 腓骨　19. 跟突　20. 跗骨　21. 跖骨　22. 趾骨　23. 髋骨

一般将犬的骨骼分为中轴骨骼和四肢骨骼两部分，中轴骨骼由躯干骨和头骨组成，四肢骨骼包括前肢骨和后肢骨，以及肩带骨、髋骨与四肢游离部诸骨。犬的头骨连着颈椎，形态变异很大，有的头形狭而长，有的头形宽而短。全身骨骼借助纤维、软骨或滑膜（关节）联结，构成机体的支架。骨骼是犬体内最坚硬的组织，除构成机体坚固的支撑系统，维持外部体形，保护内脏器官，供肌肉附着之外，还具有重要的造血功能。在一些比较大的骨骼内含有骨髓，而骨髓是一种造血组织，可持续不断地为心血管系统提供大量的血细胞。

1. 头骨

犬的头骨由 31 块扁形骨和不规则骨构成，保护着脑，是构成头部的基础，可分为颅骨、面骨、舌骨和听骨四部分。

颅骨：是指形成颅腔的枕骨、额骨、顶骨、筛骨、蝶骨、颧骨等骨的总称。颅腔可保护脑。

面骨：共有 21 块骨组成，位于颅骨下方。这些骨块共同构成眼眶、鼻腔、口腔的骨质支架。头的下颌骨发达而伸长，嘴凸鼻长，以适应嗅食寻物的习性。

舌骨：位于上下颌之间，由软骨杆与其后上方的颧骨岩部相连，有支撑舌根、咽及喉的作用。

听骨：位于中耳内，由槌骨、镫骨、砧骨三对小骨组成。

2. 躯干骨

犬的躯干骨构成身体的中轴，由椎骨、胸骨和肋骨构成。

椎骨：分为颈椎骨、胸椎骨、腰椎骨、荐椎骨和尾椎骨。犬有 7 节颈椎、13 节胸椎、7 节腰椎，3 节融合在一起的脊椎成为一块骶骨，尾椎骨 8 ~ 22 块，其中尾椎骨的数目常有变化。所有椎骨互相连接成脊柱，构成犬体的中轴，作用有支持头部、悬吊内脏、支撑体重、保护脊髓与传递冲力等作用，并作为胸腔、腹腔及盆腔的支架。胸椎、荐椎受到肋骨和髋骨的制约，活动范围较小。颈椎、腰椎的活动范围较大。而尾椎的活动范围最大。

胸骨：前端称胸骨柄，两侧有 8 对肋窝，与胸肋骨的肋软骨相连，后端的圆形软骨称剑状软骨。

肋骨：共 13 对，其中前 9 对称真肋，其余 4 对称假肋，最后的肋骨不连前肋，称浮肋。胸椎、肋骨和胸骨组成胸廓，容纳和保护内脏器官。

3. 四肢骨

犬的四肢骨分前肢骨和后肢骨，前后肢骨骼的数目不同。犬无锁骨，肩胛骨由骨骼肌连接躯体，后肢由骨关节连接骨盆。

前肢骨：由肩胛骨、肱骨、尺骨、桡骨、腕骨、掌骨、指骨构成。

后肢骨：由髋骨、坐骨、股骨、膝盖骨、胫骨、腓骨、跗骨、跖骨、趾骨构成。

4. 其他

此外，犬有阴茎骨一块，属于内脏骨骼，而其他家畜均没有阴茎骨。

（二）肌肉

犬的骨骼上附有肌肉，又称骨骼肌，是运动器官中的主动器官。在神经支配下，肌肉能随意收缩以牵引着骨骼，使骨骼产生位移而完成运动。全身骨骼肌分头部肌、躯干肌、前肢肌和后肢肌。其中与咀嚼有关的头部肌很发达；后肢肌较前肢肌发达，是推动身体前进的主要动力。有少量骨骼肌位于体表的浅筋膜中，包括面皮肌、颈皮肌和躯干皮肌。犬的皮肌收缩能引起皮肤颤抖，起到驱除蝇蚊和皮肤上灰尘异物等功能。

（三）关节

骨与骨之间形成可动性连接部位结构或部分称为关节，由关节面、关节软骨、关节囊及韧带等组成。犬的关节发达而灵活，故其运动天赋较高。

三、犬的呼吸系统

（一）呼吸器官的结构

呼吸系统由鼻腔、喉头、气管与肺脏等呼吸器官组成。犬体借助于呼吸运动，吸进新鲜空气，呼出二氧化碳，以维持正常的生命活动。

1. 鼻腔

犬的鼻腔既是呼吸器官，又是嗅觉器官。鼻腔内壁有黏膜，内有丰富的血管，表面有黏液，具有湿润、温暖吸入空气和吸附空气中的灰尘等作用。鼻腔的后上方有嗅黏膜，内含能感受气味的嗅细胞。

2. 喉

犬喉由喉肌、喉软骨和喉黏膜构成，位于头颈交界的腹侧，前端与咽相通，后端与气管相连。喉肌系指声门闭合肌（发声肌、保护肌），包括甲杓肌、环杓侧肌、杓间肌、声门开大肌（呼吸肌），如环杓后肌、声带紧张肌（发音肌）、环甲肌等与发声有关的肌肉。喉软骨间借关节、韧带连接，围成喉腔，在其中部的侧壁上，有一对黏膜褶，称为声带，是发声的器官，两声带之间的裂隙，称声门裂。可见，喉不仅是气体出入肺的通道，还是调节空气流量和发音的器官。

3. 气管与支气管

气管与支气管均以软骨、肌肉、结缔组织和黏膜构成。犬气管是由 40 ~ 45 个“C”形的软骨环连接而成的细长管道，前接喉，后连肺。软骨环缺口向后，相互以韧带连接起来，环后方缺口处由平滑肌和致密结缔组织连接，保持了持续张开状态。管腔衬以黏膜，表面覆盖纤毛上皮，黏膜分泌的黏液可黏附吸入空气中的灰尘颗粒，纤毛有规律地不断向咽部方向摆动，将黏液与灰尘排出体外，避免进入肺内，以净化吸入的气体。支气管是气管进入肺脏之前的分支。

4. 肺脏

犬肺脏位于胸腔内，分左右两叶。肺脏实质呈海绵状，内有很多血管，是气体交换的场所，空气进入肺脏以后，氧气融合血液进入血管，并随血管到达全身，供肌体代谢使用。与此同时，血管内的二氧化碳与进入肺脏的氧气发生置换，随呼气排出体外。

（二）呼吸的调节

呼吸运动由横膈膜、肋间肌和呼吸肌协同作用而发生，受中枢神经支配和控制，调节肺出入空气量的速度与节律等，以完成气体交换。犬在炎热天气或剧烈运动后，会出现张口伸舌伴有流涎的口腔呼吸，看起来像喘气，实际上是在代替机体皮肤散热，进行降温的体热调节。

四、犬的消化系统

（一）消化系统的组成

犬的消化系统由消化道和消化腺两大部分构成，其主要功能是消化食物，吸收与转运营养物质，并排泄废物。

1. 消化道

消化道包括口腔、舌、齿、咽、食管、胃、小肠、大肠和肛门等部分。消化道壁属分层结构，从内向外分为黏膜、黏膜下层、肌层和外膜。

（1）口腔：口腔是消化道的起始部，因犬种不同其大小、形状也各异。口腔前方外缘有唇，顶部从前至后分别为硬腭与软腭，底部为舌、齿和龈等，外侧面为颊部。

（2）舌：犬舌比较灵活发达，前部宽而薄，后部较厚，一般为粉红色，但如沙皮、松狮等犬种的舌则呈紫色或黑色。舌的表面有很多肉质突起，称之为舌乳头，对舔舐食物与饮水有帮助。舌具有十分重要的生物学作用，不仅有助于采食与饮水，还能通过散热以协助体温调节。此外，舌上有味蕾，具有比较迟钝的味觉功能。

（3）齿：犬齿呈食肉动物的特点，善于咬、撕，臼齿能切断食物，但咀嚼较粗。犬齿分乳齿和恒齿世代。根据犬的齿式常识，幼犬（乳齿）齿式为：门齿 $3\times2/3\times2$，犬齿 $1\times2/1\times2$，前臼齿 $3\times2/3\times2$，共计28颗；成年犬（恒齿）齿式为：门齿 $3\times2/3\times2$，犬齿 $1\times2/1\times2$，前臼齿 $4\times2/4\times2$，臼齿 $2\times2/3\times2$，共计42颗。可见，幼犬无臼齿，并缺少1颗前臼齿。幼犬出生后2个月左右，32颗乳齿长齐，一般在8月龄左右全部换成恒齿，共42颗。牙齿是犬咀嚼食物的工具，也是判断犬龄的重要依据。

（4）咽：犬的口腔后部即为咽，是消化道和呼吸道的共同通道。

（5）食管：是连接咽和胃的细长管道，弹性很大，平时管腔闭塞，当摄食通过时管腔便张开与扩大。

（6）胃：属单室胃，容积较大，并随体格大小而变化。胃处于食道和十二指肠之间，其入口称贲门，出口称幽门。胃黏膜上分布有腺体，可分泌胃液，主要为黏液、黏蛋白、内因子、盐酸和胃蛋白酶原等。胃黏液可保护黏膜，所含的盐酸能使蛋白质膨胀变性，便于被蛋白酶消化分解，还能激活蛋白酶原。胃具有机械性和化学性的消化作用。通过胃壁收缩与舒张，胃能改变容积和形状，促使食物和胃液充分混合，便于消化酶发挥作用。犬进食3~4小时后，胃开始向小肠推进食物，5~7小时胃便可排空。

（7）小肠：包括十二指肠、空肠和回肠三段，是食物消化和吸收的主要部位。犬的小肠较短，小肠黏膜表面形成许多皱襞和密集簇生的绒毛。犬小肠绒毛与其他家畜相比为最长，能大幅度增加吸收面积。小肠内除含有自身分泌物外，还有胆汁和胰液，故小肠液具有种类最全、数量最多的消化酶，消化能力也最强。蛋白质、脂肪、糖、维生素、铁与钙等物质主要在小肠内被消化吸收。

（8）大肠：由盲肠、结肠和直肠构成。主要作用是消化食物纤维素，吸收水分，形成和排出粪便等。直肠末端连接肛门。

（9）肛门：是消化器官的末端，粪便从此排出。在肛门周围还分布有多数腺体称肛门周围腺，是犬猫特有的，且易于发炎。

犬的消化道具有大多数肉食动物的特征，如肠道较短，仅为身体长度的三倍，肠壁厚薄与人相似，蠕动较快，腺体发达等。因而，犬对蛋白质和脂肪能很好地消化吸收，但对粗纤维则消化能力差。因此，应将含粗纤维较多的食物切碎，煮熟后再喂。

2. 消化腺

犬的消化腺包括三大对唾液腺，即腮腺、颌下腺和舌下腺，胃腺，肠腺以及胰脏与肝脏等。

（1）唾液腺：有腮腺、颌下腺、舌下腺三对。唾液腺分泌内含有杀菌作用溶菌酶的唾液，经导管直接排入口腔，具有清洁口腔、湿润食物、蒸发散热等功能。

（2）肝脏：是犬体内最大的消化腺，占犬体重的2.8%～3.4%。肝脏位于腹腔前部，呈红褐色，质软而脆，脏面有胆囊管，与肝管相汇合成总胆管，开口于十二指肠，并向其分泌胆汁，以利于脂肪的消化吸收和刺激小肠的蠕动。肝脏具有十分重要的复杂功能，能分解、合成、贮存营养物质，分泌胆汁，参与体内解毒和防卫体系，并能形成纤维蛋白原、凝血酶原等。在胎儿时期，肝脏还是造血器官。

（3）胰腺：较小，分左右两只，扁平长带状，呈“V”字形，粉红色，于十二指肠降部各有一胰腺管开口处，能分泌内含多种消化酶的胰液，可对食物起重要的消化水解作用。此外，胰腺内还有胰岛组织，能分泌胰岛素。

（二）消化系统的功能

整个消化系统的营养物质消化过程，可分为机械消化、化学消化与生物学消化三种形式。机械消化是通过消化道的蠕动，将食物磨碎、混合和输送的过程；化学消化是指消化液中的各种消化酶，将营养物质中分子结构较复杂的成分逐步降解的过程；生物学消化则是指胃肠道中益生菌对犬所起的消化作用。在犬的消化过程中，这三种消化方式在不同部位各有侧重，相互协调，共同完成营养物质的完全消化与吸收。

犬的消化功能还受神经调控，在大脑内有摄食中枢、饱中枢和饮水中枢，三者相互作用，决定着食欲、饮水及其他一系列消化过程。如果摄食中枢兴奋，则食欲旺盛，采食量增多，同时消化液的分泌、消化管的运动和吸收机能增强。反之，如果饱中枢兴奋时，则上述消化活动便不同程度地受到抑制。

五、犬的生殖系统

公犬的腹部下悬挂着藏在包皮里的阴茎，后腿之间阴囊中的两个睾丸也很明显；而母犬的阴户外露，比较扁平，因而很容易分辨出犬的性别。

（一）公犬生殖器官

公犬生殖器官包括睾丸、附睾、输精管、副性腺、阴茎等。

1. 睾丸与附睾

犬的睾丸相对较小，位于阴囊内，左右各一，呈椭圆形，是精子产生、发育与成熟，以及雄性激素分泌的器官，由一团能产生精子的盘绕管道构成。犬的精子产生始于青春期并一直延续至生命结束，期间患病或衰老时所产生的精子量会明显减少。在繁殖期，睾丸膨大，富有弹性，功能旺盛，能产生出大量的精子。在乏情期，睾丸体积变小、变硬，不具备繁殖能力。雄性激素的作用是促进生殖器官的发育、成熟，维持正常的生殖活动。如缺乏雄性激素，则会导致生殖器官发育不良，丧失性欲和生殖能力。附睾较大，由睾丸输出管构成附睾头，而附睾管构成附睾体和尾，紧紧地与睾丸相连，是成熟精子贮存的地方，并使精子达到生理成熟而有活力，从而具有使卵子受精的能力。

2. 输精管

输精管是输送精子的管道，包括附睾、输精管和尿生殖道。在精索内，起始于附睾管，沿精索上升入腹腔，至骨盆腔，在膀胱上延伸至尿生殖道，并在尿生殖道的起始部形成射精管口。尿生殖道是尿液排出和射精的共用通道。

3. 副性腺

副性腺指的是前列腺，因为犬没有精囊和尿道球腺。犬前列腺比较大，呈淡黄色，内部有大量的排出管，其分泌物具有供给精子营养和增强精子活力的作用。

4. 阴茎

阴茎是犬的交配器官，前端为龟头，具有圆柱状的延长部和尖形的游离端，且内有一块长约 8 ~ 10 cm 的阴茎骨。因此，犬在交配时，阴茎无须勃起即可插入。此外，阴茎根部有两个很发达的海绵体。在交配过程中，海绵体充血膨胀，卡在母犬的耻骨联合处，使得阴茎不能拔出而呈栓塞状。

5. 公犬的性发育

小犬未出生时睾丸在体内发育，由韧带与阴囊相连接。新生小犬长大时，韧带会收缩，使睾丸穿越腹股沟下降至阴囊内，一般在两周龄前后全部下降，否则就是隐睾。

（二）母犬生殖器官

母犬生殖器官包括卵巢、输卵管、子宫、阴道和阴门。

1. 卵巢

母犬第三或第四腰椎的腹部内有两个卵巢，悬自腹顶，位于肾脏的后方，被称为滑囊的脂肪囊包裹着，呈长卵圆形，稍扁平，是卵子生成、发育与成熟，以及分泌雌性激素的器官，一般长达2 cm。滑囊截住卵巢产生的卵子并将其导入输卵管，并由此通往子宫。子宫是由两个分开的巨大的“角”组成，并在子宫体处相接合。雌性激素具有促进雌性生殖器官发育、维持生殖机能的作用。

2. 输卵管

输卵管是输送卵子和受精的管道，长约5～8 cm。输卵管起始部包围着卵巢，稍弯曲伸向子宫角，以细小的一端与子宫角的起始部相接，开口于子宫角的黏膜上。卵子通过输卵管进入子宫。母犬性成熟后每次发情，都有一批卵子由卵巢成熟、排出，即进入输卵管里，在此遇到精子，完成受精过程，并被输送到子宫内发育，开始怀孕过程。

3. 子宫

子宫是胎儿发育的场所。犬的子宫属于双角子宫类型，分为子宫角、子宫体和子宫颈三部分。子宫角细长而直，内径均匀，没有弯曲，两侧子宫角呈“V”字形；子宫体短小，只有子宫角的1/4～1/6大，壁较薄；子宫颈较短，壁较厚，向后延伸于阴道中，子宫颈有两个口，一个向着子宫，一个向着阴道。胎儿在子宫角内发育、生长。由于子宫角比较发达，因此，一胎最多时可产仔犬十几只。

4. 阴道

子宫和阴道之间的肥厚部分称为子宫颈，除发情期和产子期外，子宫颈一直是关闭的。而阴道与尿生殖前庭是交配器官，也是胎儿产出的通道，成熟的胎儿经此分娩而出。犬的阴道比较长，环形肌发达。

5. 阴门

阴道通到外生殖腔，其两体壁形成阴门，从外表肛门下边也可观察到，为犬的外生殖器官，包括左右阴唇和腹侧角非常发达的阴蒂。阴门是母犬的交配感觉器官，尿道在此合并。在发情期常呈规律性变化，是识别发情与否的重要标志。

六、犬的泌尿系统

犬的泌尿系统由肾脏、输尿管、膀胱和尿道组成，是机体最重要的排泄系统，机体代谢过程中产生的废物和多余的水分，主要由肾脏生成尿而排出体外。排泄是指机体代谢过程中所产生的各种不为机体所利用的、多余的或者有害的物质向体外排放的生理过程。此外，肾脏能调节细胞外液量和渗透压，以保留体液中的重要电解质，排出 H^+，维持酸碱平衡，从而保持内环境的相对稳定。因此，肾脏既是排泄器官，又是一个维持内环境稳定的重要器官，还可生成某些激素，如肾素、促红细胞生成素等，具有内分泌功能。

（一）肾脏

肾脏是尿液生成的器官，为表面平滑单乳头肾，外形略呈豆形，左右各一个，红褐色，位于腰部。肾脏的内侧缘有凹陷，称为肾门，是血管、神经和输尿管的出入口。肾脏的内部，可分外周的皮质和中央的髓质，皮质里面有肾小管与肾小体，肾小体又包括肾小球、肾小囊。原尿就是在肾小体内生成的，其中的有效成分，如钠、氯、盐酸和钾离子、水、葡萄糖、氨基酸、尿素、尿酸等，经肾小管时重新被吸收进入血液。然后，尿从肾盂经输尿管运至膀胱。

（二）输尿管

输尿管是细而长的管道，每个肾脏各有一条，由肾门出来，连于膀胱，将尿液由肾脏输送到膀胱。

（三）膀胱

膀胱是略呈梨形的囊状器官，具有暂时贮存尿液的功能。膀胱的容积变化很大，当尿量较少时，体积变得很小，可全部退入盆腔内；当充满尿液时，体积可增大几十倍，并移向腹腔。当膀胱内充满尿液时，其内压上升到一定值时则产生排尿感，然后反射到膀胱壁收缩，外括约肌弛缓，引起排尿肌收缩，腹压加大，将尿排出体外。

（四）尿道

尿道是从膀胱将尿排出体外的管道。公犬的尿道较长，外口止于阴茎头，兼作射精管道，故称尿生殖道。母犬的尿道较短，外口止于尿生殖前庭的腹侧面、阴道的后方。

七、犬的血液循环系统

血液循环系统是指输送血液的一套封闭的管道系统，包括心脏、动脉、静脉、毛细血管与血液等。犬的心脏较大，占体重的0.72% ~0.96%，而脾脏是犬最大的储血器官，当剧烈运动需要更多的血液参与循环代谢时，靠丰富的平滑肌束收缩将其储蓄的血液挤到周围血管中。

血液由心脏输出，循动脉血管流遍全身，再由静脉返回心脏，如此往复不息，称为血液循环，如图1－15所示。通过循环系统，犬的身体各部位不断获得养料并排出废物。循环系统与呼吸、消化、排泄及新陈代谢等生理功能关系密切。此外，血液循环还有输送激素，以调节各器官的正常生理活动，以及调节体温和保护肌体等作用。

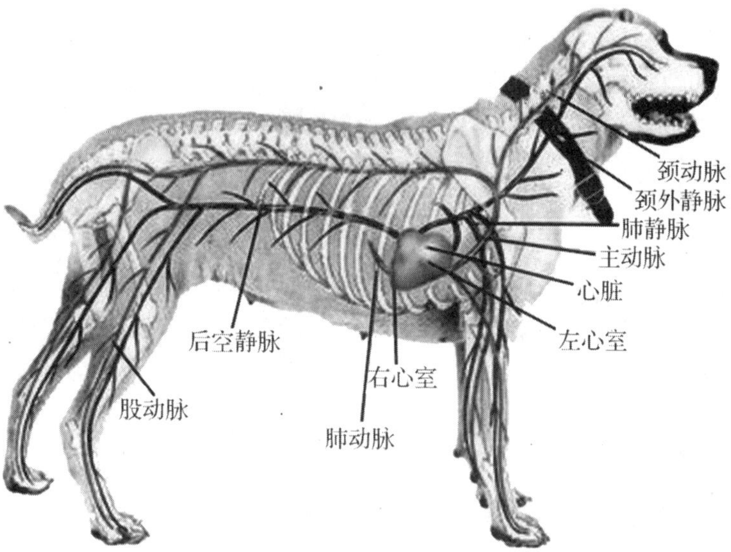

图 1－15　犬的血液循环系统

（一）心脏

心脏位于第四至第七肋骨间，大部分位于左侧，呈圆锥形的肌囊，内部有一膈将其分为左右两半，每一半又分为心房、心室，两者之间有瓣膜相隔，是血液循环的动力器官，节律性收缩能使血液产生定向搏动运动，并可调节血流量大小。

血液循环可分为三种：①体循环（大循环）：起始于左心室，经主动脉、动脉及小动脉遍及全身微血管，再由微血管经小静脉及静脉渐次汇集，经前后腔静脉而入右心房。②肺循环（小循环）：起始于右心室，由肺动脉经肺静脉而入左心房。③门脉循环：为体循环的一支，血液来自胃肠及脾，汇合成门静脉，与肝动脉血液在肝内混合，出肝后经肝静脉进入大静脉。

（二）血管

按血管的构造功能不同，可分为三种：①动脉：血液由心脏出来后沿血管流向全身各处，这些血管叫动脉。动脉管壁厚而有弹性，离心脏愈近，则管径愈粗，所含血液呈鲜红色。②静脉：是将犬体各组织器官的血液送回心脏的血管，管壁较薄，但管径比动脉粗。静脉内有许多瓣膜，可防止血液逆流。有些静脉位于皮下，在体表可见，是采血、放血和注射药液的常用部位。③毛细血管：是动脉和静脉间的微细血管，短而密，互相吻合成网。管壁很薄，借助于渗透和扩散作用，在血液和组织间交换物质，是心血管系统执行其机能的重要部分。

（三）血液

血液的主要成分为血浆和血细胞。血浆含有血清、凝血因子等成分，而血细胞主要含有颗粒白血球（嗜中性白血球、嗜酸性白血球、嗜碱性白血球）、无颗粒白血球（淋巴球、大单核）、红血球与血小板等。

血液的性状为不透明的黏稠液体，含有90%的水分，其色泽视含氧多少而不同，动脉血鲜红，静脉血暗红，具有咸味和腥气。由血管流出的血液在正常情况下会很快凝固。

血液的功能：①将消化道吸收的营养物质供给细胞；②运输氧和排出由细胞生成的二氧化碳及其他代谢产物；③运送内分泌激素以调节身体的各项活动；④含有各种免疫物质和保护细胞（白血球），使犬本身产生防御功能。

八、犬的淋巴系统

犬的淋巴系统由淋巴管道、淋巴器官、淋巴组织和淋巴组成，是机体的主要防卫系统。

淋巴管道为淋巴流通的管道，分毛细淋巴管、淋巴管、淋巴干与淋巴导管（胸导管和右淋巴导管）五种。

淋巴器官以淋巴组织为主，不断产生淋巴细胞进入血液，又参与免疫反应、吞噬异物等过程，是机体重要的防卫组织，主要包括胸腺、脾、淋巴结和扁桃体。胸腺产生T细胞和胸腺激素，位于胸腔内，纵膈前部，左右两叶。脾脏是体内最大的淋巴器官，位于腹腔左侧，与胃相接触，呈暗褐色，质软。脾脏在胚胎期是暂时性的造血器官，出生后能产生淋巴球和大单核白血球，并能吞噬消灭衰老的红血球、白血球。淋巴结为呈灰黄色圆形或椭圆形小体，遍布全身，大小不一，其表面覆有被膜，实质分皮质和髓质，内有B细胞和T细胞聚集。淋巴结位于淋巴管径路上，输入淋巴管通皮质淋巴窦，经髓质淋巴窦汇成输出淋巴管，能够过滤淋巴和参加免疫活动，是产生抗体和效应淋巴细胞的重要器官。淋巴呈无色或微黄色的渡体，由淋巴浆和淋巴细胞组成。在小肠绒毛内的毛细淋巴管的淋巴因含脂肪呈乳白色，称乳糜。淋巴沿淋巴管向心脏流行，最后归入前腔静脉，协助静脉导回外周的体液，并运送代谢产物及乳糜。

九、犬的神经系统

神经系统是机体的调节系统，其在结构和机能上是有机体一个非常复杂而特殊的系统，不仅能调节机体各器官系统的功能活动，还可接受和应答外界的刺激，使机体与外界环境保持协调与统一，以维持机体的正常生命活动。

神经系统主要由中枢神经系统——脑、骨髓和遍布全身的外周神经系统所组成。系统通过感受器官和感觉器，接收体内外各种刺激，通过反射这一基本活动方式支配调节各器官的活动。此外，脑和脊髓能将身体各部分的活动全面协调起来，达到高度的统一，以更好的适应环境。因此，神经系统在机体调控中处于主导地位。

（一）中枢神经系统

中枢神经系统包括脑和脊髓。脑和脊髓内存在有许多调节各种生理活动的神经细胞群，其中执行同种生理机能的细胞群称为神经中枢，诸如呼吸中枢、运动中枢、摄食中枢与排泄中枢等。可见，脑与脊髓就是机体内所有中枢的集合体，其主要功能是传递、储存和加工信息，支配与控制犬的全部行为。

1. 脑

脑是中枢神经系统的主要部分，位于颅腔内。犬的脑特别发达，可分为前脑、间脑、中脑、后脑。后脑可再分为延脑、脑桥与小脑。脑干是延脑、脑桥与中脑的合称。

（1）前脑。

前脑也叫端脑、大脑半球等，俗称大脑，其表面是一层灰质，名为大脑皮层或大脑皮质，是大量神经原胞体集中的地方。大脑内部皮层之下为白质，是神经纤维聚集的地方，分布有感觉神经纤维和运动神经纤维以及联络神经纤维等，这些纤维构成大脑和大脑以下的中枢（间脑、脑干、小脑和脊髓）的神经网络。因此，大脑是机体高级神经活动的物质基础，为一切机能活动的最高调节器。

（2）间脑。

间脑分丘脑和丘脑下部，均由白质和灰质构成。丘脑为卵圆形的灰质块，主要起感觉作用。除嗅觉外，其他所有感觉神经冲动都先到达丘脑，然后转至大脑，是大脑皮层下的一个感觉中枢。丘脑下部的灰质块是内脏器官活动的重要中枢，前区是副高感神经中枢，而后区则是高感神经中枢。丘脑下部还分布着体温调节中枢，控制散热与产热以保障体温衡定。

（3）中脑。

中脑介于间脑与脑桥之间，腹面为大脑脚，主要是由大脑皮层传出下行的神经纤维所构成，为视觉及听觉的低级中枢。

（4）后脑。

后脑分为延脑、脑桥与小脑三个部分，以下分别予以介绍：

①延脑：也称延髓，是指脑干的最后部分，为脊髓上面延伸至脑的部分，宽而厚，其腹侧面横向呈强凸出。延脑内具有许多极其重要的反射中枢，不仅可传导各种感受冲动，还能调节控制机体的心搏、血压、呼吸、摄食、消化、吞咽、打喷嚏、呕吐与咳嗽等重要功能。若延脑受损伤，犬就会有休克甚至死亡的危险。故延脑被看作机体的生命中枢，其重要性非同一般。

②脑桥：位于延髓上方，腹面膨大的部分称为脑桥基底部，基底部向两侧变窄，称脑桥壁，与小脑联系。基底部外侧有三叉神经出脑，横沟里由内向外依次有外展神经、面神经和位听神经。

③小脑：位于大脑半球后方，覆盖在脑桥及延髓之上，横跨在中脑和延髓之间，与大脑、脑干、脊髓都有神经纤维联系，其功能主要是协助大脑和脑干对脊髓运动神经元的控制，参与躯体平衡和肌肉张力（肌紧张）的调节，以及随意运动的协调。

2. 脊髓

脊髓是中枢神经的低级部位，位于第六至第七节腰椎关节上，横断为圆形，但在颈、腰膨大部则明显被背腹压扁。体形较大的犬，脊髓长约 0.38 m，其中颈高约 0.11 m，胸部为 0.17 m，腰部为 0.07 m，脊尾部约为 0.26 m。主要功能为传导神经冲动与完成非条件反射，即低级神经反射。

（二）外周神经系统

外周神经系统是指脑和脊髓相连并分布身体各组织器官的神经纤维，这些纤维合并成束，构成肉眼可视的一条条神经干，它们在组织器官里分成细小有分支的神经末梢。外周神经有两种纤维：一种专司感觉，一种专司运动。感觉神经纤维能把感受器传来的神经冲动，送入脊髓或脑。运动神经纤维却能把从脊髓或脑传出的神经冲动送达各效应器官。

1. 脊神经

犬的脊神经共有 36 对，其中颈神经 8 对，胸神经 13 对，腰神经 7 对，仔神经 3 对，尾神经 5 对。脊神经连于脊髓，每一脊髓节两侧都有一条背根和一条腹根，背根上有脊神经节，感觉神经元的细胞即存于此，背根能把皮肤、骨骼肌、血管、腺体、内脏等外围的神经冲动传向脊髓而引起感觉作用，腹根则把脊髓或脑传来的神经冲动传向外周的皮肤、骨骼肌、血管、腺体和内脏器官而引起运动作用。

2. 脑神经

直接进入脑或者由脑发出的外围神经称为脑神经。犬的脑神经一共有 12 对：①嗅神经，属感觉神经；②视神经，属感觉神经；③动眼神经，属运动神经；④滑车神经，属混合神经；⑤三叉神经，属混合神经；⑥外展神经，属运动神经；⑦面神经，属混合神经；⑧听神经，属感觉神经；⑨舌咽神经，属混合神经；⑩迷走神经，属混合神经；⑪副神经，属运动神经；⑫舌下神经，属混合神经。

3. 植物性神经

在神经系统中，分布到内脏器官、血管和皮肤的平滑肌，以及心肌、腺体等的神经，称为植物性神经。植物性神经又分为高感神经和副交感神经。大部分的内脏器官同时有高感和副交感神经分布并受其共同控制。它们对同一器官的作用是对立统一的。例如交感神经兴奋使心跳加快加强。

（三）神经型

神经型是高级神经活动的类型。依据神经过程三方面的特征，即神经过程的强度、均衡性与灵活性，可将犬分为两类四种神经型。

- 神经型
  - 强型
    - 不均衡型（兴奋型）
    - 均衡型
      - 灵活型（活泼型）
      - 惰性型（安静型）
  - 弱型（抑制型）

1. 强而不均衡型（兴奋型）

该神经型是兴奋过程比抑制过程相对要强，故二者不均衡。这种犬的行动特征是攻击性很强，总是处于活动状态。在条件反射方面比较容易形成阳性条件反射，而形成阴性条件反射则比较困难。

2. 强而均衡灵活型（活泼型）

本类型是兴奋和抑制过程均衡而强，同时灵活性也很好。这种犬的行动特征是生性活泼，对于一切刺激反应很快，动作迅速敏捷，容易形成阳性或阴性的条件反射。

3. 强而均衡惰性型（安静型）

安静型是兴奋和抑制过程都很强，且均衡，具有较强的忍受性，但灵活性不够好。安静型犬的行动特征与活泼型犬完全相反，表现极为安静。在条件反射活动方面，不论是阳性或阴性的条件反射形成都比较慢，但形成后却很巩固。

4. 弱型（抑制型）

这种犬的特点是兴奋和抑制过程都很弱，故皮层细胞工作能力的限度很低，极易产生超限抑制，经常表现为情绪低落和行为怯懦。

十、犬的皮肤及其附属器

（一）皮肤

犬的皮肤由表皮、真皮及皮下组织等部分构成。表皮是皮肤的浅层结构，由复层扁平上皮构成。从基底层到表面可分为五层，即基底层、棘层、颗粒层、透明层和角质层。角质层不断变成皮屑脱落，而基底层细胞分裂产生新细胞，逐渐向皮肤表面推移。真皮厚而坚硬，皮下组织结构松散，活动范围较大，厚薄依年龄、性别、部位及营养状态而异，具有防止散热、储备能量和抵御外来机械性冲击等功能。

皮肤是犬体组织的最外层，也是机体中最大的一个器官，既是神经系统的感觉器，又是效应器。疼痛、温度高低、情绪变化以及理化性刺激等都会引起皮肤血管收缩与舒张、毛细血管通透性改变、立毛肌收缩和汗腺分泌等反射性变化。

（二）皮肤附属器

皮肤附属器由胚胎发育中衍生而来，主要有被发、毛囊、皮脂腺、汗腺、乳腺和指（趾）甲等，如图 1－16 所示。

被毛：覆盖大部分体表。犬的被毛多少、长短、颜色因品种而异，但大都有短毛层和长毛层。短毛层柔软、纤细、稠密，可以抵御风寒。犬毛每年要脱换一次。室内饲养的犬脱毛过程通常会持续很久。毛色是由被毛内的色素颗粒的种类、数量及其聚散方式决定的。

汗腺：具有分泌汗液、蒸发散热与排泄废物等作用。犬的汗腺很不发达，散热主要靠伸出舌头促进蒸发来完成。

皮脂腺：广泛分布于皮肤内，尤以唇、肛门、躯干的背侧和胸腹侧较多，能分泌皮脂、润滑皮毛，使毛发具光泽，并有保护作用。

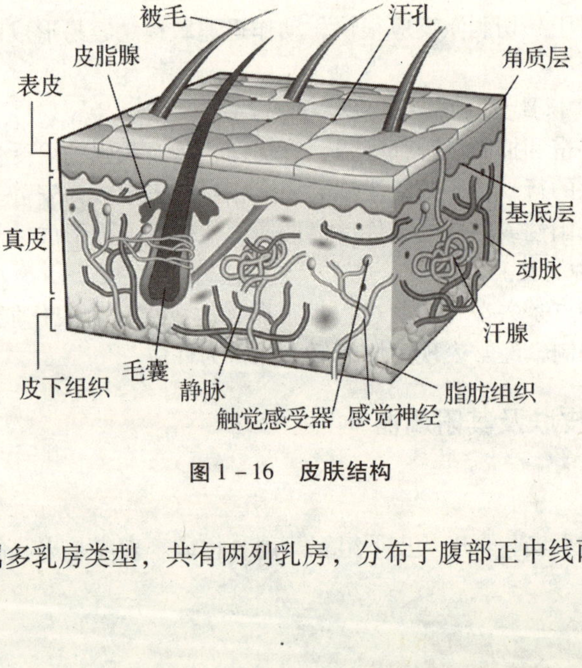

图 1－16　皮肤结构

乳腺：犬属多乳房类型，共有两列乳房，分布于腹部正中线两侧，每列4～5

个乳头，哺乳期可分泌乳汁哺育仔犬。

爪：位于指（趾）部的前端，分为爪轴、爪冠、爪壁、爪底。

十一、犬的感觉器官

感觉器官包括视觉器官、听觉器官、嗅觉器官、味觉器官以及触觉器官等。感觉器官接受外界的各种刺激，再通过神经将刺激传导给中枢而产生感觉。

视觉器官由眼球及其附属器官构成。犬的视觉不太好，是红绿色盲，只能辨别黑白两种颜色，但对灰色浓淡的辨别能力很细微，依着这种能力，就能分辨出物体上的明暗变化，产生出立体的视觉映像。眼的调节能力只有人的1/5或1/3，单眼的左右视野为100～125度，上方视野为50～70度，下方视野为30～60度。但由于头部转动非常灵活，所以犬的视野十分开阔。犬可以看清50 m之内的固定目标，更远的就看不清了，但对移动着的物体感觉却非常灵敏，可感觉到825 m远的事物。此外，犬的夜视能力很强，能够在很弱的光线下看清楚远处的动静。

听觉器官分为外耳、中耳和内耳三部分。犬的听觉很强，不仅能够分辨非常微弱的和高频率的声音，比人灵敏16倍，可听到5.0～5.5 Hz的声音，还能分辨声源。犬在睡觉时也保持着高度警惕性，能辨别出来自1 000 m内的各种声音，这一特点对警戒护卫非常重要。但犬对突如其来的大声音会感到恐惧，容易引起情绪不稳定，导致厌食，甚至产后的母犬会咬食仔犬。犬对人的口令或简单的语言，可依据音调、音节变化建立条件反射，进而完成主人交给的任务。

犬的嗅觉灵敏度居各器官之首，特别是对酸性物质敏感度更高。主要是犬的嗅脑和嗅神经极为发达，嗅觉细胞密布于鼻腔。长鼻内黏膜上布满的嗅神经，能嗅出稀释一千万倍的有机酸，嗅觉能力超过人的1 200倍。犬鼻腔后上方还有嗅黏膜，其面积约为人的4倍，内含2亿多个能感受气味的嗅细胞，为人类的40倍。嗅细胞表面还长有很多粗而密的嗅毛，大大增加了空气与之接触的面积。气味物质随空气到达嗅黏膜，便会刺激嗅细胞产生兴奋，再通过嗅神经直接传到嗅觉神经中枢——嗅脑，从而产生嗅觉。

犬的灵敏嗅觉主要依赖于对气味的敏感程度与辨别能力，这对生活特别重要。犬主要是根据嗅觉识别主人，鉴定同类，接收信号，辨别食物与方向，辨认仔犬，进行求偶及路途识别等。正因为具有这种极其灵敏的嗅觉，犬已被广泛应用于导盲、追踪、侦察、搜救、缉毒与防爆等领域。

犬的味觉很差，在辨别食物的时候，也大多依靠嗅觉识别，味觉的感受却居于次要地位。犬在进食的时候，几乎不咀嚼，故在饲料配制时应注意原材料的气味。

触觉是接触、滑动、压觉等机械刺激的总称。犬的触觉是由皮肤下丰富的神经梢与触觉器感受到刺激而引起的。犬的触觉以耳、口角、趾、脚掌及四肢末梢等部位较为敏感。主人在抚爱犬的时候，抚摸其头部和咽部会使犬有一种亲切的感觉。但犬不喜欢人们触摸其臀部和尾巴，尤其是陌生人，一旦触摸犬的这些部位，犬往往十分反感，从而呈现攻击的姿势，甚至会咬人。犬的鼻部也是触觉敏感区域，主人惩罚犬时，可用手指轻击鼻部。

此外，犬对外界温热环境的感觉也很敏感，因其汗腺很不发达，只有鼻和指枕有较大的汗腺，所以散热很少，对热的耐受性很差。环境温度过高时，犬主要靠舌头伸出口外喘式呼吸与加速呼吸频率来促进散热降温。犬的适宜温度为15℃～20℃，夏季一定要采取适当降温措施，并注意相对湿度不宜超过60%，否则散热受阻。尤其是仔犬怕冷怕潮，应该注意保温防潮。因此，犬在冬天需要晒晒太阳，夏天洗洗凉水。

十二、犬的内分泌腺

内分泌腺是没有导管的腺体，所分泌的化学物质称为激素，激素可直接进入周围血管和淋巴管中，再由血液和淋巴液输送到全身，对机体各器官的新陈代谢、机能活动与生长发育等具有重要的调控作用。内分泌腺分散在机体内各部位，如有些内分泌腺独立成一个器官，包括脑垂体、甲状腺、胸腺、松果体和肾上腺等；有些内分泌腺存在于其他组织器官内，包括胰腺内的胰岛、卵巢内的黄体和睾丸内的间质细胞等。激素在调节机体生理功能方面，具有非常复杂而精细的协调作用。

除了前列腺素外，多数激素进入血液后到达机体其他部位发挥作用。机体内也不是所有的组织细胞均受激素调节，仅仅一些特殊器官对特定的激素起反应。部分激素只起控制其他激素释放的功能。例如，脑部的垂体腺产生多种激素，这些激素主要作用于其他腺体，如肾上腺，可使得其自身激素释放。垂体腺也称作“垂体”，与其他腺体相比可产生更多的激素。垂体激素能控制其他腺体激素的释放，包括甲状腺、甲状旁腺、肾上腺、卵巢、睾丸和胰腺。其中垂体所分泌的生长激素，可控制犬的生长；促乳素能刺激犬乳腺分泌乳汁；甲状腺刺激激素（TSH）可刺激甲状腺合成甲状腺素。黄体生成素（LH）和促卵泡激素（FSH）是垂体分泌的两种激素，控制着犬的发情周期与卵细胞的成熟及排放。垂体也产生促肾上腺皮质激素（ACTH），引起肾上腺分泌可的松和其他激素；黑素细胞刺激激素（MSH）影响色素合成与沉积；抗利尿激素（ADH）调节水分代谢与泌尿功能。

卵巢受到垂体分泌的促卵泡激素和黄体生成素的刺激，主要产生孕酮和雌激素。睾丸产生睾酮。胰腺产生众所周知的激素——胰岛素，调控血糖水平与能量代谢。肾上腺一旦受到垂体激素——促肾上腺皮质激素的刺激，就会产生类固醇激素如皮质激素、盐皮质激素和肾上腺性激素。

十三、犬的年龄

（一）犬的寿命

犬的寿命长短与其生活环境、饲养管理水平、健康状况、医疗条件、工作负荷等方面有直接关系。一般来讲，犬的寿命为 10 ~ 15 岁，平均年龄为 12 岁左右，个别品种犬能活到 16 ~ 18 岁，最高长寿记录为 35 岁。实践证明，杂种犬比纯种犬寿命长，小型犬比大型犬寿命长，黑色犬比其他犬寿命长。小型或中型犬出生后 7 年，或大型犬出生后 5 年，就已经慢慢进入老年期。通常公犬 10 岁以内仍有配种能力，母犬在 8 岁仍可产仔。

由于饲养与管理等多方面条件不如国外，我国所养犬只一般的寿命和利用年限要短一些。为防止犬的早衰，延长使用年限，增加人与犬健康相处的时间，必须在其寿命影响因素方面给予充分重视与改进。

（二）犬龄的推算

人与犬的一生都很短暂，但二者的寿命不同，该如何对照？生物学上常用妊娠期为参照来相互比较，以所得倍数来推算人或犬的年龄。

人类的妊娠期有 9 个月，而犬的只有 9 周。因此，犬的一星期相当于人的一个月。另外，人类 8 月龄长乳牙，2 岁长齐，而犬生后 3 周开始长乳牙，6 ~ 8 周长齐。人 6 岁到 13 岁之间换牙，犬则在 3 个月至半年内陆续换牙。由此推算，犬出生一年内每 20 天相当于人 1 岁，可据此类推，如表 1 - 1 所示。

此外，犬龄还可以根据其牙齿的生长情况、齿峰及牙齿磨损程度与外形颜色等信息，综合加以推算。犬的牙齿分为门齿（切齿）、犬齿和臼齿三种。幼犬的牙齿叫乳齿，成年犬的牙齿叫恒齿。正常情况下，犬齿全部为短冠形，上颌第一、二切齿齿冠为三峰形，中部是大尖峰，两侧有小尖峰，其余切齿有大小两个尖峰。犬齿呈弯曲的圆锥形，尖锐锋利；前臼齿为三峰形；臼齿为多峰形。切齿具有切割食物的功能；犬齿具有撕咬的功能，也是攻击和防卫的武器；臼齿分为前臼齿和后臼齿，主要起咀嚼的作用。

犬的牙齿磨损程度一般与犬龄成正比，但与狗粮质量也有关系。因此，要推算犬的生理阶段与实际年龄时，可依据以下概略比照表来进行。

犬龄推算概略比照表

人与犬年龄对照		看牙齿推断年龄	
犬的年龄	人的年龄	犬的年龄	牙齿状况
1月龄	1岁龄	19～28天	乳门齿开始长出
2月龄	3岁龄	21～28天	第三乳前臼齿长出
3月龄	5岁龄	21～35天	乳犬齿长出
6月龄	9岁龄	21～42天	第四乳前臼齿长出
9月龄	13岁龄	28～42天	第二乳前臼齿长出
1岁龄	17岁龄	2月龄	全部乳齿长齐
1岁半龄	20岁龄	3～4月龄	更换第一、二门齿
2岁龄	24岁龄	4～5月龄	更换第一前臼齿
3岁龄	28岁龄	4～6月龄	更换犬齿
4岁龄	32岁龄	4～7月龄	更换第二后臼齿
5岁龄	36岁龄	5～6月龄	更换第三门齿
6岁龄	40岁龄	5～7月龄	第二、三、四恒齿前臼齿长齐
7岁龄	44岁龄	6～9月龄	下颌第三恒齿后臼齿长齐
8岁龄	48岁龄	9～10月龄	全部更换齐全
9岁龄	52岁龄	1岁	恒齿长齐，洁白光亮，切齿有尖突
10岁龄	56岁龄	1岁半	下颌第一门齿尖端有磨损
11岁龄	60岁龄	2岁半	下颌第二门齿尖端有磨损
12岁龄	64岁龄	3岁半	上颌第一门齿尖端有磨损
13岁龄	68岁龄	4岁半	上颌第二门齿尖端有磨损
14岁龄	72岁龄	5岁	下颌第三门齿尖端开始有磨损，第一、二门齿磨损为矩形
15岁龄	76岁龄	6岁	下颌第三门齿尖端开始有磨损，犬齿钝圆，下颌门齿磨损
16岁龄	80岁龄	8岁	下颌第一门齿开始磨损，磨面向前方倾斜
17岁龄	84岁龄	10岁	下颌第二、上颌第一门齿的磨面呈纵椭圆形
18岁龄	88岁龄	11～15岁	门齿脱落，牙齿不全
19岁龄	94岁龄	16～20岁	犬齿脱落
20岁龄	96岁龄		

注：犬2岁龄时心智开始趋向稳定；6岁龄时步入中年，机能开始退化，已不适于作种繁殖。

此外，也可以根据犬毛的动态变化来初步估计其年龄。6 个月大的幼犬开始换毛；6 ~7 岁的成年犬，其嘴周围开始出现白毛；10 岁以上的老龄犬，其头部、背部开始长出白毛，全身被毛缺乏光泽，杂乱并有较多脱毛。

（三）犬的衰老

家养的宠物犬一般在 10 岁后就开始逐步衰老，主要表现为：发情期特征淡化，生殖能力完全停止，皮肤变得干皱，肌肉老化僵硬、失去弹性，体毛缺乏光泽而开始变稀、杂乱；口腔、耳朵、皮肤等部位散发出不同于以往的难闻气味；毛色较深的犬开始长白毛；嘴边胡须开始稀疏；牙齿脱落，吃东西时咀嚼困难，食欲减退；视力和听力衰退，反应较迟钝，偶尔会行动失控，撞到其他物体。步入衰老的犬，身体极易疲劳，对运动和玩耍逐渐失去兴趣，整天喜欢睡懒觉，尤其怕冷，冬季喜欢卧在有暖气或温暖的地方。此外，有一些老龄犬还会出现排泄失禁或乱排泄的现象。

十四、犬的血型

目前，犬的血型是用犬红血球表面抗原区分，共发现血型有十三种，其中六种有临床意义。

犬只血型种类多，不同血型所含的蛋白质纯度均较低，且 40% ~45% 的犬有同一种血型，故首次接受输血的犬只，可接受任何血型的血液而不出现排斥反应。但犬只体内最多也只能存在两种血液，若要再次接受输血时，只能接受本身及首次输血的血型。甚至连犬只交配都得注意血型，万一乱交配，生产下来的仔犬可能会猝死。因此，初次给犬输血时，为了获得更好的效果，应该进行血型鉴别以及交叉配血试验，然后根据血型或试验结果，展开针对性输血。不做血型鉴定或交叉配血试验，临床上常见这样的情况，第一次给犬输血后，犬精神大有好转，但第二天病情更加严重，这就极可能是因为输入的血液血型不相配。

第三节　犬的心理、习性与行为

一、犬的常见心理

犬是最富有情感的家畜，在感知环境事物时，常会表现出好奇、探究、分析与认识等复杂心理过程。在日常生活的不断变化中，犬常表现出不同的性格与气质，有时还会有情绪变化，如喜怒哀乐等。犬的常见心理活动有依恋怀旧、好奇、占有、嫉妒、报复、恐惧、孤独和撒谎等。

（一）依恋与怀旧心理

在日常生活中，犬对主人非常依恋与喜欢，见到后总是异常亲昵。犬对主人的感情超过同类，正是这种依恋心理，是犬忠诚于主人的心理基础。

当人或动物离开原先生活的地方，到一个陌生的环境时，总会有回忆过去、思念亲友的意念，这种留恋故土的心理状态，心理学家称为怀旧依恋心理或回归心理。犬也具有这种心理，且回归欲望比人更为强烈，表现为极强的归家能力，也是犬依恋怀旧心理的一种折射。

（二）占有和好奇心理

犬有很强的占有欲望，其表现形式之一就是领地行为。为此，家养犬具有看门护院、巡逻领地、藏匿食物、保护主人及其财产的能力。常将玩具、骨头、木棍与树枝等据为己有，衔入领地内啃咬或玩耍。

此外，犬的好奇心也很强。在好奇心的驱动下，犬会利用敏锐的嗅觉、听觉、视觉与触觉去认识世界，获得生活经验。强烈的好奇心有助于犬的智力增长，也为其后天能力的增长，为人类更好地服务提供了训练途径。

（三）报复心理

报复心理是指犬对曾经给自己造成过创伤或痛苦遭遇的对象，能牢牢记住并伺机进行报复的心态。这种记忆往往是通过嗅觉、视觉与听觉等印记综合而成，在形势有利的情况下便会实施复仇行动。如某些凶狠强悍的高加索狼犬，常将替其治病的兽医师列入复仇名单之中，伺机报复。针对犬的这一心理，在对犬进行扑咬科目的训练时，可将助训员扮成它的敌人、复仇对象，可以提高训练效果。因此，饲主不应该粗暴对待犬只，要谨防犬的复仇，避免发生意外。

（四）嫉妒和争宠心理

犬一贯顺从与忠诚于主人，并喜欢一直得到主人的爱护。在主人突然改变等级顺位态度或另有宠爱时，犬往往会对受宠者心生嫉恨，甚至为此而发生争斗，表现为冷淡主人、闷闷不乐或对受宠者施行攻击等。

同时，犬还具有争功邀奖的心理，其目的是为了获得奖赏与宠爱。这种争宠心理是被人驯化后发展起来的心理活动。在训练犬时，人们往往以奖赏作为训练的一大手段，当犬完成某一规定的动作行为时，总是以口令或食物予以奖励，这种训练形式强化了犬的邀功心理。

（五）恐惧心理

心理学家与行为学家发现，犬对环境中声、光、火与死亡等刺激非常敏感，并易因此产生惊恐心理。宠物犬不仅能分辨出声音的强弱，还能分辨出其生熟，对突如其来的大的声音会感到恐惧，尤其是未经训练的犬对雷鸣及烟火具有明显的恐惧感。飞机的隆隆声、枪声、爆炸声及其他类似的声音都是犬害怕的对象，必须通过训练来克服和适应声音的刺激。犬对强光、闪电和火也有天生的恐惧，是对自然现象的一种本能警戒，常会引起生理应激，如心跳过速、厌食等，饲养过程中应避免。犬能嗅出其他动物的恐惧信号。犬在恐惧中会释放出一种叫费洛蒙的化学物质，用以警告同类"有危险存在"。为此，一只从未在兽医院遭受过伤害的犬，也会害怕进入。

犬对死亡也有着强烈的恐惧感，主要是指同类死亡发出的气味，对活着的犬具有强烈的恐怖性刺激，表现出浑身颤抖的恐惧特征。此外，对皮革气味或难以理解的现象，犬有时也会感到恐惧，如会动的电动玩具等。因此，要想减少甚至消除这些恐惧心理，犬要从小接受环境锻炼。

（六）孤独和撒谎心理

如果犬长时间独处密室，不与主人接触，远离玩伴，往往会有情绪低落、意志消沉或烦躁不安等表现，有时会因此而引起神经质以及异常行为，这说明犬存在一定的孤独心理。为此，在饲养管理、训练过程中，人应该多与犬共处，以消除其孤独心理，促进其健康成长。此外，犬也会撒谎，以隐瞒其错误的行为，避免受到斥责。

（七）时间观念

犬有天生的计时功能，时间观念非常强。如犬每到喂食的时间，都会自动回到喂食的地点，并表现为异常的兴奋，若主人稍显迟钝，未能及时供给食物，犬就会以低声的呻吟或扒门来提醒饲主。另有发现，犬能按时接送主人上下班，或者定时等候小主人上学与放学。此外，英国兽医学家司马滋在《犬的心理》一书中描述，牧畜犬每天到了一定时间，没有主人使唤照样会自动出去，将放牧在半里外的牛带回饲养场，且能在返回的路上不时将离群的牛只赶回牛群，巧妙地加以驱赶，使之安全地归牧。这些事实揭示，犬的时间感是一种节奏。故人类可利用其时间观念，来提高其对工作的兴奋性和主动性，有效地进行饲养管理。

（八）敏感性

敏感性是指犬认为外界某个刺激为危险的阈值以及采取行动的速度和力度。这个特性和犬的领地大小观密切相关。很多犬对于它护卫的领地非常认真，一般总是待在岗位上，只偶尔离开，并且离开的时间非常短暂。当陌生人出现在领地附近时，犬会用低沉的吠叫给予警告，只有当陌生人突然进入领地或者犬认为对主人和家庭有切实的危险时，才会发动令人胆寒的攻击。犬一般不能容忍进入领地的陌生人有快速或突然的举动，如果陌生人保持冷静并站立不动，犬会用有节奏的、粗野而不失优美的低音吠叫呼唤主人。如果陌生人有可疑举动或试图逃离，就会刺激犬的狂暴野性，并发动攻击性行为。

（九）警觉性

警觉性是指当犬认为外界威胁可能存在时，它对威胁来源所产生的敌视怀疑程度。这种特性与其敏感性有一定关系，但又不同于敏感性。通常情况下，当犬感觉自身的安全或者领地的安全、主人的安全受到威胁时，它会非常警觉，且很快形成意识而有所行动，但这种行动并没有过分的敌意。过强的警惕性将显示犬缺乏安全感和足够的勇气。一般要求犬警惕性相当强，但不应当太过强烈。

（十）稳定性

稳定性是指犬对外界刺激的应激程度，外界的刺激包括正面刺激和负面刺激。稳定性好，就是犬的应激强度和外界的刺激强度成正比，不会对微弱刺激过敏，也不会对足够强的刺激无动于衷、麻木不仁。稳定性体现了犬神经类型的坚定和稳固程度。稳定性不能过“强”，否则犬就会缺乏热情、活力和热爱工作的精神。当可疑征兆出现时，稳定性好的犬不会立即吠叫，但会有积极的反应，会进入戒备状态，仔细观察形势、探求可疑的来源、危险的程度，快速思考应该采取的行动。

（十一）忍耐性

忍耐性是指犬对生理上、心理上负面刺激的忍受能力，这个程度包括刺激的强度和刺激时间的长短。忍耐性越好说明犬的支配欲望越强，越不容易屈服。忍耐性强的犬对主人的统治地位挑战欲望也越强，其训练难度往往比较大。

（十二）打斗性

打斗性是指犬面对打斗时所拥有的斗志与能力。犬都具有打斗性，主要是因为犬为社会化的动物，外在环境或内在激素的改变，使得新的社群关系迫切需要建立起来，或者阻止外来威胁，常常会通过竞争性打斗来解决问题。此时，人们最好避免介入，或者技巧地协助建立彼此间领导和服从的关系，或者平时注意消耗犬多余精力，保持情绪稳定，有助于犬与人或其他动物之间的和谐相处。

（十三）服从性

服从性是指热爱主人、听从主人指挥的本能或特性。这种特性不是主人使用严厉手段获得的，而是发自于犬的内心深处，根植于犬的遗传基因之中。产生这种特性的基础是犬对于主人的依恋。一般的犬都会对主人非常依恋，渴望得到主人的注意和关爱，故常为讨主人的欢心而努力。但需要注意的是，部分犬的支配欲望也非常强烈，性格倔强，若其自尊心受到严重挫折，则会导致反抗情绪。

二、犬的生活习性

犬的生活习性主要有等级心理、好与人交往、领地感与领地标记、嗅闻外生殖器、喜欢爬跨以及超感觉等。正确掌握犬的生活习性有助于加深对犬特性的认识，以进一步改善养殖技术，科学驯养，提高饲养与鉴赏水平。

（一）等级观念

犬能顺从于主人的意志，听从指挥与口令，并能建立互相信任的关系。犬的这种协作行为是由其等级观念所决定的。在犬看来，主人是其自然领导，所在家园就是它的领土。犬之所以有这种顺应的等级观念，主要是沿袭于家族的顺位效应。在犬家庭中，根据年龄、性别、个性、体力与才能等条件决定首领。一般以年龄大、雄性、个性强与智慧高的为头犬，其他成员都会顺从其权力，享有优先进食权、交配权和生存空间权等。犬的等级心理，有利于维护犬群的安定，可避免无谓的群内等级斗争，保证了种族的择优传宗，繁衍旺盛。有时，犬在等级观念的支配下，会发生等级争斗行为，以确立群内等级顺位。

根据等级顺位观念，犬与主人家庭成员也会建立一种等级关系，会将家里最凶的人（一般多是男主人）认为是首领，而把家里其他成员，如女主人分为第二，小孩为第三，而将自己排最后。但是犬对主人的尊重也不是自始至终的，只要有机会，便本能地想登上更高位。因此，主人应通过观察争斗行为，来熟悉犬的等级观念，掌握等级顺位，优势序列，选择出优秀的头犬，并确立主人的威信与地位。

要判定一只犬是不是高级别或老资格的上级，可以从多方面来考察其等级优势。如只允许高级别犬检查其他犬的生殖器官；高级别犬不准低级别犬在其排过尿的地方再次排尿；在高级别犬面前，低级别犬要摇头摆尾，要顽皮，或退走、坐下、躺下，或腹部朝上仰躺等，只有头犬离开后，方可停下或站起；允许高级别犬爬跨；低级别犬屈服地躺在地上，并露出易受攻击的部位，或发出请求的哀叫声。

（二）好与人交往

犬喜近人，易于驯养，有服从人使唤的天性，并能领会人的简单意图，经短期训练能很好地配合主人生活。喜欢与人交往是犬天生的习性，但其好恶程度常取决于3～7周龄时，与人接触“印记”的程度。印记是初生幼犬在生命早期的一种快速而持久的记忆现象。如果犬出生后2个月内只和犬类生活在一起，而不与人接触，则会一生远离人群，并难以驯养。反之，犬生下来就得到人的抚爱与玩耍，并熟悉人的气味与行为，便会养成与人和善的习性，并容易接受训练。故在挑选和训练犬时，要注意其印记阶段的情感培养。宠物犬在与主人建立起深厚淳朴的感情后，绝不会因主人一时的抱怨或打骂而出走，也不会因主人家境贫寒而易主，且对主人表现出强烈的保护意识和绝对的服从。

（三）领地感与领地标记

由于犬是由狼进化而来的，故遗传了祖先的领地感与领地标记的特性。因此，犬喜欢在特定的地方撒尿，或以肛门腺的分泌物使粪便具有一种特殊的气味，然后用粪便或是趾间汗腺分泌的汗液，再用后肢抓画辅助在地上做记号，标出自己的地界，并且还会经常更新。犬用自身气味去标记领地，是为了阻吓和驱赶意图进入此领地的其他犬只，或对强占它们领地的犬只气味进行覆盖，还可以吸引更多的异性进入，提高交配的几率。犬之所以这么做，是因为其鼻子相当灵敏，通过嗅觉不但能辨别出领地范围，还能闻出所属领地犬的多种信息，包括公母、年龄与健康状况，有无处于发情阶段，是否比自己更厉害等，如果对方较弱，则会撒上一泡尿，将地盘强占过来。一块领地只可以属于一两只犬，或是属于整个犬群。

母犬的领地感不像公犬那样明显，只是在发情期为了告诉周围的公犬，而常用尿来标志领地界限或规定道路的记号。平时，母犬不像公犬那样护着领地和等级地位，只注意保护自己的仔犬，故母犬在一起始终都能和睦地生活。

（四）嗅闻外生殖器

嗅觉是犬最重要的感觉，通过相互嗅闻对方外生殖器部位，就可辨别该犬的性别、年龄、身体状况及其态度，因为外生殖器最能反映犬的情感，其皮腺能分泌出对犬有极大诱惑力的气味。此外，两犬互相嗅闻时，也是一种态度的表达。年长的犬或头犬有权检查年龄或地位次之的犬的外生殖器。

两犬相遇时，都有一定的接触程序，即先互相靠近嗅闻，再接触肩部被毛，最后才检查外生殖器。除互相嗅闻外，犬无论公母，都有经常检查和细心用舌舔舐自己外生殖器的习性，有助于保持其清洁。

（五）喜欢爬跨

各种年龄与性别的犬都有爬跨行为，但其目的和表现都不一样。幼犬喜欢爬跨是高兴和顽皮的表现，比如在与主人分开一段时间后相见时，常有这一行为发生；或两只小公犬一起玩耍逗趣时，也常有爬跨动作，这是兴奋和愉快的表现，而无交配的意思。成年公犬进行爬跨时有两种状况，一是与发情犬交配；二是企图确立自己的等级优势。母犬通常只是在发情高潮时允许公犬爬跨，甚至为了调情，会用身体去摩擦公犬，翘起尾巴静立，其中刺激性最大的行为就是爬跨公犬，此时，如有必要就可立即交配。

可见，爬跨有时是犬接近性成熟的表现，也是动物本能之一。但非正常情况下，犬喜欢爬跨，尤其是对人的身体部位，如不加以限制和纠正，就会演变成为恶习。纠正的方法是当发现犬出现非必要爬跨行为时，立即严厉训斥和抽打其腿部，进行禁止训练。如不做种用，也可以采取去势手术，省却烦恼。

（六）睡眠规律

睡眠是恢复体力、保持健康所必不可少的休息方式。犬在野外是夜间活动、白天睡眠的，经过人类驯化后几乎和人的作息时间符合，但是犬在夜间睡眠时还能非常警觉。犬睡眠没有较固定的时间，无论白天、晚上，有机会就睡。但比较集中的睡眠时间是在中午前后与凌晨两三点钟，且每次睡眠时间长短不一。犬一般每天需要 14～15 小时睡眠，常分成几次完成，规律性不强。总的来讲，年老与年幼的犬睡眠时间较长，年轻力壮的犬睡眠时间较少。

睡觉时，犬喜欢选择柔软、舒适、温暖的地方进行，如果不是，就会乞求般地吠叫。睡前在睡床上转几圈，找到最舒适的地方再躺下。犬睡眠时始终保持着警觉状态，身体一般蜷曲在一起，总喜欢将嘴藏在前爪之间，以保护鼻子嗅觉；一只耳朵着地，辨别各种声音信号，以利于鼻子时刻警惕四周的情况，便于随时作出反应。犬一般处于浅睡状态，稍有动静即可惊醒。如犬在沉睡时则不易被惊醒，有时还会发出梦呓，如轻吠、呻吟，并伴有四肢的抽动和头、耳轻摇等动作。

犬如果得不到充足的睡眠，工作能力就明显下降，失误也会增多，情绪变坏。睡眠不足的犬一般会表现出喜欢卧地不起，哈欠不断，两眼无神与精力分散等情况。

（七）吠叫本能

除个别犬种如爱斯基摩犬等只能发出狼嗥似的叫声以外，绝大多数犬种都能发出“汪汪”的吠叫声，这种吠叫本能是守卫犬、护身犬和警犬的必备条件之一。犬的吠叫属于正常行为，是进行信息交流与感情表达的方式之一，也是人们不应该忽视的声音。犬吠叫的原因有很多种，主要包括犬正在享受某种乐趣、感到害怕或孤独不安，或心情兴奋，或生气感觉有压力，或希望引起人或同类的注意，或听到了什么异样响动，或发出警告提防危险，或精力过于充沛，或威慑入侵者等。犬通常只在其领地范围内吠叫，特别是当陌生人、畜接近它居住的地方，或听见可疑的声音就会奋力吠叫。一般小型犬的吠声较高而尖锐，而且喜欢乱叫；大型犬吠声较粗而低沉，而且性情较沉着，通常不会乱叫。犬的吠叫如同人的语言表达，如对于弱者常发出一种喉音以示权威和恐吓；被欺凌时会发出“噢呜……噢呜”的哀叫声；幼犬离开母犬，或感到寒冷，或因为寄生蛔虫疾病等而腹痛，都会发出一种尖锐短促的高调声音。

犬的吠叫与警戒心是一只宠物犬所必须具备的条件，但是过分地吠叫会使主人感到烦躁，也会影响左邻右舍。因此，犬要养成必要时才吠叫的习惯，故所有幼犬都应接受训练，使它不随便乱叫，听到命令会立即停止吠叫。制止犬乱叫的方法是，一方面找出致吠因素并进行排除，日常注意犬的精力消耗，另一方面可制造出比它声音还大许多的尖锐音，加以制止。

（八）学习能力

犬是一种智商较高、非常聪明的动物，尤其是犬的学习能力很强，能通过学习获得许多行为模式，使犬的适应能力更强，情感更丰富。犬一般可通过模仿、悟性、条件反射、探求、印记、习惯化来进行学习，最终使自身的某些行为发生比较持久的变化。为此，犬具有较强的接受及理解能力，可领会人的简单语言、表情和各种手势，有时会做出令人惊叹不已的事情。犬的学习能力得益于其很强的记忆力，犬对饲养过它的主人和地方，可记忆十年。因此，犬能学会各种各样的表演，并在主人情绪不好时，表现出乖巧可爱的一面来。主人则可以依据犬的记忆力训练犬定点饮食、睡眠与排泄，使其养成好的行为习惯。

（九）好动与喜肉食

犬习惯不停地运动，故饲养者应向其提供一定的活动范围。犬原本为肉食性动物，被驯化后还是喜欢吃富含蛋白与脂肪的动物性食物，故习惯于啃咬肉、骨头，喜吃肉类及鱼类。但由于长期家畜化，犬也可杂食或素食，为使犬正常繁殖生长及达到正常生理、生化指标，饲料中需要有一定的动物蛋白质与脂肪。平时，可在其食物中加适量的肉汤、鱼汤等有腥味的食物，增强其食欲。另外，如让宠物犬执行某些特殊任务，其食物中必须增加动物蛋白。若犬的食物主要是肉类，这样会促使其拒食杂粮，不利于营养素的均衡摄取，反而对宠物犬是有害的。尤其是对宠物幼犬，肉类一定不要喂得太多。蔬菜、水果及适量的碳水化合物是宠物犬食物所必需的组成部分。但要注意，犬的素食消化能力很差，整根蔬菜吃下去会近乎原样排出，可能与咀嚼不完全有关。

（十）环境识别与适应

俗话说：猫找八百里，狗找一千里。这说明猫与犬具有惊人的归家本领，很大程度上是靠其超强的记忆力与环境识别能力。因此，犬可依靠其对环境有较高的辨认能力，而具有很强的归家性，能从很远处异地自行归家。犬适应环境的能力也很强，对风、沙、雨、雪均有较强的承受力，尤其是对寒冷的适应力更高。犬虽属家畜化动物，但若长期遭遇不合理饲养与粗暴对待，亦可使之野性恢复。

（十一）喜爱清洁卫生

犬的本性有喜爱清洁、厌恶潮湿的习惯，一般不在吃食、睡觉的地方排粪撒尿，喜欢排在墙角、阴暗、潮湿或有粪便气味处。

（十二）具有超感觉

很多时候，犬表现出超感觉的本能，可以靠心灵感应传递信息。比如犬在地震和火山爆发前就有预感，到室外乱跑和吠叫；生性就以敌对方式对待猫，深怀妒忌性；还可支配方向感，具有很强的溯源性，能找到回家的路，等等。

三、犬的行为特征

犬作为一种家养动物，有着许多特殊的行为学特征，其具体的行为表现在很多时候绝对受到生活习性与情绪变化的影响。在宠物犬饲养过程中，其行为表现的正常与否直接影响到人类的生活质量。避免负面刺激对犬只情绪的影响，引导其作出正面积极的反应，有利于预防或减少犬只的行为偏差，更是人与其建立良好关系的前提，还可降低双方为此遭受挫折、焦虑与不安等情绪的可能性。

要帮助宠物犬建立健康正常的行为模式，必须理解其情绪变化与肢体语言的内在关系。犬的情绪变化很丰富，如喜欢、兴奋、高兴、悲伤、愤怒、失落或焦虑等，并会通过全身各部的行为特征毫不掩饰地表现出来。而犬的行为学特征与其神经类型有关，二者综合决定了犬的特定性格。

一般来讲，犬的情绪变化与人相比较为简单、平实，且部分情绪与行为表现非常相似，需要仔细观察才可发觉。如犬在高兴与愤怒时，耳朵都会下垂，尾巴都会摆动，但高兴和愤怒是两种完全不同的情绪变化，此时必须借助于其吠声、眼神及身体其他部分的状况来综合判断，唯此才能正确把握犬的情绪与行为变化。另如，犬单独留在家中会因焦虑而导致破坏性行为；遭遇恐惧时，还会有逃避或攻击性行为的表现。

（一）犬的情绪表现

1. 高兴时表现

犬在高兴的时候，最为常见的一种表现方式就是会使劲摆动尾巴，不断地向高处跳跃。犬偶尔还会露出“笑容”：头部扬起，眼睛微闭，有时候会眯成一条缝，目光温柔，耳朵向后伸，鼻上堆满皱纹，鼻内发出哼哼声，并轻松地张开嘴巴，拉开上唇，露出牙齿；且柔和地扭曲着身体，全身被毛平滑伏贴，尾巴轻摆，表现出与人亲近的姿态。

2. 玩耍邀请

当犬邀请玩耍时，会将前躯低下成俯蹲状，并发出叹声、叫声或滚动的吼音配合高叫声，还可能提起一只前脚，使身体倾向一边，头部几乎接触到地面，或前后跳跃，下颌松弛，用期待的眼光望着玩伴。

3. 顺从

在发出玩耍邀请后，犬便可能转为顺从的姿态，俯蹲得更低，举起一只前肢来邀请玩耍，藏起牙齿，身体姿态轻松，安静无声，还常会翻转露出其腹部。

4. 完全顺从

此时犬的耳朵完全垂下，尾巴下弯，盘绕着一只后腿，而神经质的犬则会头部低垂，避开目光的接触，将尾巴夹在两后腿之间。最后，犬还会将身体翻转过来，一只后腿举起来，耳朵稍微抬起以示信赖。

5. 愤怒时表现

犬在愤怒时，脸部表情和“笑容”类似：鼻上提，拉开上唇，露出牙齿，不同的是面部肌肉紧张，两眼圆睁，目光锐利，耳朵向斜后方向伸直。嘴巴一般不张开，但唇部全部向后卷，连犬齿也露出来，并发出“呼呼”威胁的声音，用力跺四脚，身体僵直，被毛竖立，尾巴陡伸或直伸，与对方保持一定距离。如果两前肢下伏，身体后坐，则表明即将发动进攻。

6. 哀伤时表现

哀伤时，犬头垂下，两眼无光，向主人靠拢，并用乞求的目光望着主人；有时会躲到墙角或阴凉处静卧，情绪低落消极。

7. 恐惧时表现

恐惧时，犬两眼圆睁，耳朵向后伸，尾巴下垂或夹在两腿间，还会表现出全身被毛直立，浑身颤抖，呆立不动或四肢不安地移动，或者不断后退等现象。在发动恐惧性攻击时，犬会露出牙齿，发出低吼声或咆哮或吠叫，耳朵向后伸，全身紧绷，后腿作势准备随时快速行动，后半身的毛发竖立，尾巴向下而僵直。

8. 其他表现

犬在等待、期望喂食或出去玩耍时，会表现出身体平静的站立，两眼直视主人，还会摆动尾巴。如果犬头部下垂，耳朵靠拢，躯体低伏，则表示屈从和敬畏。如果犬头部摆动，耳朵竖起，身体拱曲，尾巴高高地翘起来摆动，有时还伸出前爪，表示想与人亲昵，一起游戏。

（二）犬的行为表现

1. 排尿行为

公犬成年后，外出活动时遇到转弯、转角处或树木、电杆等，常常会停下来嗅一嗅，然后抬高一条后腿撒点尿留下标记，再继续前行。如果尿液平稳有规律的排出，表示犬只是为了排尿；如果尿液少量、多次喷射出来，表示犬在用尿标记领地或做路标；当公犬走出自己的领地时，也会用尿做标记，用来盖上其他犬留下的味道。

犬抬高后肢撒尿，可展示其本领和力量，且犬尿气味还可显示其性别、年龄、领地与健康状况等信息。一般情况下，母犬和幼犬不会这样排尿标记，避免透露行踪。

2. 时间观念

犬具有很强的时间观念，每到喂食时，都会自动来到定点位置，并表现出异常的兴奋，如果没有按时喂食，就会以低声的呻吟或扒门来提醒饲主。此外，犬到了出去玩时间，也会采取行动提醒玩伴。利用犬的时间性加以训练，牧羊犬可准时把羊群赶回家，伴侣犬则能准时接送主人。

3. 检查肛门部

当两只犬相遇时，总是通过嗅对方肛门部皮腺分泌物，以获取对方性别、大致年龄、健康状况与当时的情绪等信息。还可以通过嗅对方肛门部，来确立犬在社群中的地位等级，上级可以检查下级。所有的犬无论雌雄，都会经常检查自己的肛门部，通过舔舐而保持清洁，否则会在群体中不受欢迎。但当一只犬过于频繁地检查自己的肛部时，可能已患消化系统等疾病。

4. 气喘和流汗

在运动后或是天气炎热时，犬会伸出宽大的舌头，呼哧呼哧地粗声喘气，呼吸相当急促，但是十分顺畅，且不带鼻腔和胸腔杂音，没有呼吸困难和吃力的表现，这是犬在释放身体内多余的热量，以保持体温恒定。激动或兴奋时，犬也会心跳加快，呼吸急促。但当犬呼吸吃力和气短时，极可能患有心脏病、心血管疾病与呼吸系统疾病等。

犬身上皮肤缺少汗腺，只有爪缝处有一些汗腺，趾部汗腺发达。当一只犬跟踪另一只犬时，是通过嗅脚印上所留趾部汗渍来实现的。

5. 尾

犬尾的行为表现也包含着各种重要信息，如粗暴、野味重的犬，尾部一般低垂；而训练程度高的犬，尾部会高卷。高兴、信心、兴奋或强势的犬会扬起尾巴并不断摆动，使肛部气味散发出去；而恐惧的犬，后肢夹紧尾巴紧盖肛部，不让其散发气味。犬遇到异性时，尾巴便会竖立成直角，而且微微振动；在生气时，则会尾巴下垂；尾巴下垂作慢节奏的摇摆表示犬“不确定”。

6. 条件反射

条件反射是后天获得的，为适应不断变化的环境条件而形成的反映，是建立在非条件反射基础上的生理活动，更是训练的结果。通过科学的训练和诱导，犬很容易建立起相应的条件反射，完成预定动作。如犬见到主人穿鞋穿衣服，就会明白要外出活动，立即奔向门口；听到主人的脚步声，犬会站在门口迎接回家的主人；听到主人呼唤，犬会兴奋地摇摆尾巴，以示亲近。经过训练后，犬还能服从主人的相应命令，完成一系列复杂的动作。但这种反射并不稳固，一旦条件不存在，反射强度也会下降。

7. 好奇

犬的一生都对环境事物具有强烈的好奇心，利用其敏锐的嗅觉、听觉、视觉与触觉去认识世界，获得生活经验。其中视觉好奇，是犬好奇的一个重要组成部分。每当犬发现一个新的物体，总是用好奇的眼神注视，表现出明显的视觉好奇性。然后用鼻子嗅闻，舔舐，甚至用前肢翻动，进行认真的研究。这种好奇心促使犬乐于奔跑、游玩与完成训练，故在科目训练中容易保持浓厚的兴趣。因此，满足犬的好奇心，有利于其心智的成长和本领的学习与掌握。

8. 排便

犬的排便中枢不够发达，不能在行进中完成，需要一定的排便时间。一般情况下，犬在排便前，会表现出不安、转圈、嗅寻、翘尾、下蹲与抬腿等行为，应立即将犬引导到固定点排便。

犬排便和撒尿一样，除了生理排泄需要外，还可以发挥信号标记的功能。为此，犬常常花很长的时间去变换地方，寻找适合的排便地点。犬在排便后，如果附近地面是沙土，就会扒挖一些泥沙，将趾部的汗渍气味附加上去，以便标记领地范围，并留下相关信息。

9. 护卫行为

犬有很强的戒备心理，容易触发其护卫行为。①犬对主人具有忠诚的保护行为，在有陌生人靠近时，易对其存有敌意，特别是与其主人握手、拥抱等行为，可能会引起犬的攻击；②产犬的护仔行为，这是一种母性行为；③犬的性生理守护行为，当犬在交配过程中，雌性对雄性具有守护行为；④犬对食物或玩具等有独占行为，对自己的食物或喜欢的玩具有强烈的独占天性，不会轻易放弃；⑤犬对领地有护卫行为，其领地意识特别强。

10. 友好

通过感情培养与逐渐诱导，犬可以和其他宠物友好相处，如部分犬与猫共同生活，也能平安无事。但要避免引起犬的嫉妒心理，在对猫表示宠爱时，不要冷淡了犬，一定要给予补偿。

11. 握手

递出前爪，做出握手的姿势，是犬的一种本能行为。幼犬向母亲或其他成年犬伸前肢，表示爱心与屈服；成年犬之间相互伸出前爪，则表示邀请玩耍或交配。

12. 社群地位

犬的群体有着严格的等级观，头犬一般是最老的雄性犬，它可以任意检查所有犬的肛门部，并在其喜欢的地方撒尿。其他行为特征可参见前文“等级观念”的内容。

13. 玩

犬终身爱玩，所以易学习训练科目。幼犬非常高兴与人一起玩耍，并很快认人做头犬。在和父母或其他成年犬玩时，会学到生活技巧和本领。若因游戏受到处罚时，会使犬产生不安全感。故在科目训练时，不应对犬过多采用处罚手段，阻碍其心智的发育和反射的形成。

14. 模仿

模仿是犬的主要学习方式，通过观察动作或听取声音来模仿同类的行为，一般经历注意、记忆、行动、效果四个步骤，如果每次行动后都能得到好的效果，会强化其行为的形成。凭借模仿，犬可以学到处理与解决问题的本领，如对狩猎和交配等能力的掌握。另如，犬吃屎的习惯也是模仿行为，应在幼犬期就避免其发生。

15. 舔舐

仔犬一生下来就被母亲舔舐，对其身体清洁、呼吸刺激及废物排泄等方面都有帮助。随着仔犬逐渐长大，便学会舔舐自己与同伴，可以表示主导权、意图心或是心理状态。有时是一种充满亲昵、友好的仪式和清洁行为的表达，并可起到犬与犬之间情感联系的强化作用。这种情感机制的真正建立，来自彼此相互舔舐的满足感。此外，犬的舔舐，还有可能是为了表明驯服、愿意合作或级别稍低的立场，或是因为饥饿，为了获得食物，或是由于患有异食癖等情况。

16. 威胁行为和战斗

犬天生就具有高度的警惕性，对可能存在的威胁来源存有敌视心理。如果吠叫声音低沉，一般表示犬处于威胁、愤怒阶段，并可能发动攻击；而咆哮声则是警告信号，督促对方走开，真正准备实施攻击时并不咆哮；如果咆哮信号送出后，对方仍不退却，咆哮就可能会停止，这时将准备实施攻击。实施主动性攻击的挑战行为时，犬的耳朵完全朝前，并暴露牙齿，皱起鼻子，显示出统治性和自信心；而越是表现屈服与恐惧的犬，其尾巴下垂越低。

17. 爬跨

犬的爬跨行为，不完全是为了交配，有时是一种玩耍游戏。在某些情况下，犬爬跨对方是显示自己较高级别的一种仪式，地位低级者不敢反抗。但对有随意爬跨恶习的犬，应该促使其戒除。

18. 口鼻部的摩擦

犬以口鼻部摩擦主人，可能表示温柔的爱抚，想吃食物，希望建立友好关系，得到抚摸，或邀请玩伴去散步等意愿。

19. 眼睛表情

犬眼睛的表情非常丰富。直视，表示是理解和信任；不直视，表示不理解和不信任；不断转换视线，表示不喜欢或害怕。

20. 同情或喜欢

犬对人或事物也有好恶之分，对某些人喜欢，而对其他人充满敌意；允许部分人抚摸，而其他人不行；见到路人就吠，见到喜欢的人就摇尾巴。

第二章　国内外名犬的品种与选购

第一节　犬的品种与分类

犬在动物学分类上属脊索动物门→椎动物亚门→哺乳纲→真兽亚纲→食肉目→裂脚亚目→犬科→犬属→犬种动物。犬在过去为普通毛皮和肉用动物，现在则常作为宠物伴侣，起着调节人们生活的作用，经过针对性训练后的犬还可身兼数职。犬类大小不一，大者似狮子、豺狼，小者如猫、松鼠等，其中体型高的可超过 1 米，矮的仅有十几厘米；体重最重的可达 100 千克以上，最轻的却只有 1 千克左右；跑得最快者时速能达 100 千米；跳得最高者能越过 4 米。此外，各犬种的面貌和毛色也不尽相同，差异之大使人难以相信是同种动物，但是所有的差别都是人们定向选择驯养的结果。

为了便于人们正确认识、评价与有效利用犬的品种资源，需要对品种繁多的犬进行分类。因此，创立了动物分类系统及动物命名“双名法”的著名瑞典生物学家林奈，将世界上所有的家养犬统归为一种，定名为“家犬”，并一直沿用至今。据统计，世界上的家犬品种有 1 400 余种，其中定类的有 500 多种，现存的犬有 450 多种，世界名犬中收录的有 240 多种。这些不同品种的犬各具特点，适应不同的自然生态条件。

目前，家犬常用且易为人们所理解的分类方法有两种：一是按犬的用途来分类，如玩赏犬、枪猎犬、工作犬、伴侣犬等。二是根据成年犬的体形大小进行分类。但由于犬的品种数量太多，加之近代犬的形态及血统都很复杂，许多品种的用途十分广泛而相互兼用，要将为数众多的犬种进行正确而合理的区分，确是不易。因此，根据成年犬的体形大小进行分类，就显得简单一些。

一、品种的概念

品种是畜牧业中的分类单位，是指同一个种的家畜，在人类影响下，有着共同来源的一个完整类群，在数量上能达到自繁自育的程度，具有经济价值和育种价值，在形态特征和经济有益性状方面，存在相对稳定性和一定的特殊性，与同一个种的其他类群或品种有明显区别。因此，凡是能称作一个品种的犬，应同时具备来源一致、适应性相似、性状相近、遗传性稳定、种用价值高、数量充足等方面的条件。

二、犬品种的分类

由于世界各地自然气候与地理环境的不同，各犬种在驯化过程中经历了生活条件的变换，人们长期的定向选择与培育，逐渐形成了几百个稳定的品种，相互之间变异很大。据英国犬学专家哈巴德氏研究，世界上有 850 多个犬种，具有纯正血统的名犬大约有 400 种，其中有 100 多种为人们所喜欢并已形成共识。由于犬的品种较多，形态血统十分复杂，在用途上也可兼用，因此，对于犬的品种分类，目前还没有统一的标准，尚无一种完善的分类方法。

（一）使役用途分类法

世界各地对于犬的分类方法各有不同，其中以美国的分类法较为普遍。该分类法是将犬以其最初被人们所用于的工作领域或环境而分为七大类，具体如下。

1. 工作犬

本类犬大多形体硕大，强壮有力，且很温顺，在多数情况下英勇无畏，很高兴为主人工作。根据不同工作类型，又可分为智力型和体力型两种。智力型的犬高级神经活动过程强而均衡，特别是分化抑制过程很精细，容易接受比较复杂的科目训练，如军犬、警犬、救护犬与导盲犬等。体力型的犬体格健壮，四肢发达，有耐力，高级神经活动过程强，兴奋过程占优势，能从事拖拽、捕咬、守卫或运输等工作，如西伯利亚雪橇犬、护卫犬与运输犬等。

2. 狩猎犬

该类犬包括嗅觉猎犬与视觉猎犬等几种，都具有古老的狩猎特性，如猎取反射强，行动敏捷，反应快，体型适中，有非常敏感的嗅觉或尖锐的视觉能力去追踪猎物，还拥有很快的奔跑速度，如法国短腿猎犬与比格尔猎犬等。

3. 枪猎犬

此类犬包括示位犬、拾猎犬与激飞犬等，具有运动型犬的天生秉性，活泼好动且异常警觉，也是一类很惹人喜欢的宠物犬。这类犬通常性格温顺，非常聪明，学习能力很强，能接受很多任务，如指示捕猎目标，侦察、惊吓、追踪猎物和拾回猎物等，大多数身兼两职，既可作猎犬，也可作家庭宠物犬，如向导犬、金毛拾物犬等。

4. 牧羊犬

这类犬反应灵敏，聪明忠实并且有很好的体能耐力，也称畜牧犬。它们虽没有狩猎犬那般古老，但在保护家畜、管理牧群的历史上，也有数千年之久。现在也常作宠物犬，如柯利牧羊犬与德国牧羊犬等。

5. 爹利犬（特利犬、挖掘犬、梗犬）

该类犬本属于工作犬，因产地和外观均较接近，故单列一类，是近几百年来英国培育出的品种，可用来捕捉小型害兽、老鼠或帮助放牧。它们性格刚烈，对主人忠心耿耿，且活泼好动，体贴温顺，好奇心强，精力充沛，体态大都较小，样子也很有特色，十分惹人喜欢，是伴侣、玩赏、看家的理想选择，如贝林登犬等。

6. 伴侣犬

这类犬通常是指不参与工作，仅为人类做伴、给家庭带来乐趣的犬。任何一个犬种都可以成为人类的伴侣，不同品种的体型和性格有很大差异，如娇小安静的北京犬和活跃快乐的大麦町犬。

7. 玩赏犬

最早源于古时的中国宫廷，将犬当做宠物和玩伴饲养。此类犬的特点是体型多较小，而且驯良忠实，其中多数还是很好的护卫犬，非常聪明、可爱，但有占有欲，勇敢得近乎愚蠢，如博美犬与吉娃娃犬等。

（二）体型大小分类法

犬根据体型大小来分类，没有严格的界定标准，实践中还得结合犬的体长与体高进行划分。一般划分标准如下表所示。

犬的体型大小分类法

类　型	体　重	身　高
超大型犬	>41 kg	>71 cm
大型犬	31 ~ 40 kg	61 ~ 70 cm
中型犬	11 ~ 30 kg	41 ~ 60 cm
小型犬	5 ~ 10 kg	25 ~ 40 cm
超小型犬	<4 kg	<25 cm

（三）生物学特性分类法

根据生理或行为等生物学特性，也可以将犬进行分类，为宠物犬爱好者在针对性选择时提供便利。

1. 体味最轻的犬

大白熊、喜乐蒂、蝴蝶犬、哈士奇、大麦町、伯恩山、玛尔济斯、边牧、萨摩耶、阿富汗等。

2. 体味最重的犬

沙皮、可卡、斗牛、松狮、杜宾、灵缇、北京犬、苏俄猎狼犬、巴吉度、比格犬等。

3. 口水最多的犬

英国斗牛、圣伯纳、巴吉度、松狮、沙皮、杜宾、美国可卡、藏獒、西施、罗威纳等。

4. 口水最少的犬

蝴蝶犬、博美、贵宾、雪纳瑞、比熊、吉娃娃、迷你杜宾、拉布拉多、哈士奇、喜乐蒂等。

5. 最爱叫的犬

苏俄猎狼犬、约克夏、西高地、吉娃娃、贵宾、腊肠、博美、比格犬、北京犬、德牧等。

6. 最不爱叫的犬

大白熊、藏獒、罗威纳、喜乐蒂、蝴蝶犬、伯恩山、阿富汗、雪纳瑞、巴哥、比熊等。

7. 最爱掉毛的犬

苏牧、哈士奇、边牧、博美、喜乐蒂、西施、银狐、北京犬、牛头梗、苏俄猎狼犬等。

8. 最不掉毛的犬

丝毛梗、巴哥、蝴蝶犬、约克夏、玛尔济斯、贵宾、比熊、西高地、雪纳瑞、猎狐梗等。

9. 最不爱运动的犬

法国斗牛、银狐、玛尔济斯、蝴蝶犬、约克夏、杜宾、西施、吉娃娃、北京犬、英国斗牛等。

10. 最爱运动的犬

边牧、巨雪、史宾格、德牧、沙皮、苏俄猎狼犬、巴哥、猎狐梗、金毛、古牧等。

11. 最耐热的犬

贵宾、西高地、圣伯纳、玛尔济斯、苏俄猎狼犬、喜乐蒂、丝毛梗、大麦町、西施、巴哥等。

12. 最耐寒的犬

史宾格、哈士奇、喜乐蒂、萨摩耶、阿拉斯加、金毛、松狮、玛尔济斯、伯恩山、边牧、藏獒等。

13. 最怕热的犬

斗牛、伯恩山、沙皮、雪纳瑞、牛头梗、博美、古牧、北京犬、哈士奇、史宾格等。

14. 最怕冷的犬

吉娃娃、灵缇、迷你杜宾、法国斗牛、贵宾、北京犬、牛头梗、约克夏、英国斗牛、杜宾等。

15. 最难训练的犬

阿富汗、吉娃娃、银狐、巴吉度、斗牛、比格犬、松狮、北京犬、西施、牛头梗等。

16. 最易训练的犬

德牧、边牧、拉布拉多、金毛、贵宾、喜乐蒂、杜宾、蝴蝶犬、罗威纳、史宾格等。

17. 最适合初养的犬

苏俄猎狼犬、拉布拉多、西高地、边牧、德牧、阿拉斯加、杜宾、柯基、金毛、吉娃娃等。

18. 最不适合初养的犬

牛头梗、银狐、史宾格、迷你杜宾、巨雪、贝灵顿、丝毛梗、北京犬、猎狐梗、腊肠等。

19. 最不黏人的犬

迷你杜宾、史宾格、牛头梗、灵缇、巨型雪纳瑞、贝灵顿梗、丝毛梗、猎狐梗、银狐、标准雪纳瑞等。

20. 最黏人的犬

古牧、约克夏、博美、圣伯纳、松狮、美国可卡、沙皮、西高地、英国可卡、贵宾等。

21. 要经常美容的犬

古牧、美国可卡、西高地、比熊、西施、阿富汗、雪纳瑞、沙皮、约克夏、玛尔济斯等。

22. 不需经常美容的犬

杜宾、牛头梗、猎狐梗、斗牛、腊肠、吉娃娃、巴哥、史宾格、柯基、银狐等。

23. 对小孩最友善的犬

金毛、美国可卡、拉布拉多、英国可卡、苏牧、苏俄猎狼犬、伯恩山、西施、圣伯纳、萨摩耶等。

24. 对小孩最不友善的犬

标准雪纳瑞、迷你杜宾、贝灵顿、巨型雪纳瑞、法国斗牛、灵缇、吉娃娃、猎狐梗、西高地、腊肠等。

25. 对生人最友善的犬

比格犬、拉布拉多、金毛、古牧、比熊、哈士奇、蝴蝶犬、大麦町、西施、圣伯纳等。

26. 对生人最不友善的犬

银狐、阿富汗、迷你杜宾、巨型雪纳瑞、秋田犬、吉娃娃、沙皮、腊肠、标准雪纳瑞、玛尔济斯等。

27. 对动物最不友善的犬

迷你杜宾、银狐、牛头梗、巨型雪纳瑞、阿拉斯加、贝灵顿、边牧、吉娃娃、灵缇、秋田犬等。

28. 对动物最友善的犬

萨摩耶、英国可卡、金毛、蝴蝶犬、史宾格、比格犬、拉布拉多、杜宾、喜乐蒂、伯恩山等。

（四）其他分类法

根据不同标准，犬还有其他几种分类方法。如按血统来源，可将犬分为纯种犬或杂种犬；依据被毛长短，可分为长毛犬与短毛犬；按照产地，也可将犬分为多种。

第二节　犬的主要品种介绍

一、超小型犬

超小型犬是体形最小的一种犬，是指从生长到成年时体重不超过 4 kg、体高不足 25 cm 的犬类。此类犬体型小巧玲珑，格外惹人喜爱，非常适合室内饲养，是宠物犬中的珍品，也称“袖犬”、“口袋犬”、“膝上犬”等。超小型犬的主要品种有吉娃娃犬、约克夏犬、北京犬、拉萨狮子犬、法国玩具贵宾犬、蝴蝶犬、小鹿犬、博美犬、腊肠犬和马耳他犬等。

（一）吉娃娃犬（Chihuahua）

【别名】奇瓦瓦犬、奇花花犬、齐花花犬、支华华犬与娃娃犬等。

【产地】墨西哥。　　【身高】15～23 cm。　　【体重】0.5～2.7 kg。

【标准形态】

［头部］

头部最好是“苹果形”，表情漂亮。眼睛很大但不突出，双眼匀称，呈现明亮的黑色或红色最佳，淡黄色或白色的犬有白色眼睛。耳朵大，直立。口吻稍短略尖。牙齿呈剪状咬合或钳状咬合。

［体躯］

颈部略有弧度与肩结合。背线水平。浑圆的肋骨支撑起胸腔，但不能形成桶状胸。

［四肢］

前肢肩窄，逐渐向下变宽，前腿直，肘部活动不受约束。肩向上，平衡且坚固，向背部倾斜。有宽胸和健壮的前半身，但绝不同于“斗牛犬”。后肢肌肉强健，距离适当。足纤细，脚趾适度分开，脚垫厚实。脚腕纤细。

［被毛］

短毛型的吉娃娃犬被毛质地非常柔软、紧密和光滑。被毛覆盖犬身并有毛领为佳，且头部和耳朵上的被毛稀疏。尾巴上的毛发类似皮毛。长毛型的吉娃娃犬被毛质地柔软、平整或略曲，最好有底毛。耳朵边缘有饰毛。

［尾巴］

尾巴长短适中，呈镰刀状高举或向外，或者卷在背上，尾尖刚好触到后背，绝不夹在两腿间。

［毛色］

任何颜色，有斑块或斑点。

［步态］

动作迅速而坚定，具有很强的后躯驱动力。从后面看，后腿间始终保持相互平行，后脚落脚点始终紧跟前脚。从侧面看，前躯导向配合后躯驱动，昂首阔步。行走呈直线，背线保持水平、稳定，前肢舒展、结实，后躯推动力强。

【性格用途】

个性温柔、聪明活泼、忠实机警、动作敏捷、感情丰富、敏感易惊、意志坚韧、极其忠诚、勇敢无畏，能在大犬面前自卫，具有小型护卫犬的美名，是世界名犬种中体型最小者。

【注意事项】

吉娃娃犬有时任性而固执，勇敢到无畏的程度，应防止其与大犬咬斗；喜欢群居生活，爱与同类和饲主成员相处；害怕寒冷；喜欢在陌生人面前颤抖；可能扑向一起玩耍的儿童，不宜做儿童的伴侣；容易患骨折与“闷塞症”，这些都应予以重视。

（二）约克夏犬（Yorkshire Terrier）

【别名】约克泰利犬、约瑟泰利犬、约克州梗、约克梗、约瑟犬与约瑟猩等。

【产地】英国大不列颠。　【身高】20～23 cm。　【体重】1.5～3.2 kg。

【标准形态】

［头部］

头小而平坦，头部毛长，口吻较短。耳朵小而毛密，为直立耳，耳根较高，呈V字形，两耳间距离较近。眼睛中等大小，呈暗色，显得机敏聪明。鼻子为黑色。

［体躯］

体格坚挺匀称，骨骼较小，背部平直。

［四肢］

四肢直并有丰厚的被毛覆盖。足不圆，爪为黑色。

［尾巴］

尾根高，有长毛覆盖，保持比背部低的状态，可在中部断尾。

［被毛］

幼犬背毛黑色，3～5月毛根开始呈蓝色，18个月时毛色固定，从头后延伸至尾部呈铁青色，四肢深褐色。背毛丰厚、直长且非常细密，呈绸缎状，富有光泽，从不卷曲，柔滑如丝，头部为华丽鲜艳的棕黄色。被毛易脏乱打结，为保持其美观应经常梳洗。

【性格用途】

对人友善，温顺而忠诚，活泼热情，动作轻快，爱撒娇，为健康有生气的犬种。有捕鼠习惯，曾被用来驱鼠，对大型犬种不胆怯，适于公寓生活，是很好的玩赏犬，也可作优良的看家犬和家庭犬。

【注意事项】

不必户外牵遛，短距离运动即可。定期清洁牙齿、眼睛和外耳道。避免吃硬食或啃咬坚硬物品，防止掉牙。要保持全身被毛的光泽垂顺，每日必须刷毛和干洗，头部毛要扎起。若无法护理长毛，可剪至2.5cm。

（三）博美犬（Pomeranian）

【别名】波美拉尼亚犬、波默拉尼亚狐狸犬、松鼠犬等。

【产地】德国波美拉尼亚。　【身高】20 cm左右。　【体重】1.5～3.0 kg。

【标准形态】

［头部］

头与身体相称，呈楔形，口吻短直而精致，表情警惕，面像狐狸。头骨密合，头盖骨略圆，但不呈拱形。耳朵小巧，两耳间距不大。眼睛深色明亮、中等大小、呈杏仁状。除棕色、河狸色和蓝色个体为本色外，鼻镜、唇缘与眼圈呈黑色。剪状咬合。

［体躯］

颈部与背部稍短，背线水平。身躯紧凑，肋骨扩张良好，胸深与肘部齐平。羽毛状尾巴高位，直平放于背上。

［被毛］

具有双层被毛，外被毛直长竖立、光亮且质地粗硬；内被毛短软而浓密。脖子、肩膀前面和前胸的被毛浓密，在肩和胸前形成装饰。头部和腿部的被毛稍短，紧贴身体。前肢的饰毛延伸到脚腕。尾巴上的被毛密厚直长、粗硬，呈散开状。为使其轮廓清晰整洁，可做一定的修剪。

［毛色］

毛色与图案变化多样，均为正常。在专业比赛中，可将毛色分为红色类包括红色、橘色、紫貂色和奶油色；黑色类包括黑色、蓝色和褐色；其他颜色类包括除红色与黑色以外的任何颜色和图案变化。

［步态］

步态轻松流畅，活泼协调。具有良好的前躯导向和有力的后躯驱动。两侧的腿都在同一直线上移动，背线保持水平且整体轮廓平衡。

【性格用途】

活泼好动，心情开朗，聪明机警，小巧玲珑且掉毛少，无体臭，易于驯服，欢乐而生气勃勃，是一种理想的宠物伴侣犬。

【注意事项】

被毛较长应常梳理，以防缠结、脱毛引起皮炎。趾甲长得很快，应及时修剪。耳道易患病，需常检查和清洁。此外，该犬种繁殖率较低，老年犬特别不宜再繁殖。

（四）腊肠犬（Dachshund）

【别名】猎獾犬、猎肠犬、达克斯犬、板凳犬、穴熊犬等。

【产地】德国。　　【身高】标准型 21 ~ 27 cm，迷你型更矮。

【体重】标准型 6.5 ~ 7.0 kg，迷你型 4.5 kg 以下。

【标准形态】

［头部］

头呈锥形。眼睛深色，中等大小，杏仁形，深色眼圈，表情愉快舒适。鼻梁骨突出。耳朵非常接近头顶，中等圆长。鼻镜黑色。嘴唇延伸覆盖下颌。剪状咬合。

［体躯］

躯干长且肌肉发达，整洁无赘肉，颈背微圆拱并流畅地融入肩部。背部直。腹部略微上提。

［尾巴］

位于脊椎的延长线上，一般直垂体后。

［步态］

流畅而平滑，活泼舒展。前肢向前伸展良好，与后躯的驱动动作相互配合。足爪与行进方向平行。

【性格用途】

沉着忠实，活泼可爱，勇敢自信，气宇轩昂，表情丰富，聪慧机警，好奇心强，吠声洪亮，耐力持久，易与家人亲昵。嗅觉敏锐，善掘洞，过去常用于猎獾等小动物，目前多为家庭犬与玩赏犬。

【注意事项】

腊肠犬固执己见，若不加控制，对陌生人有一定的攻击性。另因其身体较长，容易受伤而截瘫。

（五）贵宾犬（Poodle）

【别名】贵妇犬、蒲尔犬、小型贵妇犬、蒲多犬等。

【产地】法国或德国，具体不确定。

【身高】标准型贵宾犬：肩高 >38 cm；迷你型贵宾犬：肩高 29 ~ 38 cm。玩具型贵宾犬：肩高 <28 cm；茶杯型贵宾犬：肩高 <20 cm。

【体重】标准型 5.5 ~ 8.5 kg；迷你型 3.5 ~ 5.5 kg；玩具型 <3.5 kg。

【标准形态】

［头部］

头小而圆，略突出。鼻梁、颊骨和肌肉平滑，枕骨到鼻梁长度与口鼻一致。口鼻长直且纤细，唇部不下垂。眼部下方稍凹陷。下颚大小适中，轮廓明显。牙齿呈剪状咬合。眼睛颜色非常深，为杏仁形，眼神机灵。耳根不高于眼水平线，耳朵下垂紧贴头部，耳郭较宽长，覆盖有浓密的被毛。

[体躯]

颈部匀称结实，毛浓。咽喉部的皮毛很软。背线水平。肩后有轻微凹陷。躯干胸部宽阔舒展，肋骨富有弹性。腰短而宽，肌肉匀称，结实健壮。

[四肢]

肩部肌肉平滑、结实。肩胛骨完全闭合，长度近似于前腿上部。前后肢直，纵向看平行。侧面看，前肢位于肩正下方。脚踝结实、狼趾可剪掉。足较小，呈卵状，脚趾较短，成狐状排列。脚上的肉垫厚、结实。后膝关节健壮结实，曲度合适。股骨和胫骨长度相当。跗关节到脚跟距离较短，且垂直于地面。

[尾巴]

尾根位置高，尾巴直举。断尾应留足长度以维持匀称外观。

[皮毛]

被毛有卷毛与绳索状毛两种，卷毛质地自然粗糙，密布全身；绳索状毛紧密、均匀、往地下垂。胸部、身体、头部和耳朵被毛较长。关节部位被毛相对短而蓬松。

[毛色]

毛色均匀而一致，主要有青灰色、灰色、银白色、褐色、牛奶咖啡色、杏色和奶油色。同色还会有深浅差异的变化，通常是耳朵和颈部的毛色略深一些。褐色和咖啡色的贵宾犬常有着肝褐色的鼻子、眼眶、嘴唇，深色的脚趾甲和深琥珀色的眼睛。而黑色、青灰色、灰色、银白色、奶油色、深蓝色和白色的贵宾犬常有黑色的鼻子、眼眶和嘴唇，黑色或本色的脚趾甲和深色的眼睛。杏色犬品质稍差。

[步态]

向前小跑时，步伐轻快、稳健有力，主要依靠后肢发力。头部高昂，尾巴上翘。

【性格用途】

拥有非凡的气质和独特的尊严，性情高傲，自信豪放，亲切而警觉，服从性好，聪慧灵敏，极善学习，易于训练，活泼开朗，不掉毛，无体臭，是服从竞赛项目的最佳选手。

【注意事项】

幼犬易生病，成年犬要经常清洁耳道及牙垢，不适合做孩子的玩伴，被毛应定时修剪。

（六）玛尔济斯犬（Maltese）

【别名】玛尔他犬、魔天仙、摩天使、马尔济斯犬、马耳他岛梗、马耳他犬与马耳他岛犬等，或译成“魔天使”。

【产地】玛尔济斯岛。　【身高】20～26 cm。　【体重】2.5～3.1 kg。

【标准形态】

［头部］

头长适中，颅顶部略呈圆形，额鼻阶适度。耳位较低，耳朵下垂，有大量长毛形成耳缘饰毛，下垂至头。眼距极宽，双眼圆形，色极深，黑色眼眶烘托出机敏文雅的气质。鼻黑色。吻长适中。钳状咬合或剪状咬合。

［颈部］

有充分长度，头能高昂。

［体躯］

紧凑，肩高与肩峰至尾根长相近。肩胛斜位，肘部结实并紧贴躯干。背线平，肋骨扩张良好。胸相当深，腰紧而强，腹部略收。

［四肢］

腿骨纤细，有良好的饰毛。前腿直，掌节平而结实。后腿强健，膝关节和飞节角度适当。脚小而圆，趾垫黑色。

［尾巴］

尾巴在背上卷曲，有丰厚长羽状的饰毛，尾尖垂悬在后躯的一侧。

［被毛］

无绒毛层，只有单层被毛，外观平滑、直长呈丝状，沿体侧下垂触地。头部长毛可自然垂下或用头饰绑成发束。

［毛色］

纯白，耳部偶有柠檬色或淡黄褐色。

［步态］

步态平稳、轻快而流畅，看似行进迅速。

【性格用途】

态度温和而文雅情深，性情热切而活泼好动，吠声悦耳，且生性顽强勇敢，健康有生气，精力充沛，是很好的看家犬，能与儿童友好玩耍，深受人们的宠爱。

（七）日本狆（Japanese Chin）

【别名】日本猎、日本西班尼犬、日本跳犬、日本狮子犬等。

【产地】日本。　【身高】20～30 cm。　【体重】1.8～4.1 kg。

【标准形态】

［头部］

头大而宽。口吻短而宽。脸部斑纹和长有饰毛的耳朵组成图案，构成日本狆特殊的神情。眼睛距离较远，眼大而圆，深色且有光泽，眼角内能看到该品种特有的少量白色。耳朵小、V形、下垂，位于头顶偏下，间距大，长满饰毛，与脑袋构成圆形轮廓。头颅宽大。前额突出，与鼻镜齐平。止部深。鼻子宽短，鼻孔开阔。下颌宽，轻微的下颌突出式咬合。

[体躯]

颈部长度、粗细适中。背线水平。身体呈正方形，圆形肋骨使胸宽恰当。胸深适度，与肘齐平。尾根高，尾卷曲在背上，其尾尖下垂至体侧。

[四肢]

前躯腿直且骨骼纤细，肘部贴近身体；足爪呈兔形足；脚趾直或略向外张，成年犬脚趾末端有饰毛；狼爪可切除。后躯腿、足爪和成年犬脚趾与前躯一致；后膝关节适度弯曲；脚小且为兔形，脚趾直。

[尾巴]

斜向上举起，密厚的羽毛状被毛。

[被毛]

除头部和口吻被短毛所覆盖外，全身布满柔顺细长的毛发，直长丰厚，有波浪纹而不卷曲，颈部被毛呈鬃毛或毛领状，后腿长有饰毛，尾巴毛量丰厚形成羽毛状。

[毛色]

白底配有黑色、褐色及红色斑纹，斑纹在耳、颊部和躯干部均匀分布，以对称为佳。

[步态]

优雅，轻巧而自信傲然。

【性格用途】

聪明伶俐，好奇心强，警惕性高，活泼机灵，神气十足，富有感情，常显得多愁善感，对主人忠心耿耿，是一种非常漂亮的玩赏犬、伴侣犬和家庭犬。体形小巧但体质健壮，感觉敏锐，举止端正潇洒，神态威严高傲，一副贵族仪表，气质幽默，爱自我表现，也是优良的展示犬。

（八）拉萨狮子犬（Lhasa Apso）

【别名】西藏犬、西藏拉萨犬、拉萨犬、西藏亚布稣犬等。

【产地】中国拉萨。　【身高】23 ~ 28 cm。　【体重】3. 8 ~ 8. 0 kg。

【标准形态】

[头部]

头窄，眼后有明显凹陷，不很平坦，但也不成圆顶或呈苹果状。头部长有饰毛垂落在眼睛前，有大量胡须和髭须。鼻镜为黑色。眼睛为深褐色，大小适中。耳朵下垂，有丰富的羽状饰毛。钳状咬合或下颚略突出式咬合为好。口吻长度适中。

［体躯］

从肩关节到臀部的距离略大于肩高，肋骨支撑良好，腰部结实，后躯和大腿非常发达。前腿直，与后腿都覆盖着大量被毛。足爪有许多羽状饰毛，圆，类似猫足，脚垫厚实。

［尾巴］

有大量羽状饰毛，螺旋状卷在背后，上翘呈菊花形。

［被毛］

外形如狮子，被毛长而浓密，且沉重直硬，特别是头部、耳部、尾部被毛最丰富，可下垂至地面。

［毛色］

各种毛色都有，在耳朵和颌部被毛可带或不带深色末梢。以黑色、白色、金黄色、朱砂色、灰色、花色与茶色等为常见，以白色最为珍贵。

【性格用途】

性格开朗，自尊心强，警戒心强，健康强壮，对可信赖的主人非常顺从。忍耐力较强，经常吠叫，对陌生人具有很强的辨别能力，是良好的看家犬。

【注意事项】

对陌生人非常谨慎；对空间要求不高；需要经常运动和爱抚；要定期洗浴与梳理；要预防眼睛被前爪所伤。

（九）蝴蝶犬（Papillon）

【别名】巴比伦犬、蝶耳犬、矮小西班牙犬等。

【产地】法国。　【身高】20～28 cm。　【体重】1.4～4.5 kg。

【性格特征】

［头部］

头小，颅部中等宽，头盖略呈拱门形。鼻子为黑色圆形，鼻口部呈尖锐状。头顶正中央处有一条明显的体毛主色斑纹所夹着的白斑，宽窄不等。耳大、尖且较圆，饰毛丰厚，直立或者下垂，位于头部两侧后。眼睛位置较低，大小中等，圆而不突出，眼球和眼眶为暗色。鼻尖非常细。嘴唇紧、薄且黑。咬合为剪状咬合。

［体躯］

体躯长于身高，不太结实，肩部稍向后倾斜，胸部稍深，背平直，腰部稍呈拱形，肋骨弯曲适度，腹稍上收。

[四肢]

骨骼结实且平行，前肢直立而纤细，后肢细小，膝关节和跗关节弯曲适度，趾长成兔型，指（趾）间有被毛，站立姿势好。后脚若有狼爪必须切除，前肢的可保留。

[尾巴]

尾根高，尾长并朝背部弯曲成拱形，反搭在背上。

[被毛]

长丝状，大部分为平滑毛，少数略呈波浪状。毛量丰富，精致飘逸，直而富有弹性。无绒毛层。头部、口吻、前肢正面和后肢足爪到飞节段毛发短而紧凑。耳边缘饰毛漂亮。胸部饰毛浓密。背上和体侧毛发笔直。前腿背面也有饰毛，到脚腕处减少。后腿到飞节部分被“马裤”（也称为裙裤）覆盖。后脚毛发较短，但精致且可盖住脚面。尾巴有大羽毛状饰毛，流畅地挂在体侧外。

[毛色]

身体以白色为底，分布有黑色、红色、褐色与栗色等斑点或斑纹，构成斑驳色。

[步态]

轻松从容、优雅迅速，行进中不应有划桨动作或臀部僵硬的情况出现。

【性格用途】

个性开朗活泼，灵巧好动，精力充沛，渴望爱抚，喜为焦点，胆大灵敏，有感情，对主人热情忠诚，温顺，服从性较好，易于接受训练，喜欢狩猎鼠与兔等小动物。外观漂亮，小巧玲珑，举止高雅，聪敏胆大，安静、不随便吠叫，没有体臭，壮实而适应性强，是一种名贵典雅的伴侣犬和玩赏犬。

【注意事项】

对主人热情温顺，极具独占心，易妒忌第三者，对陌生人冷淡，且缺乏警惕性。被毛较长，需要每天梳理。

（十）迷你杜宾犬（Miniature Pinscher）

【别名】迷你品犬、小鹿犬、迷你平斯澈犬、迷你品沙犬等，中国俗称鹿犬。

【产地】德国。　【身高】25 ~ 30 cm。　【体重】3.0 ~ 5.0 kg。

【标准形态】

[头部]

头盖狭小，前端尖细，头顶平坦，面部不突出头颅。眼睛饱满，略呈卵形，清楚明亮，深色甚至是纯黑色，眼眶也是深色的，但巧克力色犬的眼圈与体色一致。耳朵小，耳根高，有立耳与垂耳两种，可剪耳也可不剪耳。口吻强壮。除巧克力色犬鼻镜与体色一致外，鼻镜须为黑色。嘴唇和脸颊小而紧，彼此贴近。牙齿呈剪状咬合。

［体躯］

颈部略呈拱形，曲线优雅，肌肉发达而无赘肉和皱皮。站立和行走时，背线水平或向后略倾。身体紧凑近似楔形，肌肉发达。胸部宽，肋骨扩张良好，中等胸深，与肘齐平。适度收腹，向上切入。腰部短而结实。

［尾巴］

尾根高，竖立，可在适当位置断尾。

［被毛］

平滑、短而硬，直且有光泽，紧贴全身。

［毛色］

被毛为纯红色或红中掺杂黑的鹿红色。

［步态］

骏马式步态，即在行走时前腿高抬轻放，脚腕弯曲，自由而轻松的步态。前腿和后腿平行移动，动作流畅，稳健有力，无拘无束，后躯驱动力强。

【性格用途】

活泼好动，体格强壮，行动敏捷，被人们广泛用作玩赏犬，也是优秀的家庭犬与捕捉老鼠的能手。

二、小型犬

小型犬是指成年时体重在 5 ~ 10 kg、身高在 25 ~ 40 cm 的犬类。此类犬个体较小，大多比较温顺，便于饲养管理，养护成本低，对所需生活空间的要求也不高。小型犬主要品种有北京犬、西施犬、哈巴狗、冠毛狗、西藏狮子犬、小曼彻斯特犬、猎狐犬、威尔斯柯基犬和可卡犬等。

（一）北京犬（Pekingese）

【别名】北京狮子狗、宫庭狮子狗、京巴、阳光犬、太阳犬、袖犬、京吧、京吧犬、狮子犬等。

【产地】中国。　【身高】20 ~ 25 cm。　【体重】3. 2 ~ 5. 5 kg。

【标准形态】

［头部］

头顶骨骼粗大、宽阔且平。眼睛大而黑圆，有光泽且两眼间距远。鼻短且宽，鼻孔大且张开。有一条皱纹自颊部延伸到鼻梁，形似宽“V”。止部突出。口吻宽，下颌坚固。嘴平唇，闭合时牙或舌不外露。耳朵与头顶平，紧贴于头部，举起时接近头部，耳下垂部分为心形。各毛色犬其鼻镜、嘴唇与眼圈均为黑色。

[体躯]

颈短且粗。躯体短，呈梨形且紧凑，前重后轻，腰部细而轻，十分特殊。背平。胸宽阔，肋骨悬在前腿之间并且扩张良好。

[尾巴]

尾根位置高，略弯曲过背至任意一侧，饰毛较长。

[被毛]

上层被毛粗而密，下层柔软。耳、腿、四肢、尾、趾部有多量饰毛，特别是颈部的鬃毛长而多，在肩前部形成一个“披肩”。

[毛色]

被毛有各种颜色与斑纹，以金黄色最为名贵。

[步态]

从容高贵、行进流畅，前躯略显扭动，但不应掺杂由肩松弛而引起的扭动。因前肢弯曲、前躯宽而重，后肢轻、直与平行，故会以细腰为支点扭动。运动中姿态轻松，像欢蹦乱跳一样自由舞动，且兼具稳定性。

【性格用途】

个性活泼、聪慧机灵、善解人意、气质高贵、温顺可爱、勇敢倔强，同时生性胆大固执，独立性与自尊、自信心强，沉着稳健，不随便吠叫。外表威严，顽固而易怒，但绝不随意攻击人，表现出不卑不亢的性格，对主人极有感情，对陌生人则多猜疑，是优秀的玩赏犬。

【注意事项】

扁鼻大眼，易生眼疾及呼吸性疾病，需防止温差变化太大。注意被毛的梳洗整理。

（二）哈巴狗（Pug）

【别名】哈巴犬、哈叭狗、巴儿狗、八哥犬、巴哥犬、斧头犬等。

【产地】中国。　【身高】26 ~ 28 cm。　【体重】6 ~ 8 kg。

【标准形态】

[头部]

头部大而圆，黑毛端有明显的皱纹为优良品种。头骨没有凹痕。口吻短、钝、方形，不上翘。颌/牙齿略向下突，宽下颌上门牙排列整齐。眼睛黑色，非常大，球形，突出，目光温柔、热切，非常有光泽，兴奋时充满激情。耳朵细、小、薄、柔软得像黑色的天鹅绒，分为玫瑰耳和纽扣耳两种，后者较受欢迎。鼻子为黑色较好。鼻口部不尖。口罩式的脸部。耳朵毛必须是黑色。

［体躯］

颈部轻微拱起如冠，粗壮，其长度足以使头高昂举起。身短且健壮，胸部相当宽。

［四肢］

四肢直且力强，长度中等。足部略呈椭圆如兔足。脚趾间相当分开，爪为黑色。

［尾巴］

尾根高，在背上紧紧地卷曲，双重卷曲的更受欢迎。

［被毛］

纤细、平滑，短且柔软，富有光泽。

［毛色］

有银色、杏黄色、浅黄褐色及黑色。

［步态］

从前面看，前躯导向良好，脚腕有力，脚爪撑在地上呈方形，中间的脚趾向前。后躯动作有力、轻松。后膝关节及飞节不向里或外翻。后腿与前腿处于同一直线。前后肢都自然地略显收敛。后躯轻微地摇摆是其典型步态，是轻松、自信与愉快的表现。

【性格用途】

性情温和，嫉妒心强，聪明伶俐，忠心耿耿，对生人极恶，沉着，易被驯服，喜与人接近，是非常优秀的家庭伴侣犬。

【注意事项】毛短怕冷。鼻短眼大，平时需要对眼及呼吸道进行按摩。贪食，易过肥，常发生呼吸困难和心脏病等问题。

（三）西施犬（Shih Tzu）

【别名】中国狮子犬、赛珠犬、菊花犬、菊脸犬、狮子犬、狮子狗等。

【产地】中国西藏。　　【身高】25 ~ 28 cm。　　【体重】4.5 ~ 8 kg。

【标准形态】

［头部］

头部圆而宽，与身体比例相称。颅部呈圆拱形。眼睛大而圆，不外突，颜色非常深，两眼之间开阔，间距恰当。耳大，略低于头顶，有浓密被毛。鼻孔宽大、张开。鼻镜、嘴唇与眼眶常为黑色，其中肝色与蓝色为其本色。口吻宽短，无皱纹，上唇厚实，下唇和下颌既不突出也不后缩。下颚突出式咬合，颌部宽阔。

［尾巴］

尾毛丰富，为羽毛状饰毛，卷曲在背上。

［被毛］

双层毛，丰厚浓密，华丽亮泽，长而平滑下垂，可有轻微波状起伏。头顶饰毛用彩带扎起。脚、腹底和肛门部位的被毛可剪除，有利于整洁和便于运动。

［毛色］

有各种颜色与斑纹，前额有白色亮毛。在各色中，尾尖最好为白色被毛。

［步态］

行进时，头自然上昂，背线始终水平，尾巴柔和地翻卷在背上，行走路线非常直，速度自然缓和，仪态端庄稳重，动感平滑流畅、轻松自如，具有很好的前躯导向和强大的后躯驱动力。

【性格用途】

面容热情和蔼，双眼圆睁，充满友好而信任的目光。性情开朗活泼，聪明伶俐、安静而又欢乐机灵，并善解人意、喜欢与人交往，对所有的人友好而信任，被忽略时才表现出高傲孤独、多情的一面，其耐受性和依恋性较强，对城市与农村生活均能适应，可作为伴侣犬和家庭宠物，是遐迩闻名的古老而又珍贵的玩赏犬种之一。该犬还具有胆大与警惕性高等特点，可用作看护犬，但智商排名靠后，服从性较差，难以训教。

【注意事项】

毛长而脆，容易折断和脱落，故除了梳理外，还应扎毛，以防缠结，使其被毛保持清洁、美观，并能保护眼睛，避免长毛垂下而刺伤眼睛。眼睛大而圆，外露面积大，容易感染由细菌引起的角膜发炎，故应每天或隔天用2%硼酸水或眼药水清洗。

（四）比格犬（Beagle）

【别名】比格犬、比高犬、米格鲁猎兔犬、小型比高犬、米格鲁猎犬、毕格尔猎犬、毕格犬、毕格猎兔犬、英国小型猎兔犬、猎兔犬、小猎兔犬等。

【产地】英国。　【身高】30～40 cm。　【体重】7～12 kg。

【标准形态】

［头部］

头骨较长，枕骨部呈大圆顶形，颅骨宽阔丰满。耳朵长垂，可轻拉延展至鼻子底部，耳根较低，耳尖呈圆形。大而榛色的眼睛间距适当，眼神温柔而坚韧，表情温和恳切。鼻孔大而张开。吻部直而方，凹陷处明显，长度适中。颌平坦。嘴唇不下垂。

［体躯］

肩膀倾斜，可自由活动。胸部深陷而适度宽阔。颈部长度适中，轻柔自然地从肩部抬起，强壮而不负重。喉部无节且皮肤没有褶。下颌角部有轻微的褶皱。背短，强壮有力。腰宽而略呈弓形。肋的弹性十足。

［尾巴］

尾巴粗而不长，如鳅鱼状，弧度犹如锐利的镰刀欢快地举起，但不会向前弯至背面，尾根较高。

［被毛］

浓密坚硬，长度短而适中。

［毛色］

白、黑及肝色的猎犬色，也有白茶色、白柠檬色。

【性格用途】

有亲和力，服从性高，嗅觉敏锐，活泼稳重，运动力佳，身体健康，患病率最低，是一种欢乐多情的小犬。愉快亲切，敏捷，奔跑速度快，对人类与周围的动物友好，特别喜爱儿童。除追逐时会吠叫外，性情安静。体形较小，外形可爱，性格开朗，动作惹人怜爱，因而逐渐受到人们的欢迎，成为家庭犬。

【注意事项】

食欲旺盛，叫声过大，活泼好动，容易忘形，好奇心重，爱搞破坏。该犬有外出流浪癖，成群时喜欢吠叫、吵闹，居家饲养时要注意看管，最好单只饲养。

（五）谢德兰牧羊犬（Shetland Sheepdog）

【别名】雪特兰牧羊犬、喜乐蒂牧羊犬、谢德蓝牧羊犬，简称喜乐蒂（Shelti）。

【产地】英国苏格兰。　【身高】33～41 cm。　【体重】6.0～10.0 kg。

【标准形态】

［头部］

头部精巧，呈长而钝的楔形，大小与身体尺寸协调，自耳部向鼻子逐渐变细。头骨平，两耳间宽度适当，枕骨不突起。双颊平，与圆形口吻的接合处平滑、自然。头骨和口吻的长度相等，分界点位于内眼角。眼睛中等大小，两外眼角位置稍高，杏仁形。眼呈深咖啡色，但蓝色芸石色品种的双眼或单眼可能是蓝色或有蓝色斑纹。耳朵小，根部接近头骨上部，宽度适当。鼻子必须为黑色。上下颌平、干燥，强壮，下颌发育良好。唇紧，牙齿健康，成完美、整齐、完全的剪状咬合，即上、下齿紧密重叠并成方形。鼻子、唇和眼线为黑色。

［体躯］

颈部长度适当，自然成拱形，可使头部高傲地扬起，且肌肉发达。自肩顶到臀部的距离稍大于肩高。胸部胸深，延伸至肘尖。肋骨自然扩张，下半部变窄，使前腿和肩活动自如。背线水平，腰上部曲线优美，臀部向后缓缓倾斜。

［四肢］

四脚为椭圆形，脚垫良好。脚趾呈拱形，紧凑。足爪呈卵形，紧凑，脚趾圆拱而紧密。脚垫深而坚硬，趾甲硬而结实。

［尾巴］

尾根位置低，渐细的尾骨至少长及跖部。尾巴被毛量丰厚，略向上伸展。犬在休息时，尾巴笔直下垂，或略微弯曲，而运动时会稍增高，但不会高过背线。

［被毛］

双层被毛，外层毛长、直而粗硬，底毛柔软、浓密。脸部、耳朵与足爪的被毛较短。有丰厚的鬃毛和饰毛，尤以雄性为著。前后肢均有饰毛，且很丰厚，但飞节以下部位的毛发较短。尾巴上的毛发浓厚。

［毛色］

黑色、蓝色、芸石色或深褐色，并带有不同程度的白色斑纹。

［步态］

平滑柔软、姿态优美，步幅大。驱动力主要来自后躯，准确而直，前提是要有正确的后躯角度、发达的后躯肌肉和韧带，后足爪可延伸至身体下方，以推动身躯向前运动。小跑时显得轻松而顺畅。

【性格用途】

智商高，聪明温顺，感觉敏锐，活泼好动，忠于主人，对陌生人存有戒心，警觉性高。容易接近，善解人意，热情开朗，顺从性好，理解力极强，易被训练，且体力好、耐寒，视野宽阔，被毛亮丽，已成为人们贴心的伴侣犬与看护犬。

【注意事项】

羞怯、胆小或神经质，顽固、脾气坏，咬人，尤其是高兴时爱叫。性格倔强，不顺从时就装傻。在比赛时，耳朵、足爪及飞节等部位的多余毛发应被修剪掉。

（六）西高地白梗犬（West Highland White Terrier）

【别名】西高地铁利亚、西高地白犬、西部高地白梗、波多罗克梗、罗兹尼丝梗、西高原白梗等。

【产地】苏格兰。　【身高】25～28 cm。　【体重】7～10 kg。

【标准形态】

［头部］

自前看，头呈圆形外观。头骨略圆，自耳向眼部渐细，与身躯比例协调。头颅宽、比口吻略长。头顶不平坦，两耳间略呈圆拱形。止部轮廓清晰，由重、突起的骨脊构成，位于眼之下，双眼间稍有凹陷，眉毛浓重。眼睛中等大小，杏仁状，深褐色，位置深，间距较大，眼眶微黑，目光锐利、好奇、活跃，机警而聪明。耳朵小而竖立，间距较宽，位于头顶两侧的边缘。耳朵末梢很尖，绝不允许剪耳。口吻钝，比头颅略短，有力且向鼻镜方向轻微变细。颌部平而有力。嘴唇是黑色的。鼻子大而黑，与口吻的其他部分一起，形成平滑的外形。牙齿显得大，上下颌紧叩成方形，为整齐的剪咬合。

［体躯］

颈部长，与头部和斜肩自然接合，肌肉发达，向颈底部渐粗，略倾斜。身躯紧凑而结实。背线始终平坦。胸部深，扩展到肘部，比例恰当，上半部分肋骨所成拱形自然，显示出平坦的外观。后肋骨很深，与前躯最后一根肋骨的间距短，使身躯能自由运动。腰部短、宽且强壮。

［尾巴］

相对较短，骨量充足，胡萝卜状直举，但不能卷曲过背。站立时，尾巴竖立且低于头顶水平线。尾巴被坚硬的毛发所覆盖，没有饰毛。尾根位置很高。不允许断尾。

［被毛］

为双层毛，外层毛直而硬呈白色，约 5 cm 长，颈部和背部被毛则稍短。腹部和脚部均有较长的软饰毛。耳朵上的被毛应作修剪。

［毛色］

白色。

［步态］

自由、笔直且从容，有力，不做作，伸展和驱动都很好。自前观察，腿略向中心靠拢。后腿强壮，运动自由。飞节收缩自如，靠近身体下方，足爪移动时，身躯被推向前。背线保持水平。

【性格用途】

勇敢坚强、淘气活泼、忠诚，非常聪慧、理解力强、善解人意、轻快敏捷、狩猎效率高，在户外是优秀的猎犬，居家饲养又是理想的宠物伴侣。

（七）比熊犬（Bichon Frise）

【别名】法国拜康、法国比熊犬、巴比熊犬、特内里费狗、毛比熊犬等。

【产地】地中海、法国。　【身高】23～30 cm。　【体重】3～5 kg。

【标准形态】

［头部］

脑袋略微圆拱，可向眼睛方向呈圆弧形。止部明显。口吻与脑袋长度比例接近3∶4。下颌结实。黑色鼻镜突出。嘴唇黑色，精致而不下垂。眼睛圆、黑色或深褐色，黑色眼圈附近有黑色或非常深的褐色皮肤环绕，表情柔和，深邃的眼神，好奇而警惕。耳朵下垂，隐藏在长而流动的毛发中，耳根略高于眼睛所在的水平线，且在头部比较靠前的位置。故在警惕时，犬耳可成为面部的一部分。牙齿呈剪状咬合。

［体躯］

颈部长而平滑地融入肩胛。背线水平。前胸非常明显，比肩关节略向前突出一点，且胸部相当发达，宽度足够前肢自由运动。胸部最低点至少延伸到肘部。肋骨适度撑起，向后延伸到短而肌肉发达的腰部。下腹曲线适度上提。

［尾巴］

尾根与背线齐平，温和地卷在背后，尾巴有许多羽毛靠在背后。尾巴向头部伸展时，至少能到达马肩隆。

［被毛］

双层毛，底毛柔软而浓厚，外层毛粗硬且卷曲。触摸两层毛发时，感觉柔软而坚固，像长毛绒或天鹅绒一样富有弹性。经过沐浴和刷拭后，会产生一种粉扑的效果。被毛需要修剪，显示出身躯的自然曲线。

［毛色］

白色，耳周或身躯上可有浅黄色、奶酪色或杏色阴影。

［步态］

行进中动作精准而正确，头部和颈部略微竖立，加速后，四肢趋向于身躯中心线聚拢。离去时，后腿间保持中等距离，脚垫可见。小跑时动作舒展、准确而轻松。自侧面观察，前、后腿的伸展动作协调，前躯伸展轻松，后肢驱动有力，背线保持稳固。

【性格用途】

性情开朗活泼、和顺聪明、勇敢机警、感情丰富，能与人或同类融洽相处，忠实于主人并具有坚强的个性，其适应能力也很强，是相当出色的玩赏犬。

【注意事项】

对居住环境的要求很高，经常需要人陪伴。

（八）查理斯王小猎犬（King Charles Spaniel）

【别名】骑士查理斯、骑士查理王小猎犬、骑士查理王猎犬、骑士查理王长毛猎犬、地毯犬、查理斯王猎犬、查理王猎犬等。

【产地】英国。　【身高】30～40 cm。　【体重】7～10 kg。

【标准形态】

［头部］

头部是拱门形，稍圆，鼻子朝天凹陷，与身体相比头盖很大。鼻镜纯黑色，鼻孔发达。额段很分明。耳朵很宽长下垂，耳根较高，饰毛丰厚。警惕时，耳朵会向脸部轻微煽动。眼睛色暗且圆大，不突出，看起来清澈明亮，眼距适中，眼睑以水平较优。表情很甜蜜、文雅而温柔。口吻呈轻微的锥状。嘴唇发达但不下垂，末端干净利落。正确、整齐且完美的剪状咬合。

［体躯］

颈部长短适中，无松弛喉部，肌肉发达略成弧度，与肩精巧衔接，外观文雅。背部短宽，背线始终保持水平。身体强壮坚挺，躯干短，肋骨紧密结合，结实有力，但非桶状胸。胸深适度，与肘部齐平。

［四肢］

粗壮的四肢短而直，有丰厚的被毛覆盖，力气很大。足部圆且坚挺，脚毛很浓密，肉趾非常发达。前肢肘部紧贴身体侧面，腕部强壮，趾爪紧凑，脚垫厚实，狼爪可被切除。从背后看，两后肢自飞节至脚跟段相互平行。

［尾巴］

尾巴位置靠前，似四方旗的形状，尾毛丛生，多数时间下垂，运动时尾巴不动是其典型特征。

［被毛］

中等长度、丝质、卷曲，富有光泽，可有轻微的波浪形。耳朵、胸部、腿上和尾巴上有长饰毛，且脚长饰毛为其品种特有。

［毛色］

通常为黑色、黄褐色与白色三种颜色的组合。主要有双色、三色与火红色等。

［步态］

直线行进，步幅恰当，文雅舒展，后躯推动力强。

【性格用途】

性情温柔活泼、勇敢快乐，友善顺从，非常温和，精力充沛，气质高贵，富有感情，不会因神经质或胆怯而具有攻击性，非常适合做小朋友玩伴，与其他犬种也很友好，是跟踪气味的好猎犬。

【注意事项】

不喜欢独处，也不能忍受寒冷和潮湿，需定期检查眼睛和耳朵，每周应梳理两到三次被毛，但无须专业修整。

（九）中国冠毛犬（Chinese Crested Dog）

【别名】中国裸犬、中国无毛犬、中国船犬、中国食用犬、中国羊犬、中国皇家无毛犬、中国无毛狗、中国裸体狗等。

【产地】中国。　【身高】23～35 cm。　【体重】5～7 kg。

【标准形态】

［头部］

头部呈楔形，从两耳间到后脑处略呈拱形，颅骨略圆。止部轻微但很清晰。眼睛呈杏仁形，分得很开，深色犬眼睛颜色深，而浅色犬的眼睛颜色也浅。眼圈的肤色和毛色相称。耳朵大而直立，耳根与外眼角对齐。面颊逐渐变细，使口吻呈清楚的锥形。深色犬鼻镜呈黑色，浅色犬鼻镜呈浅色，但都为纯色。嘴唇轮廓清晰，干净整齐、紧闭。水平颚或交错额。剪状咬合。

［四肢］

四肢长、细、直。脚呈兔形足，脚窄且脚趾细长。趾甲被修剪成中等长度。

［颈部，背线，身躯］

颈部自肩部向上支撑起头部，倾斜且干净，略呈弓形。背线向臀部稍有倾斜。从肩至腰，胸深逐渐减小，与肘齐平，胸骨不明显，而肋骨发育良好。腰较细。

［尾巴］

尾巴细长，至尾尖更细，其长度能触及飞节。当犬行进时，尾巴欢快地运动或翻卷在背上。

［被毛］

裸型犬只在头部有冠毛，尾巴有尾羽，前腕和后腕有短袜毛，均像丝一样柔软。身体皮肤柔软且光滑。冠毛从止部开始，到头颅后开始稀疏，至后颈逐渐减少。脸和耳朵偶有被毛，为了整洁可剪除。尾羽在尾巴下端。

粉扑型犬覆盖着双层柔软的丝质被毛，仔细观察可发现在很短的底毛外有一层长毛。被毛密度和长度适中，且直。

［毛色］

可为任一毛色或组合。

［步态］

活泼、敏捷，流畅且自由，进行中习惯保持直线小跑。

【性格用途】

该类犬对温度调节的适应能力很强，爱干净，无体味，从不掉毛，性情温顺开朗，活泼好动，率直而忠实，机智勇敢，警惕性高，感觉灵敏，美丽而勇敢，从不吵闹和攻击，亲切可爱，能表演，观赏性强，是优秀的表演犬，不仅可用作伴侣犬，亦可作为宠物饲养。

【注意事项】

此犬贪食，应注意其食量的调节。无须大量运动，切忌长时或剧烈运动。皮肤裸露，无被毛保护，故要经常洗浴，并涂擦护肤膏加以保护，以免损伤发炎。无前臼齿，切勿让其啃骨头。对羊毛过敏。皮色随季节而变化，夏季颜色变淡，冬季颜色加深。依恋性强，若离开主人，或许会伤心致死。

（十）日本柴犬（Shiba Inu）

【别名】西巴犬、丛林犬等。

【产地】日本本州与四国。　　【身高】35 ~ 40 cm。　　【体重】7 ~ 10 kg。

【标准形态】

［头部］

头中等大小，与身躯的比例适当。前额宽而平坦，有轻微的凹槽。眼睛形状近似三角形，位置深，向上、向耳根外侧倾斜。眼睛颜色为深褐色，而眼圈为黑色。耳朵为小三角形，稳固地竖起，与头部及身躯比例恰当，间距较远，直接向前倾斜，背面与圆拱的颈部相融合。止部适中。口吻圆而稳固、丰满，长度占整个头的 40%。下颌结实，从面颊向前突出。鼻梁很直，从止部到鼻尖略成锥形。嘴唇紧，且为黑色。咬合为剪状咬合，齿系完整，牙齿结实，整齐。

［体躯］

颈部粗壮而强健，且长度适中。背线止于尾根处，水平而直。身躯肌肉发达，尤其是前胸非常发达。胸部深度约为肩高的一半或略差。肋骨适度支撑，腹部稳固而上提。背部稳固。腰部结实。

［尾巴］

粗壮有力，以镰刀状或松弛的单卷状卷在背后，尾尖指向颈部，与背部基本平行为最佳；双卷或镰刀状，尾尖指向上方稍次。尾巴的长度能延伸到飞节。尾根较高。

［被毛］

双层被毛，外层直而僵硬，内层底毛柔软而厚实。脸部、耳朵和腿部的被毛短而平。身躯上的防护性被毛直立着，马肩隆的毛发长度在 1.5 ~ 2 in。尾上毛发略长且直立，形似刷子。

［毛色］

多为淡红色、亮橘色、棕黄色、黄褐棕色、浅黄色、奶酪色和灰色，也有黑色白底或黄底等。

[步态]

动作敏捷、轻盈而有弹性。小跑时，腿部趋向身躯中心线收拢，且背线保持稳固、水平。前躯伸展和后躯驱动适度而有效。

【性格用途】

为日本本土最小的犬种，体型较小，气质良好，习性聪明，且肌肉壮硕，护卫性强，身体清洁，不会乱吠，忠于主人，服从性好，易于训练，各方面素质都不错，能看家护院，比较适合家庭饲养，所以亦用作伴侣犬和守护犬。

【注意事项】

爱清洁，应勤洗、梳被毛，夏季每周应洗浴 1 次，秋季每 10 天洗浴 1 次。柴犬好动，应确保每天适量的户外散步或活动。

（十一）墨西哥无毛犬（Mexican Hairless）

【别名】玩具佐罗兹英特利犬、玩具墨西哥无毛犬等。

【产地】墨西哥。　【身高】28 ~ 50 cm。　【体重】4 ~ 14 kg。

【标准形态】

墨西哥无毛犬气质高贵、姿态典雅，不同于一般的猎犬或梗犬。幼犬形似小猪，肤色呈淡红色，鼻子如狮鼻，四腿短小，外貌与一岁后的成年犬截然不同。成年犬头部宽广，眼睛细小呈杏子形，耳朵很尖，吻部较长，鼻子肉色，尾巴细长呈剑状，全身除头部和尾端有少量短毛外，其余部位均无被毛，红灰色的皮肤上长满雀斑。

【性格用途】

对陌生人有些胆怯，但十分聪明，懂得自我保护。亲近主人，爱家居生活。体温明显高于人的体温。无毛犬非常罕见，本犬数量更为稀少，故是一种不可多得的玩赏犬和伴侣犬。

（十二）曼彻斯特梗（Manchester Terrier）

【别名】玩具曼彻斯特犬、深棕褐色玩具犬、曼彻斯特、玩具曼彻斯特梗、曼彻斯特玩具梗等。

【产地】英国。　【身高】38 ~ 43 cm。　【体重】7.0 ~ 8.0 kg。

【标准形态】

[头部]

头部狭长，皮肤紧贴头骨，前额平，稍下陷，自正面和侧面看均呈钝楔形，从侧面可看到略微突出的鼻梁。头骨和吻部的长度相等。吻部在眼下方，看不到面颊的肌肉，下颌饱满，轮廓清晰，鼻头黑色。黑色嘴唇紧闭，靠近颚部。颚部发育完整，丰满有力，牙床发育完整，牙齿为白色，呈剪状或钳状咬合，强壮有力。耳朵可有立耳、剪耳或纽扣耳，无优劣之分。杏仁状小眼睛几乎是黑色的，明亮而闪光，表情敏捷而警惕。眼睛颜色必须是黑色，位置适当接近，外眼角略向上斜，既不突出也不深陷。

［体躯］

颈部呈稍细拱形状，长度适中，近颈部段逐渐变粗，与倾斜肩部平滑连接。胸深，前肢间部位较窄，前胸轮廓清晰，肋骨稍扩张，于胸下部处变平，利于前肢运动灵活。腹部折起、呈拱形。

［四肢］

前肢非常长，后肢弹力强。足爪紧凑，呈拱形。中间两个脚趾比其余脚趾稍长。脚垫厚实，趾甲为黑色。

［尾巴］

位于后躯末端，与身体结合处比较粗，末端逐渐变细，故尾巴尖细而直像鞭子，且长度不超过肘关节。尾巴向上稍弯曲，但向上不会超过背部。

［被毛］

平滑、短密、紧凑且有光泽，但不柔软。

［毛色］

有互不混杂的纯黑色与棕褐色两种，且二者界限清楚，条理分明。

［步态］

前肢步伐正确，自由、轻盈而不费劲，无马式步伐出现；后躯驱动力强，运步时跗关节伸展充分，后肢与同侧前肢在一条直线上。慢跑时，四肢向身体重心靠拢。

【性格用途】

气质高雅，活泼聪明，机警敏捷，爱清洁卫生，对主人忠心，能耐受天气的炎热，不需要经常梳理被毛，适合于城市生活。既无攻击性，也不胆怯，性情友好，有辨别能力，不是好斗的品种，能与其他犬种和睦相处，过去主要用于灭鼠，现在是十分有魅力的家庭犬和优秀的守门犬。但该犬不易训练，并只喜欢和承认一个主人。

（十三）威尔士柯基犬（Welsh Corgi）

【别名】威尔斯柯基犬、彭布罗克威尔士柯基犬、柯基犬、潘布鲁克柯基犬、本布罗克威尔士柯吉犬等。

【产地】英国威尔士。　【身高】25.5～30.5 cm。　【体重】10～12 kg。

【标准形态】（卡迪根犬）

［头部］

头盖平且宽，后枕骨无明显突出，额段角度适中。颧骨不突出。眼中等大小，椭圆形，不突出，稍成斜位。眼睛颜色深，与被毛的颜色相协调，眼缘呈暗黑色。表情貌似狐狸，文雅而警觉，且保持友好。耳与体尺相比略大而显眼，耳尖逐渐缩小至浑圆，竖立，警惕时可稍向前转，耳郭非常健壮，耳根宽阔适度。鼻子为黑色。口吻圆而不钝，锥而不尖。止部清晰而适中。

［体躯］

颈颇长，使整个身体富有平衡性。胸部宽厚。背部平坦，背部坚硬、水平。臀部圆满，不突起也不下凹。

［尾巴］

尾巴位置非常低，像狐狸尾。天生短尾受欢迎，反之便断尾。

［被毛］

最好为直的，可有波纹，长度中等，非常密集，外层被毛较长而粗糙，绒毛层短和厚，能抵御恶劣气候。全身各部位被毛长度不等，颈圈、胸部和肩部稍厚而长，躯干被毛平伏。胸部被毛状似围兜，其他品种犬无此特征。前肢腹面、下腹部与后躯腹面毛比较长。本犬种容易褪毛，若出现季节性绒毛层褪去视为正常，但出现硬毛状、过分短、薄而平滑的被毛则为非常严重的缺点。

［毛色］

外层被毛为单色的红色、貂色、浅黄褐色、芥末色、浅红褐色、油黑色及带或不带有白色斑纹的黄褐色。腿部、胸部、颈部、吻部、下体以及鼻梁等处可有白色。

［步态］

舒展而流畅。从侧面观看，小跑时，前肢向前充分伸展，抬腿不太高，与后躯提供的驱动力相互配合。从正面观察，腿并非完全相互平行，而是略向内弯，以抵消腿短和胸宽所造成的不便。足爪的动作与运动路线平行，没有摇摆、交错或彼此碰撞。

【性格用途】

体型小而优雅，性格温和，感情丰富，忠诚主人，聪明活泼，精神饱满，可被训练成玩赏犬和伴侣犬，比较适合于家庭环境好、拥有宽大房间或别墅、平时比较粗心、不喜欢为宠物梳理、热爱运动的人群。此外，该犬行动敏捷自如，躲闪灵活，对工作有耐力，一直被用来牧牛，但喜欢啃咬东西，故饲养为家庭宠物犬时，必须注意让其克服这种行为习惯。

（十四）日本银狐犬（Japanese Spitz）

【别名】日本狐狸犬、日本丝（绒）毛犬、日本尖嘴犬等。

【产地】日本。 【身高】30～38 cm。 【体重】6～10 kg。

【标准形态】

[头部]

与体形相比，头部较大，头盖宽而平。黑色的大眼睛，圆而略呈卵状，眼缘亦为黑色。耳朵直立而呈大三角形，覆盖着短的被毛。口吻尖而不细，长度适中，呈V字形。唇呈暗色而不松弛。鼻小而尖，鼻端呈黑色。牙齿粗壮坚实，呈钳状咬合。

[体躯]

颈部长度适中，有丰满的半长襞襟毛。体长稍大于体高，胸部深而宽，肋骨弯曲度好。背部平直，腰部宽，腹上收。

[四肢]

前肢直，肘部靠近胸底。后肢大腿肌肉丰满，跗关节适度弯曲。脚圆，紧凑，猫形趾，趾间有丰满的饰毛。

[尾巴]

卷尾覆盖着丰厚的长饰毛，始终卷曲于背上，尾根较高。

[被毛]

双重被毛。颈部周围、胸部及尾巴有丰满的丛毛，特别蓬松。

[毛色]

以明亮的纯白色为主。

【性格用途】

该犬聪明活泼，机警而灵敏，反应能力很快，体质强壮，精力充沛，易兴奋，服从力和学习能力都很高，对小孩子和其他宠物都很友善，是主人的生活同伴，也是优秀的看门狗。此外，本犬活跃好动，很喜欢玩耍和捕捉的游戏，警惕性高，敏锐得稍有些神经质，对陌生人猜疑，喜吠叫，且警戒心很强，不受任何诱惑，但对主人十分忠诚，适合于家庭与公寓饲养。曾经用来看家护院，而目前多作为家庭宠物犬。

（十五）迷你雪纳瑞（Miniature Schnauzer Terrier）

【别名】史揉查梗、迷你雪娜瑞等。

【产地】德国。 【身高】30～36 cm。 【体重】6～7 kg。

【标准形态】

[头部]

头部结实，呈长矩形，其宽度自耳朵至眼睛再到鼻镜，逐渐变窄。头长约为背长（从马肩隆到尾根处）的一半。前额没有皱纹，平坦而且相当长。眼睛小，深褐色，位置深，呈卵形向前且眼神锐利，刚毛、眉毛不宜太长，否则会遮住视线。有一个轻微的止部。耳朵小，位置高，发育良好，中等厚度，内边缘竖直向上，外边缘可能略呈铃状，折叠在头顶（纽扣耳）。鼻镜大，黑色而丰满。口吻结实，与脑袋平行且其长度与前额一致。口吻末端呈钝楔形，有夸张的刚毛胡须，轮廓线与脑袋的轮廓线平行。嘴唇黑色而紧闭。面颊部咬合肌发达。白色牙齿完整、坚固而完美，剪状咬合。

[颈部]

颈部结实，中等粗细和长度，呈优雅的弧线形，与肩部结合简洁。喉部皮肤紧凑，恰好包裹着颈部，既无褶皱，也无赘肉。

[体躯]

身躯紧凑结实，结合简短且坚固，拥有良好的适应性和敏捷度。胸部深度至少达到肘部，胸部宽度适中，肋骨扩张良好，深度合适，向后与短短的腰部结合。背部结实、坚固，直而短，背线笔直，自马肩隆至尾根处略向下倾斜。马肩隆为身躯的最高点。从胸到臀的长度与马肩隆的高度相等。腰部发育良好，从最后一根肋骨到臀部的距离尽可能短。

[四肢]

前肢笔直，垂直于地面。两腿适度分开，骨量充足，肘部紧贴身体，肘尖指向后面。足爪小、紧凑且圆，脚垫厚实，黑色的指甲非常结实。脚趾紧密、略呈拱形（猫足），趾尖笔直向前。狼爪可切除。

后肢肌肉非常发达，与前肢保持恰当比例，绝对不能比肩部高。大腿粗壮，后膝关节角度合适。第二节大腿，从膝盖到飞节这一段，与颈部的延长线平行。脚腕从飞节到足爪这一部分较短，与地面完全垂直，且自后面观察，彼此平行。

[尾巴]

尾根位置高，尾巴上举。

[被毛]

双层毛，紧密而坚硬的外层刚毛和柔软而浓密的底毛。按粗糙的被毛纹理逆向观察，毛发向后方生长，既不光滑也不平坦。口吻和眼睛上面的毛发比较长一些，形成眉毛和胡须，完全覆盖颈部、耳朵和头部。腿上的毛发比身躯上的要长一些。

[毛色]

获得承认的颜色为椒盐色、黑银色和纯黑色。典型的椒盐色混合了黑色和白色毛发及白色镶黑色的毛发，以及不同深浅的椒盐色、铁灰色和银灰色。理想的黑色标准雪纳瑞是真正的纯色，没有任何褪色、变色、混有灰色或褐色。

［步态］

自前观察，前肢肘部靠近身体，直接向前，既不向外，也不向内。从后观察，后肢直，且与相应前肢在同一平面上运动。自侧面观察，前肢能充分伸展，后躯驱动力强。足爪不内弯或外翻。

【性格用途】

聪明活泼，顺从友好，机警勇敢，服从命令，乐于取悦主人，体格强健，精力充沛，忠诚可信，无侵略性，是受人欢迎的家庭犬，也可用作家畜警备犬或夜警犬。因其体型较小，比较适合于公寓饲养，以及有固定时间遛犬和一定经济能力的人饲养。

【注意事项】

迷你雪纳瑞犬喜欢运动和玩耍，应定时进行户外运动。每天应梳理被毛，春秋季节应修剪被毛。耳朵、颊部和头部上的毛要适当剪短，以保持被毛的清洁和美观。

三、中型犬

中型犬是指犬成年时体重在 11～30 kg、身高在 41～60 cm 的犬种。该类型犬天性活泼，运动范围较广，勇猛善斗，通常作狩猎之用。一般情况下，需以链条拴着或以笼舍关着。这类犬分布地域广，数量最多，对人类的作用也最大。常见的中型犬有可卡犬、苏格兰牧羊犬、沙皮狗、松狮犬、斗牛犬、比利牛斯牧羊犬与拳狮犬等。

（一）可卡犬（Cocker Spaniel）

【别名】可卡犬分为美国与英国两种，美国可卡犬又称可卡猎、斗鸡猎、斗鸡犬、可卡猎鹬犬、小猎犬、美国小猎犬、美国曲架犬、美国确架犬、可卡长毛猎犬等；英国可卡犬又称确架猎、英国可卡猎鹬犬、英国斗鸡犬、英国可卡长毛猎犬等。

【产地】美国、英国。　【身高】34～41 cm。　【体重】10～15 kg。

【标准形态】（美国可卡犬）

［头部］

头部与身体各部位比例相称，头盖圆，额段明显，颊部不宽。鼻端至额部的长度为其至头盖顶长度的1/2。口吻宽而深，下颌方短而平，上唇盖住下唇，牙齿粗壮，呈剪式咬合。鼻孔开张，鼻镜黑色。耳朵质地柔软，叶片状，耳郭精美，耳根较低，耳长而下垂可达鼻孔，覆盖着密实而长的波浪状饰毛。眼睛深褐色，大而圆略呈杏仁形，向前直视，表情警惕、温和且吸引人。眉毛整洁而清晰，止部非常明显。

［颈部］

颈部肌肉丰满发达，向头部拱起并简洁地与肩融合，稍呈拱形，非常优美，有充分的长度与体形相称，鼻子能轻松地触及地面，肌肉发达，无下垂的“赘肉”。

［体躯］

体躯短而坚实，结构紧凑，肩部倾斜适度，胸深而宽阔，肋骨适当扩张并逐渐过渡至中躯，向背肋狭缩，背部至尾近似平滑直线，无塌腰或驼背，且略为倾斜。前胸发达，后胸骨适度超过肩高点。臀部柔和浑圆，肌肉丰满，无凸出的倾向。背短而强健。腰短，宽而略拱起，对背线影响不大。腹部适度收起。

［四肢］

四肢粗壮而短，骨骼和肌肉强健。前肢直立，彼此平行，肘不外展；后肢股部肌肉丰满，膝关节弯曲明显，跗关节低下而结实，大腿有力、整洁清晰，脚宽大，多长饰毛，但不影响其自由活动。足爪紧凑、大、圆而稳固，角质的脚垫，既不向内弯，也不向外翻。狼爪可以切除。

［尾巴］

常断尾，仅留1/3。尾平翘，在尾根与背线的延长线上或略高，不同于梗犬尾上翘或垂至腿间，行走时欢快地上扬摇摆。

［被毛］

头部短而纤细；身躯长度适中，有足够的底毛提供保护。耳朵、胸部、腹部及腿部有丰厚密实的羽状饰毛。毛质柔软，长丝状、平坦或略微呈波浪形，很容易打理。

［毛色］

有纯黑色、褐色、红棕、浅黄、银色和混合色等，胸部和喉咙可有少量白色。

［步态］

步伐灵活自如，整齐且平顺而轻松，步幅足够，后肢强劲有力，运步姿势优美而不凌乱，为典型的猎犬步态。

【性格用途】

性情温和，行事谨慎，机警敏捷，精力充沛，感情丰富，开朗活泼，热情友好，外观可爱甜美，易于服从，忠于主人，过去常用于捕猎山禽，现已是女士和孩子们最喜爱的伴侣犬和玩赏犬。在欧美国家，多数男士也喜爱饲养该犬，带它随行作为伴侣犬和护卫犬，或作为看家犬留守宅院。

【注意事项】

美国可卡犬被毛很长，最忌缠结成团，故需定期梳理、刷毛与修剪，并视情况进行洗浴。该犬还活泼好动，应保证适当的运动量，每天让其在庭院内自由活动两次，饲喂也要定时定量，不能任其贪食，防止过肥。该犬大垂耳且多毛，易患耳病，要常清洁耳道。眼睛亦应保持清洁。爪易长，应按时修剪，赘生趾则需剪除。

（二）苏格兰牧羊犬（Collie）

【别名】柯利犬、粗毛牧羊犬、可利犬、苏牧等。

【产地】苏格兰。　【身高】51 ~ 56 cm。　【体重】18 ~ 28 kg。

【标准形态】

［头部］

头部倾斜呈楔形，长，尖端细，头盖平坦，轮廓清晰、平顺，精致且比例协调。鼻镜是黑色，额段非常浅。平滑且丰满的口吻末端较钝。下颚结实，轮廓清晰。排列整齐的牙齿剪状咬合。眉骨轻微突出。眼睛为杏仁形，中等大小，颜色为暗黑色，清澈、欢快，显示出聪明、好奇的表情。耳朵尺寸比例适当，呈半立耳姿态，耳根不低。

［颈部］

颈部稳固整洁，肌肉发达，饰毛豪华而丰盛。长度适当，竖立向上举起，颈背略微圆拱。

［体躯］

身躯稳固、坚实且肌肉发达，体长略大于身高。在适度倾斜的肩胛后，肋骨扩张良好，胸部深达到肘部。背部结实且水平，臀部倾斜，形成完美的圆弧形。腰部圆拱有力。

［四肢］

前肢直且肌肉发达，骨量充足，宽度适当，与整体协调。前臂适度丰满，而骹骨柔韧但不软弱。后腿丰满度略差，但大腿肌肉发达而驱动力十足，飞节和膝关节适度倾斜。足爪相当小，呈卵形。脚垫厚实而坚韧，脚趾圆拱且紧密。

［尾巴］

长度适中，能延伸到飞节或更低。休息时尾巴下垂，但尾尖向上扭曲或呈旋涡，这是该品种的特点。运动或兴奋时，尾巴欢快地举起摇摆，但一般不高过背平面。

［被毛］

长而有光泽，属于滑毛，相当密实，除了头部与肢部之外，全身覆盖着非常丰厚的被毛。上毛直挺，手感粗硬；下毛则为柔软浓厚的绵毛所覆盖，紧贴身体，以至于分开毛发都很难看见皮肤。鬃毛和饰毛都非常丰富。颜面毛短而平滑。前肢毛发短而平滑，骹骨后方长有羽状饰毛。后腿在飞节以下部分的毛发短而平滑。尾毛异常丰富，臀毛极长而浓密，呈蓬松状。

[毛色]

黄白色、三色（啡黑白）、芸石色（浅灰蓝色加浅灰色和白色）与白色四种毛色均被承认。

[步态]

步态坚实。慢跑时，自前观察前肢很直，足爪落地点非常近，肘部不向外翻，无交叉步，更没有起伏、踱步与滚动式步态。从后看后腿直，足爪落点也非常靠近。在中速小跑时，后腿驱动力强大。从侧面观察，步幅大，前肢伸展非常顺畅而平滑，背线保持水平和稳固，四肢呈直线向身体中心线倾斜，能随意改变速度和行进方向。

【性格用途】

性情非常温顺，乐观聪明，服从性好，对主人感情丰富，非常容易亲近，对陌生人则警戒心强。工作认真，聪明智慧，并擅长交际，不会轻易显露出软弱和攻击性，过去一直是热心工作的牛羊守卫犬，略加训练便可成为非常优秀的伴侣犬与玩赏犬。

（三）松狮犬（Chow Chow）

【别名】熊狮犬、巧巧犬、松狮、三色斑、雄狮犬、汪汪犬、中国食犬、翘翘犬等。

【产地】中国西藏。　【身高】46～56 cm。　【体重】18～27 kg。

【标准形态】

[头部]

仰首，与体形相比显得硕大。头顶十分宽阔平坦。眼睛深褐色，偏斜深陷，大小中等，杏仁形状，眼距大，黑色眼缘，瞳孔清晰可见。耳朵小，中等厚度，三角形，尖端有轻微圆弧，完全直立，略向前倾，耳距大，内角在头骨顶端。口吻部与头骨顶相比长度略短。口吻宽，在眼部以下很好地膨胀变大，口吻部的宽度与深度相同，成正方形态。当嘴闭上时，上唇能完全盖住下唇。鼻大、宽、黑色，鼻孔张大。唇边缘为黑色，嘴部组织基本为黑色，齿龈（牙床）黑色为佳。纯黑色嘴最为理想。舌头上表面和边缘纯蓝黑色，颜色越深越好。牙齿强壮、对称，剪状咬合。

[体躯]

颈部强壮有力、肌肉饱满发达，很好地弯曲呈弧拱状，并有足够的长度，使其直立时能仰首在背线以上。背线直而强壮，自肩到尾根水平。

躯干短且紧凑，腰部连接短而紧密，肌肉发达，宽而深厚，腰窝处恰当地下塌。躯干、背、腰与臀都很短，体形成正方状。胸宽深且肌肉发达。肋骨紧靠，曲度良好，非桶状，其中前肋骨在底端曲度略小，使肩和上臂与胸壁平滑融合。胸底板宽而深，向下延伸至肘部。尾部和大腿肌肉强壮，与臀部齐平。

［尾巴］

尾巴始终贴于背部，尾根着位点高并起始于脊柱线。

［被毛］

有粗毛和短毛两种类型，二者均为双层毛。

粗毛类型：外层被毛丰富而密集，直且竖立，纹理较粗；底层被毛软而厚，与羊毛类似。幼犬的两层毛均软而厚，和羊毛类似。毛发在头与颈周围形成极丰厚的环状领，衬托出头部。公犬的被毛和环状领均比母犬长。尾部有漂亮的羽状修饰。

短毛类型：外层被毛硬质、浓密且光滑，内层被毛质地与粗毛类型一致，并与外层有明显界限。在尾部和腿部无明显的环形流苏状和羽状修饰毛发。

［毛色］

色彩清晰，纯色或在环状领、尾部、羽状修饰毛发等处稍淡，以红（从淡金色到深红褐色）、黑、蓝、黄棕色（从浅黄褐色到深黄棕色）和米色五种毛色为标准毛色。

［步态］

整齐有力且矫健，直线行走，灵敏简洁，轻快而迅速。因为后半身比较直，故后腿步法短而不太自然。

【性格用途】

集美丽、高贵和自然于一身，拥有独特的蓝舌头、愁苦的表情和独特的步法。热情而活泼，聪明且忠心，性格独特，非常自我，独立而固执，警戒心强，是良好的家庭犬和护卫犬，也可用作猎犬。

【注意事项】

松狮犬只忠于一个主人，有时也会接受全家成员，需以明确而又温和的态度对待。

（四）中国沙皮犬（Chinese Shar-Pei）

【别名】大沥犬、斗犬、打（斗）犬、中国斗狗等。

【产地】中国广东。　【身高】35～45 cm。　【体重】15～25 kg。

【标准形态】

［头部］

与体形相比，头占的比例相当大。前额与面颊的皮肤有大量褶皱，并形成垂皮从两侧延伸到脸部。脑袋平而宽，止部适度发达。鼻子大而宽，一般为深色，以黑色为最佳。口吻宽而丰满。鼻孔敞开。鼻根到鼻尖开阔，嘴唇和口吻顶部肉垫丰满。鼻基处可有突起。舌、口腔上部、齿龈和下垂的上嘴唇，以蓝黑色为最佳。舌头上可有粉红的斑点。淡色的雄性沙皮犬舌头为纯正的淡紫色。下颌强壮，是完全的剪状咬合，上齿紧扣下齿，下颌呈四方形。下唇的肉垫不宜过厚以免妨碍咬合。眼睛深色、小杏眼且塌陷，显出愁苦的怒容。耳朵靠着头部平躺着，小而厚，呈等边三角形，边缘卷曲，耳尖稍圆，指向眼睛，位置高，耳距宽，离头骨近。

[体躯]

颈部长度中等，丰满粗壮，与肩部自然相连。颈部和喉咙稍有沉重的褶皱，以及适度松弛的皮肤和丰富的赘肉。成年犬身体上不应有皮肤褶皱，而在马肩隆或尾基处应有适度皱起。胸部宽且深，胸肉触及肘部。背线在马肩隆以下稍微放低，然后略微升高至腰部上方。背部短而壮。腰部短且宽，略微呈拱形。腹线在腰部以下稍微上升。臀部相当平。

[尾巴]

尾根粗而圆，位置非常高是其独有特征之一。尾巴尖端细，锥形，能竖得很高且弯曲，或卷成绷紧的小圆圈或卷曲在后背或背部的任意一侧。

[被毛]

毛发极度粗硬也是本犬种独有特征之一。被毛缺乏光泽却显得健康，绝对直立在体躯的主要部位，但四肢毛发一般平躺着，略显平坦。

[毛色]

只有纯色和貂皮色合格。纯色犬身上颜色可有深浅变化，深色主要在背部下方和耳朵上。

[步态]

自由舒展且平稳，向前奔跑积极，后躯推动有力。当速度增大时，足爪趋向于身体中心线收拢，良好的前躯伸展和强大的后躯驱动力完美结合。

【性格用途】

警惕，聪明，威严，贵族气质，愁眉不展，镇定而骄傲，相貌凶猛，灵活善斗，但易驯服，对主人忠诚，是很受欢迎的玩赏犬或护卫犬。

【注意事项】

身上的褶皱较多，需要经常清理脏物，否则极易患各种皮肤病。此外，沙皮犬极易患眼睑内翻症，并容易感染某些其他犬种已具有免疫性疾病。

（五）英国斗牛犬（English Bulldog）

【别名】老虎犬、牛头犬等。

【产地】英国。　【身高】35～50 cm。　【体重】18～30 kg。

【标准形态】

［头部］

头部很大，呈正方形，其周长至少与肩高相当。两耳间的头盖平坦，额段明显，两眼间有明显凹陷。口吻宽深。颊部肌肉发达。鼻短宽。唇松软、宽厚，但不流涎，色黑，闭嘴时不露齿。颌深，四方形，宽而不突出，稍翘。耳朵相当小且薄，基部宽，末端圆而直立的玫瑰耳，耳根位置高，耳距适度，耳毛精细柔软，耳孔朝向前方。眼睛中等大小，位于头盖下，微突，离耳朵远，眼色深。口吻非常短、宽，向上翻，从眼角到嘴角非常深。鼻镜宽大且为黑色，鼻尖靠后，位于眼睛中间。牙齿大而结实，犬齿距离相当宽。头部和脸部覆盖着沉重的皮肤皱纹，柔软而松弛，在喉咙处，从下颌到胸部有两层松弛而下垂的褶皱，形成赘肉。

［颈部］

颈部稍短、非常粗，颈背深、结实且圆拱，喉部皮肤松弛，有少许褶皱。

［体躯］

身材短圆，骨骼粗壮，肌肉发达，结构紧凑。肩胛后方略微塌陷，并于脊椎处向腰部升起，向尾巴方向再次弯曲，形成“轮形背”。胸部非常宽深且丰满，肋饱满上收。肩背宽、短、结实，肩胛处非常宽，腰部略窄，后臀弯曲度大，腹发达而上提。

［尾巴］

尾根低，尾基部粗而短小，标准长度小于7.5 cm，直或扭曲成螺旋状，称为螺丝尾。始终低垂，坚定地向下，不会高过尾根水平。

［皮毛］

皮毛直短，平坦紧密，且质地细腻，平滑而顺畅，紧贴在皮肤上，柔软而富有光泽。

［毛色］

以虎斑色为主，还有白底虎斑花、纯白色、纯红色、白底黑花、驼色或浅褐色等。组成虎斑的颜色应当精美连贯、色块明确、分布均匀、均衡清晰、纯净且对称，并富有光泽。虎斑色或纯色在胸部可有少量白色毛发，即胸白。

［步态］

步伐姿势独特、有风度、灵活，非常特殊，关节松弛柔和，弹跳力非常好，舒展而强健。横向运动时产生一种独特的“滚动”步态。

【性格用途】

性情温和而善良、忠诚顺从，颇有耐性且勇敢刚毅，适合做家庭犬与玩赏犬。

（六）北海道犬（Ainu Dog）

【别名】爱奴犬、阿依努犬、阿伊努犬、艾努犬、阿衣奴犬等。

【产地】日本北海道。　【身高】45～51 cm。　【体重】16～20 kg。

【标准形态】

［头部］

头骨和前额宽且略微平坦。鼻镜黑色，但白毛色者可为肉色。楔形口吻，直鼻梁。唇紧闭，边缘呈黑色。颌与牙齿强壮，剪状咬合。面颊发达。眼睛相对较小，呈三角形，眼距较远。耳朵小，呈三角形状，直立略微向前倾斜。

［体躯］

颈部强壮有肌肉，无赘肉。肩胛骨位置高。背部直且结实。腰部中等宽，肌肉发达。臀部适度倾斜。前胸发达，胸深、宽适度，肋骨支撑良好。腹部上收明显。

［四肢］

肩部适度倾斜。前臂直。骹骨略微倾斜。后躯强壮。飞节结实，足够强大。脚趾圆拱且紧贴，脚垫硬而有弹性。

［尾巴］

尾根厚且位置高，整体卷曲或呈镰刀状。

［步态］

积极、快速，轻松而富有弹性。

【性格用途】

性情温顺，感觉敏锐，战斗力强，胆子大，戒备心强，对主人忠实，可用作看家护院与狩猎。

（七）西藏梗（Tibetan Terrier）

【别名】菊花狗、西藏狮子狗、大吉岭狗等。

【产地】中国西藏。　【身高】36～45 cm。　【体重】8～15 kg。

【标准形态】

［头部］

脑袋中等长度，自眼睛到鼻尖或后枕骨的距离大致相等。头部饰毛丰富，向前下垂可遮住眼睛和面部。脑袋从耳朵到眼睛处略窄。耳朵之间略微圆拱。颧骨适度弯曲。口吻下颌有少量胡须。止部清晰而适度。鼻镜黑色。白色牙齿，结实而整齐，呈紧密的剪状咬合、反向剪状咬合或钳状咬合。眼睛大，为深褐色或黑色，既不突出，也不凹陷，且眼距相当宽，眼圈颜色深。耳朵下垂但未贴近头部，有大量羽状饰毛，耳郭呈 V 字形，与脑袋比例恰当。

［颈部］

长度与身躯及头部的比例恰当。

［体躯］

身躯紧凑而结实，呈正方形。背部水平。胸部饰毛厚实，胸深能延伸至肘部。肋骨支撑良好。胸腔略窄，前肢可自由运动。腰部略微圆拱。

［尾巴］

中等长度，有大量羽状饰毛，在近末端处易纠结。尾根相当高，尾巴向前翻卷在背上，或卷向体躯任意一侧。

［被毛］

双层被毛，外层丰富而细腻，非丝质或羊毛质；底毛柔软，羊毛质。外观呈波浪状或笔直，但不触及地面。幼犬被毛短，单层，质地要比成年犬的被毛软。在颈部和背部常有自然的分界线。

［毛色］

可为任一颜色或多种颜色组合，其中包括白色。

［步态］

步伐舒展，轻松，前躯伸展充分，后躯驱动富有弹性，非常敏捷，且有强大的耐力。慢速行进时，后肢与前肢足迹处在同一直线上，加速后趋向于单一轨迹。

【性格用途】

生性非常聪明，易于驯服，敏感而忠诚、投入，富有感情，但会因谨慎、保守、羞怯而可能显得有所保留。

（八）荷兰毛狮犬（Keeshond）

【别名】荷兰毛狮、荷兰卷尾丝毛犬、凯斯荷德犬等。

【产地】荷兰。　　【身高】43～46 cm。　　【体重】22～28 kg。

【标准形态】

［头部］

头部与身躯的比例非常协调，自上看整个头部呈楔形，止部清晰，具有称作“奇观”的明显特征，由眼眶周围的斑纹和明暗色调所组成，必须包含有一条精致而色深，从眼睛外缘朝耳朵下侧边缘倾斜的斑纹。眼睛深褐色，中等大小，杏仁状，倾斜，眼距恰当，眼缘黑色。耳朵呈小三角形，位高而直立。口吻长度与粗细中等，与颅部比例协调。嘴唇为黑色，紧闭不厚，不粗糙或下垂，并无皱褶。白色牙齿健康而结实，呈剪状咬合。

［体躯］

颈部长度适当，造型良好。躯干紧凑，呈正方形外观，背短而直，向下朝后躯稍倾。肋骨扩张良好，圆桶状，腰短，腹部收缩适度，胸深而强壮。

［尾巴］

尾长适度，饰毛丰盛，尾根位置高，紧紧卷曲在后背。尾巴平贴并紧靠身躯，形成犬躯干轮廓的一部分。

［被毛］

身躯外层被毛丰富而直长，粗糙且明显，并透过柔软而浓厚的底毛竖立在身躯上。头部包括口吻、脑袋与耳朵，覆盖着平滑而柔软的短毛，耳毛质地像天鹅绒一样。颈部覆盖着鬃毛，雄性尤其丰厚。背部被毛连续而不间断。腿部除前腿羽状饰毛和后腿“马裤”外，其余部分毛发平滑而短。后腿丰富的羽状饰毛延伸到飞节为止。尾毛形成丰富的羽状饰毛。

［毛色］

灰白、黑色和奶油色的混合色，色调变化可以从浅色到深色。外层被毛具有黑色末梢，该部分毛色可产生具有特征性变化的明暗色调，其中幼犬不太明显。绒毛层为苍白色或奶油色，不可出现黄褐色。

［步态］

行进时呈直线运动，姿态粗放而大胆，且利落整洁、敏捷活泼，伸展和驱动幅度轻微或适中，尾巴保持卷曲于背上。如此步态是该品种所特有的。

【性格用途】

既不胆怯也不好斗，性情外向开朗，对人和同类都很友善，是一种活泼可爱、聪明机警且富有情感的伴侣犬。因其与人容易亲近，记忆力好，忠实灵敏，对事物善于观察，亦可用作优良的警卫犬或护卫犬。

（九）波利犬（Puli）

【别名】波利牧羊犬、匈牙利波利犬、匈牙利长毛犬、匈牙利普里犬、匈牙利水犬、普利犬、普里犬等。

【产地】匈牙利。　【身高】37～44 cm。　【体重】9～18 kg。

【标准形态】

［头部］

头部中等大小，与身体比例协调。眼睛大而深陷，呈杏仁状，深褐色，眼圈黑色或暗蓝灰色。耳朵位置略高于眼水平线，中等大小，V字形，悬垂，长度约为头部长度的一半。颅骨略微圆拱，中等宽度。止部轮廓清晰，但不陡峭。口吻坚硬且直，为头长的1/3，末端的鼻镜大小合适。鼻镜为黑色。上唇和牙床为黑色或暗蓝灰色。上唇紧密。齿系完整，牙齿相当大，剪状咬合。

［体躯］

颈部强壮有力，肌肉发达，中等长度，无赘肉。背部水平而结实，长度恰当，臀部略微倾斜。胸部宽度和深度适中，肋骨支撑良好，富有弹性。腰部短而结实，适度上提。尾巴上翻，尾根延伸与背线融合。

［被毛］

被毛浓密而丰富。外层被毛呈波状或卷曲，但非丝状柔滑。下层绒毛柔软，混乱且非常密集。极易缠绕成簇状，如自然发育，成年后会形成绳索状。随年龄增长，被毛会越来越长，甚至触及地面。

［毛色］

纯色，包括铁锈黑、黑色、不同深浅的灰色或白色均可。胸部出现白色斑点不超过5cm者亦为正常。在整体颜色维持纯色时，灰色的犬可混有黑色、灰色和白色毛发。无论外层毛色如何，肤色都该是蓝色或灰色。

［步态］

波利犬属于活泼而具杂耍技能的典型犬种。步态轻盈敏捷、迅速而灵巧，能瞬时改变速度或方向。小跑时从容不迫，动作迅速而活泼，前肢伸展适度，步幅较小，姿态自然轻松。奔跑时，步伐平稳高效，前躯伸展和后躯驱动都十分自如，足爪自然向身体中心线位置聚拢，具有牧羊犬的重要特征。

【性格用途】

天性富有爱心，聪明亲切，恋家，爱同伴，敏感多疑，是很好的看门犬，若极度胆小或羞怯则会降低其品质。

（十）牛头梗（Bull Terrier）

【别名】斗兽场斗牛梗、美国斗牛犬、叭拉泰利犬等。

【产地】英国。　【身高】48～56 cm。　【体重】23～28 kg。

【标准形态】

［头部］

头顶至口吻末端长，结实强壮，但不粗糙。前视时，呈蛋形且丰满，表面无凹痕或短缺，无表情。侧视时，头顶到鼻尖的曲线缓和向下。两耳间的头骨顶部平坦。鼻镜黑色，尖部朝下弯曲，鼻孔发育良好。唇整洁而紧凑。下颌深而结实。牙齿健康整洁、坚固匀称、排列有序，具有完美、规则而彻底的剪状咬合，上齿与下齿完全重叠。

［体躯］

颈部肌肉非常发达，长拱形且整洁，自双肩到头部逐渐变细，无喉音。肩部结实且肌肉发达，无沉重感，肩宽而平，且肩胛骨自下而上明显向后倾斜，但后肩胛无突出或下沉现象。身躯浑圆。自前看，肋骨拱形明显，自马肩隆向胸部深陷，显得胸部宽且非常深，比腹部更接近地面。背部短而结实，马肩隆至腰部间略呈弓形或拱形。后方肋骨很深，在腰部形成轻微的拱形。从胸后部到腹部呈优美的上收曲线。

[四肢]

骨骼粗壮但非尖利或粗糙。前肢笔直且长度适中，牢固地支撑身体。肘部竖直而结实，腕部结实且垂直。自后看后肢彼此平行。大腿肌肉非常发达，飞节靠下，角度恰当。跖骨到足部的骨骼短且结实。后脚腕短而垂直。角度恰当。脚圆、紧凑，拱形脚趾。足爪圆而紧凑，恰当地上拱，似猫足。

[尾巴]

尾巴短而细，位置低，平举为佳。尾根粗，至尾尖渐细。

[被毛]

短而平，有光泽且触感粗硬。皮肤紧裹体躯，简洁而紧凑。

[毛色]

白或黑混色、虎斑、黄褐棕色等色。

[步态]

行进时接合紧密，着地平稳，步幅轻盈，自信沉着，轻松而安详。小跑时，前后肢均平行，前肢外展，后肢以脚足垂地，后膝关节和跗关节弯曲良好，后蹬有力。膝关节屈曲。

【性格用途】

性情急躁凶悍，具有强烈的好斗性，在同类中从不让步，甚至发生伤害行为。但与人相处时，性情较为温顺、聪明听话，对主人忠心且服从性强，和善友好，亲切耐心，如照顾得当，可成为忠实的家庭守卫犬。但其本性支配意识强、偶尔略显粗野，且破坏力大，有很强攻击性，主人必须具有耐心、决心和坚强的意志。因此，有老人和儿童的家庭不适合饲养此犬。目前，该犬是最可怕、立法也最为严格的犬种，在美国很多州都禁止饲养。在有严格限制规定的州，斗牛梗进入公共场所时必须佩戴专门的项圈甚至口套以便对其加以控制，防止其发生意外伤害行为。

（十一）艾比赞猎犬（Ibizan Hound）

【别名】巴利阿里猎犬、艾维森猎犬、伊比莎猎犬、艾比森猎犬、伊维萨猎犬等。

【产地】西班牙。【身高】56 ~ 74 cm。　【体重】19 ~ 25 kg。

【标准形态】

［头部］

长而扁平，长为宽的2.5倍。头骨长而平滑，后部突出，眉骨狭窄而肌肉长且纤细，表面略微隆起。从眼到鼻尖或枕骨其距离相等。琥珀色的眼睛清澈、机警。鼻部突出，超出下锁，多为玫瑰色但非黑色或猪肝色，与体表毛色协调，鼻孔外翻。唇薄而紧密，与鼻部颜色一致。上唇紧凑而干燥。牙齿锋利粗壮并严密对合，呈剪状咬合。

［体躯］

细长而强健，呈拱形，肌肉顺畅。最高轮廓线从耳到尾平滑而流畅，背线平直。胸深而长，胸骨突出。弹性胸部高于肘，最低处在肘后或接近肘部。腹部适度收缩，腰略拱，肌肉适度。臀部略有坡度。

［四肢］

前肢成中等角度。弹性肩胛骨肩部不松懈，大臂垂直，肘部在胸最低点前方。腿部前臂直长，强壮而相互夹紧。从胸段到地面垂直，且十分平顺。兔形脚，脚趾长，紧凑、强健。趾间结隙有被毛覆盖保护。足垫耐磨。趾甲为白色。

后肢与身体成中等夹角。大腿肌肉发达且外形流畅，自后看跗关节呈直线。前肢骨骼光滑平直，无狼爪。足与前肢相同。

［尾巴］

尾低垂，灵活，长度至少可达跗关节，弯曲成镰刀形、军刀形或指环状。

［被毛］

两种类型的被毛质地均比其他犬种的要粗硬，都无须修剪。头部和耳部毛最短，而背、大腿与尾腹侧面被毛最长。

［毛色］

浅红色、橘红铁锈色、深红色或白色，无花纹，在结合部位色彩更重。

［步态］

轻盈而优雅的单轨迹行进，具有很好的平衡能力。小跑时，从侧面可观察到短暂的悬空状态。

【性格用途】

性情平和，富有感情且忠诚，聪明易于训练，适合进行越野、追踪训练，具有捕猎天性，是很好的家庭宠物犬。起初用作狩望猎犬、嗅觉猎犬与听觉猎犬，现在用作伴侣犬、拾猎犬或狩猎犬。

【注意事项】

耐热，被毛无须经常梳理，需要足量的时间与空间来运动以保持身心健康，不适合在城市生活。

（十二）猎狐犬（Foxhound）

【别名】英国猎狐犬。另有别称美洲猎狐犬的美国猎狐犬。

【产地】英国、美国。　【身高】58～69 cm。　【体重】25～34 kg。

【标准形态】

［头部］

头部匀称。头骨宽度适中，平坦。眉毛明显。鼻子长而宽，鼻孔大。口吻长且宽。颌、牙齿比较发达，颌结实，正常咬合，完整完美，上下颚紧密重叠呈方形，为剪状咬合或钳状咬合。眼睛中等大小，浅褐色或褐色，目光敏锐。大多数犬耳为圆形，耳根位置低且靠在面颊两侧。

［体躯］

颈部长而整洁，发达却不粗壮，从肩部到头部呈精致的锥形，上轮廓线略呈弧线形。肩胛骨长，且被发达的肌肉所覆盖，但并不因此而显得沉重，在尖端尤其如此。背部和腰部肌肉都很发达强壮，彼此紧密结合。结合处宽阔、平坦，背线完全水平。胸部深，肋骨支撑良好。

［四肢］

前肢骨量充足且长。肩部向后，肌肉发达。脚腕强壮。后躯强壮，肌肉发达。飞节适当地下垂。脚圆形，紧且强壮，似毛足。

［尾巴］

尾根位置较高，欢快地举起，但是从不卷曲或过分向前而超过背部。

［被毛］

短、浓密、硬且有光泽。

［毛色］

可为黑色、褐色和白色及以上三种毛色的任意组合；或为白色、野兔色、獾色或黄色、褐色的不同组合模式。

［步态］

自然顺畅，不知疲倦地奔驰。

【性格用途】

运动量非常大，不喜欢独处，适合群养，需要定期梳理被毛。性格开朗而温顺，平易近人，充满活力，但也具有强烈的反抗性，必须按照恰当的方式严格训练，否则不宜作为家庭犬，特别是对于都市居民而言。精力旺盛，体格富有魅力，故具有较强的破坏力，不易饲养为伴侣犬，但可作为狩猎犬。

（十三）大麦町犬（Dalmatian）

【别名】达尔马提亚犬、马车犬，其俗称为斑点狗，因身上多斑点而得名。

【产地】南斯拉夫。　　【身高】55～63 cm。　　【体重】20～27 kg。

【标准形态】

［头部］

头顶平坦，中间略有纵向凹痕，头宽与长相当。眼睛中等大小稍圆，褐色或蓝色，或两者的结合，深色一点较为理想，位置分得略开，处在脑袋上恰当的位置。耳朵中等大小，根部略宽，逐渐变细，尖端略圆，耳根较高，贴着头部，耳郭的质地薄而细腻。警惕时，耳朵顶部与头顶齐平，耳尖延伸至面颊底线的位置。止部适度清晰。面颊平滑地融入有力的口吻中。口吻的轮廓与脑袋的轮廓相互平行，长度与脑袋的长度大致相同。鼻镜的色素充足，黑色斑点犬鼻镜为黑色；肝色斑点犬鼻镜为褐色。唇整洁而紧闭。颌结实，牙齿呈剪状咬合。

［体躯］

颈部呈优美的圆弧形，相当长，无赘肉，平滑地融入肩胛。背部水平而结实，背线流畅。胸深，胸腔容积大，且宽度适中，肋骨支撑良好，但非桶状胸。胸底延伸至肘部。胸腔底部呈优美的曲线，向身躯后方适度上提。腰短且肌肉发达，略微呈圆拱形，腰窝相当窄。相对背部，臀部几乎是平的。肩胛肌肉平滑，向后倾斜。上臂骨的长度与肩胛骨的长度大致相同，与肩胛骨接合，并成足够的角度，使足爪正好能位于肩胛下方。后躯非常有力，拥有平滑而清晰的肌肉。

［四肢］

肘部贴近身躯。前肢直，结实，且骨骼强健。骹骨有轻微的角度，显示出柔韧性。膝关节弯曲良好。飞节位置低，站立时，自后观察，后腿从飞节开始到足爪这部分彼此平行。脚圆形，弧形脚趾（猫足）紧密。圆肉趾坚硬且富有弹性。黑色斑点的指甲为黑色或白色，肝色斑点的为褐色或白色。前足爪和后足爪都非常圆且紧凑，脚垫厚实而有弹性，脚趾圆拱。

［尾巴］

尾根粗壮且位置适当，尾巴为背线的自然延伸，向末端逐渐变细，延伸至飞节，略微向上弯曲的姿势，绝不能卷曲到背后或断尾。

［被毛］

短而浓厚，细腻且紧贴着，非羊毛质或丝质，外观圆滑、健康而有光泽。

［毛色］

纯白底色，黑色斑点犬，斑点是浓重的黑色；肝色斑点犬，斑点为肝褐色，圆而轮廓清晰，大小适度，分布均匀为佳。

［步态］

动作稳固而轻松，平顺且有效，前后角度平衡，肌肉有力。后躯的驱动力强大，以配合前躯的充分伸展。背线保持水平。肘部、飞节和足爪既不向内弯，也不向外翻。随着奔跑速度增加，趋向于单一轨迹。

（十四）伯德牧羊犬（Border Collie）

【别名】边境牧羊犬、边界牧羊犬、边牧、博德牧羊犬、边境柯利等。

【产地】英国苏格兰。　【身高】51 ~ 54 cm。　【体重】23 ~ 26 kg。

【标准形态】

［头部］

脑袋较宽阔，后枕骨不明显，颊部也不饱满。止部适中且十分清晰。眼睛中等大小呈卵形，分得较开。除了隼色狗是单眼为蓝色或是两眼都为蓝色，两眼部分为蓝色或是单眼部分是蓝色以外，眼睛的颜色通常都是褐色，这样显得犬很聪明机警、温和敏锐、热情且充满好奇心。如身体主要颜色非黑色，眼睛的颜色会稍浅。眼圈色素为褐色。耳朵中等大小且灵活，分得较开，耳朵竖立或1/4 到3/4半立耳，耳尖指向前面或两侧，听觉灵敏。口吻略短，结实而钝，鼻镜端略细。下颚结实且非常发达。鼻镜的颜色与主要体色相称，鼻孔发达。牙齿和颚部结实，剪状咬合。

［颈部］

长度适当，肌肉发达而结实，略拱，向肩部方向渐渐放宽。

［尾巴］

长度中等，尾骨一直延伸到飞节处，位置较低，末端有着向上的旋涡。在全神贯注完成任务的时候，尾巴低垂以保持平衡。兴奋时，尾巴可上举到背部的高度。

［被毛］

有中等长度的粗毛和短毛两种类型。这两种类型都有着十分浓密、柔软且能够抵抗恶劣气候的双层被毛。粗毛型：毛发长度中等，质地平坦，略呈波浪状，脸部毛发短而平滑。前肢有羽状饰毛。后脚腕的毛发可以剪短。随着年龄的增加，毛发会逐渐变成很夸张的波浪状。短毛型：全身毛发都很短，前肢可能有饰毛，胸部毛发丰满。

［毛色］

具有很多种颜色，有各种不同的式样和斑纹，包括黑色、金色、咖啡色与陨石色等。最普通的毛色就是黑色带（或不带）白筋、白围脖、白袜子、白尾尖，带（或不带）褐色斑纹。但全白色不可接受。

［步态］

平顺舒展、轻松自如，背线平稳，步伐频率非常低，动作迅速而准确。足爪距离地面十分短，有着十分快速而又非常隐秘的奔跑能力。

【性格用途】

具强烈的牧羊本能，天性聪颖，善于察言观色，能明确主人的指示，可借由眼神的注视而驱动羊群移动或旋转，是很好的牧羊犬。具有精力充沛、警惕而热情、聪明而勇敢、学习能力强、理解力高、顺从性好、容易训练、温和而忠诚的特点，其忠心程度可以用如影随形来形容。属于工作狂型的犬种，不适合都市生活。

（十五）金毛寻回犬（Golden Retriever）

【别名】黄金猎犬、金毛犬、金毛猎犬、金毛等。

【产地】英国。　【身高】53～61 cm。　【体重】27～34 kg。

【标准形态】

［头部］

头盖宽阔，横竖方向均略呈拱形，但枕骨和前额皆不突出，头盖与鼻口相连。止部清晰不陡峭。口吻结实而宽深，与脑袋差不多长。从侧看，口吻轮廓很直，与脑袋接合流畅且稳固。上唇下垂但不沉重。眉头分明，眼睛暗褐色，黑而明亮，双眼间距大，适度凹陷，大小中等，在眼睛上方下垂，紧贴面颊，耳朵很短，前缘较靠后，在眼睛上方，下垂，紧贴面颊。若向前拉，耳尖刚好盖住眼睛。鼻镜黑色或棕黑色，寒冷时可使颜色稍浅。颌结实，牙齿呈剪状咬合，上齿紧叩下齿，与下颌呈四方形。

［体躯］

中等长度，逐渐没入充分靠后的肩部，肌肉发达而强健。咽喉部皮肤不能松弛下垂。背线强壮，自马肩隆至微倾的臀部，始终保持水平，身体平衡良好。胸深，两腿间胸宽适度，前胸发达。胸骨延伸至肘。肋骨长而扩张良好，但非桶形，很好地延伸至后躯。腰短而强健，宽且深，自侧看，腰部略微收缩。

［四肢］

自然站姿下，大腿骨与骨盆约成90°连接，膝关节充分弯曲，飞节贴近地面，脚腕骨短而强壮。自后观察，腿直。足爪中等大小，圆、紧凑，指节良好，趾垫厚。若毛发过长，应修剪至显露自然的尺寸和轮廓线。狼爪常保留，亦可切除。

［尾巴］

尾根位置高，尾底部厚而肌肉发达，自然地延伸，臀部线长。尾骨延伸不低于踵关节。尾欢快地举起，呈水平或适度的上扬曲线，不可夹在腿间或卷曲至背上。

［被毛］

底毛浓密而防水；外层被毛硬且有弹性，既不粗糙也不过度柔软，紧贴身体，直或呈波状。无须修剪，有自然的毛领，前腿后部和身体下有适量的羽状饰毛，颈前部、大腿后部和尾底侧有丰厚的羽状饰毛。头、足与腿前部被毛短而均匀。

[毛色]

各种深浅的金黄色，鲜艳而有光泽。羽状饰毛色泽可略淡。随年龄增大，在脸和身体部位会有灰白毛发渐现，但色泽变化与白色斑不能混淆。

[步态]

小跑时姿态流畅自如、协调有力，步幅充分。腿不可内转或外转，足不能相互牵绊或交叉。当速度增加时，足部趋向会聚于中线。

【性格用途】

外貌整洁，性格柔顺友善，忠诚可靠，聪明活泼，对人依恋，对小孩有耐心，逐渐成为广受欢迎的家庭犬、伴侣犬及导盲犬。

（十六）巴塞特猎犬（Basset Hound）

【别名】巴吉度猎犬、短腿猎犬、法国短脚猎犬、矮腿猎犬等。

【产地】法国。　【身高】33～38 cm。　【体重】18～27 kg。

【标准形态】

[头部]

头部较大但比例均衡，宽度适中。从枕骨到口吻长度大于额头宽度。头骨半球形，枕骨凸起非常明显。侧面扁平，面颊没有凸起。头部皮肤松弛，低头时额头上褶皱堆积明显。吻部深而厚，但口鼻不长。鼻子呈暗黑色，黑色最佳。鼻孔大而完全敞开。牙齿大而健全、整齐，犬齿交错或完全咬合。嘴唇呈黑色，下垂着，前面成直角落下，向后倾斜，上唇松软地垂挂着。颈部十分有力，长度适中，呈弓形。眼睛温柔而悲伤，略微凹陷，带有明显的瞬膜。耳朵位置较低，非常长，向前移动时可在鼻子底部交叠，其质地如丝绒般柔软，松松地合拢悬垂着，底边轻微向内卷曲。

[体躯]

颈部长度适中，呈弓形，非常结实有力。胸部深陷，在腿的前面突显出胸骨。肋骨长而流畅，向后延伸，十分有弹性，为内脏提供足够的空间。背线平而直。肩和肘紧靠着胸的两侧。肩十分靠后且有力。

[尾巴]

尾巴不在尾骨上，而在脊骨的延伸部位，略微有些弯曲，会欢快地举起，尾底毛发粗糙。

[被毛]

较硬，短而光滑，十分浓密但不华丽，整体轮廓清晰，适用于各种气候。皮肤松弛有弹性。

［毛色］

通常为黑色、白色和棕褐色（三色），柠檬色和白色相间（双色）。

［步态］

动作平顺、轻松而有力。作为短腿追踪猎犬，鼻子始终贴近地面。前后腿姿态正确而协调，直线行进时，后足爪与前足爪在同一直线上运动，飞节适度弯曲，动作自然。前腿无划桨姿势、摇摆或交错步态，肘部贴近身体。自后观察，后腿彼此平行。

【性格用途】

聪明伶俐，温顺忠心，嗅觉敏锐，仅次于寻血猎犬。目前已很少用作猎犬，多为看家犬或玩赏犬。

【注意事项】

有主见，喜欢游荡，每日需要充分运动，饲主应有足够的时间和精力来陪伴它。如长时间独处会因焦虑不安而大叫，破坏家居环境，不适合上班族在公寓饲养。因其鼻子常贴地而行，易感染细菌和病毒，常发生脊柱问题和胀气病等。平时还要注意双耳及四肢的健康状况。

（十七）西伯利亚雪橇犬（Siberian Husky）

【别名】简称哈士奇、北极爱斯基摩犬、西伯利亚哈士奇等。

【产地】西伯利亚东北部。　【身高】51～60 cm。　【体重】16～27 kg。

【标准形态】

［头部］

颅骨中等大小，与身体的比例恰当，顶部稍圆，从最宽处至眼睛逐渐变细。止部十分明显。口鼻宽度适中，逐渐变细，末端不尖不方。灰色、棕褐色或黑色犬的鼻镜为黑色，古铜色犬鼻镜为肝色，纯白色犬鼻镜可有鲜嫩颜色。嘴唇着色均匀，紧密闭合。眼睛杏仁状，间距中，稍斜。眼睛可为棕色或蓝色，两眼颜色也可不同，或每只眼都有两种颜色。表情坚定友好，好奇或淘气。耳朵呈三角形状，大小适中，间距较近，位置较高。耳朵厚，被毛丰富，其背部略呈拱形，有力地竖起，尖部略圆，笔直地指向上方。牙齿呈剪状咬合。

［体躯］

颈部拱形，长度适中，站立时直立昂起；小跑时伸展，使头向前稍伸。胸深而强壮，不太宽，最深点正好位于肘部后面。肋骨从脊椎向外充分扩张，侧面扁平，活动自由。背直而强壮，自马肩隆到臀部的背线平直，长度中等。腰部收紧，倾斜，比胸腔窄，轻微折起。臀部从脊椎处下溜，角度恰当，不影响腿的后蹬力。

[尾巴]

毛很丰富，中等长度，上面、侧面和下面的毛长基本一致，像一个圆毛刷，似狐狸尾，恰好位于背线之下。犬立正时，尾巴通常以优美的镰刀形曲线卷在背上或自然下垂，举起时不卷在身侧，也不平放在背上。

[被毛]

双层毛。外层毛平直，光滑服帖，不粗糙，不能直立，长度中等且很浓密，但不可太长以免掩盖其清晰轮廓。下层毛柔软且浓密，长度足以支撑外层被毛。换毛期无下层毛为正常。

[毛色]

从黑到纯白、棕到红之间所有颜色均可。头部常有不同色的斑纹，包括许多醒目的图案，脸部还有特殊白斑。

[步态]

典型步态为平稳舒畅，自然轻松，脚步快而轻，前肢伸展性良好，后肢驱动力强大，背线保持紧张和水平。自前看，犬在行进时不是单向运动，随着加速，腿逐渐向前伸展，直至脚趾全部落在身体纵向中轴线上，此时前腿和后腿笔直地向前伸出，肘部和膝关节均不可外翻或内翻，后腿与同侧前腿路线一致运动。

【性格用途】

典型性格友好温柔，警觉并喜欢交往，不会呈现出护卫犬强烈的领地占有欲，不会对陌生人产生过多的怀疑，也不会攻击其他犬类。成年犬具备一定程度的谨慎和威严，且聪明温顺，热情忠诚，是良好的伴侣犬和工作犬。

【注意事项】

该犬害怕孤单，需人陪伴，精力旺盛，运动量大，不适宜被活动能力差的老年人、空闲时间少的上班族与学生饲养。

（十八）拉布拉多寻回犬（Labrador Retriever）

【别名】拉布拉多猎犬、拉不拉多、拉布拉多拾猎犬等。

【产地】加拿大纽芬兰。　【身高】54～62 cm。　【体重】25～34 kg。

【标准形态】

[头部]

脑袋宽阔，十分清晰但不夸张，与前脸处在相互平行的面上，且大致等长。止部适中，眉毛稍突出，故头到鼻尖的直线不完整。头部线条清晰，面颊无赘肉。颌部有力而不细长。鼻镜宽阔，且鼻孔非常发达。黄色或黑色犬的鼻镜为黑色，巧克力色犬的鼻镜为褐色。牙齿结实而整齐，剪状咬合。耳朵垂挂，适度贴近头部，位置稍靠后，略低于脑袋，并略高于眼睛水平视线。眼睛中等大小，分得较开，深浅适度。黑色或黄色的犬眼睛为褐色，巧克力色犬眼睛为褐色或榛色。黑色或黄色犬眼圈为黑色，巧克力色犬眼圈为褐色。眼神锐利、友善，聪明而机敏，气质良好。

［颈部］

长度适度，肌肉发达而无赘肉，坚挺地从肩胛升起，适度圆拱。后背结实，犬站立或运动时，自马肩隆到臀部背线始终水平。腰部富有弹性。

［体躯］

肋骨支撑良好，胸部适度宽阔，前肢可自由运动。成年犬下腹曲线较直，或略微上提。腰部宽短而结实，延伸到非常发达有力的后躯。从侧观察，前胸非常发达但不过度。

［四肢］

结实而紧凑，脚趾圆拱，脚垫发达。狼爪可切除。

［尾巴］

尾根十分粗，向尖端逐渐变细，长度中等，不可延伸超过飞节。尾无羽状饰毛，但周围都覆盖有短而浓厚的被毛，形成奇特的圆形外观，似“水獭”尾。休息或运动时，尾巴作背线的延伸，可欢快地举着。

［被毛］

与众不同，外层毛直短且非常浓密，触感非常坚硬。底毛柔软且能抵御恶劣气候。背部被毛可略呈波浪状。

［毛色］

有黄色、黑色和巧克力色三种颜色。

［步态］

动作舒展而轻松。行进时自前看，肘部和腿与身躯相对整齐，适度靠近，笔直向前，无踱步或交织步。腿部形成一条直线，所有部分都在同一平面内运动。自后观察，后腿与前腿几乎在同一平行线上运动，弯曲良好，非常有力。

【性格用途】

气质温和，举止文雅，喜欢外出，聪明而适应性强，天生易于调教，渴望取悦主人，对人类或动物无攻击性。嗅觉敏锐，警觉活泼，尽职尽责，早期主要帮助人们寻回水鸟、参与猎捕等。现今主要作为工作犬存在，是优秀的衔取犬与家庭犬，如加强训练，亦是出色的警犬、听导犬、心理援助犬、陪伴犬、导盲犬、防爆犬与搜救犬等。

（十九）萨摩耶犬（Samoyed）

【别名】萨摩犬、萨莫耶德犬、西摩犬、毛毛熊犬等。

【产地】俄罗斯。　【身高】48～60 cm。　【体重】20～27 kg。

【标准形态】

［头部］

颅骨宽，呈楔形，顶部略呈拱形，但不圆，两耳与止部中心点呈等边三角形。耳朵结实而厚，直立灵活，三角形且尖端略圆，大小适中，间距较远，靠近头部外缘，覆盖着丰满的毛发，但耳朵前面没有。耳长与耳根内侧到外眼角的距离一致。眼睛杏仁状，颜色深，位置分得较开，且深，下眼睑指向耳根。鼻镜颜色会随着年龄、气候变化而改变，黑色为最佳。口吻长与宽中等，沿鼻镜方向略呈锥形，与身体比例协调。口吻深，胡须不必修剪。嘴唇黑色，嘴角略上翘，形成特有的“萨摩式微笑”。

［体躯］

颈部结实，肌肉发达，骄傲地昂起，与肩结合，呈优美拱形。胸深而厚实，宽度适中，非桶状，肋骨从脊柱向外扩张，到两侧变平，肩部与前肢能自由运动。背部肌肉发达，腰部结实而略拱。腹部肌肉紧绷，形状良好，与后胸连成优美的收腹曲线。臀部略斜，丰满。

［四肢］

前肢直，骨骼坚实，后肢肌肉十分发达。足爪长、大而略平，似兔足，脚趾适度展开，脚趾圆拱，脚垫厚实且坚硬，脚趾间有保护性毛发。自然站姿下，足爪既不内弯也不外翻。

［尾巴］

长度适中，若下垂，尾骨长度可达飞节。尾上覆盖着很长的丛生毛发，警惕时会卷到背上或一侧，休息时垂下。

［被毛］

双层被毛，底毛短而浓密，柔软如絮状，紧贴皮肤，外披毛透过底毛较粗较长，直立在身体表面，绝不卷曲。披毛围绕颈部和肩部形成“围脖”，雄性更多毛。

［毛色］

常为纯白色。白色带很浅的浅棕色、奶酪色，整体为浅棕色。

［步态］

小跑而不踱步，动作轻快且灵活，舒展平稳而有力，步伐有节奏。前躯伸展充分，后躯驱动有力。缓慢行进或小跑时，足迹不重叠，快速跑时，脚垫向内收缩，足迹落在身体中心线下，后肢与前肢足迹重叠，后肢向前滑动。膝关节不内弯也不外翻。后背保持坚固而平实。

【性格用途】

聪明文雅而忠诚，适应性强，警惕性高，活跃而热衷于服务，友善却保守，易和人做朋友，乃至入侵者。萨摩耶式的微笑，反映出该犬性格开朗，沉稳，对人有亲切感，引人注目，受人喜欢，是当今最受欢迎的展示犬及伴侣犬之一。

（二十）凯利蓝梗（Kerry Blue Terrier）

【别名】爱尔兰梗、凯利蓝、凯利兰、凯莉蓝、凯丽蓝等。

【产地】爱尔兰。　【身高】44～50 cm。　【体重】15～20 kg。

【标准形态】

［头部］

长而适度，与身体比例协调。眼睛小而黑，不突出，带有敏锐的梗类特性。耳朵呈小V形，但与身体比例得当，中等厚度，起于颅骨折叠垂于脸颊。颅骨扁平，鼻梁不明显，双耳间宽度逐渐缩小于两眼间。前脸饱满，楔形轮廓，颅骨与前额的长度接近。下颌深，坚实而健壮。面颊规则而平整。鼻子为黑色，鼻孔大而宽。牙齿洁白整齐而坚硬，呈剪状咬合。

［体躯］

颈部匀称而长度适中，从头到肩逐渐变宽，背部短小，坚实而笔直，无明显的凹陷，胸部厚而宽度适中。肋骨隆起，圆而深，收拢明显。腰部短小而有力。

［尾巴］

高翘，长度适中，保持直立状，越直越好。

［被毛］

柔软而极浓密，为弯曲的丝状毛。在展览会上，凯利蓝梗的身体和头部覆盖着整齐修剪过的被毛（除了颊髭），但耳部和面颊要清晰地露出来。

［毛色］

成熟后，除了吻部、头部、耳朵、尾巴和脚部明显稍黑外，身体毛色从深蓝灰色到浅蓝灰色再到蓝灰色或灰蓝色。刚出生时毛色明显黑，成熟后呈灰蓝色或蓝灰色，中途要经历深蓝色、淡棕色、棕色和蓝色杂色的转变过程，最后逐渐变为成熟的毛色，期间颜色的变化无规则与一致性，要到18个月后毛色才确定。

［步态］

行动自如，肘部与身体垂直，步履矫捷，前后腿直线向前运动。膝关节不内弯也不外展。

【性格用途】

警惕性很高，对陌生人或动物的防范意识非常强，偶尔会发动袭击。性情温和而忠实，有活力，也有顽固的个性，占有欲很强，必须严加训练才能成为优秀的家庭犬。

【注意事项】

十分喜爱挖掘东西，地下轻微的声音和任何奇怪的气味都会引起它强烈的好奇心，并奋力挖掘，如庭院内有泥土地，则一定要保持警惕。

四、大型犬

大型犬是指犬成年时体重在 30～40 kg、身高在 60～70 cm 的犬。本型犬体格魁梧，不易驯服，力大勇猛，常被用作军犬和警犬，与人类友谊深厚，忠于主人。大型犬的饲养要求非常高，尤其是军警用犬。由于此类犬选种严格，淘汰率高，价格不菲，一般都由专用部门进行养殖，难以在普通家庭中推广。大型犬主要有中国昆明犬、德国牧羊犬、日本秋田犬、拳师犬、英国寻血猎犬、斗牛犬、阿拉斯加雪橇犬与伯瑞犬等。

（一）中国昆明犬（Chinese Kunming）

【别名】狼狗、昆明犬、中国狼青等。

【产地】中国昆明。　【身高】58～74 cm。　【体重】26～40 kg。

【标准形态】

［头部］

头部呈楔状，轮廓清晰，皮薄、清秀，脸部稍长。颅顶部呈圆形，脸无明显皮褶，有轻度的额鼻阶。眼大小适中，眼睑紧绷，眼球为杏形，不凸出，暗褐色（狼青品系和黑背品系）或杏黄色（草黄品系）虹膜。眼神机警，表情敏锐，威严自信。两耳自然直立，大小适中，向外张开，活动灵巧。吻部较细长，不短于额部长度，鼻梁平直，鼻镜黑色，光泽湿润，唇紧贴而结实。牙齿整齐紧固，共 42 颗，呈剪状紧密咬合。

［体躯］

颈部圆形，轮廓清楚，大小、长度与头部相称，皮肤紧绷。鬐甲略高，背腰线比较平直，背部两侧有斜面，体高与肩高近等，臀部较短，略带倾斜。胸廓较深而稍窄，小于体高的一半，胸围长于体长。自胸骨剑状突向后到腹部形成向上弯曲的光滑腹线。腹围中等。俯视背腰部结实，背宽腰短。侧视背腰线接近水平，呈现收腹状。

［尾巴］

尾根粗壮，长度适宜，尾形呈剑状或钩状，静止时自然下垂，兴奋时略向上翘起。

［被毛］

毛短而紧贴，富有光泽，直而均匀（部分草黄品系犬被毛有轻微卷曲），针毛层密。随环境气候的不同，针毛与绒毛的比例也会不同。

［毛色］

三个品系对应不同毛色，包括狼青色、黑背黄腹和草黄色。

［步态］

伸展有一定弹性，起伏富有节奏，善于疾步跑。走动时，脚跨度大、前后步幅均匀。奔跑时，步幅最大，移动非常有力，身体无摇摆。跳越快速轻松，自然协调。重心稳当，耐力持久，可适应各种地理环境。

【性格用途】

凶猛野性，活泼沉着，接受训练科目快，心理成熟稍晚，随生理、心理成熟后由被动防御向主动攻击转化，对陌生事物戒备心强，领地意识特强，而对主人依恋性好，认主忠诚，是理想的警卫犬，亦是天生的看护犬。

（二）德国牧羊犬（German Shepherd Dog）

【别名】德国狼犬、狼犬、德牧、黑背、黑贝等。

【产地】德国。　　【身高】55～65 cm。　　【体重】26～38 kg。

【标准形态】

［头部］

头部高贵，轮廓简洁，结实而不粗笨，与身躯比例协调。自前看，前额适度圆拱，脑袋长而倾斜，口吻呈楔形，止部不明显。中等大小杏仁形眼，位置略斜，不突出，表情锐利，聪明沉着。耳朵略尖向前，与脑比例匀称，关注时可直立。口吻长而结实，轮廓线与脑袋相互平行。鼻镜为黑色。嘴唇非常合适，颌部非常坚固。有42颗坚固牙齿，呈剪状咬合。

［体躯］

颈部肌肉发达结实，轮廓相对较长且清晰，与头部比例协调，无松弛皮肤。关注或兴奋时，头部抬起，颈部高昂。背线以马肩隆位置最高，向后倾斜，后背平直而很短，但非常稳固，无下陷或拱起。胸深而宽，向下到两腿之间，丰满不浅薄，心肺空间足够，胸骨突在肩胛之前。肋骨长且扩张性良好，非平板或桶状胸，向下延伸到肘部位置。腰部宽而强壮。臀部长且逐渐倾斜。

［四肢］

肩胛骨长且倾斜，平躺适度靠前。上臂与肩胛骨成直角，且肌肉发达。前肢笔直，骨骼呈卵形。骹骨结实而有弹性，与垂直线成25°角。后肢大腿非常宽，肌肉发达而稳固，上半部分大腿骨与肩胛骨平行，而下半部分大腿骨与上臂骨平行。跖骨短、结实且紧密结合。足爪短，脚趾紧凑且圆拱，脚垫厚实而稳固，暗黑色趾甲短。

［尾巴］

尾巴毛发浓密，尾椎至少延伸到飞节。尾巴与臀部平滑结合，位置低。休息时，尾巴直垂，稍弯曲，呈马刀状。兴奋或运动时，曲线会加强，尾巴突起，但绝不会卷曲而超过垂直线。

［被毛］

中等长度的双层被毛。外层毛直而粗硬，且浓密，平贴着身体。刚毛质地的毛发略呈波浪状。头部和耳内、前额、腿和脚掌上的毛发较短，颈部毛发长而浓厚。前肢和后腿后方毛发略长，分别延伸到骹骨和飞节。

［毛色］

毛色较为多变，其中浓烈的颜色为首选，主要有黑背黄腹、青灰色、全黑色等几种，可伴有云状的黑毛，但鼻毛、背部和面部均为全黑。

［步态］

交互举起前右脚与后左脚快走或小跑。在前冲时头部向前，尾巴略向上翘，动作舒展平衡，从耳尖经背部到尾尖成一条弧线。

【性格用途】

个性顽强，沉着顺从，易于训练，活泼敏锐，警觉而忠实，大胆、勇敢而无敌意，富有献身精神，工作范围极广，多作为工作犬，如牧羊犬、警犬、军犬、护卫犬、导盲犬、伴侣犬、救助犬与看家犬等，可谓理想的万能犬。

【注意事项】

不喜欢悠闲的生活，热衷于工作，有过度护卫的倾向，应每日刷理被毛。

（三）寻血猎犬（Blood Hound）

【别名】血提、布拉德猎犬、侦察犬、圣·休伯特猎犬等。

【产地】比利时。　【身高】58 ~ 69 cm。　【体重】36 ~ 50 kg。

【标准形态】

［头部］

前视狭窄，侧看宽阔而平坦。脑袋宽，头顶微拱，但枕骨和前额均不突起。眼睛为深棕或棕色，大小中等，呈椭圆形，深陷眼窝内，眼距大，眼睑为菱形或钻石形，眼缘色深，表情友善聪慧、温柔善良而大方。止部清晰而不陡峭。耳朵相当短，质地薄且柔软，垂下紧贴面颊，若前拉耳尖恰好能盖住眼睛。口吻深且宽，与脑长相近，轮廓很直，与脑融合稳固流畅。鼻镜为黑色或棕褐色，鼻子宽阔且发达，鼻口张开。唇长，上唇赘肉垂下来，黑色或褐色，与鼻子同色。牙齿排列完整，洁白强壮，剪状咬合。

［体躯］

颈部长度中等，肌肉发达强壮，逐渐融入靠后充分的肩部。背线结实，始终保持水平。身体平衡良好，胸深、宽适度，前胸发达，胸骨延伸至肘，肋骨长而扩张良好，但非桶形，很好地延伸至后躯。腰宽、短且强健，侧视腰部略微收缩。

［尾巴］

尾根高，肌肉发达而厚实，自然地从臀部延伸，从不弯曲或扭曲。尾骨至多延伸至飞节。欢快时扬起，呈水平或适度的上扬弧线。

［被毛］

双层毛，直或呈波状，底毛浓密而防水；披毛硬且有弹性，但非粗糙或柔软，紧贴身体。无须修剪，有自然的毛领，前腿后部和身体下有适量的羽状饰毛，颈前部、大腿后部和尾底侧有丰厚的羽状饰毛。头、足、腿前部的毛发短而均匀。

［毛色］

各种色泽的金黄色鲜艳而有光泽。羽状饰毛可比其他部位色泽略淡。随年龄增大，脸和身体部位的毛发逐渐灰白，其他部位则出现白色斑块。

［步态］

小跑时流畅自如、协调有力，步幅充分，腿不内转也不外转，足不牵绊也无交叉。快速行进时，足部趋向会聚于中线。

【性格用途】

表情威严，性格温顺和善，嗅觉极佳，堪称世界一流，是凭嗅觉追踪猎物的优秀犬，亦是警方用于追踪罪犯的优良犬种。

【注意事项】

需要大量而激烈的运动。平时要注意耳道清洁。此外，该犬易患胃臌气病，发生此病时应紧急救护，否则极易致命。

（四）拳师犬（Boxer）

【别名】德国拳师犬、斗牛拳师犬、拳师、拳狮等。

【产地】德国。　【身高】53～63 cm。　【体重】25～32 kg。

【标准形态】

［头部］

颅骨顶部略呈拱形，但不圆也不平坦。枕部适度突出。两眼间有一凹痕，鼻梁轮廓清晰。颅骨向吻部尖端逐渐变细成一优美的曲线。头部整洁，无过深的皱纹。竖耳时，前额的褶皱总是在止部下边缘向吻部两侧延伸。眼睛深褐色，中等大小，不突出或凹陷，表情聪明而警惕。耳根在颅骨的最高点，剪耳后为长而尖细，警惕时突起。两眼间的前额略略下陷，与口吻连接处有明显的止部。面颊相对平坦，呈优美的锥形。口吻长度、宽度及深度比例匀称。鼻尖略高于口吻末端。鼻镜宽而黑。上颚宽度与脑袋相当，向前略微变细。上嘴唇厚而丰满。下颚突出式咬合。

[前躯]

肩部长而倾斜，肌肉适度丰厚。上腕长，与肩胛骨成直角。肘关节距胸部适度。前肢长而直，肌肉发达，自前看，两前肢互相平行。前脚跟强壮，几乎与地面垂直。狼爪可切除。足爪紧凑，足趾适度圆拱。

[后躯]

肌肉丰满，与前躯角度协调。大腿宽且肌肉发达。大腿和小腿长。膝关节屈曲，跗关节清晰。自后看，后肢直，跗关节既不内弯也不外展。自侧看，后脚跟短而强壮，轮廓清晰，与地面几乎垂直，可向后稍斜。后肢无狼爪。

[被毛]

被毛短、油亮、光滑，紧贴身体。

[毛色]

浅黄褐色，有斑纹。被毛底色可以从浅棕褐色到红褐色。斑纹可以稀少而清晰，也可以非常密集，几乎覆盖全身，浅黄褐色的底色反而显得稀少。白色斑块可以使犬的外表更漂亮，但不能超过全身被毛的1/3，出现在侧腹部或躯干的背侧则不理想。在面部，白色斑块可以代替一部分黑底色，如在两眼间，不应破坏犬的面部特征。

[步态]

行进时，前躯伸展性好，背部保持水平，后躯有力，前肢稳定，无交叠和斜行。自前看肩部平衡，肘关节不外倾。慢速行进时，四肢相互平行，加快时四肢的落地点趋向身体的中心线，但不相互交叉。自后看臀部不能摆动。同侧后肢应与前肢沿一条直线行进。但行进速度加快时，落地点趋向身体中心线。

【性格用途】

机警而自信，感情丰富，有极强的自制性，适度活泼却有威严，可作为守卫犬。喜欢嬉戏，对孩子非常有耐心，对友好行为反应很温和，但对陌生人机警而谨慎，对威胁毫不畏惧，且聪明而温顺，是非常理想的伴侣犬。

（五）秋田犬（Japanese Akita）

【别名】日本秋田犬、卡爱依努犬、秋田、日本狼青、日本狼青犬、陶若依努犬等。

【产地】日本秋田县。　【身高】58 ~ 76 cm。　【体重】37 ~ 54 kg。

【标准形态】

［头部］

俯视轮廓为钝三角形，与身体比例协调，放松时无皱纹。两耳间颅骨平坦而宽阔。颌部方而有力，且喉部轻微。吻部宽而完整。自鼻镜到止部与后脑的距离比为2∶3。止部轮廓清晰而自然。有一条浅皱纹向前额伸展。鼻镜宽且黑。白色犬可有肝色鼻镜，但以黑色为首选。耳朵为其显著品种特征，小而有力地直立，如向前折叠，耳朵尖可触及眼上缘。耳呈三角形，耳尖略圆稍卷曲，耳根宽且间距较宽，位置不低，略向前伸与颈部成一直线。眼睛深褐色，小而深，呈三角形。眼圈为黑色且紧。嘴唇为黑色而不下垂，舌头为粉红色。牙齿结实，剪状咬合比较理想，钳状咬合亦可。

［体躯］

颈部较短但肌肉丰满，向肩部逐渐加宽。突出的背脊部与头部相应。胸部宽而深厚，肋骨扩张良好，胸肌发达。背部水平，腰部肌肉坚实，适度折起贴近水平。皮肤柔顺但不下垂。

［尾巴］

大而丰满，尾根高而粗壮，尾向背部卷曲，尾尖与背水平或低于背部，放下时尾骨可达飞节，覆盖着密直而粗壮的被毛，不同于羽状饰毛。

［被毛］

双层毛。披毛整齐顺直而竖立，质地粗硬。底毛厚实、柔软、浓密且比披毛略短。头部、腿部和耳朵的毛发稍短些。除尾毛浓密外，马肩隆处和臀部是身体上毛发最长、最厚实的部位，约2in。

［毛色］

可为任何毛色，包括白色、红色、虎毛色、斑点、杂色。杂色犬为白底色带有大块而均匀的色斑。底毛与被毛颜色可不同。

［步态］

轻快而有力，步幅中等。后背保持结实、稳固和水平。后肢与前肢处于同一运动直线。

【性格用途】

机智，有责任感，威严勇敢，对同类有攻击性，但对主人和家庭忠实，性格非常稳重，对家里人温顺，起初用作大型狩猎与斗犬，现为优秀的家庭伴侣犬或守护犬。

（六）灵缇（Greyhound）

【别名】格力犬、意大利灰狗、意大利灵缇犬、意大利格雷伊猎犬等。

【产地】意大利。　【身高】68～76 cm。　【体重】29～32 kg。

【标准形态】

［头部］

头窄而长，两耳间宽阔，头盖水平。止部不明显，鼻子很尖。额段清晰，颚健壮，口吻长而纤细且秀气。鼻镜颜色暗，可为黑色、褐色或其余和体色协调的颜色。眼睛颜色暗，但亮泽，中等大小，呈椭圆形，表情聪明且活泼。耳朵小而薄，轻巧，非警戒时，均向脑后摺。剪状咬合。

［体躯］

颈长且细，成优美拱形。身躯长度适中，连接紧凑。侧视马肩隆，背部曲线和向下的后躯成弓形向上拱，最高点处于腰的起点。身体宽大，背部结实，肋骨长。胸深而窄且厚实，胸腔十分宽大。腹部弯曲如弓状，强而有力。

［尾巴］

细长，末端细尖，稍微弯曲呈曲线状，放得也很低，长度正好到飞节。尾根位置低。

［被毛］

被毛精细而柔软，毛发短，摸上去像缎子一样光滑和柔软。

［毛色］

毛色有黑、白、红、芥末色、斑纹状、淡黄褐色、蓝，以及白色和任何颜色的混合色。如有斑点或带黄褐色斑纹则为失格。

［步态］

步伐大，不受拘束，前腿和后腿在同一直线上移动。

【性格用途】

最先被训练来以视觉追踪猎物的视觉型狩猎犬，是世界上脚程速度最快的犬类，时速可达每小时64公里。后来成为极优秀的牧羊犬。现因其聪明和善，善解人意，神经敏感，感情丰富，有规矩，爱护小孩，已成为人们贴心的伴侣犬。平时居处家中，亦可作为看护犬用，也是最优秀的家庭犬和展示犬。

（七）杜宾犬（Doberman Pinscher）

【别名】笃宾犬、都柏文犬、德贝曼犬、德国杜宾犬、杜宾、多伯曼、杜百门等。

【产地】德国。　【身高】61～71 cm。　【体重】40～45 kg。

【标准形态】

［头部］

头长而紧凑，呈V形钝楔形，头顶平坦，脑袋通过轻微的止部与口吻衔接，口吻轮廓线与脑袋的轮廓平行。前视，由嘴至耳根的轮廓为两条渐宽的完整直线。眼睛呈杏形，位置适度凹陷，眼神显得活泼、精力充沛。眼睛的颜色单一，黑色犬为从中等到非常深的褐色，其他毛色如红色、蓝色与驼色犬，眼睛颜色与身体的斑纹颜色一致，但以深色为好。耳朵通常为竖立剪耳。当耳朵直立时，耳朵上部位于头顶。面颊平坦、肌肉发达。黑色犬鼻镜为纯黑，红色犬为深褐色，蓝色犬为深灰色，驼色犬为深茶色。嘴唇紧闭贴住上下颚，上下颚饱满而有力，位于眼睛下面。白而坚固的牙齿呈剪状咬合，共有 42 颗牙齿，下颚 22 颗、上颚 20 颗。

［体躯］

体型四方。颈部长度恰当，肌肉发达而紧凑，骄傲地昂着，略呈拱形，向后逐渐变宽与身体融合。头与颈有明显分界，颅骨皮肤紧凑。马肩隆明显，为身躯最高点。背短直而坚固，有足够的宽度。从马肩隆到略圆的臀部，呈一直线。胸部宽阔且肌肉发达，前胸适度坚挺。肋骨自脊椎处隆起，向下逐渐变平，到肘部为止。胸深到肘部。腹部适度向上凸入，与胸部相连成一曲线。腰部宽且肌肉发达。臀部宽厚，与身体比例恰当。臀部与胸腔及肩部大约等宽。

［尾巴］

可在第二节尾骨前后切断，为脊椎的延伸。警觉时，尾巴会举起高过水平线。

［被毛］

短硬粗壮、浓密、平滑且紧贴身体。

［毛色］

有黑色、蓝色、茶色、红色、淡芥末色与驼色（伊莎贝拉色）等毛色。颈部可有隐藏的灰色底毛。铁锈色斑纹边界清晰，分布在眼睛上方、口吻、咽喉、前胸、四肢及尾下。前胸如有白色斑纹，面积不应大于 $1/2in^2$。

［步态］

轻松和谐、精力旺盛，前躯伸展良好，后躯驱动有力。小跑时后躯动作有力，后腿与同侧前腿在同一面内运动。背部结实而稳定。快跑时，犬体结构完美者会沿单一轨迹运动。

【性格用途】

性格活泼，聪明敏感，胆大警惕，果断坚决，体型大而结实，力大而好撕咬，为强壮而有攻击性的犬种，主要担当警卫守护等工作，经过训练后，可成为搜索犬、军犬、狩猎犬和牧羊犬。饲养者若严加管理，也可成为忠实、富有感情的伴侣犬，但需要足够大的居住空间，不宜家庭、公寓饲养。

（八）英国波音达（English Pointer）

【别名】波音达、波音打、向导猎犬、波音达猎犬、英国指示猎犬、指示犬、英国向导猎犬、英国波音达猎犬等。

【产地】英国。　　【身高】60～65 cm。　　【体重】27～32 kg。

【标准形态】

［头部］

脑袋中等宽度，与口吻长相近。两眼间略有凹痕，面颊整洁且轮廓鲜明。眼睛足够大，圆而热烈，颜色以深色为好。止部明显。口吻深，上唇不下垂。嘴末端平且呈正方形。鼻孔开阔且非常发达。深色犬鼻镜应为黑色或褐色，浅色犬鼻镜应为浅色或肉色。耳朵柔软而薄，末端稍尖而不圆，自然下垂能达到下颚，贴近头部，略微折叠或不折叠，处于眼睛同一水平线。钳状咬合或剪状咬合。

［体躯］

颈部肌肉发达，长而干燥，略呈圆拱，与肩部融合整洁。肩胛薄长而倾斜，且顶端紧挨。背部结实而强壮，自臀部到肩胛略有上升。腰部中等长度，圆拱轻微而有力。臀部轻微地向尾根处下垂。腹部明显上提，但不过度。

［尾巴］

根部粗壮，尖端细而精致。长度不超过飞节。举起但不卷曲，并与背线不能超过20°角，也不应夹在两腿之间。

［被毛］

短且浓密，平滑而闪光。

［毛色］

有肝色、柠檬色、黑色与橘色、纯色或组合，以及任何一上述毛色与白色组合。

［步态］

平顺，滑动，后躯驱动力强大。头部高高昂起，鼻孔张开，尾巴随着步伐有节奏地左右摆动，非常协调。

【性格用途】

气质平静，感觉警惕而敏锐，自信威严，对人或同类无羞怯表现，既适合做家庭伴侣，也适合在野外活动。身体强壮，精力充沛，狩猎愿望强，不适宜于家庭饲养。

（九）阿拉斯加雪橇犬（Alaskan Malamute）

【别名】阿拉斯加犬、爱斯基摩犬、阿拉斯加、雪橇犬、阿拉斯加爱斯基摩犬、阿拉斯加马拉缪特雪橇犬、阿拉斯加爱斯基摩马勒麦特犬等。

【产地】阿拉斯加。　【身高】58～71 cm。　【体重】39～56 kg。

【标准形态】

［头部］

脑袋宽且略微隆起，自头顶向眼睛逐渐变得窄与平，近面颊部分比较平坦。止部浅。眼睛位置略斜，两眼间有浅皱，颜色为褐色，以深色最佳，中等大小杏仁状，表情柔和、充满友爱。耳朵分得很开，为三角形，大小适中，与头部相比略小，耳尖稍圆，位于脑后外侧，与外眼角成一条直线。当耳直立时，犹如站在脑上。口吻大而长。嘴唇紧密闭合。上下颚宽大，牙齿巨大，剪状咬合。

［体躯］

颈部适度，成拱形且强壮。躯体结构紧凑而不短。骨骼大小适度。背直且向臀部稍斜。腰硬且肌肉发达。胸发育良好。

［四肢］

前腿骨骼足量且肌肉发达。前视胶骨直，侧视略斜，短而强壮。肩部适当倾斜。后腿宽，肌肉非常发达，站立或运动时后视，与前腿处于同一直线上，间距适度，狼爪应切除。后膝关节适度弯曲。飞节自然向下适度弯曲。脚大呈雪鞋形，紧且深，脚垫良好，外观坚固而紧凑。脚趾紧凑而拱起，趾间有保护性毛发，脚垫粗厚，趾甲短而强壮。

［尾巴］

位置适当，被毛丰富，羽状毛似波浪。运动或兴奋时举起过背。

［被毛］

致密的富有极地特征的双层毛。外层毛浓密而粗硬呈针状，不长也不软，具有保护性。底毛为浓厚的绒毛，深为1～2in，含油脂，油滑且柔软呈羊毛状。被毛外层和内层一样长度不一，且外层被毛长度是随着底毛而变化的。体侧被毛相对短或中等长度，肩和颈部、背下、臀上部与尾巴的毛相对较长。夏季被毛通常会变得短而稀。

［毛色］

白色、浅灰色、黑色以及不同程度的红色，或上述颜色的组合较为常见。

［步态］

稳健和谐而坚定有力。侧视，后躯驱动有力，力量通过发达的肌肉传送至前躯，前躯获得驱动后伸展平滑，步伐流畅。前视或后视，运动时腿始终保持直线，且间距适度。快跑时，四肢足爪向身体中线靠拢。

【性格用途】

个性勇敢和活力十足，眼神机警而充满好奇心，喜欢户外运动，是优秀的警备犬和工作犬，也是富有情感的家庭犬。畏惧炎热潮湿，不太适于温热多雨的南方地区，比较适于在北方饲养。此外，此犬体型较大，所以需要的空间也大，每天还要有充分的运动量，故不适合居住空间小、无大量空闲时间的人群。

（十）伯瑞犬（Briard）

【别名】布里牧犬、布雷猎犬、布里牧羊犬等。

【产地】法国伯瑞区。　【身高】57～69 cm。　【体重】33～34 kg。

【标准形态】

［头部］

头部看似较长，其适宜长度约为肩高的40%，且宽度足够，比例恰当，并覆盖着丰厚的毛发。吻部也有足量毛发，与头部一起，如同两个相似矩形面的结合，其长度相等，但宽度和高度不同。头部与颈部成直角昂立，神情警惕而骄傲。头部轮廓清晰而整洁，面颌无突起，喉部没有赘肉，在侧面眼下或太阳穴处也无过多的赘肉。眼睛分得较开，内外角为同一水平。眼大，开张良好而平静。眼睛颜色为黑色或黑褐色，眼缘颜色非常深，色素充足。眼神坦诚、好奇而自信。耳根厚实而坚固，位置高，耳朵自然长度等于或略小于头长的一半，上有直而密的长毛覆盖。口吻被髭须和胡须覆盖，有点宽而末梢成直角。止部清晰。鼻镜以正方形为好，黑色，鼻孔张开。嘴唇厚度适中，唇线坚固、口角无褶或垂唇，唇为黑色。牙齿白且结实而完美，呈剪状咬合。

［体躯］

颈较长，肌肉非常强健，结实而构造良好，呈平截的圆锥形，与肩部结合良好。背线倾斜极微，自突出的马肩隆向后，略微向下倾斜，延伸到宽阔的腰部与臀部，背部较直。臀部肌肉发达，略微倾斜，圆弧形末端非常完美。胸宽而深，肋骨适度弯曲，呈卵形，肋骨不太圆，胸骨适度前伸，平滑地下降至肘部，以致胸深充分。腹部适度上收，容量足够。

［尾巴］

不可断尾，有良好的羽状饰毛在末端呈钩状，沿中线下垂。静立时，尾椎下垂至飞节，尾尖成钩状，终止于钩处，右视如字母“J”。运动时，尾巴凸起，呈优美的曲线，除尾尖钩外绝不超过背平面。

［被毛］

外层被毛粗糙，硬而干燥（指捻呈干钝声），平伏在身上，长而自然下垂，略呈波浪状，光泽健康。肩部被毛长约15.2 cm或更长。绒毛层细腻而密厚且紧贴全身。头部布满被毛，倒伏，自中间天然分开，向两侧下垂，盖住了头的轮廓或完全盖住眼睛。而眉毛不倒伏，呈拱形向外延伸，呈优美的曲线，并稍遮住眼睛。

［毛色］

除白色外，其余毛色均可，多为不同深浅的灰色，或不同程度的茶褐色，其色调越深越好。以上两种毛色混合也可，但不应有明显的斑点，且颜色要过度渐进而匀称。此外，白毛可散布全身，胸部毛根处还可有小于2.5 cm的白斑。

［步态］

形体结构完美，运动强健而富有弹性，力量充分而持久，具有牧羊犬必备的突然变向能力。步态柔顺而轻盈，行进迅速，触地无声，像在滑动而行，平衡感好，相当稳健，可长时间工作。

【性格用途】

聪明而无畏，机智且诚实，友好、高贵而温驯，易于训练，具有很好的记忆力，有强烈的取悦主人的愿望，很好地保持了看护家园和守护主人的古老特征，是一种非常实际的工作犬和优秀的守护犬，适合于城市生活，能适应寒冷的气候，但需要经常梳理被毛，且难与同类相处，易惹麻烦。

五、超大型犬

超大型犬是指成年时体重在41 kg以上、身高在71 cm以上的犬种，是犬中体型最大的一种。本类犬数量较少，多用来工作或在军中服役，主要品种有大丹犬、大白熊犬、圣伯纳犬、纽芬兰犬等。

（一）大白熊犬（Great Pyrenees）

【别名】大白熊、比利牛斯山犬、庇里牛斯山犬等。

【产地】法国。　【身高】65～81 cm。　【体重】41～57 kg。

【标准形态】

［头部］

外观呈楔形，顶部略圆。眼睛略斜，大小适中，杏仁形状，颜色为丰富的深棕色，黑色眼眶，眼睑与眼球紧贴。表情文雅、聪明、安静。耳朵中等或小均可，呈V字形，尖端稍圆，耳根与眼睛齐平，自然状态下平坦下垂，紧贴头部。典型特征为脸上部与下部毛发的会合位置正好处于外眼角至耳根水平面。口吻与脑袋大致等长，且脑长和脑宽大致相等。口吻在眼睛下方，丰满，与脑袋非常平滑地结合。面颊平坦。两眼睛间有轻微的皱纹，止部不明显。眉骨略有突出。上唇紧贴上颚并覆盖下唇。下颚结实。鼻镜和嘴唇为黑色。牙齿以剪状咬合较好，如为钳状咬合也可。

［体躯］

颈部肌肉坚硬，长度中等，极少赘肉。背线水平。胸部宽度适中，肋骨支撑良好，呈卵形，胸深达到肘部。背和腰宽阔，连接结实，且稍微有褶皱。臀部略向下倾斜。

［尾巴］

尾根处于背平面以下，尾骨长度足够，延伸至飞节，有漂亮的羽状饰毛覆盖。休息时，尾巴下垂；兴奋时，可卷到后背成轮状；行进时，卷到后背或下垂均可。

［被毛］

能抵御任何气候条件的两层毛，披毛长而平坦且厚实，质地粗硬，外观直或略呈波浪形；底毛浓密而纤细，呈棉絮状。雄性颈部和肩部的被毛更为浓密，形成围脖或鬃毛。尾毛较长成羽状饰毛，可延伸至前肢与大腿后面，形似“裤子”。耳朵和脸部毛发短且质地好。

［毛色］

白色或白色带有灰色、红褐色或不同深浅的茶褐色斑纹。大小不一的斑纹可出现在头面部、耳朵、体躯及尾巴。底毛为深色或白色。

［步态］

准确、平稳而优雅，且保持直线，力量和敏捷性完美体现。伸展和谐，驱动有力，步幅恰好。快速行进时，足爪向身体中心线靠拢，动作轻松而有效。

【性格用途】

性情温和，体能强且耐力好，勇敢无畏，与人亲密且护主心强烈，可作为牧犬、猎犬、警犬、护卫犬与观赏犬。身体非常健壮，内心十分友善，对家居式生活非常适应，但非室内型犬种。

（二）西藏獒犬（Tibetan Mastiff）

【别名】藏獒、西藏马士提夫犬、西藏獒、獒犬、多启、大狗、羌狗、番狗、龙狗等，古时称其为“苍猊、中华神犬”，外国人称其为“中国的马士迪夫、东方神犬”。

【产地】中国西藏。　【身高】61～71 cm。　【体重】64～82 kg。

【标准形态】

［头部］

头面宽阔，巨大而强健，头顶呈拱形，有一条轻微的沟槽，自头顶延伸至头骨中部，与枕骨结合，枕骨、额明确，发育良好。上额至枕骨或鼻尖等长。鼻筒宽大，鼻孔开放。嘴唇下垂适度。成年犬头部可能有褶皱，自眼睛上部延伸至嘴角。面部毛发短，向头顶和肩部逐渐增长为环绕的鬃毛。眼睛中等大小，眼距适当，呈卵型，多数下陷而非突出，并稍倾斜。眼睛颜色为深浅不一的褐色，黑暗中闪亮有神，非常具有表现力。耳朵中等或稍大，呈三角形，自然下垂悬贴头部，耳根较高，覆盖柔和而短的绒毛。当警戒时，耳朵前倾，向头顶提起。前齿平整，呈剪式咬合，齿列结合紧密，使腭部呈方形，保持鼻筒立方体的形状。

［体躯］

颈部肌肉发达而强壮，呈拱形，偶有少许赘肉，覆盖直立的鬃毛。躯干粗壮，长度略大于高度。背线挺直而平滑。胸部宜纵深，下垂至前肘部或更低，宽度适当。腰部肌肉发达，臀部稍低。肋骨韧性好。

［四肢］

肩部自然向上，肌肉发达且骨骼强壮。腿部笔直粗壮，足弯部略微上翻。足部非常巨大且强壮，有厚实而紧凑的圆形脚垫。足部趾间可有羽状附毛，似猫足。后肢强健有力，角度适当，强健跗关节位置较低。后视两后腿相互平行。

［尾巴］

中等长度，不可超过踝关节，与背部成一条线，向上自然卷曲于背部，带有较长的蓬松羽状饰毛，卷起时呈花状，俗称“菊花尾”。

［被毛］

独特的双层毛，底毛柔软而短密，最低似羊毛；外层毛非常粗糙坚硬，不应有丝质般的柔滑。颈部披毛粗重，状如鬃毛，细而坚硬，直且倒伏，长而密的颈毛围成皱领状，可长达 20～30cm。头部毛冠逐渐延伸至颈部，状似斗篷。四肢及腹侧的毛发较短且细柔，但小腿后上方有羽状饰毛。此外，藏獒被毛冬季比夏季更浓密，公犬毛发要比母犬的长。

［毛色］

以纯黑毛色最多，亦有铁包金、黄、白、青、褐色，各种形态的金色或灰色，还有奶油色和巧克力色等，部分犬胸前还可有星状白色，足部略有白色印记，双眼上部有“假眼”印记，四肢下部和尾部末端可有深浅不一的浅纯色。

［步态］

步履从容，轻快自如，富有弹性，自由有力，有很好的伸展性和驱动性，快速行进时，足迹趋向于单一直线轨迹。藏獒良好的精力与柔软性，使其适合在各种地形奔跑自如。

【性格用途】

耐寒怕热，性格刚毅，尚存较强野性，力大凶猛，常会使人望而生畏。此外，此犬领域性强，善解人意，忠于主人，记忆力强，勇猛善斗，护卫意识强，对陌生人具有攻击性。但对主人忠心亲热，可作为看家护院与牧马放羊的得力助手，是极好的畜牧犬、护卫犬和看门犬。

【注意事项】

此犬为杂食动物，喜欢食肉和带有腥膻味食物。有护食与领地意识，对陌生人怀有强烈的质疑与敌意。需要大量而激烈的运动，不宜在小空间内饲养。

（三）苏俄猎狼犬（Borzoi）

【别名】波索尔、俄国灵缇、苏俄牧羊犬、俄罗斯猎狼犬、苏俄猎狼等。

【产地】俄罗斯。　【身高】69～79 cm。　【体重】34～50 kg。

【标准形态】

［头部］

脑袋轻微圆拱，狭窄且长，止部非常不明显。颌深长且有力。鼻镜大而黑。眼睛为暗色杏核状，位置稍微有点斜，眼眶是黑色，内眼角位于鼻尖到后枕骨的中间位置，表情聪明，性情温和。耳朵小而纤细，质地精致，耳根高且向后倾斜，休息时靠着颈部，耳端尖，向后垂落至后枕骨之后，运动时耳朵可突起。耳毛长，稀少且不规则。牙齿健壮而整洁，呈剪状咬合或钳状咬合，上下齿重叠。

［体躯］

颈部整洁而轻微地圆拱，位置恰当，非常结实有力，喉咙无赘肉。肩胛位于马肩隆下，倾斜而精细。胸部窄且非常深。肋骨略微撑起，有足够的深度空间给予心脏和肺部。后背向腰部处适度上升，形成优美曲线。腰部肌肉非常发达，并在胸部非常深以及背部与肋骨特别短的衬托下，外观上显得腰部明显上提。

［四肢］

长而直且平行，大腿肚十分发达。前腿骨骼笔直，略显平坦像扁骨，稍窄的部分向前。肘部能自由活动，不内弯也不外翻。骹骨结实。后躯比前躯略宽、略长，且肌肉非常发达，强劲有力，膝关节适度倾斜。飞节整洁，位置低。后视后腿相互平行。前肢狼爪可切除，后肢狼爪常切除。足爪呈椭圆形似兔足，关节圆拱良好，脚趾紧凑，脚垫厚实有力，脚尖靠拢。

［尾巴］

长且位置低，常以优美的曲线下垂，形如镰刀，且尾毛茂盛。

［被毛］

长丝状且柔滑，但不同于羊毛质感，呈平坦、波浪状或卷曲均可，其中以平坦略差。头部、耳朵与前肢正面的毛发短而平滑，而颈部饰毛浓厚，且以卷曲为最好。后躯与尾巴的羽状饰毛也非常丰富，但胸部与前肢后面的羽状饰毛略少一些。

［毛色］

任何颜色或颜色组合均有，以白底浓斑居多。

［步态］

前腿向前伸展必须充分，且骹骨结实而富有弹性。后腿间距比前腿要宽。快速行进时，足爪向身体中心线收拢。因后膝关节与飞节角度恰当，侧面观察后躯驱动力强大，且步幅舒展。动作轻松而有力，速度快，有耐力，活泼、平滑而优美。

【性格用途】

高大而纤细，充满力量；皮毛色彩丰富，质地丝样光滑；运动时活泼，极其善跑，休息时极其安静；举止优雅，持有冷静、威严的态度，对人有礼貌，很少吠叫，成犬无过多的要求，对主人热情，是一种绅士、安静而可爱的伴侣犬。

但与孩子相处时耐心不够，对陌生人冷淡甚至不友好，对其他犬类具有攻击性，需要主人进行严格而温和的训练。不愿意独处，必须得到足够的运动量，以消耗其多余的体力，且散步时应注意牵好，否则会追逐其他小动物。不适合于有老人和孩子的家庭饲养，公寓饲养也不适合。

（四）大丹犬（Great Dane）

【别名】德国獒、德国犬、花丹犬、德国马士提夫等。

【产地】德国。　【身高】72 ~ 80 cm。　【体重】46 ~ 55 kg。

【标准形态】

［头部］

呈长矩形，线条分明，轮廓清晰。侧视前额与鼻根部有一明显凹痕。颅骨顶部和吻部上缘均呈直线且相互平行。颅骨内眼角下方平坦。颌呈方形，吻部宽。俯视颅骨顶部与吻部上缘平行，吻部上缘尽量宽。面颊部不突出。从鼻梁中心点到鼻尖部与枕部等距。眼睛中等大小，卵圆形，凹陷，颜色深，眼神活泼聪明。眼睑紧，眉毛长。杂色犬眼睛颜色较躯干毛色更深为佳，可有浅色、血红色或其他颜色的眼睛，但不理想。耳的大小和厚度中等，向前折，贴近面颊部，耳根位置高。折耳的上缘与颅骨平行。除蓝色犬鼻镜为深蓝黑色外，其余犬鼻镜为黑色。牙齿结实，健全，洁白。上排门齿贴近上排门齿的内侧面，呈剪状咬合。

［体躯］

颈部较长且位置高，呈拱形，肌肉丰满而健壮坚实，向肩部逐渐变宽并与之平滑相连。颈部下方无下垂皮肤。背部短而水平，腰部较宽。胸部宽深且肌肉丰满。胸骨不突出。肋部伸展，深达肘关节。腹部下侧轮廓肌肉发达，向上收紧呈优美曲线。臀部宽，稍微倾斜。

［尾巴］

尾根位置高，与臀部平滑衔接，但不与背部同平面。尾根部宽，向尖端均匀变细，长达跗关节。休息时尾自然下垂，兴奋或奔跑时，尾巴轻微卷曲，但不超过背部。

［被毛］

十分短且浓密，平滑而具有健康光泽。

［毛色］

（1）虎斑大丹犬（Brindle）：底色为金黄色，有黑色“人”字形斑纹。面部以黑色较为理想。眼眶和眉毛为黑色，耳尖与尾尖端亦可为黑色。胸部和脚尖不应出现白斑，底色应清晰，斑纹鲜明且分布均匀者为最好。

（2）黄褐色的大丹犬（Fawn Danes）：金黄色配合黑色“面具”。黑色还应出现在眼圈和眉毛，有时还出现在耳尖和尾尖。深金黄色为最佳选择。

（3）蓝大丹犬（Blue Danes）：纯钢蓝或纯青色。

（4）黑大丹犬（Black Danes）：有光泽的黑色。

（5）丑角（Harlequin Danes）：底色为纯白色，全身均匀分布不规则的黑色斑块，且颈部最好是纯白色。黑色斑块大小适度，不宜过大像毯子裹在身上，过小呈条纹状或斑点状。

（6）披风大丹犬（Mantle Danes）：白色配合黑色，就像用一条黑色毯子包裹住身体。黑色脑袋，白色口吻，脸上可有白筋，脖圈均为白色最为理想，白色胸部，部分或全部白色的前后肢，黑色尾巴、白色尾尖。黑色披风部位可出现很小的白色斑纹。

［步态］

步幅大，轻松而有力。行进时，头高高抬起，背部保持水平。前肢伸展可达鼻下部的地面。快速跑动时，四肢落点趋向身体的中心线。肘关节和跗关节既不内弯也不外展。

【性格用途】

勇敢而友好，值得信赖，从不害羞，也不好斗，情感丰富且十分忠诚，又能体贴主人，是很好的宠物犬。此外，该犬体型较大，初期若加以必要的训练，可将其养成能力强且服从性好的警卫犬。

（五）斗牛獒犬（Bullmastiff）

【别名】马士迪夫斗牛獒犬、斗牛犬、斗牛獒、牛獒、英国斗牛犬、布鲁马士提夫犬、老虎狗、英斗、斗牛马士提夫犬、英国斗牛獒等。

【产地】英格兰。　【身高】64 ~69 cm。　【体重】41 ~59 kg。

【标准形态】

［头部］

脑袋非常大，宽而呈正方形，警觉时有清晰的皱纹。前额相当平坦。止部适中。鼻镜到后枕骨长度极短。面颊圆而丰满，向两侧突出，超过眼部范围。口吻非常短而宽，并向上翻，从眼角到嘴角非常深。眼睛位置比较低，形状相当圆，大小中等，颜色非常深，间距大。表情热烈、机警且聪明。V 形耳相当小且薄，折向面颊，耳根位置较高。鼻镜大而宽，为黑色，鼻尖靠后，鼻孔宽而大，亦为黑色，中线清晰。上唇厚而宽，下垂非常深，完全悬垂在下颌两侧，而上唇前方可与下唇结合盖住牙齿。颌部厚重，非常宽，呈正方形。牙齿呈钳状咬合或下颚突出式咬合。犬齿巨大、距离较宽。

［体躯］

颈部肌肉非常发达，长度中等而略拱，其直径与脑袋几乎相等。马肩隆到腰部之间的背线直而平。身躯紧凑。胸宽而深，肋骨扩张良好。背短，但非常稳定协调。腰宽而略拱，且肌肉发达，腰窝深度清晰。

［尾巴］

尾根粗壮且位置高，尾巴卷曲或直，其末端延伸可靠近飞节。

［被毛］

短粗、直而平坦，浓密丰厚，且质地细腻，平滑而有光泽，能适应各种气候。

［毛色］

红驼色或有斑纹，胸部可有非常小的白色污迹。

［步态］

舒展、平滑而有力，保持直线运动。侧视，后躯和驱动力来自恰当的后肢角度。背线始终水平和坚实。足爪趋向身体下方，但不交叉。快速行进时，飞节既不内弯也不外展。

【性格用途】

敏捷而充满活力，注意力强，勇敢机警，自信、忠心且顺从，聪明，兼备可靠性和积极性，但也具有强烈的攻击性，是可靠的家庭伴侣和护卫犬。

（六）圣伯纳犬（Saint Bernard）

【别名】圣伯纳德犬、圣伯纳、阿尔卑斯山獒等。

【产地】瑞士。　　【身高】65～90 cm。　　【体重】54～91 kg。

【标准形态】

［头部］

颅骨巨大且很宽，略呈拱形，两侧平滑倾斜。眼位于头骨前方，中等大小，深棕色，眼神聪明、友好。眼窝边缘突出很明显，与头长轴形成直角。口吻根部起始有一深沟，逐渐变浅差不多穿过整个颅骨。眼睛上方前额稍有皱纹。颅骨与吻部连接角度稍陡。口吻短，从根部向尖部逐渐变细，边缘呈直线形。鼻子宽，鼻孔张开，鼻镜呈黑色。耳中等大小，呈略圆三角形，向下折紧贴头部，耳郭软，耳根高，耳前缘紧贴头部，后缘离头部有一定距离，特别是戒备时，尖端略长，耳距适度。牙齿健全而结实，呈剪状咬合或水平咬合，以剪状咬合为最好。

[体躯]

颈部非常强壮，且位置高，处于戒备时完全直立，自然状态下则水平放置或略向下。颈背部肌肉非常丰富且圆，下方有明显而适度的下垂皮肤。喉咙和颈部处的赘肉很明显。肩倾斜而宽，肌肉特别丰富有力，肩十分突出，马肩隆非常坚固。胸呈拱形，比较深，位于肘关节之上。背宽而直，腰部也直，腰后部至臀部略倾斜，与尾根部自然连接。后躯肌肉发达，腿部肌肉非常丰富。腹部略向上收紧。

[四肢]

上腕肌肉非常发达有力。前腕直而强壮。后肢跗关节角度适中。狼爪应切除。脚宽，趾尖有力，比较紧凑，趾关节高。

[尾巴]

尾根部宽而有力，尾长而粗大。休息时，尾自然下垂，尾尖略向上翘形如“f”。运动时，尾部上卷，但不可直立或超过背部。

[被毛]

非常浓密，平滑而短（短毛型），躺伏在身体上，毛质硬，但触摸上去的感觉不粗糙。大腿处被毛更浓密一些，尾根部的被毛略长而密，到尖端逐渐变短而稀少，显得毛茸茸的。

长毛型犬被毛中等长度、略呈波浪形，浓而密。脸部和耳朵的毛发短而柔软，耳根处可有长毛，前肢略有饰毛，大腿毛发浓密。其他特征与短毛型犬区别不大。

[毛色]

可分为披风型和斑块型。常见白色与红色相间，红色包括深浅不同、棕色或黄褐色。胸部、足爪、尾尖与鼻梁必须有白色斑块，颈背部有领状白毛或白点斑纹，脸部与颈部有白筋较为理想。绝不能只有一种毛色或无白色被毛。

【性格用途】

善良而友爱，温顺但不失威严，忠于主人，易与人亲近，与小孩也很亲密，容易训练，擅长救生，能适应寒冷的气候，仍有一定攻击性，经训练后可成为优秀的救生犬、护卫犬与家庭犬。

【注意事项】

需要极大的生活空间，后腿及臀部易患疾病，寿命不长。

（七）高加索牧羊犬（Caucasian Sheepdog）

【别名】奥特卡犬、高加索、高加索犬、高牧等。

【产地】俄罗斯。 【身高】64～90 cm。 【体重】45～100 kg。

【标准形态】

［头部］

结实而巨大，有很宽阔的头盖骨，面颊骨骼发达而良好。俯视可见，渐细的头盖骨和口吻连在一起，形成钝状的楔形。头盖骨与口吻的顶线相互平行。口吻短，相当于头长的一半，但是咬合有力，向鼻子渐细发展。额段的分界不明显，额头宽阔平坦。眼睛大多呈棕色或黑色，中等大小，稍倾斜，眼窝深陷而深邃，呈椭圆形，眼缘黑色，干燥。耳根位置高，三角形，可水平移动，紧贴头部，覆盖着中等被毛，耳外缘应位于眼睛以下。耳朵常被裁剪成“牧羊犬形状”，短而下垂。鼻子大而宽阔，呈黑色，但白色或者黄色犬可有棕色的鼻子。唇缘为黑色。口部强壮且紧合，牙齿白色，长而大且发育良好，排列整齐紧密，分布均匀，呈剪状结构咬合。

［颈部］

颈部短而有力，与背线成30°～40°角。自后枕骨到肩的颈长应等于头长。

［体躯］

身型壮硕，体长略大于肩高，骨架子大，肌肉发达，身体高。胸部宽阔深厚，呈拱形，触及肘部。肋骨角度好。背线平直且宽阔，肌肉发达，差不多成水平。自宽阔、结实而突出的肩到强健而宽阔的后背略微上倾。腰部短、宽，少许外突。腰窝适度内陷。腹部稍为收紧。臀部长而宽阔，结实近似平坦，肌肉发达。鬐甲十分宽阔，肌肉发达，与背部分隔清晰。皮肤厚且有弹性。

［四肢］

前肢肩部必须后拉，与上臂成100°夹角。自前观察，前腿笔直且骨骼粗壮，间距合适并相互平行。前腿自肘到地面长度等于肩高的一半。脚跟短而粗壮，侧视稍有倾斜。后腿骨骼粗壮，膝盖骨和跗关节角度恰当。跗关节宽而强壮，角度向下。自后观察，后脚彼此平行，侧视与地面垂直。前肢足爪很大，呈椭圆拱形，牢固，趾头紧凑。后足和前足差不多，但是稍小。如有后肢狼爪应切除，前肢狼爪可不切除。趾尖颜色可浅可深。

［尾巴］

尾根位置很高，根粗尖渐细，毛量浓密，一般不断尾。休息时，尾巴延伸至跗关节，并于1/3处弯卷；运动或兴奋时，在背上卷成镰刀或钩形。

［被毛］

双层毛，外层毛长而粗糙；里层毛浓密而柔软纤细。口吻部、额头与前腿上的毛稍短且光滑。颜面和后脑上的长毛构成高加索熊一样的面部特征。

［毛色］

不同深浅的灰色，一般是浅灰色、银灰色、微红色至红褐色调，当中也有淡黄色、黄色、白色、斑纹、斑点和双色等。还有白色、奶油色、铁锈色、稻草色、泥土色、斑点色、花斑色、浅黄褐色、茶色以及红茶色、黄褐色有或无白色斑块等毛色，大多数犬都有灰色的梯度，条纹花斑或者白色带灰色斑块。底毛颜色较轻。头部经常有与众不同的黑色面罩。

［步态］

小跑时步伐轻松自如不显匆忙，步幅中等，后体保持水平，前后腿的足迹线近似平行，前后腿弯曲自如，后背和腰部的舒展性好。快速行进时，足迹线间距就会缩短，接近成一条直线。

【性格用途】

世界上体形最大的猛犬之一，比藏獒还大一个量级，强壮粗犷，适应能力非常强。其性格对人还比较温和，安静而活跃，非常护主，对陌生人比较有敌意，部分品种对其他动物也有强烈的攻击性，且难以制服。需要从小接受持续而恰当的训练，方可成为优秀的服役犬、家庭伴侣犬、护卫犬，以及某些情况下的羊群守卫犬。故一般不作家庭宠物犬饲养，多用作警戒、防卫的工作犬。

【注意事项】

适应寒冷气候，不容易训练，不适合城市生活与做小朋友的玩伴。

（八）阿富汗猎犬（Afghan Hound）

【别名】阿富汗犬、俾路支猎犬、喀布尔犬等。

【产地】阿富汗。　　【身高】64～74 cm。　　【体重】36～42 kg。

【标准形态】

［头部］

长而不窄，脑袋与前脸比例恰当，均匀和谐。后枕骨非常突出，头顶毛发呈长长的丝状。鼻梁骨轻微突起。颌部长而强烈，下颌非常有力。眼睛杏仁状，略呈三角，稍突出，颜色金色或暗色，眼角上扬。耳朵长，耳根位置低，与外眼角大约在同一平面，耳郭紧贴两颊下垂，长度可延伸到鼻尖，并覆盖着长如丝状的毛发。鼻镜大小合适，黑色。牙齿为钳状咬合，上下颚牙齿均匀匹配，完全对齐，无上颚突出或下颚突出。

[体躯]

颈部长度适宜，圆拱而结实，与肩部连接呈曲线状，肩胛长而向后倾斜。身高与体长适当，背部结实，呈水平状。自马肩隆至腰部的背线非常平直。腰部结实而有力，略微圆拱，至臀部消失。髋骨非常突出，胸深、丰厚且宽度适中，肋骨扩张良好，而腰窝上提。肩高与体长大致相等。

[四肢]

四肢长且硕壮。前肢结实且直，自肘部至骹骨的长度很大，肘部贴合身体。肩关节角度恰当，腿位于身体合适的下方。前足爪长和宽都很大，强而有力，脚趾圆拱呈弓形状，足爪上的被毛长而浓厚，质地精细，骹骨直而长，脚垫特别大，且支撑平稳。后躯肌肉发达而有力，飞节位置低，与臀部间长度充分，飞节和膝关节深曲且角度非常恰当，自飞节至胯部处略微弯曲呈弓形。后足爪与前足爪类似。四个足爪都与身躯保持同一方向，既不内弯也不外翻。

[尾巴]

稍长，尾根略低。行走时，尾巴上举，尾端弯曲呈环状或末端弯曲，尾毛稍微稀疏，下侧缘毛发略长。但不可过分卷曲，或卷在背后，或甩向身体一侧，且绝不能太粗。

[被毛]

后躯、腰窝、肋部、前躯和腿部都覆盖着浓密、绢丝状的毛发，质地细腻亮泽。耳朵与四肢足爪的羽状饰毛特别长。自肩部向后延伸形成马鞍形区域，包含腰窝和肋骨以上部位，成年犬该区域毛发略短且紧密，构成平滑后背，为阿富汗猎犬的品种特征。此外，此犬头顶上有长而呈丝状的饰毛，也是其显著特点。此犬一般以自然形态出现，被毛无须修剪或修整。

[毛色]

所有颜色均可，但以彩色或组合色更好。常见毛色有棕色、米色与黄色混合色等。

[步态]

自由奔跑时，速度极快，步伐平顺而有力，显示出极大的弹性和弹力；后足爪直接落在前足爪的足迹上，均是笔直向前；奔跑时头部和尾巴都高高昂起，整个外观非常时尚且异常漂亮。

【性格用途】

性格内敛而矜持，机敏且坚定，猎欲强，孤傲而威严，但快乐活泼，可作为狩猎犬。因其外观美丽，容貌华贵，又是优秀的伴侣犬，能适应公寓生活，但饲养者必须给予大量的运动空间和运动机会。

【注意事项】

被毛丰厚耐寒，对酷暑适应性稍差，在炎热夏季应注意防暑；为保持被毛艳丽和避免缠结，每天应进行梳理刷毛，定期美容，故需要饲养者有一定的经济能力和充足的闲余时间；体型高大且好活动，应适当增加日常食物与营养。

（九）纽芬兰犬（New Foundland）

【别名】纽芬兰、兰西尔纽芬兰犬、黑白纽芬兰犬等。

【产地】加拿大纽芬兰岛。　【身高】66～71 cm。　【体重】50～68 kg。

【标准形态】

[头部]

头颅巨大而魁梧，脑袋宽大开阔，略有拱顶，后枕骨非常发达而突出。面颊丰满且清晰。眼睛呈深棕褐色，相对较小，凹陷深邃，间距相当大，眼睑紧贴眼球，无倒卷。表情柔和显仁爱，聪明且高贵。耳朵较小，呈三角形，尖端略圆，位于头顶平面或略高于眉毛。耳根部可达同侧的眼内角。前额和脸部平滑而无皱纹。止部适中斜度，但由于眉骨发达，眉毛较突出，鼻梁轮廓比较清晰。口吻宽且深，顶部直或稍微拱起，末端整齐，深度和长度大致相等。牙齿呈剪刀状咬合或钳状咬合。

[体躯]

颈部强壮而结实，位于肩部前端，长度稍长足够使头部自豪地昂起。背部肌肉发达，结实强壮，直而宽，从马肩隆后方到臀部保持水平。胸部丰满而深，延伸可达肘关节处。肋骨扩张良好，前1/3略微收缩，两肘间较窄，但不妨碍肘部运动。腰窝深。臀部宽，稍微倾斜。

[尾巴]

为臀部的自然延伸线。尾根部宽而结实。尾巴无扭曲，自然下垂，末端尾骨可达跗关节处。自然站立时，尾巴笔直下垂，末端稍卷曲。运动或兴奋时，尾巴上举卷起，但不可超过背部。

[被毛]

双层毛平顺而直，可防水，逆向梳理易掉毛。外层毛比较粗硬，长度中等且丰厚，笔直或波浪形。下层毛柔软密实，在夏季和气候温暖时会减少。面部和吻部被毛较短，而四肢后部的被毛稍长。尾毛长而浓密，可适度修剪以保持整洁。但胡须无须修剪。

[毛色]

黑色、棕色、灰色和黑白相间等最为常见。

纯色型：可为黑色、棕色和灰色，且以上颜色也可出现在白色犬的下颌、胸部、趾尖与尾尖部。此外，黑色、灰色被毛出现浅青铜色或棕色，灰色出现浅色装饰均属于典型毛色。

兰希尔型：指白色的底毛上有黑色斑纹。典型分布为头部纯黑色或吻部为黑白相间，臀部为黑色而尾部为白色。

［步态］

伸展性良好，驱动力强大，步伐充满力量，流畅平顺而有节奏，步幅很大，轻松自如，前后肢笔直向前，沿直线前进。快速行进时，四肢落点趋向身体的中心线同一轨迹。运动时皮肤轻微卷起而稍有晃动。

【性格用途】

性情温文尔雅，甜蜜可爱，脾气柔和温顺，聪明且忠诚，可作为工作犬与守卫犬。又因其漂亮可爱，富有感情和令人快乐，亦可作为伴侣犬。

（十）爱尔兰猎狼犬（Irish Wolfhound）

【别名】爱尔兰狼犬、爱尔兰犬、大爱尔兰犬、爱尔兰灵缇、爱尔兰大猎犬等。

【产地】爱尔兰。　【身高】71 ~ 90 cm。　【体重】40 ~ 55 kg。

【标准形态】

［头部］

长而平，高高昂起。前额的前端骨骼轻微突起，两眼间凹陷很小且不太宽。眼睛颜色深，充满着敏锐的眼神。耳朵小，姿势似灵缇犬。鼻子黑色。下巴口吻长而略尖。

［体躯］

颈部稍长而圆拱，肌肉发达且非常结实，喉咙处无赘肉或松弛的皮肤。胸部宽阔且非常深。背部宜长，腰部圆拱。腹部适度上提。

［四肢］

前腿相当直，骨骼沉重，肘部位置较低。大腿长而肌肉发达，尤其是第二节大腿肌肉特别发达，膝关节角度恰当，稍倾斜。足掌与足爪稍大且圆，既不内弯也不外翻。脚趾圆拱而紧凑。趾甲弯曲且非常结实。

［尾巴］

稍长，中等粗细，毛发浓密，向背部适度弯曲，且尾端形成优美而略微卷曲的弧线。

［被毛］

头部、腿和身体上的毛发杂乱而坚硬，特别是眼睛上和下颚的刚毛长而柔软。

［毛色］

纯白色、红色、灰色、斑纹色、淡黄褐色、黑色或驼色，以及其他接近猎鹿犬的毛色均已得到公认。

［步态］

行进时快而有力，轻盈而活跃。

【性格用途】

性情安静温顺，聪明善良，值得信赖，是人们优秀的伴侣犬。体格魁梧，肌肉发达，喜欢漫游，需要十分宽敞的空间。由于体型巨大，易伤到小孩，不宜与其玩耍。

（十一）纽波利顿犬（Neapolitan Mastiff）

【别名】拿波里獒犬、那不勒斯獒、纽波利顿獒、拿破仑獒、纽波利顿獒犬、意大利纽波利顿犬、纽波利顿等。

【产地】意大利。　【身高】65～75 cm。　【体重】50～68 kg。

【标准形态】

［头部］

头颅硕大，短而厚重，头盖骨须与颧骨同宽。头盖骨宽而平，纵轴与口吻部平行，前额略凸出。头部皮肤丰富，有皱纹和折叠，眼睛外角到嘴唇外角均有明显褶皱。颧骨特别突出，并覆盖着平坦的肌肉。眼球稍深陷，眼距大，眼睑圆，虹膜一般稍深于毛色，而眼睛颜色一般淡于毛色。眉毛特别发达。耳朵稍小，呈三角形，平顺紧贴脸颊，位于颧骨之上。前犁沟明显。枕骨略微可见。额段点非常明显。鼻子丰厚，鼻孔巨大。黑色犬鼻子为黑色，红棕色犬鼻子为棕色，其他毛色犬为深灰到棕色。口吻部非常宽深呈方形。嘴唇很厚重，上唇交界处成倒 V 形。腭强壮，腭骨结实有力，牙床闭合紧密。下颌必须宽。牙齿白色、发达、排列整齐，呈剪状咬合或钳状咬合。

［体躯］

脖子肌肉发达，顶线稍弓，长度较短，呈圆锥形。体长约为肩高的110%。背线笔直。肩宽而长，略高于背线。后背宽，长约为肩高的1/3。腰部与后背融为一体，腰肌较宽。胸部宽阔而丰满，胸部周长大于肩高，肋骨长且张开良好。臀部宽而强壮，张开充分，胸肌发达有力。胸骨与肩肱连接点位于同一平面。

［四肢］

前肢肌肉发达，骨骼结构结实，与整体比例协调。肘部皮肤量大而松懈，肘部与胸部相靠不紧凑。前臂与上臂等长，骨骼粗壮，肌肉紧凑结实，并与地面垂直。腕宽而紧凑，且光滑，是前臂的延伸部分。掌椭圆形，非常平坦。足圆而厚，脚趾紧凑拱起。足垫干燥而坚硬，色素浓重。趾甲硬而弯曲，颜色深。

后肢肌肉宽而突出，强健有力，可提供很好的后驱力。大腿骨和髋骨呈90°角，骨骼粗壮，肌肉发达。跖骨粗壮，几乎为圆柱形，垂直地面。狼爪都应切除。后足与前足相似，但要小一些。

［尾巴］

尾结实，向尖端逐渐变细，尾根较宽。静止时下垂至跗关节处，呈镰刀形；活动或兴奋时会高抬至水平或略高于后背。

［步态］

行进时，步态似猫科动物，如狮子。小跑时后腿奋力推动身体，前腿尽量前伸，但非常缓慢，很少疾驰，类似于熊。

［被毛］

短而纤细，最长的毛发约为1.5 cm，浓密无任何边毛突出，质地坚硬且光滑，健康亮泽，触感均一。

［毛色］

灰色、浅灰色和黑色最受欢迎，也有深灰、棕色、浅黄褐色、深黄褐色、红褐色、茶色、深茶色、榛树色、斑鸠色和更浅的浅黄褐色等。在胸口和脚部有白色斑块也较为常见，所有毛色都可能出现条纹相间色。全身皮肤松弛，有许多折叠处，头部有大量皱纹。

【性格用途】

口水之王，体味很大，性格非常稳定和忠诚，对孩子友善，对其他犬有支配欲，对陌生人比较警惕，被激怒时很可怕，因此需要从小就进行持续性训练。每天短时间的散步就能保持其体型。不适合在普通家庭做宠物犬饲养。

（十二）安纳托利亚牧羊犬（Anatolian Shepherd Dog）

【别名】康巴柯皮基犬、卡拉巴斯犬、堪尼高犬、安纳托利亚（卡拉巴士）犬等。

【产地】土耳其。　　【身高】71～81 cm。　　【体重】41～64 kg。

【标准形态】

［头部］

头颅较大，与身体的比例恰当，头骨较宽。口鼻结实，外观呈四方形，鼻镜为黑色或褐色。眼睛小，呈杏仁状，颜色从深褐色到浅琥珀色，且两眼的间距较大。眼圈为黑色或褐色，眼睑无松弛或下垂现象。口吻结实且较黑。耳朵较小，位置应高于头顶，下垂呈V字形，耳尖为圆形，其长度刚好垂至外眼角处，警觉时三角耳可直立。黑色或褐色嘴唇轻微下垂。上唇适当紧凑，足以形成“矩形”

口吻。牙齿和牙龈结实健康。呈剪状咬合最为理想，但钳状咬合也可接受。

［体躯］

颈部中等长度，粗壮结实，略有弧度，肌肉发达有力，所覆盖的被毛要比身躯上的丰厚，形成具有保护作用的毛领。背线始终平直，后背肌肉发达有力，且很平直，自马肩隆向后至腰部略呈向下弧形。身躯比例恰当。胸深至肘部，肋骨扩张良好，与腰部界限清晰。腰部略微上提。

［尾巴］

较长，延伸至飞节，尾根位置高。放松时尾巴自然低垂，尾尖向上略微弯曲；警觉时会向上卷过背部，并不断旋转。

［被毛］

有平展密实的短毛和丰厚的细绒毛。颈部的毛发和鬃毛长而密厚。身体各部位都有浓密的底毛。耳朵边缘、腿、臀部和尾巴还有羽状饰毛。

［毛色］

任何颜色和斑纹均可。

［步态］

慢跑时，步态强大有力而流畅。前后观察，腿始终竖直，既不向内弯也不外展，更不会足爪交叉或相互干涉。快速行进时，足爪向身躯的中心线收拢。侧视前肢平稳伸出，马肩隆和背线几乎完全平直，略有上升或下降。后肢结构恰当，驱动平稳，飞节屈伸自如。

【性格用途】

警觉且聪明，平静而谨慎，天生具有保护性，非常忠诚而勇敢，健壮，适应性强，能适应各种气候，且领地保护观念很强，对孩子很温和，对陌生人不信任而持有保留态度，是很好的护卫犬。每天需要大量的运动，不适合城市生活，还应定期梳理被毛。

第三节　宠物犬的选择

一、健康状况检查

健康状况检查是选犬的重要内容，有某些缺陷或疾病的犬品种不能选留。健康状况检查主要包括以下内容：

（一）精神状态

精神状态是犬神经系统机能状态及健康状况的综合反映。健康犬应两眼有神，活泼好动，反应敏捷，警觉性高，情绪稳定，喜欢亲近人并与人玩耍。当犬精神状态不良时，则眼睛无神，精神不振，垂头呆立，对外界刺激反应迟钝或不理睬，或对周围的环境过于敏感，表现出惊恐不安、不断狂吠、狂奔乱跑等。

（二）眼睛状况

从犬的眼睛即可判断其健康状况。健康犬的眼睛应清洁而明亮，两眼大小一致，黑眼球多，白眼球少；睫毛干净整齐，眼圈微带湿润；不流泪，没有太多的分泌物如眼屎等；眼结膜应呈粉红色，与眼睑连在一起，角膜不混浊。病犬则两眼无光，眼球突出和凹陷，或双眼大小不均匀；流泪，有浆液性或脓性分泌物；眼结膜充血、苍白、发绀，甚至呈蓝紫色，有的角膜混浊或角膜创伤，下眼窝有泪痕或有湿疹。

（三）饮食欲

选购时要喂点食物，选择食欲旺盛、不挑食的幼犬。健康犬食欲良好，无呕吐等异常反应。病犬饮食欲差，常伴有呕吐现象。

（四）鼻子状况

健康犬的鼻端（鼻镜）通常是清凉、湿润而有光泽的，鼻腔内无浆性或脓性分泌物，散发出的气体无恶臭味。若犬鼻端干燥，甚至干裂，温度升高或分泌物过多，则表明犬可能患有热性传染病。

（五）口腔状况

健康犬口腔清洁湿润，黏膜粉红色，舌鲜红色或某些品种持有的颜色，如松狮犬、沙皮犬的舌呈蓝黑色；无舌苔，无口臭；闭口后无流涎，牙齿咬合良好，但要注意有些品种，如北京犬、拳师犬，属相反咬合，即下颌的齿列稍突出于上颌的齿列，这是品种特征而非病态。病犬则口色变红或紫，甚至呈枯骨白色。舌苔厚而腻，口水多，有异味。

（六）耳朵

健康犬的耳朵内部的皮肤呈粉红色，耳道干净无分泌物，无异味，无硬的或混浊的分泌物；对声音敏感，而且没有伤口或缺口。耳朵内部有病的犬，则经常歪着头或不自然地摆动耳朵。

（七）足垫

健康犬的足垫柔软无干裂。

（八）皮肤状况

健康犬的皮肤手感温和，柔软而有弹性，无皮疹、痂皮和任何溃烂；被毛蓬松、光泽、柔顺，没有附着的皮屑及过多的油脂，无秃毛的情况。病犬的皮肤粗糙，弹性差，甚至出现疹块、痂皮或溃疡，犬抓搔不止，可能与其体外寄生虫有关；被毛粗硬、凌乱、无光，常有脱毛现象。

（九）肛门状况

健康犬的肛门紧缩，周围清洁、干爽而无异物，无炎症和溃疡。当犬患有腹泻等消化道疾病时，肛门松弛，周围常被脏物污染，有时可见炎症和溃疡。

（十）阴部

检查雌犬阴部是否有缺陷，有无发情或脓性分泌物；雄犬则检查包皮口是否有脓性分泌物或溃烂。

（十一）四肢状况

选择前，让犬来回跑动，以观察四肢是否正常，如出现跛行、两前肢向内并拢（O形腿）或向外岔开（X形腿）都属不正常。

（十二）肥瘦

健康犬应身体丰满，不胖不瘦，太瘦的犬可能患有寄生虫或胃肠道疾病。

（十三）姿势与步态

健康犬站、立、坐、卧、走等行为均正常，且完成动作时表现自然、灵活而连贯，步态稳健，无跛行。病犬可能步履蹒跚、肢体麻痹或跛行。

通过上面各项检查，基本上可将病犬检出。如有条件应请兽医检验部门做布鲁氏菌病、弓形虫病等传染性疾病的检验。

二、进一步选优去劣

经过对犬健康状况的检查，可选出健康犬，但为了达到玩赏或伴侣的饲养目的，还应对犬的机灵性、胆量、情绪、神经类型等做进一步的检查。

（一）机灵性

为了测试所选幼犬的机灵性，测试者可手拿手绢或塑料玩具等物体，先让幼犬看一下物体，然后将该物体向上抛起，如果犬的视线紧盯着物体，则属正常，如果幼犬对物体毫不关心，则属精神不集中或反应迟钝。

（二）胆量

观察犬的胆量可使用能引起犬惊恐的手段，如突然按汽车喇叭等。一般胆大的犬开始对突然刺激表现吃惊，但并不刻意躲避，而是警觉地注视着发出声响的地方或物体；胆小的犬可能跑开甚至藏起来。不过有时同一只犬对于不同的刺激的反应有差异。因此，检查时要分别在不同场合进行，才能下结论。

（三）情绪

购犬时要仔细观察犬的性情、气质、脾气和情绪。温顺、性情稳定、主动与人接近的犬易饲养、调教与训练。切不可选购脾气坏、情绪差、反复无常、躲避人或咬人的犬，因这类犬的不良习性极难纠正、克服，对主人和儿童常常构成威胁。一般可通过眼神判断犬的性情好坏，如犬的目光柔和、有神，性情往往较好。

（四）神经类型

用手提起幼犬时，不紧张、不叫、不挣扎者表明它成年后可能性情温和。若拼命挣扎、反抗，发出悲鸣则属神经质类型，难以驯服。

（五）兴奋过程强度

最简单的检查方法是观察犬对威胁性音调口令的反应。兴奋过程强的犬不会被口令抑制，而兴奋过程弱的犬则被抑制，甚至停止活动。也可对正进食的犬突然发出较大的声响观察犬的反应。兴奋过程强的犬，对此毫无反应或只是抬头看看又继续吃食。有些犬在听到声音后可能会暂时离开食盆，但很快又回去继续吃食，这些犬的兴奋过程也比较强，兴奋过程弱的犬则会被这种声音刺激所抑制而拒食。

（六）抑制过程强度

让犬做一些限制其活动的动作或做某种单一动作，比如让犬坐着不动。抑制过程强的犬，能够准确、快速地完成动作，而抑制过程弱的犬，完成动作过程较慢。

（七）对主人的依恋性

犬天性对主人就有依恋性，但品种不同，对主人依恋程度也不一样。观察犬的依恋性强弱，可看其在主人面前的表现。依恋性强的犬，能很快同主人建立感情，见到主人总是特别兴奋，快速跑过去，在主人身边跳跃，与主人特别亲密，对主人表现出极端的忠诚，无论何时何地，都会很好地服从主人的命令并善解人意。依恋性差的犬，则反应冷淡，自顾玩耍，对主人不予理睬。

（八）有无遗传性疾病

纯种犬为了保留其品种优势，常采用近亲繁殖，导致出现一些遗传性毛病。如沙皮犬、松狮犬、北京犬与贵妇犬容易发生眼睫毛倒生，尤其是沙皮犬最常见；拳师犬易发生耳聋、关节病或神经系统退化症；斑点犬出现斑点成片相连或斑点发生缺齿。另一种遗传性毛病是脾气和情绪，凡是神经质或情绪不稳定的犬，多数是遗传或人为行为所引起的。若上一代有咬人史的犬，其下一代也可能遗传。这类犬不能留作种用，必须淘汰。

（九）体质与外观

用手将幼犬提起，感觉较重和结实，则说明幼犬的体质较好。通过远观和近观，全面检查幼犬身体各部位是否匀称，比例是否协调；唇、鼻、脚底及肛门周围等处色素沉着是否完全，各方面是否符合标准。

（十）预防接种

了解幼犬是否进行过相关传染病的免疫接种，尤其是犬瘟热、狂犬病及犬细小病毒等疫苗的预防接种，还要了解疫苗的种类、疫苗的产地（进口还是国产）、接种的时间与接种的次数等。

第三章　宠物犬的繁殖与育种

第一节　宠物犬的繁殖

一、宠物犬繁殖生理

正常犬每年发情两次，一般在春季和秋季。发情后1～2天排卵，但卵第一极体（First Polar Body）在排卵时不排出，这与其他动物不同。正常犬的卵在此时尚未成熟，要数日后，待极体脱去，才能受精，这也是选择发情后2～4天交配的原因。犬的性周期为180（126～240）天，发情持续时间4～13天，妊娠期60（58～63）天，哺乳期为60天，每胎产仔2～8只。一年常配2次，一般选择在3～5月和9～11月进行。

（一）初情期

初情期是指母犬生长发育到一定的年龄后，首次出现发情或排卵的时期，是性成熟的前兆。这时，母犬虽具有发情征象，但其生殖器官仍在继续生长发育。因此，发情和发情周期处于不正常和不完全的状态，且假发情和间断发情比例高。初情期受丘脑下部、垂体前叶和性腺的有关生理机制控制，外界因素对初情期也有一定影响。母犬初情期一般6～9月龄，但是因品种、气候、营养等因素的影响而略有差异。一般来说，大型犬的初情期比小型犬迟；营养水平高的初情期比营养水平低的早；生活在高气温地区的犬，初情期一般要早。

（二）性成熟

性成熟是指母犬生殖器官基本发育完全，有正常的发情表现和行为，能产生成熟的卵子，一旦与公犬交配即能正常受孕。犬的性成熟时间受品种、气候、地区、环境、管理水平及营养状况等诸多因素的影响。即使是同一品种，乃至同窝的公犬，在性成熟期上也存在着个体差异。一般来说，小型犬成熟较早（约6～12月龄），大型犬成熟较晚（约8～14月龄），管理水平较高、营养状况好的犬性成熟较早。

（三）体成熟

性成熟后，母犬已经具备了怀孕能力，公犬可以交配并使发情的母犬受孕产仔，但尚不宜投入配种生殖，因为犬还没有达到体成熟。如果此时交配受孕，母犬的发育会受到很大影响，易发生难产，产后乳汁少；胎儿发育不良，出生的仔犬体型小，成活率低。

所谓体成熟是指犬生长发育停止，各器官功能已经完善，能够担负起繁殖后代任务的时期。不同品种、不同个体的犬的体成熟在时间上存在一定差异。总的来说，母犬的体成熟大约在 18 月龄左右，公犬的体成熟大约在 24 月龄左右，小型犬的体成熟稍早于大型犬。

（四）初配年龄与繁殖年限

母犬初配年龄为 12 ~ 18 个月，公犬为 18 ~ 20 个月。但如果用于军、警、牧羊、狩猎等优良品种或用作繁殖的种犬，开始繁殖的最低年龄应在 2 岁。或者说，公犬必须在 2 岁，母犬应在 20 月龄。

母犬体成熟后，其繁殖能力即可达到和维持最佳状态，以后随着年龄的增长而逐渐下降。据统计，母犬在 5 岁后，受孕率和窝产仔数都低于该品种的平均产仔数。当超过 8 岁时，受孕率、窝产仔数显著下降。母犬的繁殖年限受品种、个体、环境条件、营养状况、管理水平等因素影响，有些母犬 6 岁就丧失了繁殖能力，个别犬在 10 岁时还能受孕产仔。通常情况下，犬的繁殖年限不超过 7 ~ 8 年，最佳繁殖年龄是 2 ~ 5 岁。

二、公犬的性行为

（一）性行为

在性激素的作用下，公犬通过嗅觉、视觉、听觉等感觉神经接受刺激，对母犬发生性反射的过程称为性行为。公犬在达到性成熟后随时可产生性欲，且其性行为不受时间和季节的限制。母犬则只在发情期才产生性兴奋，其尿中含有甲基（对）羟苯甲酸（Methyl-hydroxy-benzoate），能刺激公犬的性欲，把这种化学物质涂抹到非发情母犬的阴唇上能引起公犬的性行为。公犬可通过气味联系寻找母犬，对母犬表现出性兴奋和性交等性行为。

爬跨是公犬的基本性行为表现方式。据报道，公犬在 22 日龄，母犬在 27 日龄最早表现出爬跨行为；公犬在 34 日龄，母犬在 41 日龄表现出嗅闻生殖器行为；16 周龄时，41% 的公犬和 23% 的母犬表现爬跨行为，63% 的公犬和 55% 的母犬表现出嗅闻生殖器行为。但这时并不是真正意义上的性行为，而只是犬的一种游戏行为，是成年性行为的一种“模拟”。

同许多其他哺乳动物一样，爬跨行为被当做群体中的优势信号。在群养时，犬群中地位较高的犬才能爬跨，如果地位低的犬敢越轨，就会引起争斗。另外，虽然公犬在行为上会交配，但其体内如果尚未产生成熟的精子，与母犬交配必然会导致母犬的空怀。单独饲养的年轻公犬在没有优势个体的压制时，它的性成熟略能提早，但仍需使之经常与母犬接触，刺激其正常性行为的发育。若公犬长期在与母犬隔绝的环境中饲养，长大以后可能表现出不正常的爬跨，甚至不会爬跨母犬。

（二）影响性行为的因素

影响公犬性行为的因素很多，概括起来有以下几个方面：

1. 遗传因素

不同品种乃至不同个体间公犬的性行为差异很大，这是由个体的基因构成以及作用于该个体的环境因素决定的。这些差异在性行为与交配行为中表现出来。如有的公犬对母犬特别感兴趣，喜欢爬跨母犬，有的则表现冷淡；有的公犬在与母犬交配前有挑逗游戏等求偶行为，有的则没有；有的公犬在交配过程中性欲高潮持续时间较长，有的则较短。如果要提高公犬的性欲水平，可以让其口服或对其注射雌性激素等外源激素。

2. 性经验

性经验对公母犬的性行为都有明显的影响。隔离饲养有碍于犬的性行为的发生，如被隔离的母犬有的表现为不能正常交配，有的性欲高潮持续时间缩短；被隔离的公犬性行为缺陷主要表现在对母犬的空间定位能力上，与母犬交配时，往往慌张、犹豫或不经勃起就急于爬跨。隔离饲养不仅影响犬的性行为，而且使犬缺乏更多的感觉信息。在正常群体生活中，这些信息是参与犬性行为调节过程的。

3. 性抑制

性抑制是由于内、外因素造成的性反应缺陷。如没有性经验的年轻公犬在初次交配时，如果相处的是凶暴的母犬，可能会产生性抑制，进而影响以后交配的积极性。除犬自身的因素引起性抑制外，错误或粗暴的管理手段也可导致性抑制。犬在交配时，人为干扰或过分刺激会引起犬的恐惧与痛感等，这些因素对于易建立条件反射的犬来说，影响特别明显。

4. 配种前的性刺激

配种前感觉的性刺激对配种很有利，如在配种前，让公犬与母犬逗玩，进行几次空爬跨，既能激发公犬的性行为，还有助于提高精液质量和精液量，引起促间质细胞激素（ICSH）的分泌，提高血中雄激素的水平。

5. 疾病与性行为异常

有的公犬发生性行为异常，可能是由于器质性疾病造成公犬阴茎不能勃起或丧失性欲。或者由于肌肉、骨骼、关节等疾病以及后驱外伤造成的疼痛所致，公犬在幼年时缺少与母犬的接触，也会影响其交配行为。

6. 外界环境

公犬交配过程中易受外界环境的影响。如果公犬与母犬相距很远，应把母犬送往公犬处，以免陌生的环境影响公犬的性欲。害怕主人的公犬在交配时，如果主人站在旁边，会使其性欲受到抑制，但也有公犬喜欢主人在旁为之壮胆。

季节和气候对公、母犬性行为也有影响。过于炎热的季节，公犬的精子生成减少，精液品质下降，性欲降低。

三、母犬的发情与发情周期

（一）发情与发情时间

母犬的发情和配种是繁殖工作的一项重要环节。只有正确掌握母犬的性周期变化与排卵时间，才能够做到适时配种，以提高母犬的受孕率与繁殖力。

发情是指母犬发育到一定年龄所表现出来的一种周期性的性活动现象。母犬出生后第一次发情的时间，因品种、营养、遗传、环境等因素的影响而不同，早的6月龄就发情，晚的15~18月龄才发情，平均为10~12月龄。犬是季节性单次发情动物，第一次发情以后，大约每隔6个月发情一次。正常犬每年发情2次，大多数母犬在春季3~5月份发情1次，至秋季的9~11月份再次发情。如果在一个繁殖季节里未能受孕，需待下一次发情后才能交配。因此，必须掌握好母犬的发情特征，及时进行配种，以免延误仔犬的繁殖。

（二）发情征候

发情时母犬的行为、外生殖器官的形态、阴道分泌物等都会发生一定规律性的变化。完整的发情概念应包括行为、生殖道和卵巢三个方面的生理变化。以上各方面的生理变化因发情期的不同阶段有所变化，一般在发情旺盛期最为明显，而在发情的早、晚期较弱。犬发情时的特殊的表现，称为发情征候。根据发情征候，可判定母犬是否发情及确定配种的时机。

1. 行为变化

发情前两三天，母犬表现出兴奋性增强，活动增加，烦躁不安，吠声粗大，眼睛发亮；食欲降低，甚至有拒食现象；饮水量增加，排尿频繁；主动接近公犬，挑逗公犬，当公犬有爬跨动作时，母犬表现为逃避或撕咬。之后表现为稳定站立，暴露阴部，配合公犬爬跨与交配。最后表现为拒绝公犬交配，发情结束。

2. 生殖道变化

表现为阴唇肿胀，阴腔逐渐变大，在排卵高峰变得最大，而后逐渐恢复正常。阴道的肌肉组织由紧张状态逐渐变成松弛状态，阴道变得松软。同时，阴道内流出血样分泌物质，开始时呈暗红或鲜红色，而后逐渐变淡，至排卵高峰时呈淡淡的粉红色或无色，之后逐渐消失。阴道分泌物包括生殖器官内壁脱落的细胞和其他分泌物，成分比较复杂。

3. 卵巢变化

分泌卵细胞并发育为成熟卵子，同时分泌相应的雌激素。

（三）发情周期

通常将母犬达到性成熟后，在每一个繁殖季节内，生殖器官及整个身体表现出一系列周期性变化，这种年复一年的周期性活动称为发情周期。发情周期的计算，通常是这次发情开始到下一次发情开始的这段时间。母犬发情周期长短因品种、个体不同而存在差异，大体上是4~8个月，平均为6个月。发情周期最长的犬是非洲的巴圣古犬，一年只有一个发情周期。

可根据犬的性生理变化，将犬的性周期分为发情前期、发情期、发情后期与乏情期四个阶段。

1. 发情前期

发情前期是为交配行为作准备的一段时期。这一时期的母犬并非正式发情，但其体内生理活动和内分泌系统已呈发情前的准备状态。母犬精神变得活跃，喜欢接近公犬并与其戏耍。公犬对这些即将发情的母犬也表现出兴趣，嗅闻母犬的阴部，并且爬跨母犬，但母犬一般拒绝交配。

该阶段生殖系统开始为排卵做准备，母犬卵巢中一个发情周期产生的黄体逐渐退化，新卵泡开始生长，雌激素分泌量增加；外阴充血肿胀、湿润、潮红，流出带血的黏液；排尿次数增加而尿量减少，以吸引公犬嗅闻。阴道涂片检查，可见大量红细胞、角化上皮细胞、有核上皮细胞和少量嗜中性白细胞。

发情前期的持续时间为5~15天，平均为9天左右。

2. 发情期

发情期是母犬接受公犬交配的时期，这一时期发情征候最明显。从行为变化来看，母犬情绪不稳定，食量下降，主动接近公犬，当公犬爬跨时主动下塌腰部，臀部对着公犬，将尾偏向一侧，阴门开闭，允许交配。公犬也开始对母犬表现出强烈的占有欲，紧随母犬追逐不放，嗅闻母犬阴部并试图爬跨、交配。从生理变化来看，母犬的外阴继续肿胀、变软，生殖道的血样分泌物颜色变浅；整个阴道肌肉变得松弛，阴腔变大；子宫角与子宫体呈充血状态，肌层收缩加强，腺体分泌活动增加；卵巢上的卵泡已经逐渐发育成熟，并陆续排卵。阴道涂片检查时，可见大量角质化上皮细胞，缺少嗜中性白细胞，红细胞在早期较多，末期减少。

发情后的2～3天，母犬开始排卵，这时是配种的最佳时机。母犬表现为自发性持续排卵，大约80%的卵子在开始排卵后48小时内排出。通常情况下，排卵的快慢受犬龄的影响，年轻的母犬比年老的母犬的排卵要略慢。

发情期持续的时间为7～12天，平均为9天左右。

3. 发情后期

母犬发情期过后，进入发情后期。发情后期是发情期结束的一个时期，以母犬拒绝公犬交配为开始标志，一般持续2个月左右。在此期间，由于血液中的雌激素的含量逐渐下降，母犬的性欲开始减退，性情变得安静，不接受公犬爬跨；外阴部肿胀消退，逐渐恢复正常；子宫颈管道渐渐收缩，腺体分泌活动减少，流出黏液减少；卵巢排卵结束，黄体逐渐形成。母犬无论是否妊娠，都在孕酮的作用下，子宫内膜与子宫壁逐渐增厚，尤其是子宫腺囊泡状增生显著，为胚胎的着床做准备。做阴道涂片检查，会重新发现有核上皮细胞与嗜中性白细胞，缺少红细胞与角质化细胞。

4. 乏情期

乏情期也称为休情期，是指发情后期到下次发情前期之间的一段时间，一般为3个月左右，然后进入下一个发情前期。此时，母犬的性欲已经完全停止，情绪趋于稳定，并且不愿意接触公犬，不允许公犬爬跨与交配，公犬对其尿液与身体气味也不感兴趣。

这个时期的生殖系统要么处于妊娠状态，要么处于静止状态。在妊娠状态下，黄体所分泌的孕酮继续对子宫发挥作用，以维持妊娠。若没有妊娠，则母犬生殖系统处于静止状态，表现为阴门开始萎缩干皱，没有带血黏液流出，有的母犬阴门内仍流出浓稠的黏液或脓样分泌物；增厚的子宫内膜逐渐回缩，呈矮柱状；腺体变小，分泌活动停止。做阴道涂片检查，发现有核上皮细胞与少量嗜中性白细胞，缺少红细胞。

休情期持续的时间为90～140天，平均为125天左右。

（四）发情鉴定

发情鉴定就是鉴定母犬是否发情及发情阶段。通过发情鉴定判断母犬发情是否正常，以便发现问题，并及时解决；还可判断母犬的发情阶段，从而确定最佳配种时间，提高受胎率。发情鉴定的方法通常有以下几种：

1. 外部观察法

通过观察母犬的行为表现和阴道排泄物来确定母犬是否发情。在发情前期，母犬的性情变得不安和兴奋，有时不停地吠叫，并显得不听指挥和管教，喜欢接近公犬；外生殖器官肿胀，自阴门流出血样分泌物；饮水量增加，排尿次数增加，尤其见到公犬，频频排尿以引诱公犬，但拒绝交配。在发情期，母犬血样排出物将逐渐减少，并且站定等待交配。无交配经验的母犬交配之前，常常在短时间的戏弄之间作出几次交配姿势，而有经验的母犬，通常并不经多余的戏耍与玩弄即接受交配。有些母犬，还有选择公犬的倾向。发情期过后，母犬变得恬静、温顺，对公犬的亲和性降低，外生殖器官变得软瘪，可以看到少量的黑褐色排出物。

2. 阴道检查法

通过分析阴道涂片的细胞组成，来确定母犬发情与否及所处的发情阶段。发情前期，阴道涂片中含有很多核固缩的角质化上皮细胞与红细胞，并含有少量白细胞和大量的碎屑。发情中期，阴道涂片中发现大量角质化上皮细胞、红细胞，而白细胞不存在。发情后期，阴道涂片中含有大量白细胞与非角化的上皮细胞，及少量角化的上皮细胞。乏情期的阴道涂片上的上皮细胞是非角化的，但到发情前期前，上皮细胞变为角质化。

3. 电测法

电测法是用电阻表测定母犬阴道液的电阻值，以便确定其发情期。然而，母犬在整个发情周期中，其阴道黏液的电阻值变化很大，以致不适于确定配种的最适时间。母犬发情前期最后一天，阴道黏液的电阻值的变化约为 495 ~ 1 216 Ω，而在此之前为 250 ~ 700 Ω。发情期开始时，有些母犬阴道黏液的电阻值下降，而有些母犬与发情前相比则上升。但所有的母犬，发情后期阴道内电阻值均下降。

电测法对鉴定母犬发情有一定借鉴意义，但不够准确。因此，犬主应根据犬的品种、年龄等特点，摸索出自己的犬或犬群的发情变化规律，然后再配合使用电测法，从而提高其鉴定价值。

4. 试情

试情是采用公犬来检测母犬是否发情，或是否进入发情期的一种方法。目前，用公犬试情是确定母犬是否发情的唯一准确有效的方法。处于配种时期的母犬，见到公犬后会表现出激动、喜追逐、站立不动、暴露阴部、阴门有节律地收缩，愿意接受交配等行为。

（五）影响犬性周期与发情的因素

犬发情周期的长短和发情的正常与否，受内外多种因素的影响。内因主要是犬自身的神经和内分泌的调节，外因是多方面的，主要有温度、季节、外界环境、饲养管理等。一般公犬的发情无规律性，在母犬集中发情的繁殖季节，睾丸进入功能活跃状态，当接近发情的母犬时，嗅到母犬的特殊气味，便可引起兴奋，完成交配。具体来讲，影响母犬发情的因素主要有以下六个方面。

1. 季节

犬在人们驯化的条件下，生活比较安全，已经失去了季节性繁殖的特点。通常情况下，母犬一年发情两次，每次间隔大约6个月左右。单养犬大多数在春秋两季发情，群养犬四季各阶段都有发情，其季节性不明显。另外，南美的野生犬与北极圈饲养的犬，有一年发情一次的，季节性也并不明显。但有的犬种如北美的格林犬，仍然受着季节的影响，主要是由环境和温度造成的。

2. 年龄

由于年龄的增长，老龄犬身体代谢与内分泌机能逐渐下降，发情周期常出现紊乱，使乏情期延长，发情前期与发情期缩短。

3. 初情期

犬的初情期与犬的品种、营养、温度等多种因素有关。一般小型犬的初情期来得早些，而大型犬的初情期晚些。另外，营养水平与环境温度也影响犬的初情，营养水平高的犬的初情期比营养水平低的早，热带地区的犬的初情期比寒带或者温带地区的早。

4. 营养

营养缺乏或者过剩，同样会造成犬不发情或发情异常。这可能是由于垂体促性腺激素的释放发生障碍，或是卵巢对垂体的促性腺激素缺乏反应。正常的内分泌是促进母犬正常发情的基本条件，内分泌的动态平衡失调，必然会引起繁殖的紊乱。

5. 疾病与管理

母犬若患有卵巢囊肿、子宫蓄脓等生殖器官疾病，也常常导致乏情期时间过长，或者不发情。另外，母犬上一窝产仔太多或连产几窝，机体未能得到很好恢复，从而导致乏情期过长。

受到良好管理的犬，一般发情正常且有规律。相反，则会发情不正常或推迟。

6. 母犬异常发情

(1) 安静发情。母犬缺少发情表现，但卵巢的卵泡仍旧发育成熟而排卵。据报道，有10% ~25%的格力犬会出现安静发情。因此，犬主要特别注意，在犬到了性成熟期并在发情季节未表现出发情症状，就要经常用公犬试情，以免错过交配期。在有公犬的环境条件下，更要留心母犬，一旦发现母犬怀孕，就要特殊护理，以免流产和早产。

引起安静发情的原因可能是母犬有关生殖激素的不平衡。如雌激素分泌不足，母犬发情表现就不太明显。促乳素分泌量不足或者缺乏，引起黄体早期萎缩，导致孕酮分泌量不足，也会引起母犬安静发情。因此，安静发情可用雌激素和促性腺激素进行治疗。

（2）短促发情。母犬发情非常短，只有 1～2 天或更短，如果不注意观察，常常会错过配种机会导致发情期缩短。原因可能是卵泡成熟过快或卵泡停止发育、卵泡发育受阻等。

（3）断续发情。母犬发情时断时续，发情时间延续很长。这是由于卵泡交替发育所导致的，先发育的卵泡在中途发生了退化，而新生的卵泡又再发育，所以产生了断续发情的现象。

（4）孕后发情。母犬在怀孕的时候仍有发情的表现，主要就是由于激素机能的混乱，导致黄体分泌孕酮机能不足，胎盘分泌雌激素的机能亢进。

（5）发情不出血。母犬喜欢接近公犬，愿意接受交配，但不具有正常发情时明显的阴部肿胀和阴道出血等发情征候，这种现象是雌激素分泌不足的结果。

（6）频繁发情。此种情况较为少见。母犬发情间隔时间缩短，并持续较长的时间。据报道，有的母犬在两年内每 3～4 个月就交配一次，最后一次才怀孕，给仔犬断乳后才恢复正常的发情周期。

（7）假发情。为不符合发情周期规律的发情，出现类似发情的征候，有的犬也愿意接受交配，但交配也不能怀孕。这种现象在比格犬、牧羊犬和其他品种犬均有发生。

（8）休（乏）情期延长。周期性性活动完全停止的时间过长，就属不正常。这种情况多见于肥胖的母犬，与雌激素不足有关，出现这种状况补充维生素 E 即可促使发情。

（9）初情期推迟。母犬在预期的第一次发情年龄时未发情，使初情期推迟。推迟的原因尚不完全清楚，可能是下丘脑、垂体或性腺的分泌异常所致，也可能与营养水平有关。

（10）发情期过长。有的母犬发情持续时间过长，在 30 天内还能接受公犬交配，但不排卵，受胎率很低，其原因可能是卵泡囊肿或促性腺激素缺乏所致。

（六）发情的控制与调节

随着科学技术的进步，可采用现代繁殖技术，人为控制和调节母犬的发情，以缩短繁殖周期，提高繁殖率。主要包括以下几种技术措施：

1. 诱发发情

诱发发情是采用人工方法促使母犬发情的一种繁殖技术。在母犬乏情期内，给予外源激素、某些生理活性物质或环境条件的刺激，促使母犬正常发情并进行交配。该方法可缩短母犬的繁殖周期，使之提前配种，胎次增加，繁殖率提高。对于乏情期过长，初情期推迟的母犬，可应用孕马血清促性腺激素（PMSG），或配合使用人绒毛膜促性腺激素（HCG），诱发母犬发情配种。

2. 超数排卵

在母犬发情周期内，注射促性腺激素，使卵巢中有比正常时更多的卵泡发育成熟并排卵。超数排卵一般为了提高产仔数或配合胚胎移植。因犬的品种、身体状况、年龄、季节、环境、营养状况及激素的效能、用量和比例等不同，对母犬实施超数排卵时，可能会产生不同的反应。

3. 同期发情

同期发情又称同步发情，主要适用于诱导犬群发情，即人为地利用某些激素控制并调整一群母犬发情周期，使其在某一时间集中发情。同步发情技术措施有利于组织生产，减少母犬不孕，提高繁殖率。目前，同期发情技术有两种：一是对母犬群同时施用孕激素，抑制卵巢中卵泡的生长发育，用药一段时间后同时停药，使犬群同时发情；二是利用性质完全不同的另一种激素如前列腺素使黄体溶解，中断黄体期，降低孕酮水平，从而促进垂体促性腺激素的释放，引起母犬发情。

4. 催情

催情是指用人工方法促进母犬发情配种的措施，该措施可减少母犬空怀，提高犬群的繁殖率。常采用的方法主要有加强饲养管理，使母犬营养合理，不肥不瘦，并辅以公犬逗引，或用药物刺激等，促使母犬发情。

（七）母犬发情时的注意事项

1. 加强饲养管理

母犬进入发情期后，要加强管理。公犬与母犬要分开饲养，运动时要给母犬带脖套，以便于控制，不可以将犬群随意散放，以防公犬偷配。

2. 加强卫生消毒工作

保持周围环境干净，防止母犬感染疾病。注意母犬阴部卫生，防止其生殖道感染。

3. 调整训练计划

训练中的母犬若发情，一般不宜继续进行训练，需停训两周。因为发情的母犬常会兴奋不安，寻求公犬，服从性也会下降。

4. 做好日常记录

每天要认真观察并记录母犬发情征候，要准确掌握发情的不同阶段，以做到适时配种。

（八）排卵时期与排卵数

1. 排卵时期

母犬从接受公犬交配开始后的39～48个小时，大多数没有排卵，到90个小时后，没有排卵的犬占少数，其排卵过程一直持续到96小时才全部结束。左右卵巢在排卵的时间上无差异。总之，母犬的排卵时期从发情初期就开始，一般在发情滴血后第8～14天开始排卵，或在母犬接受公犬爬跨的第2天或第3天开始排卵。

2. 排卵数

母犬是多胎的哺乳动物，在一次发情中左右卵巢可以排几个到十几个卵子。一般小型母犬的排卵数较少，大型母犬的排卵数较多；老龄母犬与肥胖母犬的排卵数较少，而青壮年母犬排卵较多。母犬的排卵数可以根据出生胎儿的数量进行判断，也可通过剖解检查卵巢黄体位点进行准确判断。在一般情况下，排出的卵子约89%受孕，极少卵子在受孕后胚胎死亡或者融解。

四、种犬的选择

种犬的品质直接关系到下一代仔犬的优劣。因此，要选择无退化现象、神经类型稳定、体质健壮、生长发育快、抗病力强、繁殖能力高的种犬。

（一）种公犬的选择

1. 种犬本身特性

（1）种公犬的外观。为了较好地保持品种特性，在外形上，要注意种公犬的品种特征，应没有明显的外观缺陷。正在进行育成的新品种或改良的品种，必须有外部性状的指标或规定，要严格按照指标挑选种犬。凡是不符合本品种特征或达不到外部特征和规定的个体，如无其他特殊用途，不可留用作种犬。

（2）种公犬的体格。种公犬应身强力壮，在犬群中处于首领地位。体态匀称丰满，被毛光滑紧密；头形端正，口齿整齐，颈长适中；臀部较肩略高，背平直，胸围宽而腹部紧；尾直垂而有力；生殖器官发育正常，雄性强。

（3）种公犬的性情。情绪类型也是选择种公犬时需要考虑的因素，暴躁不稳定和神经质胆怯的公犬不能用于繁殖。

（4）种公犬的健康状况。身体各部的发育要正常健康，不能有先天或后天的各种缺陷。种公犬除了要做遗传缺陷的鉴别外，还要进行精液品质检查，以防将遗传疾病传给下一代。

（5）种公犬的繁殖性能。生殖器有包皮口狭窄、隐睾、生殖器畸形等先天或后天缺陷的公犬，不能作种犬。准备作种用的公犬，都必须进行精液品质检查，以防活力的精子不够而使母犬空怀。此外，还要对公犬的性活动能力和性欲进行检查和评定。对公犬在交配活动中的错误行为要进行纠正，无法纠正的公犬要予以淘汰。

2. 祖先情况

种公犬的挑选应从幼犬断奶后即开始进行，首选祖先发育良好、无遗传性缺陷的公犬，可通过系谱记载审查其父母的系谱，父母的个体性状，配种、繁殖情况及所产仔犬的数量和质量。

3. 后代情况

后代的发育和体态状况是检查种公犬遗传性状和繁殖能力的最好证明。有相同缺点的公、母犬不宜互相交配，否则缺点就会被后代遗传下来。年龄最好是壮龄配壮龄，或壮、老结合，不能老龄配老龄，以免影响后代的性能。

（二）种母犬的选择

1. 外观

选择母犬主要看其体形，要求外观上要符合纯种犬的所有形态特征。

2. 母性

种用母犬应产仔多，泌乳和带仔能力强，母性好。所谓母性好，主要标准是母犬在分娩前会絮窝，产仔后能定时给仔犬喂奶；仔犬爬出窝外能用嘴将其衔回，并对仔犬有强烈的保护欲望。

3. 发情

繁殖用的母犬，发情正常是首选条件。发情间隔时间过长或过短，都显示母犬的繁殖生理活动不正常，不能留作繁殖用。

4. 经验

种用母犬最好有过成功繁育的经验。有相当一部分母犬在初次接受配种时，表现出紧张不安，不要让公犬爬跨与交配，甚至攻击和威吓公犬，这属正常现象。随着其性欲的增长，最终可以交配成功。如母犬在几个发情期内都处于这种状态，则是不正常的表现，不能用作种用犬。

五、配种

（一）交配前的准备

配种前5天要给种犬驱一次虫；配种前2～3天应对种犬的健康状况进行一次全面检查，看是否有传染病，尤其是皮肤病和寄生虫病，并检查公犬的精液质量，如果精子活力不够，则不能参加配种；若采取人工授精的办法，配种前要准备好所有的采精工具，经消毒后使用；配种前半天或1天，要让公犬与母犬接触一次，以刺激母犬排卵，提高产仔率，但不要让其交配；配种前，公母犬都不要喂得太饱，以免影响交配或公犬发生反射性呕吐；配种前半小时，让公母犬自由游散，充分排净粪尿。

（二）适时配种

正确掌握配种时期是提高受胎率的关键。因此，必须根据母犬发情时间推算出最佳的配种时间。最佳配种时间应在母犬阴部开始流血后的第12~13天。如果未发现阴道排血的开始日期，也可根据阴道分泌物颜色的变化确定最佳配种日期，即当阴道分泌物由红色转变为稻草黄色后的2~3天。有少数母犬在发情时阴道不排血，而有的分泌物可持续到发情期或延续到发情后期若干天。对这样的母犬依靠阴道出血来确定配种日期就行不通了，可用公犬进行试情来确定，当母犬愿意接受公犬交配后的1~3天为最适配种期。

（三）配种的次数

有人认为交配次数越多越好，能增加产仔数，这是没有科学根据的，因为每窝产仔数的多少取决于卵巢的排卵数，而不是配种的次数。一般交配次数以两次为宜，两次配种时间应相隔24~48小时，否则会影响胎儿的发育。

（四）配种的方法

通常采用自然交配、人工辅助交配和人工授精方法。在绝大多数情况下，都采用公母犬自然交配的方法。

1. 自然交配

自然交配是指在没有人为的帮助下，由公母犬自行完成交配的过程。

（1）自由交配。公母犬混养，没有任何人为的干扰与控制下，公犬随意与发情母犬进行交配。这是一种原始的繁殖方式，不利于品种的纯化和后代的优化，很容易造成后代品质的退化。

（2）分群交配。在配种季节，将一头或几头精心选育的种公犬放入一定数量的母犬群中，一起饲养，任其自由交配。这样可提高配种的成功率和受胎率。

（3）围栏交配。公母犬平时隔离饲养，配种时，在围栏内放入选育的种公犬与母犬，让其交配。

2. 人工辅助交配

人工辅助交配是指公母犬不能进行正常的自然交配，必须通过人工协助才能完成的交配过程。当出现以下情况时，必须采取人工辅助交配：

（1）母犬缺乏“性经验”，第一次交配的青年母犬交配时往往会慌乱，甚至蹦跳并咬公犬，或发情成熟但有拒配恶癖的母犬，应采用人工辅助并使用强制手段。给母犬套上嘴套，用短皮带牵着，以防止其咬伤人或公犬。固定臀部，不让其坐下或左右摆动，以便顺利交配。一般交配一次即可妊娠，但为了提高受胎率，可在第一次交配后，间隔1～3日再交配一次。

(2) 公犬缺乏“性经验”，如不会爬跨。交配时，犬主一只手将母犬尾巴拉到一侧，防止母犬尾巴遮挡阴门，另一只手协助公犬将阴茎插入母犬阴道。

(3) 公母犬体形相差悬殊，不能顺利完成交配。当公母犬体型相差较大难以自然交配时，母犬犬主应拉住母犬的脖套，然后用一只手托着母犬的胸腹部，以防母犬受爬跨时蹲卧；公犬犬主则配合用一只手将母犬尾巴拉到一侧，防止母犬尾巴遮挡阴门，另一只手将公犬的阴茎准确插入母犬阴道。

(4) 有时由于犬的个体气味、体形、环境等因素产生相互厌烦时，往往抑制性兴奋。这时要认真分析原因，更换交配地点、环境，或更换公犬。

3. 人工授精

人工授精是指用人工方法采取公犬的精液，经检查与处理后，再用器械把精液注入发情母犬的生殖道内，使精卵结合，以产生后代的一种配种方法。人类历史上第一次人工授精技术始于1870年，意大利生理学家将公犬的精液注入发情母犬生殖道后，母犬顺利受孕并产下3头仔犬。鉴于犬与人类之间的特殊关系，一般不提倡对犬进行人工授精。

犬的人工授精技术作为一种代替自然交配来繁衍后代的繁殖技术手段，有其独到的优越性：① 有助于充分发挥优良公犬的配种效能；② 增加公犬的配种比例，减少公犬饲养费用；③ 克服公母犬个体大小悬殊带来的交配困难；④ 可以避免公母犬直接接触，防止了各种传染病和寄生虫病的传播，特别是生殖道疾病的传播；⑤ 可克服时间和地域的限制，最大限度地使用优良种公犬进行配种工作，加快了种群的改良速度，为育种工作服务。

（五）交配过程

公犬的交配过程包括求偶、爬跨、阴茎勃起、插入、射精、锁结、公犬转身、结束几个过程。

1. 求偶

适宜交配的公母犬相遇后，异常兴奋，互相追逐、嬉戏、玩耍，彼此熟悉后，才开始交配，此过程称为求偶。

2. 爬跨

求偶成功后，公犬会主动爬跨母犬，而母犬则配合公犬的爬跨，尾巴歪向一边，露出外阴部。

3. 阴茎勃起与插入

随着公犬的性兴奋，阴茎海绵体会充血并勃起，随着后驱的运动送入母犬的生殖道内。

4. 射精

公犬的射精分为三个阶段：第一阶段射出的精液是清亮透明的液体，几乎不含精子，主要是腺体分泌物，具有清洗、中和、润滑阴道的作用。第二阶段射出的是乳白色的黏稠液体，内含大量精子。第三阶段射出的精液数量多但含精子量很少，大部分是腺体分泌物，具有促进精子在母犬生殖道内的活动和防止精液从阴道内倒流作用。

5. 锁结

“锁结”是犬科动物所特有的行为，时间一般为5~14分钟不等，个别犬则长达2小时。“锁结”的生理作用是为了防止精液倒流，促使精子在生殖道内前行。在“锁结”过程中，公母犬的臀部对着臀部，头向着四周，这样的姿势有利于防范外界的侵袭。

6. 公犬转身与结束

“锁结”后，公犬的一条后腿跨过母犬的身体，完成转身动作。结束时，公母犬各自舔外生殖器官，完成交配过程。

（六）注意事项

1. 初情的母犬一般不宜配种

因为此时母犬虽已性成熟，但尚未达到体成熟。如果配种会导致母犬生长发育受阻，繁殖力下降。

2. 初配年龄

一般母犬长到1.5岁，公犬长到2岁，方可进行配种。

3. 交配次数

母犬在一次发情周期中，一般交配1~2次，且2次间隔以48小时为宜。公犬一年配种40~60次，一周之内不宜超过2次。

4. 交配的时间和地点

犬的交配最好选在公母犬精神状况都良好的时候进行，并根据气候进行适当调整，如南方夏季可选择在早晚进行，北方冬季应在上午或者下午进行。吃食后2小时内不要进行交配，以免公犬发生反射性呕吐。

交配地点应选择安静的环境，最好是公母犬都熟悉的地方，这一点对胆小的母犬非常重要。当公母犬相距较远时，应将母犬送到公犬处交配，而不是将公犬送到母犬处交配。因为经过运输应激后，公犬的性欲受到影响，精子的质量也会下降，影响交配效果。

5. 有无性经验

初配母犬，尤其是单养而又没有接触过公犬的母犬，因为缺乏性经验，即使已经发情，也不能让其自由交配，而应由犬主辅助进行。

初配公犬，因为缺乏性经验，和母犬接触时，往往表现慌张犹豫，或者阴茎未勃起就爬跨，要经过几次尝试才能够进行正确的性行为。应温和对待初配公犬，否则容易造成公犬的性抑制，最好是先让一条有性经验的母犬与其配种。

6. 公犬性抑制

营养不良、运动不足、性经验缺少、连配数条母犬等，都会导致公犬性抑制。另外，错误或者粗暴的管理，交配时的恐惧、痛感与干扰，采精时不正确的操作，也会造成公犬的性抑制，甚至造成阳痿。

7. 配前性刺激

交配前的性刺激对交配很有利，不但能够提高公犬的射精量与精液浓度，改进精子活力，而且能够促使母犬释放促黄体素，从而提高血中孕酮的浓度。因此，应该让公母犬一块儿游戏或追逐一段时间，适当地刺激公母犬的性行为。

8. “三配三不配”与“一早一迟”

三配三不配：有相同的优点、青年犬之间以及公犬等级高于母犬的可以交配，而有相同或者相反缺点的、老龄犬之间以及公犬等级低于母犬的不能交配。

一早一迟：老龄母犬最好早配，流血后 8 ~ 10 天配，青年母犬最好迟配，流血后 12 ~ 14 天配。

9. 交配过程中的安全保障

犬在交配季节情绪激动，容易伤人。交配前应对咬人或咬其他犬的母犬带上口笼，交配中要防止母犬坐倒，避免挫伤公犬阴茎；在“锁结”过程不能强行将公母犬分开，应等交配完自行解脱，否则会严重损伤其生殖器官。

10. 防止传染疾病

通过交配尤其是自然交配，会传染很多疾病，犬主应给予足够重视。母犬若患生殖系统疾病，要治好后再交配，避免感染公犬。在配种前，公母犬身上都要擦洗干净，以防传染皮肤病和寄生虫病。公母犬若患有严重的皮肤病，如疥癣病，就不能参加配种。

11. 保证交配后公母犬有足够的休息时间

当公母犬交配完成后，会各自舔舐阴部。此时，不可马上牵拉、驱赶公母犬。尤其是公犬，在交配后常出现腰部凹陷现象，俗称“掉腰子”，切忌让其剧烈运动，也不能立即给予饮水，应待公犬休息片刻后再给予饮水。如果母犬在交配后阴门明显外翻，说明已配上，应将母犬放回犬舍，让其安静休息。

12. 配种后立即做好记录，或填好记录卡

配种后应详细填写配种时间、配种的公母犬名字、品种、胎次、发情日期及预产期等多项内容。

六、宠物犬的妊娠和分娩

（一）妊娠

1. 妊娠期

母犬的妊娠期从卵子受精开始计算，一般为58～63天，平均为60天，也有提前或拖后的，个别的提前2～3天或拖后4～5天。妊娠期的长短可能因品种、年龄、胎儿数量、饲养管理条件等因素而稍有变化。

2. 诊断

妊娠诊断越早越好，可以及时给妊娠母犬补充营养和加强护理。玩赏犬的妊娠诊断方法很多，常用的有外部观察法、触诊检查法、B超检查法、X射线透视检查法和尿液检查法等。

（1）外部观察法。母犬在妊娠1周左右，食欲不振，性情恬静，阴门软瘪，排出少量黑褐色液体；2～3周，食欲明显增强，安静好睡，阴唇明显外翻，乳房逐渐增大，乳头红胀、变粗、突起；1个月左右，可见腹部膨大，乳房下垂，乳头富有弹性。当犬前腿站立起来时，可以观察到犬的腹部似水袋状，上窄下满。

（2）触诊检查法。一般采用腹部触诊，方法是早晨母犬空腹时，用手在犬腹后部两侧触摸，可触到子宫角变粗并有枣核大小的球状物，证明已经妊娠，但应注意与无弹性的粪块区别。妊娠40天后，腹部逐渐增大，可触摸到成串的胎儿或看到胎动。注意触摸时用力不能过大，以免伤及胎儿。

（3）B超检查法。此检查法能探测出18～19天的胎儿，甚至可分辨胎儿的性别、数量。妊娠后28～35天是最佳的B超检查时间。

（4）X射线透视检查法。此检查法不能进行妊娠的早期诊断，只能在母犬妊娠40多天后进行。

（5）尿液检查法。此检查法既准确又简单，而且可以达到早期诊断的目的。母犬妊娠5～7天或交配后6天，可用人用的“速效检孕液”检查尿液中有无类似人绒毛膜促性腺激素的物质，如果有，则说明母犬怀孕了。

（二）产前准备与分娩预兆

1. 产前准备

在预产期前几天，怀孕母犬会表现出轻度的不安情绪，喜静，翻扒窝内的垫草筑成巢状，并且卧于其中不动。这是母犬所具有的一种本能，表明不久母犬就要分娩，这时犬主就应开始为怀孕母犬的分娩做好准备。具体要做好以下工作：

（1）搞好卫生。

产房要彻底打扫一遍，并用0.5%的来苏尔水或其他消毒液喷洒消毒，保持空气流通。在进入产房以前，母犬的全身要进行擦洗和消毒，特别是臀部、阴部和乳房周围要保持卫生，可用0.1%的新洁尔灭液清洗。

（2）准备产床和产箱。

产床是母犬产仔的地方。产床用木板垫平，铺上垫草、旧毛毯或棉絮之类的保温物，产床四周用布幔围上，以利于保温和防风。如果冬季寒冷，产床上方可用大功率灯泡取暖。

为了提高仔犬的成活率，防止母犬挤压仔犬，要准备好产箱。产箱可用木板钉制，高度以仔犬爬不出箱壁为宜；大小以母犬能躺下、翻身，便于仔犬吃奶为准；底部与四周木板要平整，以防有刺扎伤仔犬和母犬，底部的铺垫同产床。为使仔犬出入方便，产箱的一侧应留一扇门或一个半圆形缺口。喂奶时把产箱放到产床上，让母犬进入喂奶，喂完奶后，应将产箱放在砖头或木块上，以利于通风，保持产箱内部干燥。

（3）备好接产用具。

准备好毛巾、卫生纸、温开水、剪刀、灭菌纱布、棉球、缝合针线、70%酒精、5%碘酒、0.5%来苏尔、0.1%新洁尔灭及催产药品等，以备接生助产时使用。

（4）让母犬进入产房。

临产前1~2天，把母犬放入产房，让其熟悉环境，以防惊慌恐惧，影响分娩。母犬进入产房后，要有专人护理和观察。

2. 分娩预兆

随着分娩期的临近，母犬的生理机能、行为特征和体温会发生变化，称为分娩预兆。根据分娩预兆可大致判断分娩时间，有利于母犬分娩的接产工作。母犬分娩预兆主要表现在以下几个方面：

（1）食欲变化。临产前几天，母犬食欲明显减少或拒食，尤其是初产母犬更明显。

（2）体温变化。母犬的体温在临产前3天，由原来的38℃~39℃下降至36.5℃~37.5℃，当体温开始回升时，表明母犬即将分娩。

（3）行为变化。临产前几天，母犬常常会烦躁不安，用爪刨地，啃咬物品。当母犬表现出焦虑不安、打哈欠、抓扒垫草、呻吟或尖叫、呼吸急促时，说明其即将分娩。

（4）乳房变化。母犬分娩前2周，乳房膨大，乳腺充实；分娩前2天，可从乳房中挤出少量清亮液体或乳汁。

（5）骨盆和外阴部变化。分娩前数天，母犬骨盆和腹部的肌肉开始松弛，坐骨结节附近软组织下陷，外阴部肿胀、充血，阴道黏膜潮红。分娩前 3 ~ 10 小时，臀部坐骨结节处明显塌陷，子宫颈口张开，外阴肿胀，如有黏液流出，说明母犬数小时内就要分娩。

（三）分娩过程

分娩是指从母犬子宫中排出成熟胎儿的过程。母犬分娩时常采取侧卧姿势，借助子宫和腹肌的收缩，把胎儿和胎衣排出。分娩过程可分为三个时期：

1. 子宫开口期

这期间，母犬食欲废绝，紧张、心神不安，眼望腹部；子宫开始出现阵阵宫缩，次数和力量逐渐增加；子宫颈口完全张开，与阴道之间的界限完全消失；尿膜和羊膜分别破水，胎水流出滑润产道。这个过程大约需要 4 个小时，也有的持续 6 ~ 12 个小时，个别母犬持续 36 小时左右。此期间的显著特点是：子宫呈节律性收缩而不出现努责。

2. 胎儿排出期

母犬出现努责并越来越强烈，张口呻吟，呼吸加快，伸长后腿，阴门流出稀薄的液体，随后仔犬通过骨盆被排出体外。母犬会迅速用牙齿将胎膜撕破，再咬断脐带，舔干仔犬身上的黏液。在产出第一只仔犬后，阵痛和努责会暂时停止，间隔一定时段后，症状会再次出现，产下第二只仔犬。如此反复直至最后一只仔犬产出。

3. 胎衣排出期

正常情况下，一个胎儿排出后 15 分钟左右，相应的胎衣就被排出。排出胎衣一般被母犬吞食，从胎衣的药理作用看，母犬吞食胎衣对恢复健康与下奶是有利的。

母犬是多胎动物，一般每胎产仔数为 6 ~ 9 只，少则 1 ~ 2 只，多则 16 只，最高纪录为 25 只。分娩时间的长短，因产仔多少及母犬的体质状况而异，一般为 3 ~ 4 小时，每只胎儿产出的间隔时间为 10 ~ 30 分钟。一般以母犬变得安静，不断舔舐仔犬的被毛，2 ~ 3 小时后不再出现努责来判定分娩已结束。

（四）接产

正常情况下，母犬在产出仔犬后，一般能够自己咬断脐带，舔去仔犬身上的黏液，无须特殊护理。但有些名贵的玩赏犬或纯种犬本能较差，故在分娩时，需要犬主的及时帮助。另外，一些体质较弱的母犬、初产母犬或由于产仔多而精疲力竭的母犬，因不能及时舔舐而使仔犬窒息死亡，此时应及时辅助接产。

对未及时舔舐的仔犬，应先将仔犬头部黏附的羊膜撕开，使其头部朝下，流出口、鼻及呼吸道中的胎水，再用干净的毛巾擦净鼻腔和口腔中残留的黏液。有些仔犬经过上述过程后仍不会呼吸，则应实行人工呼吸，即两手轻轻有节律地按压胸部，几分钟后仔犬就会呼吸了。如果人工断脐带，可用消毒丝线在距离腹壁2 cm处结扎，断脐后涂上5%碘酊消毒。

初生仔犬要注意保温，尤其是冬天，可把母犬舔净或人工擦净黏液的仔犬放在25℃左右保温箱内，等母犬产完后，再把仔犬放回，帮助它们找到乳头，以便初生仔犬及时吃到初乳。

产仔后，要及时给仔犬编号、打耳号、称重，并做好记录，填好母犬产仔登记表。登记表要详细记录母犬产仔数、成活数、死胎数、与其交配的公犬名、品种等。

接产时的注意事项：

第一，犬的分娩场所应保持安静，严禁多人围观，否则会使母犬过度紧张而引起难产。另外，应选择光线微暗的场所，避免母犬兴奋。

第二，注意观察母犬咬断脐带的动作，发现母犬有“食仔癖”时应及时制止。

第三，母犬有产后吃胎盘的习惯，因胎盘具有催乳作用，但吃得太多，会引起母犬肠胃的消化不良。一般吃2~3个后应立即制止其再食。

第四，分娩母犬在破水后6小时，不见仔犬产出，或者胎儿露出阴门10分钟还不能全部产出时，说明母犬难产，这时要给予助产或做剖宫产。

第五，分娩后，若母犬阴道内仍流出较多的鲜红色物质，则预示产道可能有大出血，应立即用脱脂棉将阴道堵塞，迅速到兽医诊所治疗。

（五）助产

助产者应用酒精棉或0.1%新洁尔灭液洗手消毒，如果助产者手上有外伤，应戴乳胶手套，以防感染。有下列情况时，应进行人工助产：

1. 母犬不撕破胎膜

当胎儿露出阴门后，母犬不主动撕破胎膜时，要及时帮助母犬把胎膜撕破。撕破胎膜要选择合适时机，避免胎水过早流失，造成胎儿产出困难。

2. 胎儿过大与四肢姿势异常

因胎儿过大与四肢姿势异常，母犬不能将仔犬产出时，千万不要强拉胎儿。要向母犬阴道内灌注润滑剂或温肥皂水，用手轻轻托住胎儿露出阴门的部分，在母犬努责的间歇期将胎儿轻轻回送，并稍微转动一下位置，把仔犬的姿势矫正后，再趁母犬用力努责时向外小心牵拉。

3. 胎儿倒生

如果胎儿倒生导致难产，应在胎儿的两后肢露出产道时，迅速往产道内灌注润滑剂，然后慢慢往外拉出胎儿。如果牵拉不下来，可将胎儿回送，使其侧位，减少阻力后再外拉。实在牵拉不出，为了防止胎儿死亡，应及时请兽医施行剖宫产。若胎儿已死于子宫内，可施行截胎术将胎儿取出。

4. 母犬子宫颈狭窄

因子宫颈狭窄而难产的母犬，可肌内注射乙烯雌酚和催产素，催产效果较好。一般一只母犬注射乙烯雌酚 0.1 ~ 0.2 mg，而催产素要按照说明书的要求注射。如果注射了上述药物，子宫颈口还不能张开，可施行子宫颈切开术取出胎儿。

5. 母犬子宫阵缩和努责力量不强

对母犬子宫阵缩和努责力量不强引起的难产进行助产时，要根据分娩持续的时间、子宫颈扩张的程度、胎水是否排出、胎囊是否破裂、胎儿死活等情况区别对待。如果子宫颈尚未开大、胎囊未破、胎儿还活着，可用手按摩腹壁，以刺激子宫收缩，配合助产或肌内注射催产素，很可能使胎儿顺利产出。如果胎囊已破、胎水已流失、胎儿已死亡，应将胎儿牵引出来或碎尸取出。

6. 早期破水

早期破水是指胎水排出过早，使胎儿和子宫黏膜之间的润滑不够，致使胎儿排出困难。为了顺利拉出胎儿又不损伤产道，应先向产道内灌注液体石蜡或温肥皂水，再在母犬努责时，将胎儿强行拉出。

7. 早期胎盘剥离

正常位置的胎盘在胎儿尚未产出之前即自行分离，称为早期胎盘剥离。早期胎盘剥离可引起母犬腹疼，阴道流血，危及母犬及胎儿的生命。此现象多因母体并发其他疾病，如妊娠中毒症、高血压等引起。发现这种情况后，应立即用紧束腰带压迫腹部止血，待子宫颈口完全打开后，将胎儿强行拉出，胚盘亦随之而去。如继续出血，可肌内注射维生素 K 1 ~ 2 mL，配合使用 5% 氯化钙，静脉注射30 ~ 50 mL，每日 2 ~ 3 次。也可肌内注射肝素，每公斤体重 100 单位，每日 2 次。

在助产过程中，切忌急躁、粗暴，不要强拉硬拽，以防损伤产道和胎儿。助产如果不成功，要及时请兽医施行剖宫产。

（六）产后护理

1. 母犬的护理

母犬分娩后，皮肤比较敏感，易患感冒和褥疮。因此，其外阴部、尾部及乳房等被羊水、阴道和子宫分泌液所污染的部位，都应用温水洗净、擦干，并更换已被污染的垫草或垫物。另外，母犬产后立即进入子宫恢复及排出恶露的阶段，产后4~5天母犬排净恶露，若超过5天，要给母犬服消炎药。

分娩时体力消耗过多，母犬产后身体虚弱，应给母犬加强营养，产后可补喂一些葡萄糖水、牛奶和淡盐水。产后1~2天，供给充足的饮水及少量的肉食；3~4天后增加肉食数量，每日喂4次；从5天开始，体质虚弱期已过，饲喂量除确保母犬自身需要外，还要考虑泌乳需要，供给的营养物质要比空怀母犬的标准量增加3~4倍，并注意添加矿物质和维生素。

如果产后母犬长时间不回产箱或仔犬长时间乱动乱叫，可能是母犬少乳、无乳、患乳房疾病或生病，此时要请兽医诊治。

2. 新生仔犬的护理

正常分娩后的第一天不许触摸仔犬，第二天才可仔细检查，确定性别及健康状况。一窝产仔过多时，可对体质较弱的仔犬进行人工哺乳或过补。人工助产产下的仔犬应及时从保温箱中取出放回母犬怀中，并帮助仔犬尽快吃到初乳。产后几天内，要谢绝陌生人参观，更不要用手去摸或抓仔犬，以防母犬攻击陌生人或将仔犬吃掉，因为产后的母犬护仔意识极强，非常敏感。在寒冷的天气要注意保温，以防因寒冷造成仔犬扎堆而窒息死亡。母犬在翻身或活动时可能挤压仔犬，特别是初产母犬更易发生这种情况，因此要加强看护，听到仔犬挣扎叫声时要及时采取措施。

第二节　宠物犬的育种

一、宠物犬的保种

宠物犬的保种目的是保存现有犬品种，避免其混杂和灭绝，也是保留某一犬品种资源的基因库，使其每一种基因都完整保存。宠物犬的保种工作量大，涉及面广，耗时较长，需要动用各方面的力量。具体可采取以下五个方面的措施。

（一）建立良种保护区

在建立的良种保护区内，对某一特定的犬品种进行保种繁殖。应严禁在保护区内引进其他品种犬，防止出现两个或两个以上犬品种的群体混杂。

（二）建立足够数量的保种群

保种群的数量和规模应根据保种犬的品种特点，保种区的经济状况以及区内的各种设施条件而定。同时，还要考虑到保种群在限定的时间内近交系数和世代推进等具体情况的要求。

（三）实行各家系等量留种

在每一个世代留种时，实行每一头公母犬的后代中，选留相同数量的仔犬，公犬的后代选留公犬，母犬的后代选留母犬。

（四）制定合理的交配制度

保种群达到一定数量时，可以采取随机交配的制度。但是如果达不到要求数量的保种群，则须制定不完全随机交配制度，避免全同胞或半同胞之间交配，或者采取非近交公犬轮回配种制度，以降低保种群中的近交率。

（五）防止基因突变

为达到保种的目的，还应保持外界环境和饲养条件的相对稳定，控制和消灭各种有害因素和污染源，防止发生基因突变。

二、宠物犬本品种选育

宠物犬本品种选育是在本品种内进行选种、繁育、改善培育条件等，以不断提高本品种性能的一种方法。本品种选育，不仅适用于纯种繁育，有时为了克服本品种的某些缺点和提高某些性能，也会进行小规模、一定程度的杂交。进行本品种选育的基本工作措施主要有以下几个方面：

（一）建立本品种选育机构

本品种选育机构是顺利进行宠物犬本品种选育工作的基本的组织保证，选育机构应全面了解和掌握本品种的性能、优点、缺点、数量、分布、系谱等信息，以确定选育的方向和目标，制定选育计划，完成本品种的选育工作。

（二）建立本品种选育的良种繁育体系

良种繁育体系可由多种形式组成，但一般要有专业良种育种场和繁殖机构组成。专业的良种场要建立核心育种群，核心育种群的种犬都经过严格的挑选和普查鉴定，在场内进行科学的饲养，并进行选种选配、品系繁育、近交、后裔测验、同胞测验等细致的育种工作。通过系统的选育工作，培育出大批优良的纯种公母种犬，并分批分期地向更大范围推广。

（三）进行严格的选种选配和性能测定

应根据本品种统一的技术规定进行性能测定，同时做好性能测定的各种记录和建立种犬档案，为选种选配提供各种技术依据。选种时，应针对本品种的具体情况和要求，突出重点，集中数个主要的性状进行选择，从而可以加大选择强度，容易收到良好的效果。

选配应根据本品种选育的不同要求，采取不同的方式进行。在育种场的核心群中，为了建立品系或纯化，可以采用不同程度的近交。但在一般的繁殖群中，应避免近交。

（四）开展品系繁育和导入杂交

根据品种的特点和育种群、场的具体情况，采用不同的方法开展品系繁育，可以加快选育进度，较快地取得预期效果。

在使用常规的选育措施后，仍不能克服本品种的某些缺陷时，可以利用其他品种相应优点的基因针对本品种进行改良，即导入杂交，但在进行时必须慎重。

（五）给予科学合理的饲养管理

只有对良种给予科学合理的饲养管理，才能使良种充分发挥自身的各种优良性能。否则，良种的各项性能发挥不良，甚至下降。因此，在本品种的选育工作中，饲养管理和培育，应放在重要的位置。

三、宠物犬杂交育种

宠物犬的种类和品种繁多，其中不少是通过杂交的方法培育而成的。通过杂交，可以改良某些品种犬的品质，培育新品种的犬。目前，经常采用的杂交育种方法主要有导入杂交、改良杂交和育成杂交。

（一）导入杂交

为改良某一个品种犬的某种缺陷，而保留其他特征和特性时，常采用导入杂交。

使用导入杂交来改良某一品种的某种缺陷时，需选择一个具有某种优点的犬，而这只犬的优点正好是需改良品种的缺点，与需改良的品种进行第一次杂交。杂交后所得的第一代杂种后代中选出最优秀的公犬与原来品种的母犬交配，从得出的第二代杂种中，选出优良的母犬与原来品种中最好的公犬交配，得出的第三代杂种，如果已经合乎要求，选择其中最好的公犬与合乎要求的母犬交配（横交），即可以得到符合要求的后代。也可以用第三代杂种再次与原来品种交配，所得后代再进行横交。

（二）改良杂交

改良杂交也称级进杂交，是用性能优良的品种改良性能较差品种的一种方法，即选定一个性能理想、品质优良品种的公犬，与需要改良品种的母犬交配，用所得杂种后代中的优良母犬再与改良品种中的公犬进行交配。如此连续几代，将杂种母犬与改良品种公犬进行回交，直到获得理想的后代。然后，在这些理想的杂种后代中，选出优良的公母犬进行群内交配、繁殖。但是，这种杂交方法的级进代数不宜过高，到第三代以后就应停止或者加以控制。此外，这种杂交方法，不能单纯地追求级进代数，要注意所得杂种的实际改良效果。

（三）育成杂交

育成杂交是用两个或两个以上品种的犬进行杂交，使这些品种的优良性能和性状结合在它们的后代身上，产生原来品种犬所没有的优良品质。然后，用这些杂种后代中优良的公母犬进行群内繁殖，从而育成新的品种。

第四章　宠物犬的饲养管理

第一节　宠物犬的饲养准备

一、宠物犬设施的准备

小型玩赏犬只需在室内为它准备一个大小合适的硬纸箱、木箱等睡觉即可，在箱的底部铺垫一些旧布、报纸、毯子等。对于大型犬，就要在室外制作专门的犬舍，最好是用木板钉制的可移动犬舍。

（一）犬舍的准备

犬舍就是狗窝，它用于保护犬的身体健康。商品性的犬舍样式较多，具体可分为室内犬舍、固定犬舍、移动犬舍与大型移动犬舍。

犬舍的大小须适合犬的体形，犬在里面能自由转动，入口的大小以能让犬轻松地出入为宜。此外，犬舍应通风良好，有充足的阳光，并能防雨、防风、防寒。一般中型犬的犬舍面积以 3.3 m^2 为宜，大型犬的犬舍以 6.6 m^2 为宜。犬舍内还应有犬床，犬床有各种形式，可用纸箱或木板当床，犬床上还要铺上柔软而又易于更换的棉被等。3 月龄以下的幼犬可用旧报纸铺床面，成年犬可用被单或毯子铺床面。

1. 室内犬舍

室内犬舍一般是为饲养小型的宠物犬建造的。犬舍可用木条、纸箱和竹篮等做成。犬舍要求日照充足、干燥，以确保犬的健康。

2. 固定犬舍

固定犬舍适合饲养几只犬时使用。这种犬舍应建造在干燥、通风良好、阳光充足的地方，以免影响犬的发育和健康。犬舍的舍顶顶尽可能用瓦片或石棉瓦等，因为这类材料保温效果好。南北侧墙上各开一个大窗户，以保证室内空气流通。用水泥建造地板，有利于清扫，其缺点是冬天较冷。因此，天气寒冷时，要注意保暖。通常饲养一两只犬时，犬舍室内面积有 1 ~2 m^2 就已经足够。

3. 移动犬舍

一般家庭饲养一两只犬时，比较适合使用移动犬舍。移动犬舍是在大门前或庭院前用木箱子建造的简单犬舍。这种犬舍能随季节变化移动到合适的场所，且易拆除，清扫和卫生管理也方便，不利的一面是在犬生病或生产时就显得很不方便，在此情况下就必须考虑重建产室。此外，移动式犬舍易受大风和雨雪的入侵。所以，犬舍应放置在干燥、不受风吹雨打的地方。

4. 大型移动犬舍

大型移动犬舍是考虑到前三种犬舍的缺点制作而成的。这种犬舍的高度为 1.8 ~2 m，正面宽度 1.5 ~2 m，内侧深度 1 m，通常被隔成两间，作为外室和居室。两侧的房间需要时可再分隔出宽 39 cm 的小房间，并做成犬生产时可以拆除的形式。另外，右侧居室的上方做一个高度约 30 cm 的拉窗，夏天可防止蚊虫叮咬，也能使空气对流，而冬天则可更换成玻璃窗，预防寒冷，同时又能充分得到阳光的照射。犬舍的门可以做成拉引式或拆除式，开启方便，也有利于犬舍的清扫和卫生管理。此外，若能在犬舍前后墙上各做一个高约 20 cm、长约 50 cm 的纱窗作犬舍的换气孔，则会让室内空气对流更好。

若犬舍建在通风不良的地方，应尽可能将犬舍设计成开放式，舍顶要高且窗户要多；冬天用麻袋等密封犬舍的周围，出入口用麻袋等做门帘，以使犬温暖舒适。犬舍的铺垫物品，尽可能每隔三四天拿到户外日晒，这点很重要。犬舍的高度因以饲主进入犬舍方便为宜。

（二）养犬常用器具与设施

为了宠物犬衣食住行的顺利进行，饲主需要常备一些器具和设施，比如食具、卧具、浴池、便盆、清洁用品、出行和训练用品等。

1. 食具

犬的饲喂用具有食盆、食盘、食槽和水碗，这些用具最好使用铝、不锈钢或塑料制品，最好不用易破碎的玻璃、陶瓷制品和易生锈的铁制器皿。另外，食具还要求表面光滑，不易打翻，易于洗刷。在宠物店里也有专门为不同犬种特别设计的犬碗，如为扁脸短鼻犬种设计的浅型器皿，为耳朵较长的犬种设计的深口器皿等。食饮器具每次使用后一定要清洗干净，保持整洁，并定期消毒。此外，一般不要用金属的器皿充当幼犬的食具，因为幼犬刚长牙，喜欢啃咬食具器皿，金属材料容易破坏其幼小的牙齿。

2. 卧具

卧具是指供犬休息和睡眠的用具，主要有犬屋、犬床、犬垫与犬笼等。犬床根据材质不同可分为塑料床、柳条床、布床和铁丝笼等。犬床最好用木板铺成，这样既可以保持犬体清洁，又能避免潮湿，减少犬皮肤病的发生。冬季时犬床要铺上草垫，以保温隔潮。

3. 便盆

室内饲养宠物犬，一定要有便盆，盆内可放上旧报纸或炭灰等，随时更换。便盆一旦固定下来就不要随便移动，以防止犬找不到便盆而随地便溺。

4. 浴池

犬的浴池可分两种：一种是沙浴池，里面铺河沙，河沙中泼水，以不粘身为宜，让犬在沙中翻滚，可降温，并清除皮毛污物；另一种是水浴池，供犬游泳降温。

5. 项圈和牵绳

要让犬从小养成佩戴项圈的习惯，以便长大后外出时牵领和控制。项圈一般用皮带、软裙带、人造革或铁环等制成，不可用麻绳、铁丝替代。项圈的大小则由犬的大小而定，以戴在犬的颈部不致从头部脱落为宜，但又不要过紧，使犬感到舒适为原则，一般以戴在颈上还能塞进两指为宜。

牵引绳是连在项圈上的一条柔软的带子，可用皮革带、帆布带或尼龙绳等制成，长度以人牵时犬有一定的活动范围为限，一般在1.3～1.5 m左右，不能用铁链。欲防止犬咬人还可用口套。

6. 玩具

犬有搬运和咬东西的习惯，尤其是幼犬。为了防止幼犬在长牙期对家具、衣物的啃咬，须根据犬的爱好，准备一些宠物犬玩具，以便其啃咬戏耍。宠物犬玩具主要有犬骨头、口咬胶、棉绳咀嚼器、带铃游戏球与咬不烂鞋等。其中，最常用的是犬骨头，大多数由动物的碎肉、碎骨压制而成，形状多样。对成年犬而言，选用飞碟做玩具较为合适，既可在训练中锻炼犬的身体，又可以增进人与犬的感情。所有的犬都喜欢球，球体大小可根据爱犬的大小来定，一般网球大小即可，太小会被犬吞进喉咙。注意给犬提供的玩具要确保无毒，易碎、有毛、能吞下的东西不能作玩具，以免幼犬误食，还要避免使用儿童玩的塑料玩具。

7. 药品及其他用品

根据需要，还应准备一些常用的消毒药品与医疗用品，如药用棉、纱布、消毒药（来苏水、新洁尔灭等）、70%酒精、碘酒、紫药水、抗生素药膏和皮肤病防治药如癣螨净液等，以备犬只意外受伤或修剪与梳刷被毛致伤时使用。其他治疗和急救性药品在病犬治疗室准备。

若有条件者也可准备一些注射器、温度表等以备紧急处理用。此外，还应准备扫帚、紫外灯、喷雾消毒设备、通风降温设备和保温设备（如红外线灯）等。

8. 清洁用品

犬的清洁用具包括梳刷与洗浴用具两类。梳刷用具有硬毛刷、软毛刷、钢丝刷、猎犬手套、金属梳、剪刀、锉刀和指甲钳等。钢丝刷适用于所有毛型的犬种，而硬毛刷、猎犬手套、金属梳分别适用于短毛犬、中长毛犬和长毛犬；稀齿梳适用于粗毛犬，而密齿梳适用于细毛犬。梳刷犬体不仅可起到清除污物、增进皮肤血液循环和促进换毛的作用，还能进行皮肤寄生虫的检查和驱除。剪刀用于犬体多余饰毛或较长被毛的修剪。指甲钳适用于犬趾甲的修剪，有时还需配用锉刀，以磨平修剪后的切口。

沐浴用品主要有犬专用洗浴液、美发油、牙刷、牙膏、浴盆、毛巾、吹风机等。犬的洗浴液应是犬专用类型，主要有各种毛色专用浴液、除蚤除虱浴液、除臭浴液与赛级犬的专用浴液等类型。浴液要求对犬的皮肤和眼睛无刺激，泡沫适量，清洗效果好。

9. 出行用品

犬的出行用品主要有颈圈、牵引带、口罩、服饰、身份牌、旅行包和航空箱等。

犬出行时，必须佩戴颈圈与牵引带。为了防止犬外出时在公共场所吠叫、咬人或乱拣食杂食，还有必要给犬戴一个专用口罩，质地有塑料、金属和皮革等类。为防雨、保暖或增加犬的靓丽气质，还可给犬穿上T恤、毛衣、休闲服、雨衣或护膝等服饰。身份牌主要提供犬主人的家庭住址和联系电话等信息，系在犬的项圈上，一旦犬走失后，可以方便拾到者与犬主联系，也可采用电子身份证，即在爱犬皮下植入信息芯片。

此外，带犬长途旅行，特别是乘坐飞机时，需要配有宠物航空箱或旅行包等。宠物用航空箱或旅行包多采用高强度特殊材料制成，无毒、无异味、不易软化，设有透气孔，对犬无伤害，能给犬提供充足的活动空间，长时间飞行或旅途时不会有压抑感。

10. 训练用品

犬训练用品力求经济实用，为训练实践服务，主要有嘴笼套、脖套、索链、牵引带和奖品等。其中，奖品是用于训练宠物时的奖励，主要有宠物犬点心、奖励信号器和宠物犬玩具等。

二、犬的运输

（一）运输前的准备

如果从外地购犬，犬的运输就是一个非常重要的问题，搞不好会造成很大损失。因此，在运输前应做好充分准备工作，到当地兽医院、防疫部门进行检疫，办理检疫手续，只有健康犬才能供车、船、飞机进行运输；并准备合适的犬笼、犬箱等；备足食物与饮水，以便途中使用。如果是长途运输应准备一些晕车药、镇静药、止吐药等药物。在运输途中应认真护理。

（二）运输的注意事项

犬在刚上车船时，可能十分恐惧，犬主应在它身边轻轻抚摸，或给予镇静药。运输途中，应注意车船内的气温和湿度，以防受寒或中暑；应给犬供应充足的饮水，但不应喂得过饱。到达目的地时，不应让犬马上饮食，可先让犬喝些水，休息一下，排出大小便，再给予少量食物，但要防止犬吃得过饱。

三、犬的抱法

如果抱法不准确，使犬感觉不舒服，甚至引起它的痛苦，容易引起它对主人的反感，不愿意与人接近，甚至一见人就跑，这对以后的饲养和训练都是不利的。因此，应掌握正确抱犬的方法。

（一）幼犬抱法

不可以捉住犬的两前肢，让它挂在那里，或抓住后脖颈，将幼犬捉起来。有儿童的家庭，应注意小孩的错误抱犬行为，如小孩玩得太得意忘形时，有可能太用力抱住幼犬，使幼犬不舒服，或当幼犬发出低声呜叫时小孩突然松手，让它掉下来。

正确的抱法是一只手放在幼犬的胸下，食指伸入两前肢之间，另一只手则置于后肢与臀部下方，将幼犬抱起。这样既可有效地控制住幼犬，又不会使其局促不安。另外，也可用一只手护着幼犬的胸部，另一只手托住臀部，将其抱起，该抱法可防止犬从手中跳走。

（二）小型犬抱法

对于小型犬，可将一只手抓住背颈部，另一只手托住腹部，把犬抱入怀中。除此之外，还可用一只手抓住下巴上的毛，另一只手环抱住身体，把犬抱入怀中。

（三）中大型犬抱法

抱中大型犬时，一只手可从犬的胸前伸过，扶住肘部环抱前身，另一只手则从臀部后方伸出，环抱住犬的后腿，手扶在犬的前腿根部，然后用力将犬抱至胸前。也可以将一只手从犬的胸前伸过，扶住肘部环抱前身，另一只手从腹部向另一侧伸出，用力将犬托起。

（四）接抱

从他人手中接抱犬只时，也应注意方法。如果犬合作的话，可直接从他人手中将其抱过来。如犬表现出不意愿，则可让他人将犬递过来，而不能采取强制手段。此时，也可以利用犬粮来引诱其顺从接抱。

（五）从笼子中将犬抱出

手握拳，慢慢伸到犬面前，让犬嗅手，如无攻击行为，就可以慢慢将犬拉出，抱至怀中。如果犬有攻击性，就不要伸手去拉它，而是要拿一根犬绳，做一活套，将活套套在犬的脖子上，慢慢将犬拉出；然后一手拉紧绳子，另一只手快速抱住犬的腰部，将犬抱起。

（六）注意事项

（1）抱犬时，向不太熟悉的犬靠近时，动作要慢，时刻留意犬的情绪变化，以防意外受伤。如犬无异常反应，可沿着犬脸的水平面伸出手，让它前来嗅手。如果犬看起来友好又没有明显的害怕和攻击人的迹象，就可以进一步抚摸它。此刻，切忌手从上往下按，因为对犬而言，这是一种威胁手势，也不要采用支配手势拍它的头。

（2）犬不愿意暴露相对柔弱的腹部，因此不能像抱小孩一样仰面朝天地抱。

（3）不可以抓拽犬的尾巴、耳朵甚至背部的皮，这些部位都是犬敏感的部位，会让它很不舒服。

（4）不应该长时间抓幼犬颈部的皮，容易引起窒息和呕吐。

（5）不要将双手放在幼犬的腋下，让其两条后腿悬空。与人类不同，犬的脊椎不能适应直立的压力，这样把犬抱离地面可能造成其脊椎或软组织受损。

第二节　宠物犬的饲养管理

一、宠物犬的日常管理

家庭宠物犬，无论是仔犬、幼犬、种犬、病犬或者老龄犬，与人的关系十分密切。如果管理不当，不但犬易患病，给犬主带来烦恼，而且人畜共患病还可能危害犬主的健康。因此，必须有一套严格的日常管理制度，才能使犬健康地生长发育。犬的常规管理主要包括以下六个方面：

（一）搞好环境卫生

1. 犬舍的卫生

犬舍是犬生活、休息和活动的场所。卫生条件的好坏，直接影响犬的健康。

因此，犬舍（窝）必须每天清扫，随时清除粪便、尿液等，每月大清扫1次，并进行消毒，每年春秋两季分别进行一次彻底的消毒。消毒后要打开门窗通风，并用清水洗刷，除去消毒液的气味，以免刺激犬的鼻黏膜，影响其嗅觉。常用的消毒液有0.3% ~0.5%过氧乙酸溶液、3% ~5%来苏尔溶液、10% ~20%漂白粉乳剂、0.3% ~1%农乐（复合酚）溶液等。

另外，犬舍要保持良好的通风和日光照射。天气暖和时，要打开犬舍的门窗，以便通风和日光照射。

2. 保持适宜的湿度

犬舍的湿度一般要保持在50% ~60%。湿度过高，夏季，犬的散热机能受到限制，易发生中暑；冬季则有利于细菌的繁殖，易患感冒，并容易感染传染病和寄生虫病。另外，湿度过高，加快犬体热量散失，易使幼犬冻死。可用通风、勤晒、勤换垫草或采用吸湿剂吸收水汽等方法来解决。湿度过低，空气干燥使皮肤和黏膜会感到不适；也使犬舍内灰尘增多，造成空气中微生物的大量生存和传播，犬易患肺炎等呼吸道疾病。可在犬舍内泼洒清水，增加空气中水汽含量，这在我国南方秋天尤其重要。

3. 食具要定期消毒

餐后食具都要清洗干净，剩余的食物要倒掉，不能放在食盆里，以免发酵变质，影响犬的健康。饮水盆每天要更换新鲜饮水，发现水脏了，要随时进行更换。

食具应每周消毒1次，可煮沸20分钟，也可用0.1%新洁尔灭液浸泡20分钟或1∶800的威岛牌消毒液浸泡5分钟，还可用2% ~4%的烧碱水浸泡，然后用清水冲洗干净，以免药物残留进入犬的消化道，损伤黏膜或破坏肠道正常菌群，出现消化吸收障碍。

4. 控制有害气体

犬舍内对犬危害最大、产生最多的有害气体主要是氨气和硫化氢。氨气主要来自粪尿和饲料含氮物质的分解。氨气为无色有刺激性臭味的气体，比空气轻，常存于舍内的上部。如果犬舍内氨气浓度在0.01%以上，就会影响犬的生长发育、日增重和饲料利用率。犬舍内氨气的浓度最好不超过0.03%，人进入犬舍不会感到刺激。硫化氢来源于含硫有机物的腐败分解，当日粮蛋白水平高而消化不良时会产生大量硫化氢。硫化氢为带臭蛋味的气体，比空气重，积存于舍内下部。低浓度硫化氢作用时间长可造成慢性中毒，产生畏光、流泪、咳嗽、心力过缓、乏力等症状。高浓度硫化氢则可直接抑制呼吸中枢，使犬窒息而死。犬舍内硫化氢浓度要求不超过0.001%，人进入犬舍不能闻到臭蛋味。

犬的全部生命过程与空气息息相关，空气质量的变化直接影响犬的生理过程。因此，必须注意空气卫生，尤其是冬季，一定要注意犬舍的通风换气，给犬提供足够的氧气，排出二氧化碳、氨气、硫化氢和其他有害气体。

5. 训练犬在固定地点排粪与排尿

训练犬在固定地点排粪、排尿，最好从幼龄犬开始，幼犬在 3 ~4 月龄以前，自己控制排粪、排尿的能力差，如遇到刺激和干扰，就会随地大小便。正常情况下幼犬每天排尿 10 ~20 次，排粪 4 ~5 次以上。

（二）搞好犬体卫生

搞好犬体卫生，不但有利于犬的健康和居室的卫生，而且会使爱犬变得漂亮美观。犬体卫生主要包括对被毛、皮肤、趾甲、牙齿、耳朵、眼睛、肛门囊的护理和清洁。

（1）经常梳理、刷洗犬体具有清洁犬体、促进血液循环、清除疲劳、防止寄生虫繁殖和预防皮肤病等作用。洗澡不宜过勤，应根据季节和犬体污染情况而定，体况不好或天气寒冷时尽可能少洗澡。

（2）趾甲过长会使犬产生不舒适感，同时也容易损坏室内用具，有时过长的趾甲会劈裂，容易造成局部感染。因此，应定期用剪刀或指甲剪给犬修剪趾甲，并应将修剪的边缘锉平整，防止损伤。如果剪完后发现犬行动异常，要仔细检查趾部，发现伤处应用碘酒涂擦。成年犬可 1 个月修剪 1 次，哺乳期仔犬要经常修剪，以免在吃奶时抓伤母犬乳房或伤及其他仔犬。

（3）犬易生牙结石，导致牙龈炎和口臭，因此要定期刷牙。如发现长有牙结石，须请兽医及时清除；如有蛀牙，则应立即拔掉。

（4）用脱脂棉沾酒精擦拭可见的外耳部分，至少每月清洁一次。用 2% 生理盐水定期清洗眼睛及其周围，以保持眼部卫生。

（5）肛门囊有时因粪便黏结而堵塞，也要进行清洗。

（三）保持适当运动

1. 散放

散放是指让犬处于一种自由状态下的轻快活动。散放可调节犬的神经活动，增强犬的体质，培养和增进人与犬之间的感情。犬的散放通常可在每次喂食前 15 分钟进行，给犬轻微活动的机会，以增加犬的食欲。每次喂食后散放 20 分钟，有利于犬的消化吸收。在散放过程中应禁止犬随地拣食、与多头犬相互咬架，避免攻击人。发现犬出现精神反常或有异常表现，应立即停止活动，查找原因或请兽医诊治。

2. 运动

犬是喜动不喜静的动物，运动促使犬的食欲增强，食量增多，使犬体魄健壮，持久力和敏捷性增强。此外，犬主在与犬一起运动、玩耍，能增进人与犬之间的感情。

运动应在天气晴朗时进行，夏季应在早晚运动，冬季应在中午气温较高时进行。不要在炎热的白天散步，以免强烈的阳光照射，引起日射病或热射病。运动量因犬的品种、年龄和不同的个体而有差异，一般每日2次，每次30分钟比较适当。小型犬每天运动的路程以3～4 km为宜，而速度快的猎犬，每天应跑16 km左右。有些小型犬，如泰利犬、迷你宾沙犬等，其性格活泼，所需运动量就要比其他小型犬多，应适当增加运动量。

运动归来后，要给犬饮足清洁的水，用毛巾擦干全身，刷去灰尘。运动后不要立即喂食，至少要安静休息30分钟，不然容易发生呕吐。

（四）防疫与驱虫

防疫与驱虫是预防犬疾病发生的有效途径，一般遵循“以防为主，治疗为辅，防重于治”的方针。

1. 防疫

目前，对犬危害较大的传染病主要有犬瘟热、狂犬病、犬细小病毒性肠炎、犬传染性肝炎、犬钩端螺旋体病、犬冠状病毒性肠炎等。这些疾病的唯一有效的预防的途径就是进行免疫接种。一般情况下，幼犬在45日龄左右第一次免疫接种，以后每隔2～3周接种1次，一共3次。成年犬每年至少要加强1～2次免疫注射。

免疫接种后须经一段时间才能获得免疫的保护。因此，进行了免疫接种而尚未建立起免疫保护之前，不要带犬到公共场所或与陌生犬接触。

2. 驱虫

犬常见的体内寄生虫有绦虫、钩虫和蛔虫。通常在20日龄左右要对犬进行第一次驱虫，以后每月驱虫一次，6～12月龄每季度驱虫一次，12月龄以上每年驱虫2次。一般情况下，驱虫应和免疫接种间隔开来，以免驱虫药对免疫接种产生干扰，如盐酸左旋咪唑是临床上常用的驱虫药，但它对犬免疫系统的作用具有双重性——大剂量产生免疫抑制，小剂量具有免疫促进作用。

（五）防寒保暖

适宜的环境温度，是保证犬正常生长的重要条件。温度在一定范围内比较缓慢地变动，机体可以调节并与周围温度相适应，但变化过大或过急时，对机体将产生不良影响。犬舍内标准温度，冬季为13℃～15℃，夏季为15℃～20℃。成年犬一般耐寒不耐热，幼犬则耐热不耐寒，因此，应根据具体情况采用相应的防寒保温措施。

仔犬、幼犬重点在于防寒保暖，如加厚垫草，保持犬舍干燥，防止寒风侵袭犬体，必要时实行采暖，如使用取暖器、红外线灯照射等。成年犬重点在于防暑降温，因为犬的汗腺不发达，高温时只有张口伸舌，依靠唾液的蒸发散发体热。为了加快犬体热的散发，维持正常体温，并防止发生中暑，应注意保持空气流通。家庭养犬可将犬窝放在阴凉处，避免阳光直射；或在犬舍内进行喷雾降温和蒸发降温，并给犬增加洗浴的次数。

（六）勤观察

勤观察就是指要密切关注犬的动态，及早发现疾病的隐患，及时纠正饲养管理中的失误，勤观察的内容有：

1. 观察喂食

喂食时，健康的犬反应非常迅速，一副迫不及待的样子；而病弱犬则反应迟钝，甚至无反应，对食物毫无兴趣，少食或不食。

2. 观察饮水

注意观察犬的饮水量是否过多或过少，饮水量过多，可能是犬舍温度过高、饲料发霉或含盐量过高引起。一般情况下，健康犬饮水时反应敏捷，病弱犬则饮水动作迟缓。

3. 观察粪便

清扫犬舍时，注意观察粪便的颜色和形状是否正常。因为粪便的颜色和形状与犬的健康状况密切相关，粪便过稀或不成形是饮水过多或消化不良的表现；粪便呈浅黄色泡沫样或黄绿色、恶臭则可能是肠炎引起的。但要注意的是，粪便的颜色和形状往往与饲料的颜色有关。如喂饲肝脏或肺脏的犬，其粪便颜色可能呈现暗红色，这要与小肠前段出血所排出的粪便相区分。

4. 观察活动能力

每天带犬进行散放或运动时，健康犬总是欣喜若狂，活蹦乱跳，快速奔跑一段距离；而病弱犬则毫无精神，不愿离开犬舍，即使离开犬舍也是行动缓慢，慢慢地跟着主人走。

5. 其他观察

平时要观察犬有无眼屎，鼻镜是否干燥，这些都是判断犬是否健康的依据。

二、仔犬的饲养管理

仔犬是指从出生到 45 日龄左右断奶的犬。仔犬刚出生时只能爬行，又聋又瞎，被毛与皮下脂肪少，保温能力极差；到 10 日龄才能站立；10～12 日龄睁开眼睛；13～15 日龄辨别声源；21 日龄可自由行走。总体来看，仔犬的特点是活动能力差，体温调节机能低，消化器官不发达，消化机能尚未发育健全，缺乏先天免疫力，抗病能力差，但发育较快，对营养需求较高，因此，仔犬需要特别的照顾。搞好仔犬的饲养管理，可为幼犬的生长发育创造条件。

（一）仔犬的饲养

1. 尽早哺食初乳

产后数小时，母犬就能给仔犬哺乳。母犬有8～10个乳头，一般可哺乳6～7只仔犬，大型母犬可哺乳10只仔犬。当一窝的产仔数超过乳头数时，则要考虑人工哺乳或过补。

初乳是指母犬分娩后1周分泌的乳汁。初乳乳汁浓稠、色黄、略带腥味，免疫球蛋白含量高，多达15%，而常乳中只有0.05%～0.11%。另外，初乳中蛋白质含量高，是常乳的3～5倍，维生素C含量是常乳的3倍、维生素A、D的含量是常乳的9倍。同时，初乳中还含有较多的钙、磷、镁等无机盐和酶类、激素等营养成分，具有轻泻和抗病作用，可促进胎便的排出。因此，初乳对仔犬非常重要，可增强仔犬的机体免疫力，保证其健康发育，提高成活率。一般仔犬在出生后6小时内必须吃到初乳，愈早吃到初乳愈结实。

为促进母犬泌乳，可在母犬分娩后，把母犬乳房周围的毛剃净，用温热毛巾擦洗，按摩乳房四周，促进乳汁排出，再用酒精棉球对乳房及其周围进行消毒。

2. 适时补铁

仔犬易患缺铁性贫血，调查结果显示，15日龄仔犬普遍患有不同程度的贫血病，20日龄时有90%仔犬患有较严重的贫血病，表现为被毛紊乱、皮肤苍白，发育不良，对疾病的抵抗力下降，常常下痢，很容易感染伤寒和痢疾等传染性疾病。为预防贫血病的发生，除了给母犬饲喂含铁丰富的饲料外，最有效的办法是在仔犬3日龄至1周龄内，肌内注射1 mL补铁王（或富铁力），进行补铁。

3. 固定奶头

同窝仔犬刚出生，身体情况就有强弱的不同，如果吃奶时不固定奶头，仔犬常发生争斗，使弱犬吃乳不足或吃不上乳，从而导致整窝发育不均，生长参差不齐，死亡率上升。为提高仔犬成活率，一开始时就应人工辅助固定乳头。一般来说，母犬前两对乳头奶水较少，而后两对乳头奶水较多。在母犬分娩结束后，将仔犬放在躺卧的母犬身边，首先让仔犬自寻奶头，待大多数找到奶头后，对个别产后瘦弱的仔犬再进行调整，将弱小的仔犬放在乳汁较多的奶头上，可提高瘦弱仔犬的增重与整窝仔犬生长的均匀度。固定奶头是件细致的工作，一般需要几天时间进行人工辅助固定，仔犬养成习惯后就会自动固定不变。

4. 哺乳时间和次数

1～15日龄仔犬每天至少应哺乳5次以上，15～30日龄仔犬每天哺乳可降至

4 次。乳汁充足或母性强的母犬，会自行掌握哺乳的时间与次数，不需要人为干涉。但泌乳能力低或母性差的母犬，不愿哺乳，每天哺乳时间和次数都较少，仔犬吃不饱，影响生长发育。养犬者应加强这类母犬的饲养管理，促使其母性增强，学会哺乳，必要时人为强制其增加哺乳次数和延长泌乳时间。

5. 及时补乳与补料

母乳是保证仔犬正常生活的最佳营养物质，但随着仔犬的生长与哺乳时间的延长，母犬的泌乳量与仔犬需要量均发生变化。母犬产后头 10 天，日平均泌乳量 600 g；第 2 个 10 天，日平均泌乳量 1000 g；第 3 个 10 天，日平均泌乳量为 950 g；第 4 个 10 天，日平均泌乳量为 400 g；第 5 个 10 天，日平均泌乳量在 150 g 以下，这说明产后 1 个月内，母犬泌乳量日渐减少，而仔犬随日龄的增大所需乳量几乎呈直线上升。因此，母乳逐渐不能满足仔犬的需要，这时应及时进行人工补乳和补料。提早补乳和补料，可保证仔犬的营养需要，锻炼仔犬的消化器官，促进肠道发育，对仔犬乳牙的生长也有好处，并为顺利断乳奠定基础。

补乳以新鲜牛乳为好，经煮沸消毒后装入奶瓶，也可把牛乳倒在小盘里里，让仔犬舔食。牛乳的温度应控制在 35 ℃ ~ 40 ℃。补乳量为：15 日龄以内的仔犬，每日补给 50 mL 牛乳；15 ~ 19 日龄的仔犬，每日补给 100 mL 牛乳；20 日龄以后则增至 200 mL。每天分 3 ~ 4 次饲喂。

补饲可在仔犬出生 20 天后进行，在牛乳中加入少量米汤和稀饭；25 天后，再加入一些浓厚的肉汤，肉汤的用量应由 20 ~ 30 g 逐渐增加到 200 ~ 300 g，每天分 3 ~ 4 次饲喂；30 天后，可加入切碎的熟肉，每次 15 ~ 20 g，每天早晚各 1 次；35 天后，仔犬的消化机能渐趋完善，体重增加，补饲量也应相应增加，可将牛奶、鸡蛋、碎肉、稀粥等拌成半流食，再加点鱼肝油、骨粉和多种维生素等，每天喂 4 ~ 5 次；45 天左右，母犬基本停止泌乳，同时也开始躲避仔犬的吸乳，甚至对吸乳的仔犬进行威胁和啃咬，这时必须断奶。

6. 人工哺乳和寄乳

产后母犬死亡、母乳不足或产仔过多（超过 8 只）时，要采用人工哺乳或寄乳。人工哺乳可用牛奶或奶粉，由于犬乳比牛奶浓，单喂鲜乳营养不够，最好在牛奶中再加些奶粉。开始 10 天内，每天喂奶量不少于 100 mL，分 4 ~ 6 次喂给，奶瓶的奶嘴孔不能过大或过小；当仔犬睁眼后，就可用盘喂，以锻炼其采食能力；10 ~ 20 天，补乳量要逐渐增加到 300 mL；25 天以后可训练仔犬自食粥状食物；45 天左右，可完全停乳，而改用粥状食物。

寄乳是将仔犬寄养给其他哺乳母犬（保姆犬）的一种方法，此方法既可保障仔犬的健康发育，又可免去犬主许多麻烦。母犬主要是通过气味来辨认亲子的，这给寄乳创造了有利条件。保姆犬的分娩时间应和原母犬的分娩时间基本一致，才能保证仔犬得到充分的乳汁，满足仔犬生长发育的需要。其方法是将保姆犬牵走，把寄奶的仔犬放在窝内，将保姆犬的乳汁或尿液涂在寄乳仔犬的身上，使其带有保姆犬同样的气味，这样就很容易被保姆犬所接受。为防止意外发生，可给保姆犬戴上口笼，待其允许仔犬吸乳后再摘下。

（二）仔犬的管理

哺乳期的仔犬，身体比较脆弱，若营养不足、环境条件不良，很容易引起疾病和死亡。因此，除搞好饲养外，加强日常管理也是十分重要的。

1. 保温防寒

天气寒冷时，仔犬易受冻死亡，而保温防寒是提高仔犬成活率的关键。特别是冬季要注意保温，环境温度太低时，要采取升温措施。仔犬对环境温度的要求是：第 1 周 29℃ ~32℃，第 2 周 26℃ ~29℃，第 3 周 23℃ ~26℃，第 4 周 23℃。

保温防寒措施很多，可根据犬主的条件选用。仔犬箱应放在室内避风的地方，仔犬箱的里面垫上棉絮之类的保温材料，并在犬舍门口挂防寒窗帘。另外，还可用取暖器、红外线加热器或红外线灯取暖，但使用时应注意，当空气湿度小于 55% 时，红外线有时会使幼犬脱水，放置过低还会造成烫伤。对母犬和幼犬过多使用加热毯和地面暖气机，有可能会阻碍哺乳。

2. 防踩与防压

一般 12 日龄内仔犬的活动能力不强，容易被母犬踩伤或压死，尤其是初产母犬或母性不强的母犬较易发生此类事故。因此，产后最初几天犬主应昼夜值班，加强监护。如发现仔犬被母犬压住，要及时将仔犬取出。

3. 日光浴

仔犬出生后 3 ~5 天，可利用风和日暖的好天气，把仔犬抱到室外与母犬一起晒太阳，一般每天 2 次，每次 20 ~30 分钟。晒太阳既能使仔犬呼吸新鲜空气，又可利用阳光中的紫外线，杀死仔犬身上的细菌，减少疾病感染。日光浴的另一个好处是可促进仔犬的骨骼发育，防止佝偻病的发生。在极其寒冷的时候，可将仔犬放在靠近阳光的玻璃窗下，让阳光直接照在仔犬身上。但要避免强光刺激，以免损伤眼睛。

4. 运动

12 天左右，仔犬睁开眼，能自己站稳后，可让其先在室内走动，以加强体质锻炼。20 天以后，可随母犬在室外活动场一起运动、游戏等。开始时运动时间可较短，以后逐渐增加。活动时间及活动量视其体质发育状况而定。

5. 擦拭与洗澡

擦拭、洗澡是仔犬日常管理的重要内容之一，可刺激皮肤，促进血液循环，增强新陈代谢，有利于仔犬的健康，并促进其生长。仔犬身上容易污染脏物，初期母犬能及时舔去，但以后就不管了。犬主应每天用软布片、卫生纸擦拭污物，保持仔犬身体的清洁，而且要定期给犬洗澡。洗澡前要先用棉球将犬的耳朵堵上，以防耳朵进水。洗后立即用干毛巾擦净，最后用电吹风吹干或让其自然干燥。给犬洗澡要在温暖的房间进行，以防仔犬感冒。

6. 剪修趾甲

仔犬生后 2 ~ 3 周左右，其前爪指甲可能生长过长，使仔犬产生不适应感，并且在哺乳时易抓伤母犬的乳房或伤及其他仔犬。因此，要及时给仔犬修剪趾甲。用剪刀和指甲刀修剪，修剪后锉平整。

7. 保持犬舍环境安静

犬舍应保持安静，防止突然发出声响，使母犬与仔犬受到惊吓，从而影响母犬泌乳和仔犬的生长发育。

8. 关注仔犬哺乳与发育状况

每天观察仔犬精神状态、发育状况、哺乳与排便情况等，以便发现问题，及时纠正。尤其要关注母犬的哺乳状况，若无乳或少乳，则及时给仔犬补乳、补饲。若母乳过多，同样出现问题，会导致过度消耗及中和幼犬消化乳糖的能力，由此会引发渗透性腹泻。一般可将贪吃的幼犬多次从母犬乳房旁挪开，以免吃奶过多。

9. 预防疾病

（1）预防脐带感染。

幼犬出生时，一般都是母犬用门牙切断脐带。有时幼犬会出现内部或外部的脐带出血和脐带感染，而后者又会引发脐疝、腹膜炎、组织脓疮，甚至新生仔犬败血症。为了预防这种感染，应在产仔后对新生仔犬脐带部位进行消毒处理。

（2）预防新生犬缺氧。

产前要测量母犬黄体酮水平以估计幼犬的肺部发育程度，因为母犬减少的黄体酮水平与脂蛋白表面活化剂相关，后者对分散肺部气泡必不可少。该方法能显著减少由于早产引起的新生犬死亡率。

当母犬分娩虚弱或难产时，应采取人工助产，并进行早期的医疗护理，减少幼犬吸入羊水的危险。产后应及时清理幼犬气道上的阻塞物，使用标准的干燥、供暖、按摩等处理措施和球状呼吸刺激器及氧气面具等治疗方法给新生犬供氧。

（3）预防脱水。

仔犬出生后前 15 天，易发生脱水。引起仔犬脱水的因素很多，主要有肾过滤功能发育不良、环境的温度过高而湿度过低、未顺利哺乳、腹泻等。

为了防治仔犬因脱水而死，必须先诊断是否脱水，可使用皮肤褶皱指示器（湿润器）进行监测。如果出现仔犬脱水，可以口服或肠道外给药，以此给幼犬补液。与脱水相反，如果仔犬无法调节肾过滤功能，体内含水过多，危险性也相当大。

（4）预防低血糖。

幼犬的肝糖原和肌糖原储备相当有限，出生后几小时就用完。因此，出生后头15天的仔犬，如果不能及时吸取初乳或周围环境温度过低时，很容易患典型的低血糖。防止仔犬因低血糖而死亡，应保持仔犬体温，尽快将其放置在母犬的乳头附近，让其哺乳。如果最后这些方法还不够，可以皮下注射葡萄糖。

（5）预防犬疱疹病毒（CHV）感染。

CHV是幼犬刚出生一星期内死亡的原因之一。该病毒主要存在于母犬的生殖器黏膜上，剖宫产能有效避免幼犬受到产道的污染，避免感染上此病毒。另外，CHV对大部分杀菌剂很敏感，且只能在36℃下繁殖，通过反复清洗母犬的生殖器，并给刚出生的幼犬干燥保暖，使病毒不能繁殖，使用此方法可避免剖宫产。目前，世界医学协会（AMM）正在开发防治CHV的疫苗。

（6）预防仔犬其他疾病。

给母犬和仔犬服用大剂量的维生素K_1，可有效预防“出血综合征”。此病是因母犬的食物没有得到适当保存而引起的。

“游泳幼犬”综合征的典型特征是仔犬后腿呈蛙腿状。在不太严重的情况下，可以通过刺激仔犬前脚掌，用弹性胶布绑定后腿，将幼犬放在较为粗糙的表面等方法进行纠正。辅以维生素E和硒的营养治疗，可加快仔犬康复。

（三）断奶

断奶的时间可根据仔犬的体质和母犬授乳情况而定，一般是在45天左右断奶，可视具体情况选择不同的断奶方法。

1. 突然断奶

到断奶日期，强行将仔犬和母犬分开，这种断奶方法的优点是断奶与分窝时间短，不足之处是由于断奶，食物和环境都突然发生变化，极易引起幼犬精神紧张、消化不良，而乳量足的母犬可能发生乳房炎。

2. 逐渐断奶

在断奶前几天将母犬和仔犬分开，间隔一定时间后将其关在一起让仔犬吃奶，吃完后再分开，以后逐渐减少吃奶次数，直至完全断奶。此方法可避免幼犬遭受突然断奶的刺激，是一种较安全的断奶方法。

3. 分批断奶

到断奶日期，根据仔犬的发育情况不同，分批进行断奶。发育好的可先断奶，体格弱的可后断奶，并适当延长体格较弱的仔犬的哺乳时间，促进生长发育。缺点是断奶时间延长，会给管理带来不便。

二、幼犬的饲养管理

幼犬是指断奶后到性成熟前的小犬，一般为第45天至8个月。幼犬是犬生长发育最关键的阶段，此阶段管理得好，为犬身体的正常发育、智力的开发、良好习惯的养成都将打下良好的基础。幼犬在发育的不同时期，其身体各部分的生长能力是不均衡的，一般出生后头3个月主要增长体重，4~6个月主要是增加体长，7~8个月主要长体高。因此，应按各个不同发育阶段，进行有差别的饲养管理。

（一）断乳至2月龄幼犬的饲养管理

仔犬突然断奶后易产生应激，出现食欲不振、增重缓慢甚至消瘦、易感染疾病等问题。为了过好断奶关，应做好饲料、饲养和环境的逐渐过渡。

1. 饲养

断奶1周左右的幼犬，饲料配方应与哺乳期补料相同，以后逐渐过渡，至断奶后2周左右，再改为幼犬饲料。这时要选适口性好、易于消化的饲料。少喂多餐，每次喂量七八成饱即可，以保持幼犬旺盛的食欲和消化能力，防止过食引起消化不良而拉稀。

2. 管理

断奶后的幼犬，由原来完全依赖母乳生活过渡到自己完全独立生活，会表现出不安的情绪，一般经3~5天才能完全适应离开母犬的生活。在此期间，犬主要友善对待仔犬，不可对其发脾气和打骂。

（二）2~3月龄幼犬的饲养管理

1. 饲养

此时幼犬刚断奶不久，由原来吃奶转变为吃饲料，需要有一个适应过程。此期间饲料的配制原则是：高蛋白、高脂肪、低乳糖、低纤维素。食物应营养丰富，易消化，以面包、碎米、菜汤、肉类为主，也可加入少量切碎的蔬菜，煮熟拌匀后再加点钙粉和鱼肝油或维生素A、维生素B各1滴，每日3~4次，每次喂量视其体重和发育状况灵活掌握，以八分饱为宜。

每天必须保证足够的新鲜饮水。当幼犬对饲料适应后，不要轻易改变其饲料配方，否则易发生消化不良、下痢等状况。

2. 管理

（1）每天仔细观察幼犬的精神、进食和排便等情况，以判断其发育和健康状况。通常，2月龄幼犬每天大便3次，小便5~6次。正常粪便呈条状，而软便、水便、下痢便和血便等均为不健康的表现。正常粪便颜色为黄褐色，而黑色粪说明胃肠溃疡；粪内或其表面带有白色或粉红色虫体，说明体内有寄生虫；粪便特别臭说明胃酸过多，肠内发酵异常；尿呈淡黄色是健康表现，呈深色、黄色是疾病表现，应及时到兽医院做相应检查，化验和治疗。

（2）2 月龄犬的智力已开始有较好的发育，应及时开始训练。给宠物犬配一个优雅或富有含义的名字，训练其记住自己的名字，同时应训练幼犬养成定点大小便的良好习惯。

（3）幼犬要保证每天都有充足的运动时间和运动量。犬主可经常和幼犬游戏，帮助其运动，也便于与其建立良好的感情。风和日丽之时，找个避风向阳、清洁干燥的地方放些玩具之类，任其玩耍。

（4）2 月龄犬最易患肠炎、感冒、传染性肝炎、犬瘟热、肠内寄生虫、疥癣和外耳炎等，要按时驱虫并注射疫苗。

（5）为增加其外表的美观，有些品种的犬需进行断尾或截耳修饰。如果犬的品种不是纯种犬，或不参加展览，还是不要进行断尾或截耳手术为好。断尾、截耳手术须请兽医进行，不可自行处理。

（三）3 ~5 月龄幼犬的饲养管理

1. 饲养

这段时期的幼犬日增重加快，食量明显增多，在饲喂时要注意尽量让幼犬能吃饱。食物构成可在 2 月龄犬的基础上适当多加些肉类食物，每天喂 2 ~3 次。

2. 管理

（1）3 ~5 月龄幼犬的骨骼系统发育较快，为确保骨骼系统和牙齿发育正常，应适当增加幼犬的运动量、多晒太阳，并在饲料中补充足量钙质和维生素 D。

（2）食量大增，胃肠道容积逐渐增大，而排便次数减少，每次排粪量增大。犬主应训练犬养成早晚各排 1 次粪的习惯。

（3）每天勤观察幼犬的精神状况、吃食和排粪情形，做好犬舍和犬体卫生工作，防止传染病和和下痢的发生，每周洗澡 1 次。

（4）犬在 4 个月龄时开始退掉乳牙，逐渐长成永久齿，到 6 月龄时牙齿长齐。此期间，犬齿龈很痒，所以到处咬东西，比如咬拖鞋、衣物等。此时要严加管教，发现幼犬咬东西时，应拿起东西在其面前晃动，说“不可以”或“坏”，时间长了，它就不会咬鞋子和衣物了。或者可以给它一根熟的骨头任其啃食，以解决其牙齿痒的问题。

（5）注射有关疫苗，防止传染病的发生。可注射犬瘟热、犬细小病毒病、狂犬病、传染性肝炎等单苗或混合疫苗，此后每年接种 1 次。每次注射疫苗后

2～3周内不要洗澡，不要做激烈运动。

（四）6～7 月龄幼犬的饲养管理

1. 饲养

经过 6 月龄的生长发育，幼犬一般都进入了初情期，此阶段要密切关注幼犬的膘情，日粮中适当增加蛋白质和维生素营养。如果幼犬过胖，应增加运动，减少脂肪和碳水化合物等能量物质的供给，适当增加蔬菜类。相反，如果幼犬过瘦或背毛无光，则应多增加些脂肪、大米、面包、大麦和馒头之类的食物。

2. 管理

此阶段应将犬带到公共场所散步，让其学会适应不同环境。开始时可用脖套牵着走，回来时让其自己跟着回来。散步时间一般每次 30～40 分钟为宜，早晚各一次。

由于公共场所的环境复杂，犬主应注意以下几方面事宜：

（1）犬不得在公共场所到处大小便污染环境；避免与陌生犬接触，以防感染传染病。

（2）犬不得攻击人和畜禽，破坏他人财物。如果发现上述行为，要立即制止，并予以纠正。

（3）散步时，有的犬跑到主人前面，拉着主人走，这是没有教养的表现。要通过“惩罚”和“奖励”的双重手段训练其跟在主人后面或跟在主人侧面行走的习惯。

（4）注意犬的安全，人不要离犬太远，防止车祸、犬互相咬伤等意外情况发生。

（5）防止犬拣食杂物，发现犬拣食，应立即严厉制止，并给予适当的惩罚，防止感染疾病。

（五）8 月龄幼犬的饲养管理

1. 饲养

8 月龄幼犬体形已接近成年犬。一般情况下，超小型犬体重达 2.5～4 kg，每天需要能量 2.34～4.60 kJ；小型犬达 4～10 kg，每天需能量 4.92～7.95 kJ；中型犬达10～20 kg，需能量 8.24～10.05 kJ。参考日粮配方：肉类、豆类 55%，米饭、面包等 35%，脂肪 5%，蔬菜 5%，骨粉 2%，维生素 A、维生素 B、酵母适量。早晚各喂一次。

2. 管理

（1）进入 8 月龄的雌犬处于性成熟期，开始第一次发情，但因其自身发育还未完全成熟，一般不宜配种，否则不利于母犬和胎儿的生长发育。而此时的犬往往情绪较激烈，对主人常有反抗情绪，应严加管教和训练。为防止偷配，公母犬应分开饲养。

（2）经常检查牙齿，若乳齿还没有退掉，要请兽医拔除，否则，容易形成双重齿。不仅牙齿排列不整齐，影响美观，而且容易形成齿垢乃至蛀牙。

（3）犬到8个月龄时，不太愿意听主人摆布，有反抗情绪，要严加管教和训练，发现错误要立即纠正，并要严厉训斥。管教犬要有耐心，并且犬主全家人要配合，态度、口令要一致。

三、成年犬的饲养管理

（一）成年犬的饲养

小型、超小型犬出生后18个月，中、大型犬生长至24个月，便进入成年期。

成年犬相对于幼犬较好饲养。食物中富含碳水化合物的饲料可以多一些，再配以肉类、骨粉、蔬菜，并给予少量维生素、矿物质和添加剂等。超小型犬、小型犬、中型犬对食物的营养需求有所区别，超小型犬相对来说对食物要求更高一些，配制食物时，应以高蛋白、高脂肪、易消化食物为主，并给予少量的维生素，保证有充足的清洁饮水，特别是在夏季，要注意防止中暑。每日喂2次即可。

（二）成年犬的管理

成年犬较好管理，尤其是早期经过各项严格训练的犬，则更好饲养。

（1）要给犬建造一间冬暖夏凉的犬舍，犬舍里面铺上柔软垫料。在犬舍的一个固定角落或走廊、阳台上放一个便盆，使犬养成定点排便的习惯。

（2）成年犬吠叫是一种遗传性本能。来客人时吠叫有伤大雅，特别是休息时吠叫，容易影响邻里休息，有时还会因此而发生邻里之间纠纷，常令主人和邻里头痛。为此，主人应严格做好“惩罚”与“奖励”双重结合的调教训练工作。

（3）每6个月左右应对犬进行一次健康检查，最好去兽医站进行。发现疾病及时治疗。定期驱虫，防止疥癣发生。犬易患血丝虫病、麻疹病、传染性肝炎、外耳炎等，要注意防治。每月洗澡1次，半年清除牙垢1次。

（4）气候变化对犬的进食也有很大的影响，因此要随季节变化适当调整进食量和饲喂时间，气候炎热时应在凉爽的早晚喂食。饲料更换不能太突然、太频繁，以免引起犬拒食。成年犬的身体已长成，有时有挑食的现象，应予以纠正。

（5）成年犬一般应公、母分开饲养，且一犬一舍，并为犬准备固定的休息场所、运动场所和必要的用品、用具，以及相对固定的饲养管理人员。

（6）进入成年后，强化训练仍要持续进行，防止已形成的训练成果淡化。强化训练时，新的课目和内容很容易训成，但犬常常出现某些怪癖和坏毛病。因为犬长期与人相处，它们能理解人的某些意图，也能利用人们的某些疏忽大意和容忍，做出一些违犯常规的举动。因此，应及时纠正它们的不良行为，同时，对它们的出色之处予以鼓励。

四、种公犬的饲养管理

（一）种公犬的饲养

种公犬的饲养主要分为配种期和休配期两个阶段。配种期公犬的饲养是全程饲养中最关键的环节，一定要按饲养标准配制日粮，保证供给充足的营养。饲养标准为每千克混合饲料中应含粗蛋白质16%～18%，消化能12.96 MJ。犬是季节性发情的动物，公犬的休配期较长，休配期公犬的饲养标准为每千克混合饲料中含粗蛋白质14%～15%，消化能12.54 MJ，要求在配种前10～15天，逐渐提高饲养标准，增加营养，使种公犬在配种期性欲旺盛，精液品质良好。

种公犬的饲料中动物蛋白含量要高于一般犬，多种饲料合理搭配，以保证营养的全价性，使犬健康结实、性欲旺盛、精神活泼。另外，不应长期喂给种公犬过多的高能量的饲粮，以免公犬肥胖，脂肪沉积，性欲和精液品质下降。如果能量水平过低，公犬消瘦，精液量减少，精子数量下降，亦影响受胎率。

（二）种公犬的管理

种公犬应单圈饲养，除注意保持犬舍清洁干燥，通风良好，阳光充足，冬暖夏凉外，还要搞好种公犬的运动、刷拭，定期检查精液品质等管理工作。这是提高精液品质、增强配种能力的重要环节。

1. 运动

合理的运动可促进食欲，帮助消化，增强体质，避免虚胖，提高繁殖机能。运动不足会使种公犬贪睡、肥胖、性欲降低、配种效果差，所以每天必须坚持使种公犬运动。一般每日在犬运动场或野外运动2～3次，每次半小时。夏天应在早晨和傍晚时进行运动；冬天在中午运动，在酷热或严寒的情况下应减少运动量。

在配种繁忙季节，应加强营养，减少运动量。在非配种季节，可适当降低营养，增强运动量。公犬过肥应加强运动，过瘦应减少运动。

2. 刷拭

每天用刷子给公犬全身刷拭1～2次，可以促进血液循环，增进健康，提高食欲。夏天给公犬洗浴，每天1～2次，使皮肤保持清洁，以减少皮肤病和外寄生虫病，并能促进其性活动。经常刷拭、洗浴的公犬，性情温驯，活泼健壮，性欲旺盛。

3. 定期称重

定期称重可掌握犬的营养状况。尚在生长的公犬，要求体重逐渐增加，但不宜过肥。成年犬的体重应无太大的变动。

4. 合理利用

种公犬的初配年龄一般在2周岁，控制在每周只配1只母犬，年配种15头次以内，利用年限不超过7年。

5. 防暑降温

一般认为，低温对种公犬的繁殖力无不利的影响，但高温使种公犬精子活力降低，精液数量减少。因此，要做好防暑降温工作，避免热应激对公犬繁殖能力产生影响。降温措施有犬舍遮阴、通风、在运动场上设淋水设备，必要时在犬舍配备空调设备等。

6. 保健护理

保持种公犬生殖器官的清洁卫生，以防止感染疾病。每次交配前后均用温水或热毛巾擦拭，防止配种时损伤和感染。

7. 定期检查精液

种公犬必须定期进行精液检查，发现异常应及时从营养、疾病、管理等方面查找原因，并采取相应措施，以免因精液品质不佳而影响受胎率、产仔数与仔犬质量。

五、种母犬的饲养管理

（一）妊娠母犬的饲养管理

母犬的妊娠期为58～63天，平均60天。母犬妊娠后代谢机能旺盛，对饲料的利用率提高，蛋白质的合成增强，自身生长加快。对妊娠母犬应根据胎儿生长发育的规律和妊娠母犬的营养需要合理饲养，主要着眼于增强母犬的体质，保证胎儿健康发育和防止流产。

1. 妊娠母犬的饲养

母犬怀孕期间，胎儿的发育具有阶段性。妊娠初期发育较慢，随着妊娠天数的增加，发育逐渐加快。母犬的孕期分为妊娠早期、中期与末期，不同的阶段所需营养有所变化。

（1）妊娠早期（怀孕后1～5周）。胚胎较小，增长速度较慢，故需要的热量和营养物质与正常犬相同，但母犬常有食欲不振的妊娠反应。因此，在这个阶段应调配些适口性好、营养丰富、容易消化的食物，如大米饭、牛奶、肉类、新鲜蔬菜等。一日多餐，并注意定时喂食。

（2）妊娠中期（怀孕后5～7周）。这个时期胎儿生长发育的速度加快，各种营养物质的需要量增多，母犬的基础代谢也比正常犬增加10%～20%。这个时期除增加食物的供给量之外，还要重点供给母犬富含蛋白质的食物，如禽蛋、瘦肉、鱼虾、动物内脏、大豆制品和乳制品等，并供给适量蔬菜，以补充维生素的需要。

（3）妊娠末期（怀孕后7～9周）。在这个时期胎儿的生长发育日趋成熟，对各种营养物质有更多的需求。此时，要注意饲料的多样化与营养的均衡性，可供给母犬动物肝脏、猪血、禽蛋、胡萝卜和新鲜蔬菜等饲料。应补充钙、磷、铁等元素，以保证胎儿骨骼的发育。这个时期热量不宜过多，以防流产。

2. 妊娠母犬的管理

（1）防止死胎和流产。不要给种母犬喂发霉、变质的饲料，以及对母犬和胎儿有毒有害的食物。不喂过冷的饲料和水，以免刺激胃肠甚至流产。妊娠后期，每次喂食应少量多餐，让母犬吃到八成饱，以保证胎儿良好发育，防止发生死胎。

（2）适当运动。妊娠母犬应进行适量的运动，以促进母体和胎儿的血液循环，增强新陈代谢，保证母体和胎儿的健康，以利于分娩。妊娠前期每天运动2小时左右，后期采用自由活动的方式。严禁抽打、跨越和攀登障碍等剧烈活动，以防流产。

（3）舒适的环境。犬舍要求宽敞、清洁、干燥、光线充足、温暖、通风良好，冬天注意保温，白天可将犬牵到室外进行日光浴。妊娠40多天的母犬，不应让外人观看，保证孕犬能得到较好的休息。

（4）防暑降温。高温是造成胚胎死亡的极其重要的因素之一。因此，高温、高湿季节必须做好防暑降湿工作，以保证胎儿的正常生长发育。

（5）保证犬体卫生。适当进行梳理和洗浴，以促进皮肤的血液循环。注意乳头和阴部卫生，预防产科病。分娩前1个月，每隔几天用温水和肥皂洗涤母犬乳头1次，防止乳头创伤感染。

（6）及时就医。在妊娠期间，如果发现母犬患病，要及时请兽医治疗，不能自己乱投药，以免引起流产或造成胎儿畸形。

（7）注意犬的假妊娠现象。有的犬在交配后虽然也呈现腹部膨大，乳房肿胀，或能挤出少量乳汁，但这是未妊娠的现象，称之为假妊娠。分辨真假妊娠的办法是检查犬的体重是否明显增加，如果腹部增大，但体重没有明显增加，即为假妊娠。

（8）做好产前准备和助产工作。根据母犬的预产期，做好产前检查，提前2～3天将母犬转入产犬室，使其熟悉环境，以防惊恐影响分娩。产犬室冬季要有防寒保暖设施，夏季要有防暑降温设备。进入产犬室前，产犬室要进行彻底消毒，母犬也要进行全身清洗和消毒，被毛长而浓密的犬的臀部、阴部和乳房周围的毛应剪掉，以免影响分娩和仔犬吸乳。产犬室内要有产箱，供母犬产仔用。

（二）哺乳母犬的饲养管理

养好哺乳母犬，使其有充足的乳汁哺乳仔犬，这样才能提高仔犬的成活率，保证仔犬的生长发育，并确保母犬有良好的健康体况，断奶后能及时进入下一个繁殖周期，发情配种。

1. 哺乳母犬的饲养

对哺乳期母犬的饲喂，不但要满足其自身营养需要，还要保证泌乳的营养需要。因此，哺乳母犬日粮要求营养全面，适口性好，易消化。母犬产仔后的最初6小时内，一般不喂饲任何饲料，只需在产犬身边放上一盆清洁的温水。以后几天，应给予营养丰富的流食或半流食，如牛奶、鸡蛋汤、肉汤、玉米面糊、稀饭、豆浆等，喂料量要逐渐增加。待母犬体质恢复后，要供足饲料，并酌情增加新鲜的瘦肉、蛋、奶、鸡、鱼肝油和骨粉等，任其自由采食。对泌乳不足的母犬，可喂给红糖水、牛奶等，或将亚麻仁煮熟，同食物一起混喂，以增加乳汁。仔犬断奶后，母犬食量要逐渐减少，以防发生乳房炎。如果全断奶，可停食1天，隔日供给断奶前喂量的1/4，第3天为1/2，第4天为3/4，以后逐渐恢复正常。

哺乳犬的喂饲次数一般每天3～4次。忌突然更换饲料，以免引起母犬消化不良。饲喂要定时、定量，饲料要求多样化，以满足营养需要。每天应经常供给哺乳犬清洁的饮水。

2. 哺乳母犬的管理

（1）注意运动，多晒太阳。增强运动，多晒太阳有利于母犬恢复健康，并促进乳汁分泌。天气暖和时，可领母犬到室外散步，每天最少2次，每次可由半小时增至1小时左右，但禁止各种剧烈运动，不准打骂惊吓，以免激怒母犬，造成踩死、吞食仔犬的现象发生。

（2）注意产房与犬体卫生。搞好产房卫生，每天坚持清扫，及时更换垫料，产房要每周消毒1次。加强对泌乳母犬的梳理和清洗工作，经常检查乳房的膨胀情况，以防乳房炎的发生。每天最好用消毒剂浸过的棉球擦拭乳房一次，然后用清水冲洗干净，以免仔犬将药水吸入体内。

（3）保持产房及周围环境的安静。避免较大的声响、强光等刺激，使母犬及仔犬都能很好地休息。

（4）要给哺乳母犬充足的饮水。母犬哺乳阶段需水量大，必须给予大量的清洁饮水，才能保证正常的泌乳量。

（5）观察母犬膘情和仔犬发育状况。如发现母犬过肥或过瘦，仔犬生长不良，则说明饲养管理存在问题，应及时查明原因，采取措施。

（6）对泌乳不足或缺乳的母犬应进行特殊护理。增喂含蛋白质丰富而又易消化的饲料，或适量喂给、注射具有催乳作用的催产素或血管加压素，但其作用是暂时性的。经常按摩乳房，促进其乳腺发育。

（7）防止意外事故发生。母犬分娩后，体质较弱，行动不够灵活。常发生仔犬受到挤压的事故，如果听到仔犬“吱吱”乱叫，应立即查看，及时取出被挤压的仔犬。对有恶食癖的母犬要严加管理，给其戴上口笼。对怕生人的母犬，产仔后禁止生人观看，保持产犬室安静，以免激怒母犬，发生踩死或吞食仔犬现象。

（8）预防乳腺炎。母犬的乳腺炎常因幼犬的趾甲将母犬抓伤引起，或是不卫生的垫褥和由于母犬不断舔而加重感染，还有可能因皮肤感染如脓皮病而产生。这种形式的乳腺炎会稀释母乳，从而改变了母乳的营养价值。这一疾病通常发生在哺乳的初期，此时尤为严重。

理论上，预防是很简单的。识别导致乳腺炎的细菌，以消除疾病的来源。然而在实际中，有时很难等到实验室测试出结果再给母犬打抗生素，而采用人工喂养或为幼犬找个保姆犬的方法。对乳房的细心观察和彻底检查有时可以帮助发现易受感染的异常乳管，若在解剖学上证明母犬乳管畸形，易患乳腺炎，应立即淘汰。虽然哺乳能力被认为是具有遗传性，但通常很难预测少乳、无乳或哺乳期迟缓，尤其是对于初次生产的母犬。通常这些疾病伴随着母犬的行为问题，常与交往能力不佳或身体不适有关。

六、老龄犬的饲养管理

一般犬 6 岁以后便进入更年期，7 ~ 8 岁进入老年期。最明显的衰老特征是皮肤和被毛的变化，皮肤变得干燥、松弛，缺乏弹性，被毛又干又薄，时常发生脱落，一些深色的被毛，如黑色或棕色毛变成灰色，头部和嘴巴周围出现白毛。另外，还会出现牙齿变黄、视力与听力减退、体力渐弱、体重减轻等变化。因此，应根据老龄犬的生理特征，采用科学的方法进行饲养管理。

（一）老龄犬的饲养

由于老龄犬的嗅觉、咀嚼与消化吸收能力均减退，使其食欲不佳，消化力降低。因此，提供的食物不但质量要好，而且要易于咀嚼，便于消化。应采取多餐少量的饲养方式，尽量喂老龄犬柔软的饲料或半流食，难以消化的饲料尽量减少添加量。老年犬易患便秘，注意多给饮水和蔬菜类，如便秘3天则应洗肠。

（二）老龄犬的管理

1. 保暖防暑

老龄犬的抵抗力降低，既怕冷又怕热，冬天不能让其在外面待得太久，以防冻伤感冒，夏天要注意防暑。

2. 适度运动

老龄犬不再像以往那样活泼好动，而是变得好静喜卧，运动减少，同时也很容易疲劳。因此，带老龄犬活动时，要注意防止疲劳。另外，老龄犬的肌肉调节能力变差，骨骼也变得脆弱，不能让它做复杂、高难度动作，以防肌肉拉伤和骨折。

3. 勤观察

平时应多注意观察犬的行为，发现异常及时诊疗。不要轻易打乱老龄犬原有的良好生活习惯和规律。

4. 关爱

老龄犬的视力、听力都已衰退，常常表现出反应迟钝，犬主最好以抚摸或手势指挥它，不要大声斥责。

七、病犬的饲养管理

犬患病后，常出现生理功能的改变。如发热的病犬体温每升高1℃，新陈代谢水平提高10%，预示着要消耗体内更多的营养物质。又如犬感染传染性疾病后，其机体免疫球蛋白的合成及免疫系统的代谢均加强，为了满足这些合成的需要，必须有足够的蛋白质和其他营养物质的供给。因此，宠物犬得病后，除及时诊治外，精心护理、科学饲养也是非常重要的。

（一）病犬的饲养

病犬比健康犬需要更高的营养。由于疾病影响到犬的消化机能，降低了犬的食欲，因此，在病犬饲养过程中，应注重食物的组合搭配与适口性、营养物质的含量与可利用率、饲喂方式等。

对于犬来说，动物蛋白比植物蛋白更易消化，更富有营养。所以要补充蛋白质，最好选用动物性蛋白饲料，尽量减少其中粗纤维的含量，补充足量的维生素和无机盐。除注意营养组成和含量外，还应注意食物的适口性。一般来说，病犬的食欲不好，食物稍不适口，就会不吃。因此，要选择犬最喜欢吃的食物，定量地喂给，尽可能地增强其食欲。

另外，要针对不同病症，进行对症食疗。有些疾病会引起唾液分泌减少，口腔干燥，使食物难以咀嚼和下咽，应给予流质或半流质食物，同时提供充足的饮水。对厌食或采食量很少的病犬，要进行输液或投喂必要的营养。呕吐和下痢会使大量的水分随粪便排出，因而这类病犬，要着重补充水分，并给予刺激性小、易消化、营养价值高的食物，如煮熟的蛋、瘦肉等，食物中还要补充 B 族维生素。

食物温度控制在 37℃ ~38℃。应少量多餐，一般 1 天 4 ~6 次。任何食物如果在 15 分钟内未吃完，则应移去，重新提供新鲜且更能刺激食欲的食物。

（二）病犬的管理

1. 一般管理

（1）病犬要隔离饲养。发现病犬要及时隔离开来，并予以特殊护理和药物治疗。如果病情严重，则请兽医治疗。

（2）精心喂养。病犬的食欲均不太好，应选择病犬平时喜欢吃的食物诱食，少量多餐，同时供给充足的饮水。

（3）按时测体温和呼吸次数。要坚持定时给犬测定体温和呼吸次数，因为这些指标是衡量犬健康与否的一项重要标志。遵医嘱，按时用药。

（4）保证犬舍与犬体卫生。犬舍和犬体要消毒，保持干燥、干净。患传染病或寄生虫病的犬的排泄物要堆积发酵，用过的物品要严格消毒或焚烧。

2. 针对不同症状的特殊护理

（1）食欲不振犬的护理。疾病引起的食欲不振，可在没有呕吐的情况下，用吸管或注射器从口角注入流质食物，或者将碎肉做成丸状，用手指推入口中咽下，引起食欲。饲喂时应先试探性地少量喂给，再逐渐增加。由于饲料突然改变而引起的食欲不振，可采取“饥饿疗法”，1 ~2 顿不喂饲，等病犬有饥饿感时再喂。

（2）呕吐犬的护理。犬是容易呕吐的动物，吐前和吐后如无其他异常时，就不必担心，尤其是呕吐后又马上吃掉时，更无大毛病。如果一天吐好几次，吐了以后想喝水，喝了又吐，吐了又喝，此时，应高度重视，这是病情恶化的表现，要请兽医诊治。

（3）下痢病犬的护理。下痢的病犬要绝食 1 天，之后喂给流质的食物，如米汤、果汁、蔬菜等，少量多餐，以后可以吃粥，逐渐过渡到软的米饭和普通食物。

（4）流鼻汁与眼屎过多犬的护理。鼻汁少时，可用脱脂棉或纱布拭净。鼻汁多时或鼻孔充满鼻汁时，可用棉棒（木棍前端卷上脱脂棉）拭净，为防止鼻端干裂，可用棉棒蘸甘油涂抹鼻端。眼屎过多要用硼酸水浸湿脱脂棉拭净，并用眼药水点眼，如眼屎是脓性的，要使用兽医开的眼药。

（5）发热病犬的护理。体温异常升高后，犬常会感到寒冷而发抖。因此，犬舍要密闭，防止寒风侵入。在冬季，要加厚犬舍内的垫料，或用热水袋或加热器取暖。持续高烧的犬，应采取一定的措施降低体温，如用酒精擦身等。

（6）咳嗽病犬的护理。当犬发生咳嗽时，首先要观察是否有异物被误吸入气管，如有应立即设法取出。对由呼吸系统炎症引起的咳嗽，要尽量使病犬安静，禁止剧烈运动，同时在兽医的指导下用药治疗。

（7）皮肤病犬的护理。患有皮肤病的犬要及时进行隔离，防止将疾病传染给其他犬，同时要用杀虫药物对犬所处的环境进行彻底消毒，并请兽医进行诊治。为了防止犬舔食皮肤上所涂的药物，可给犬戴防舔项圈。

第五章　宠物犬的日粮与调制技术

第一节　日粮类型与营养价值

一、日粮类型

犬为肉食性动物，具有以肉食性为主体的消化系统，对肉食性食物特别敏感，喜食肉类和脂肪，同时喜欢咬啃骨头以利磨牙。经过长期驯化与豢养，现已变为杂食性动物，肉类、蛋类、大麦、小麦、蔬菜等均成为犬的食物。因此，犬的饲料种类繁多，食谱也很丰富。依据饲料来源与营养特点，可将饲料分为动物性饲料、植物性饲料、矿物质饲料、维生素饲料等。根据饲料调制时原料的使用情况，可分为单一饲料和配合饲料。还可根据犬的生理阶段分为幼犬料与成年犬料等，根据犬的品种分为腊肠犬料、北京犬料、藏獒日粮等。

（一）动物性饲料

动物性饲料是指来源于动物有机体的一类饲料，主要包括各种畜禽的肉、内脏、骨粉、血粉、乳汁，以及鱼及其加工后的副产品。这类饲料含有丰富且质量高的蛋白质，故又称为动物性蛋白饲料。

犬的饲料中必须有一定数量的动物性饲料，才能满足犬对蛋白质的需要。犬能很好利用动物性饲料中的蛋白，并可从中获得脂肪、矿物质和维生素等营养成分。用肉类喂犬饲养效果好，但经济负担较大，一般家庭难以做到。因此，应充分利用动物的内脏或屠宰场的下脚料、制革厂的下脚料作为犬的动物性饲料。另外，还可大力开发血粉、蚕蛹、鱼粉等饲料。犬常用的动物性饲料有各种肉类、屠宰副产品、奶类、蛋类、鱼及其加工产品等。

1. 畜禽肉

新鲜动物肉是犬的最佳饲料，它的蛋白质含量丰富，而且容易消化。同时，它所含的能量值也较高。（如表 5－1 所示）

通常以牛肉、羊肉、猪肉、鸡肉等喂犬，但优质的畜、禽肉价格高，用来喂犬成本过高。而低质量的畜、禽肉，必须经过高温熟制处理才能用来喂犬，熟肉较生肉有益于犬的食用和消化吸收。由于肥肉特别是猪的肥肉易引起犬的消化不良，导致拉稀，所以最好用比较瘦的肉喂犬。若使用腌制肉喂犬，应注意防止食盐中毒。另外，由于肉类成本较高，为节约成本，每天的饲喂量最好参照饲养标准进行。

表5－1　不同畜禽肉的化学成分

种　类	每100 g肉中的营养物质含量			热　能（MJ）
	水分（g）	蛋白质（g）	脂肪（g）	
牛肉	61	20.1	10.2	0.72
羊肉	59	11.1	28.8	1.28
鸡肉	74	23.3	1.2	0.41
鸭肉	75	18.5	7.3	0.60
鹅肉	77	10.8	11.2	0.60
兔肉	13.5	20.4	1.9	0.56
猪肉	52	16.9	29.2	2.42

2. 畜禽下脚料

我国每年因屠宰动物而产生的畜禽动物的内脏和血液的数量很大，这些下脚料大多被废弃，很少被开发利用。倘若能开发作为犬的饲料，不仅可降低饲养成本，而且还可有效提高犬的生长速度。

（1）动物内脏。

动物内脏是犬饲料中利用最广泛的一种动物性饲料。动物内脏的营养价值差异很大，如肝脏和心脏的营养丰富且全面，属于全价饲料；肺、胃、肠等的营养价值不高，蛋白质不全价，含有较多结缔组织，消化率低。以禽肠为例，禽肠是家禽加工厂生产的下脚料，由于不易清洗，且容易变质腐败，故其利用率不高。但用来饲喂犬，则是很好的动物性饲料。禽肠经清洗干净后，可直接用来喂犬，若数量较多，一时用不完，可对其进行加工。经高压蒸煮、脱脂、酶解、吸附、干燥、粉碎等工艺后，可生产禽肠蛋白饲料。这种饲料含粗蛋白约43.4%，粗脂肪约15.6%，无氮浸出物约26.52%，是一种良好的犬饲料。

用动物内脏作饲料时应注意大多数动物内脏都可能有寄生虫寄生。因此，内脏最好经过严格的高温熟制后方可喂犬。此外，内脏上附着的脂肪组织较多，应将过多的脂肪组织除掉。单喂内脏易引起犬的厌食。因此，内脏饲料应与其他种类的饲料配合使用。

（2）血液。

血液中含有17% ~20%蛋白质、1.7%脂肪和大量的无机盐，是屠宰场废弃的另一种动物性饲料。用血液来饲喂犬，可明显加快犬的增重速度，提高经济效益。

使用时应注意，血液易受病原微生物的污染，血液鲜用时须煮熟成血块加入饲料中。也可对血液进行干燥、发酵加工后制成血粉，既卫生又使用方便。血粉中虽含较高的粗蛋白，但品质不佳，缺少甘氨酸、蛋氨酸和异亮氨酸，故在犬的日粮中用量不宜超过5%。

（3）肉骨粉。

肉骨粉是利用不能作为食品的畜禽的骨、皮、筋腱等各种废弃物制成，也可用非患烈性传染病死亡的幼畜、禽的尸体，经高温、高压、灭菌、干燥后制成，其中含肉的比例大于10%。肉骨粉中富含钙、磷和维生素 B_{12}，赖氨酸的含量高，但是缺乏蛋氨酸和色氨酸，使用时应与豆饼或花生饼搭配使用。

3. 鱼类

鱼类及其产品都是全价高蛋白质饲料，使用鱼肉、鱼骨喂犬时，其营养物质几乎都能被犬吸收。与肉类相比，鱼类适口性较差，但能被多数犬所接受。鱼肉极易腐败变质，故用鱼肉喂犬时，一定要新鲜，并且要煮熟。有些鱼类体内含有硫胺素酶可以破坏硫胺素（维生素 B_1），使其失去活性，可通过高温把硫胺素酶破坏。新鲜整鱼或鱼骨喂犬时，应注意鱼刺，以免刺伤犬的口腔和消化道。鱼类和肉类一样，也含有寄生虫等，在饲喂之前必须经过加工，以改善适口性和杀灭寄生虫。

鱼粉是犬用理想的蛋白质饲料之一。用鱼粉作饲料饲养犬，能取得较好的增重效果。在犬的饲料中，其组成比例一般在10%左右。

4. 乳类

乳类是全价的、营养价值高的犬用饲料，主要有牛乳、羊奶与马奶等。动物乳中含有丰富的蛋白质、脂肪、维生素、酶与抗体等营养成分与功能物质。新鲜乳不但营养价值高，消化率也高，故是一种良好的犬饲料。特别是幼仔犬，在日粮中添加一定量的乳，不仅能提高其机体的免疫力，还有助于幼仔犬的生长和发育。

目前，乳类价格较高，一般只在特殊情况下才使用，如饲喂幼犬、哺乳犬、种犬等。乳类在使用时应煮熟，一般情况下不生喂。

5. 蛋类

用于犬饲料的蛋类及其制品中最常见的是鸡蛋，鸡蛋营养全面，蛋白质含量约为12.6%，铁、核黄素（维生素 B_2）、叶酸、维生素 B_{12} 和维生素A、维生素D的含量也很丰富，鸡蛋鸡黄中的胡萝卜素是所有蛋类中最丰富的，但维生素C和碳水化合物的含量很低。有些人认为给犬喂生鸡蛋营养价值高，这种说法没有科学依据。一般来说，蛋黄可生喂，而生蛋清则不可以。这是因为生蛋清中含有抗生物素（维生素 H）蛋白和抗胰蛋白酶等抗营养因子，可妨碍蛋白质和生物素的利用，引起犬的消化不良，导致腹泻，并可能造成某些维生素的缺乏。此外，生鸡蛋的消化率也没有熟鸡蛋高。因此，喂蛋类时最好煮熟以后饲喂，因煮熟后蛋清的蛋白质结构由致密变为松散，易被机体消化吸收，且营养成分损失少。

其他蛋类还有鸭蛋、咸鸭蛋、鹅蛋、鹌鹑蛋与鸽蛋等。它们的营养成分与鸡蛋大致相当，甚至某些营养成分还高于鸡蛋。

（二）植物性饲料

植物性饲料的来源广泛，特点是含无氮浸出物多。犬常用的植物性饲料有大米、小麦、大麦、玉米、豆类、薯类、瓜菜等。常用的植物性饲料的营养价值如表5－2所示。

1. 大米

大米是一种良好的植物性能量饲料，每100 g能量可达1.35 MJ。但大米中的粗蛋白和限制性氨基酸的含量均较低，如粗蛋白含量为7.0%～8%，赖氨酸含量只有0.24 %，精氨酸只有0.59%。故单纯用煮熟后的大米喂犬，是不合理的，与动物性饲料搭配，则效果理想。

2. 大麦

大麦分皮大麦与米大麦两种，一般用米大麦饲喂犬。米大麦能量高，每100 g米大麦能量高达1.35 MJ。米大麦的蛋白质的含量比大米高，可达10.4%，赖氨酸和矿物元素铁含量也较高，但钙与铜的含量较低，并且粗纤维含量高达14%。米大麦与动物性饲料配合，再补充矿物质和维生素后，是饲养犬的一种良好饲料。

3. 玉米

玉米是经常使用的主要能量饲料。玉米含能量较高，每100 g可达1.6 MJ，是含能量最高的一种饲料。玉米中不饱和脂肪酸含量高，故玉米粉碎后，易腐败变质。玉米中粗蛋白、氨基酸、维生素和矿物质的含量较低，在配合饲料时，要注意这些营养成分的搭配和补充，以满足犬正常的营养需要，如在饲料中补充动物性饲料和矿物质及维生素饲料，可提高饲养效果。

4. 豆类及其饼粕

豆类是常用的植物性蛋白质饲料，常与某些缺乏蛋氨酸的动物性饲料配合使用。以大豆、豌豆、黑豆、花生等直接作犬的饲料时，最好经过烘、烤、炒或膨化等工艺以去掉豆类及花生中特有的腥味，否则会引起犬拒食。

大豆饼粕也是犬日粮配合中经常使用的一种植物性饲料。大豆饼粕中富含蛋白质可达43%以上，赖氨酸达2.41%～2.47%，色氨酸达0.55%～0.64%，蛋氨酸达0.37%～0.42%，富含铁、锌，其总磷约有一半是植酸磷，胡萝卜素含量低。除豆饼外，还可用去毒后的棉仁饼粕与菜子饼粕饲喂犬。

5. 小麦

小麦及加工后的副产品麸皮、次粉等可用作犬饲料。小麦中维生素 B 的含量比玉米丰富，但是缺少维生素 A 和维生素 D。次粉中的粗蛋白、粗脂肪和粗纤维的含量均高于面粉。麸皮的蛋白质品质差，缺少蛋氨酸和赖氨酸，钙、磷的比例为1∶8，比例严重失调，但麸皮的适口性好，质地蓬松，容积大，具有轻泻作用，可预防犬的便秘和母犬的乳汁过稠等问题。次粉和麸皮在犬日粮中的比例一般约为 10%。

6. 薯类

犬饲料中最常用的薯类是红薯和马铃薯。薯类含大量的淀粉，维生素含量也较高，但蛋白质、脂肪的含量较低。配制犬的饲料时，薯类常作为一种调味的成分加入到饲料中，而不是作为主要的能量饲料使用。薯类适口性好，犬喜食，但不要使用黑斑病的红薯和发芽的马铃薯，加工时要煮熟、捣碎加入饲料中。

7. 瓜菜类

犬饲料中使用瓜菜是为了改善饲料的适口性，补充粗纤维和维生素。使用前，要将瓜果洗净、切碎，根据瓜菜的种类进行烫熟、煮熟等加工处理，也可生喂。在加工过程中，要注意尽量减少各种营养成分的损失。

犬饲料中使用较多的是胡萝卜。胡萝卜含水量较高，达 88%；粗蛋白含量约 1.3%，能量水平较低。另外，胡萝卜含有一定的蔗糖和胡萝卜素，其他维生素含量也较高。在犬的饲料中，应添加一些切碎的胡萝卜，添加量一般为一昼夜采食能量的 30% 左右，以满足犬对纤维素、矿物质和维生素的需要。

表 5－2 常用的植物性饲料的营养价值

名称 \ 营养成分	代谢能 MJ/kg	蛋白质（%）	粗脂肪（%）	粗纤维（%）	蛋氨酸（%）	胱氨酸（%）	赖氨酸（%）	钙（%）	磷（%）
玉米	13.80	7.8	4.5	1.6	0.12	0.11	0.23	0.07	0.30
稻谷	8.11	7.0	—	8.2	0.18	0.10	0.27	0.07	0.31
碎米	13.17	9.0	0.75	0.5	0.18	0.10	8.27	0.09	0.20
碎米糠	11.37	12.5	11.7	—	8.5	0.25	0.05	0.59	0.28
豆饼粉	10.45	40.3	—	4.9	0.51	0.89	2.41	0.32	0.59
麦麸	6.27	14.0	3.8	6.8	1.13	0.27	0.57	0.14	1.10
红薯粉	11.70	3.0	—	2.6	0.03	0.03	0.10	0.16	0.08

（三）矿物质饲料

矿物质类饲料是一类不含能量和蛋白质，仅含各类矿物质的饲料，它是补充犬生长过程中矿物质需要的一类饲料。

常见的矿物质饲料主要用于补充犬对钙、磷、钠、钾、氯、铜、铁、锌等的需要。如食用盐补充犬对钠和氯的需要，石粉、贝壳粉、骨粉与磷酸钙盐等补充钙和磷，而铜、锌、锰等微量元素主要以硫酸盐的方式进行补充。除此之外，矿物质饲料还有沸石、麦饭石、膨润土、海泡石等，用以补充犬对多种元素的需要。

（四）维生素饲料

维生素类饲料分布广、数量大、成本低、适口性好、消化率高，主要用来补充犬对各种维生素的需要。常用的维生素饲料有白菜、胡萝卜、甘蓝等。这类饲料一般都是煮熟后饲喂，一般占日粮总量的30%左右。

（五）添加剂饲料

添加剂饲料又称辅加料，指为补充宠物犬日粮营养，防止饲料品质下降，提高饲料中营养成分的利用，保持并增进健康，促进生长等而在配合饲料中添加的少量或者微量的营养或非营养成分。添加剂饲料种类很多，一般分为营养性添加剂饲料和非营养性添加剂饲料。前者主要包括维生素类、矿物质类、氨基酸，后者主要包括抗生素、促生长类、驱虫保健类、调味类、激素类、抗氧化剂和防霉剂等。添加剂饲料主要作用是促进宠物犬的生长发育，完善日粮的全价性，提高饲料的转化率，防治疾病，减少饲料贮存期间的营养物质损失和改进产品质量等。因此，应根据不同的目的添加不同的饲料添加剂。

1. 营养性添加剂饲料

营养性添加剂饲料是指用于补充饲料营养成分的少量或微量物质，如氨基酸、维生素、矿物质和微量元素等。

（1）维生素类。

维生素类主要有维生素 A、维生素 D、维生素 E、维生素 K、核黄素、硫胺素、吡哆醇、氯化胆碱、烟酸、泛酸、叶酸及维生素 C 等。作为添加剂饲料的维生素，在实际生产中，一般按饲养标准中的规定添加维生素类添加剂，而将饲料原料中的维生素作为安全剂量或补充量。添加量可根据犬的营养需要而定，还要考虑饲料的组成、饲料中维生素的利用率等因素。利用维生素作添加剂饲料时，应考虑其稳定性及生物学效价。如鱼肝油中维生素 A 的生物学效价为30%～75%，而人工合成维生素 A 可达100%；脂溶性维生素易氧化，在作为添加剂饲料使用前必须经过处理，最好将其制成微型胶囊；维生素 K 主要利用人工合成的

维生素 K_3。

此外，为补充宠物犬维生素的不足，除给予青菜外，还常添加麦芽、酵母与鱼肝油等物质。

麦芽：维生素 E 含量高，每 100 g 含维生素 E 25 ~ 30 mg。一般使用 1 cm 左右麦芽，如果麦芽过长或变绿，则失去维生素 E 而变成维生素 C。严禁给犬饲喂霉烂的根部或发霉的麦芽。

酵母：富含 B 族维生素，并且含有丰富的蛋白质，其氨基酸组成与肉、牛奶相近。饲料酵母在使用前一定要加热处理，杀死酵母菌，防止饲料发酵。另外，B 族维生素遇碱容易被破坏，在使用时一定要和碱性饲料分开。酵母用量为每只犬每天 40 ~ 50 g 左右。

（2）矿物质类。

各种常量与微量元素的添加剂，在饲料中添加量很少。使用时一定要混合均匀，如混合不匀，会引起宠物犬中毒。通常在犬饲料中添加的矿物质饲料主要有骨粉、食盐、贝壳粉、铁盐等。

骨粉：是犬体内钙和磷的主要来源，骨粉中钙、磷比例接近犬需要，每只犬每天添加量为 25 ~ 30 g。如果日粮中已添加了鱼粉、肉骨粉，可以不加骨粉。

食盐：是犬体内钠和氯的主要来源，在血液循环、渗透压的平衡中起重要作用，并能促进唾液分泌，增加饲料适口性，增强食欲，帮助消化。

（3）氨基酸类。

添加氨基酸类添加剂饲料是为了补充犬饲料中相应氨基酸的不足，起到平衡氨基酸，提高蛋白质品质的作用。植物性饲料中缺少的必需氨基酸是蛋氨酸与赖氨酸，在饲料中必要时可添加这两种氨基酸。饲料中的赖氨酸分为可吸收利用的有效赖氨酸和与其他物质呈结合状态不易被吸收利用的赖氨酸两类。因此，赖氨酸的添加量要考虑饲料中有效赖氨酸的实际含量。

2. 非营养性添加剂饲料

这类添加剂的主要作用是提高饲料利用效率，改善饲料品质或延长保质期，预防各种疾病，刺激宠物犬生长发育等，主要包括抗菌药物、益生素、酶制剂及其他生长物质。

（1）抗生素。

对特异性微生物具有抑制或杀灭作用的一类物质，主要来源于微生物、植物提取、化学方法合成或半合成等。饲用抗生素可分为多肽类、四环素类、大环内酯类、聚醚类、含磷多糖类、氨基苷糖类及化学合成类。促生长类饲用抗生素通常以亚治疗剂量应用于动物饲料中，以改善动物健康状况，促进动物生长。目前生产中常用的饲用促生长抗生素有杆菌肽、黏杆菌素、维吉尼亚霉素、金霉素、土霉素、黄霉素、泰乐菌素等。一般在宠物犬幼龄期、健康状况较差或饲养环境较为恶劣的情况下，使用抗生素的效果显著。为避免产生耐药性，可将几种抗生素合理轮流使用。

（2）激素。

激素用于添加剂饲料的有生长激素、肾上腺皮质激素、雌激素、孕激素、甲状腺素或抗甲状腺素等。性激素能促进生长，雌性激素可促进激素的分泌。

（3）益生素。

饲用微生物制剂，也称为益生素，在20世纪70年代开发并相继推广应用。益生素能改善动物消化道内微生态平衡，有益于动物健康和生产性能发挥，且无毒副作用、无残留、无耐药性。在实际生产中，常用的益生素产品有酵母菌类、乳酸菌类、芽孢杆菌类和光合细菌类及其复合产品。

（4）饲用酶制剂。

饲用酶制剂是一类具有特殊高效催化能力的蛋白质。饲用酶制剂主要包括消化酶类和非消化酶类。消化酶主要有淀粉酶、蛋白酶、脂肪酶等，用于补充犬自身分泌不足；非消化酶是指犬自身不能分泌，以纤维素酶、半纤维素酶、植酸酶等为主，能促使饲料中某些营养物质或抗营养因子降解。

（5）驱虫保健剂。

驱虫保健剂指添加于饲料，能防治犬寄生虫病，促进犬健康的饲料添加剂。

（6）饲料保存剂。

饲料保存剂可有效避免或缓解饲料储存过程中的氧化、霉菌污染、适口性下降，以及因此产生的饲料营养价值降低和毒素对家禽健康的危害。它主要包括抗氧化剂和防霉剂。

（7）饲料品质改善剂。

饲料品质改善剂可有效改善饲料产品品质和感官特征，如防结块剂又称助流剂，它能保持饲料原来的流散、畅通，均匀进入搅拌机，从而保证配合饲料的质量，常用的防结块剂有硅藻土、高岭土、二氧化硅和沸石等。黏结剂可增加颗粒饲料的黏聚力，减少颗粒饲料在包装、运输过程中的破碎分级现象，常用的黏结剂有膨润土、丙二醇、淀粉等。

（8）抗氧化剂。

含油脂较多的饲料在贮存的过程中，油脂与脂溶性维生素等会自动氧化而使饲料变质，可添加抗氧化剂加以防止。

作为添加饲料的抗氧化剂有：乙氧基喹啉（山道喹）、二丁基羟基甲苯（BHT）、丁基羟基茴香醚（BHA）、丙基五倍子酸酯、五倍子酸酯、抗坏血酸及其酯以及衍生生育酚。

(9) 防霉剂。

防霉剂应用于高温潮湿季节饲料的保存。常用的防霉剂为丙酸钠，添加量为每千克饲料1 g。丙酸钙的添加量需提高一倍。脱氧醋酸钠为每千克饲料添加0.2 g。

(六) 商品性饲料

犬的商品性饲料是指专门为犬生产的各种类型的饲料。目前，市场上犬的商品性饲料种类繁多，除了颗粒型、膨化型、饼干型的干性饲料和罐装型饲料外，还有半湿型、软湿型和灌肠型犬饲料。一般犬喜欢吃湿性的食物，当然干饲料也可湿喂。

1. 干燥型饲料

此类饲料是由肉类、谷物类、矿物质和维生素等混合，经过加温、加压等加工过程使之成为颗粒型或饼干型。干燥型饲料的含水量低，一般不足10%，易于保存；营养全面且易消化，消化率可达65%～75%；单位容量的热能含量较高，每千克饲料可达6.27～6.69 MJ。由于加温会使B族维生素及维生素A遭到一定程度的破坏，配合饲料时应考虑这些因素，适度增加维生素的用量。长期保存干燥饲料要防止霉变和虫害。

2. 罐装型饲料

此类饲料可分为全肉型、混合型和蒸煮型三种。混合型是将肉类、谷物类、维生素和矿物质等按比例混合而成；全肉型是除加入少量主要的维生素和矿物质外，几乎由各种肉类按比例配制而成；蒸煮型是肉类、植物类饲料混合而成，也常加入一些主要的维生素和矿物质。罐头饲料比一般干燥饲料优越，虽然含水量(62%～78%)高于干燥型饲料，但都经过处理和密封保存，更易贮藏保质；营养价值全面，干物质可消化率高，平均为75%～85%；含能量也高，如每千克全肉型饲料能量可高达25.08 MJ。但罐装型饲料价格较高，一般家庭难以承受。

3. 软混型饲料

此类饲料是以鲜肉、大豆饼及蔗糖为主要原料，再加入维生素、矿物质、抗菌剂、防霉剂等饲料添加剂，混合制成颗粒状、条状或饼状并密封包装而成。其特点是各种营养物保持完好，可消化率高达80%～85%；含能量较高，一般为每千克5.43～5.64 MJ；优越性介于干燥型和罐装型之间。使用时应注意打开后要及时用完，否则时间久了容易腐败变质。

4. 冰冻饲料

此类饲料是将单一的肉类或鲜拼料混合物置于冷藏器内进行冰冻而成。其特点是各种营养物质不被破坏，保鲜状态好。其水分含量极不相同，取决于冰冻前的产品含水量。可消化性及能量含量取决于饲料的种类。单一冰冻的肉类可作为新鲜配料的混合物，解冻后应立即食用，否则容易腐败变质。

二、宠物犬日粮的营养功能

宠物犬日粮中的营养物质达几十种，可以概括为七大类，即水、蛋白质、脂肪、碳水化合物、矿物质、维生素和纤维素。它们各自具有独特的营养功能，在机体代谢过程中密切联系，共同参加、推动和调节生命活动。

（一）水及其营养功能

水是动、植物体的重要组成部分，大部分饲料均含有水分，但不同的种类含水量差异很大。对于植物性饲料，同一种原料由于收割期、利用部位、加工方法及贮存时间的不同，其水分的含量也不尽相同。水又是动、植物体内运送各种营养物质和代谢产物的载体，还是机体调节体温不可缺少的物质。水直接参加机体生化反应，促进各种生理活动，对维持血液循环、呼吸、消化、吸收、分泌、排泄等生理活动以及新陈代谢的正常进行有重要意义。因此，动物的生存离不开水，没有水，动物的生命活动就无法进行。

动物对水的需求量受多种因素的制约，如动物种类、年龄、生长性能、温度、湿度等，因此无法规定动物的需水量。及时获得足够的清洁饮水可促进动物正常代谢、生长、发育和健康。幼犬每千克体重每天应给予 150 mL 清洁饮水；成年犬为每千克体重饮水 100 mL。

（二）蛋白质及其营养功能

蛋白质可分为球状蛋白（包括清蛋白、谷蛋白、球蛋白、醇溶蛋、组蛋白、鱼精蛋白等）、纤维蛋白（包括胶原蛋白、弹性蛋白和角蛋白）与结合蛋白三大类，在动物的生命活动中对动物机体具有重要的营养作用。

（1）蛋白质是构成一切细胞和组织的重要成分，动物的肌肉、神经、结缔组织、皮肤、血液等均以蛋白质为基本单位。

（2）蛋白质是修补机体组织的必需物质，动物各组织器官的蛋白质通过新陈代谢不断更新。

（3）蛋白质可以代替碳水化合物及脂肪产热。在动物体内，当供给热能的碳水化合物及脂肪不足时，蛋白质也可以在体内经分解、氧化释放热能。多余的蛋白质可以在肝脏、血液及肌肉中贮存一定数量，或经脱氨作用转化为脂肪，以备营养不足时重新分解供应热能。

（4）蛋白质的基本构成单位是氨基酸，已知的氨基酸有 20 多种，以不同的组合形式，可形成不同的蛋白质。饲料中的蛋白质只有被消化分解为简单的氨基酸后才能够被动物吸收利用。因此，蛋白质营养的实质是氨基酸营养。

1. 必需氨基酸和非必需氨基酸

氨基酸分为必需氨基酸和非必需氨基酸两大类。必需氨基酸是指在动物机体内不能合成或合成的速度及数量不能满足动物正常生理需要时，必须由饲料来供给的氨基酸，包括精氨酸、蛋氨酸、苯丙氨酸、赖氨酸、组氨酸、亮氨酸、异亮氨酸、缬氨酸、苏氨酸和色氨酸。非必需氨基酸指动物体内能够合成、能够满足动物生长需要、不依赖饲料供给的氨基酸，包括丙氨酸、甘氨酸、丝氨酸、门冬氨酸、谷氨酸、酪氨酸和胱氨酸等。

必需氨基酸中，蛋氨酸、赖氨酸和色氨酸在植物性饲料中的含量低，通常不能满足动物的需要，而且饲料中这三种氨基酸的缺乏还会影响其他氨基酸的吸收和利用。

2. 氨基酸平衡与氨基酸失衡

蛋白质的合理利用，不但要求日粮满足必需氨基酸的种类和数量，而且要求各种必需氨基酸之间保持平衡。所谓氨基酸平衡，是指日粮氨基酸组成之间的相对含量与动物机体氨基酸需要量之间比值较为一致的相互比例关系。与氨基酸平衡对应的是氨基酸失衡，一种或几种必需氨基酸过多或过少，相互间比例与动物的需要不一致，易造成蛋白质利用率降低、机体生长缓慢以及繁殖力下降。

3. 蛋白质的互补作用

蛋白质营养价值的高低，主要决定于氨基酸的组成是否平衡。在配合饲料时，常用将多种饲料搭配或添加部分必需氨基酸的方法，来提高饲料蛋白质的营养价值，这种作用即为蛋白质的互补作用。如苜蓿蛋白质中赖氨酸含量高，而蛋氨酸含量较少；玉米蛋白质中赖氨酸的含量较少，而蛋氨酸含量较多；则可将这两种原料按一定的比例进行搭配，使两种限制性氨基酸的含量有所提高，饲料利用率也相应得到提高。因此，所谓蛋白质的互补作用实际上是必需氨基酸的互相补充。

4. 氨基酸的营养生理功能

（1）赖氨酸：是动物体内合成细胞蛋白质和血红蛋白所必需的氨基酸，也是幼龄动物生长发育所必需的营养物质。日粮中若缺乏赖氨酸，动物会出现食欲降低，皮下脂肪减少，消瘦，生长停滞；骨的钙化失常；血红蛋白减少，贫血。赖氨酸常为第一限制氨基酸。

（2）蛋氨酸：是一种极为重要的甲基供体。动物体代谢过程中，蛋氨酸参与肾上腺素、胆碱和肌酸的合成；肝脏脂肪代谢中，蛋氨酸参与脂蛋白的合成，将脂肪输送到肝外，防止脂肪肝的发生，降低胆固醇；此外，蛋氨酸所还具有促进动物被毛生长的作用。蛋氨酸脱甲基后可转为胱氨酸和半胱氨酸。

动物缺乏蛋氨酸时，主要表现为发育不良，体重减轻，被毛凌乱，肌肉萎缩，肝脏、肾脏机能损伤，易产生脂肪肝。

动物性饲料中含蛋氨酸较多，植物性饲料中均欠缺蛋氨酸，一般常采用DL－蛋氨酸补饲。

5. 日粮中蛋白质不足的影响

（1）影响动物体内氮代谢平衡。使“内源氮”的流失大于“外源氮”摄入，动物体内蛋白质代谢变为负氮平衡。犬表现出生长发育缓慢或停止，体重减轻等问题。

（2）繁殖力下降。公犬精子数量减少，品质降低；母犬发情周期异常，受胎率降低；怀孕母犬则出现胎儿发育不良，甚至产生弱胎或死胎。

成年犬每日蛋白质的需要量为每千克体重4～8 g，生长发育中的犬为9.6 g。

（三）脂肪及其营养功能

1. 脂肪的营养功能

脂肪由三分子脂肪酸与一分子的甘油结合而成，脂肪酸分为不饱和脂肪酸及饱和脂肪酸两类。脂肪是动物机体的组成成分，具有多种营养功能。

（1）脂肪是动物热能的主要来源。单位重量的脂肪产生的热量高于糖，且体积要比糖小得多。当犬摄入的能量超过消耗需要量时，则转变成脂肪储存起来，以备后用。

（2）脂肪是构成动物组织的重要组成部分。细胞原生质中的脂肪和类脂（磷脂、固醇和类固醇）可与蛋白质和糖分别结合成复杂的脂蛋白和糖脂，维持细胞的正常活动。

（3）脂肪有保暖作用。皮下脂肪能减缓体热的散失速度，具有一定的保暖作用。

（4）脂肪有保护、固定内脏的作用。动物组织器官如肾、心、消化道等器官周围均有一层厚的脂肪层，这层脂肪层既可以将这些脏器固定在一定范围内，同时可保护动物免受因震动而造成的组织器官损伤。

（5）脂肪作为饲料中脂溶性维生素的溶剂，可保证动物对脂溶性维生素的消化、吸收和利用。

（6）脂肪在体内分解过程中不但释放出热能供机体各种活动需要，而且可以产生大量代谢水，是体内水分的一个重要来源。

2. 脂肪的缺乏与过多对犬的影响

（1）脂肪缺乏的危害。主要表现为皮肤损伤，开始时在腹部出现被毛粗糙和脱毛的现象，继之发展到大腿部与肩胛部；皮肤角化作用紊乱，角化病日趋明显；表皮组织细胞的成熟受到影响，表皮腐烂，形成溃疡；犬的抵抗能力下降，易感染疾病。

（2）脂肪过多的危害。饲料中脂肪含量过高就会引起犬食欲减退与肥胖症，对种犬的影响较大；母犬发情迟缓或不发情，怀孕期延长，空怀率高，还可能出现胎儿被吸收和难产的现象；公犬性欲降低。

幼犬每日每千克体重需要脂肪为 1.1 g；成年犬每日每千克体重需要脂肪 1 g 左右，即饲料干物质中含脂肪 12% ~14% 为宜。

3. 必需脂肪酸

脂肪能提供机体所需的必需脂肪酸。必需脂肪酸是指能够促进动物生长发育，维持正常生命活动，在动物体内不能合成或合成量不能满足动物需要，而必须由饲料供给的一类不饱和脂肪酸。必需脂肪酸是构成组织的重要成分，对维持细胞及细胞膜的功能和完整性很重要。必需脂肪酸参与类脂代谢，在调节胆固醇的代谢，特别是输送、分解和排泄方面有重要意义。亚油酸是合成前列腺素的原料。

犬的日粮中要求含有一定量的不饱和脂肪酸，犬所需的必需脂肪酸是亚油酸、亚麻酸和花生四烯酸。通常以亚油酸来表示必需脂肪酸的需要，因为亚油酸可以转化为亚麻酸和花生四烯酸，并且后两者在各种脂肪中的含量甚少。如果饲料中缺乏必需脂肪酸，幼犬会出现发育迟缓或生长停滞，繁殖犬会出现生育能力下降，且维生素 A、维生素 D、维生素 E 缺乏。另外，还会出现皮肤干燥、表皮角化、被毛生长发育不良等症状。犬日粮中添加 1% 亚油酸基本上能满足犬的必需氨基酸需要。

（四）碳水化合物及其营养功能

碳水化合物是由碳、氢和氧三种元素构成，包括糖、淀粉、纤维素、半纤维素和木质素等。

（1）碳水化合物是构成机体组织器官不可缺少的成分。如五碳糖（核糖）是细胞核酸的组成成分，半乳糖与类脂结合物是神经组织的组成物质，许多糖类还可与蛋白质结合成糖蛋白，是细胞质的主要成分。

（2）碳水化合物分解后可提供能量。犬可将体内碳水化合物进行氧化，产生热能，以维持正常体温和正常生命活动。葡萄糖是动物体内的主要能源物质，而且是动物主要组织器官不可缺少的营养，如磷酸葡萄糖可为心脏提供能量，血糖为神经系统提供能量，以维持动物主要组织器官的正常工作能力。

（3）碳水化合物是乳的主要成分。犬乳中的乳糖、乳脂肪均是犬在体内利用饲料中的碳水化合物合成。

（4）碳水化合物除维持动物正常的生命活动外，犬体内多余的碳水化合物可转变成糖原和脂肪，作为能量储备。

（5）碳水化合物代谢的一些中间产物与某些氨基酸结合后可以在犬的体内合成非必需氨基酸。

幼犬每日的碳水化合物的需求量为每千克体重 17.6 g。

（五）矿物质及其营养功能

饲料经充分燃烧后所余物质称为矿物质，或称为灰分。矿物质是动物生长发育和繁殖等生命活动中不可缺少的一些金属和非金属元素。根据矿物质在动物体内含量不同可将矿物质分为常量元素（占动物体重的 0.01% 以上）和微量元素（不足体重的 0.01%）。常量元素包括钙、磷、钠、氯、硫、镁、钾等，微量元素包括铁、铜、锌、锰、碘等元素。这些元素有的是动物体的重要组成部分，有的参与机体的各种生理过程，如供给不足，就会出现一系列缺乏症，供应过量则会出现中毒症。

矿物质是构成机能组织细胞、骨髓及牙齿的主要成分，是维持酸碱平衡和渗透压的基础物质，是许多酶、激素和维生素的主要成分。在动物体内矿物质虽然不产热，但其与产生能量的脂肪、碳水化合物及蛋白质的代谢密切相关。矿物质在动物体内既不能自己合成也不能在代谢过程中消失，只能排泄于体外。犬必需的矿物质有钙、磷、铁、铜、钴、钾、钠、氯、碘、锌、镁、锰、硫、硒等。

1. 常量元素的营养

（1）钙和磷。

钙和磷是动物体内含量最多的矿物元素，占动物机体矿物质总量的 70% 以上。钙、磷是骨和牙的主要组成部分。钙参与骨骼肌和心肌的收缩、神经的传导、凝血和特定酶的反应。磷是某些酶的重要组成部分，在脂类代谢和运输、能量代谢中起重要作用。钙是通过小肠吸收，剩余的不溶性钙、日粮中的钙通过粪便排出，此外钙还随胆汁排出。磷在小肠被吸收，主要通过肾排泄。

钙、磷过多会造成不良影响。钙过多可引起骨硬化症、软组织钙化，限制磷的吸收，形成不溶性磷酸钙随粪便排出体外。磷过多会引起严重骨重吸收，发生肋骨软化，影响正常呼吸。原因是高磷化合物可与钙结合，减少了钙的吸收和可利用性。因此，在动物的饲料中既要保证适量的钙磷数量，又要保持两者适宜的比例。对于犬来说，绝对的钙磷缺乏并不常见，通常是由钙磷不平衡引起，钙、磷正常比例应在 1.2∶1 ~1.4∶1。另外，维生素 D 与钙和磷代谢密切相关，是钙和磷吸收的基础。补充足量的维生素 D 可降低犬对钙和磷比例的严格要求，保证钙和磷的有效吸收和利用。

钙、磷缺乏也会引起犬的行为异常。如幼犬钙、磷缺乏会引起佝偻病，犬的生长速度越快就越容易发生此病。该病的特点是骨组织钙化不良，关节肿大，骨端粗，长骨弯曲变形。患犬四肢姿势异常，运步艰难，步态拘谨。成年犬钙和磷缺乏可引起骨质疏松症，极易骨折。一般多发生于股骨、骨盆骨和腰荐部的椎骨。每周让犬啃吃生骨头 2 ~ 3 次，是给犬补钙和磷的较好方法，同时还可除去牙垢，清洁牙齿。犬一昼夜每千克体重对钙和磷的需要量为：成年犬分别为 264 mg 和 220 mg，幼犬分别为 528 mg 和 440 mg。

（2）钾、钠、氯。

这三种元素都是电解质，在维持细胞内外液的渗透压以及机体酸碱平衡方面起协同作用，同时，又有各自特殊的作用。

钠大量存在于肌肉中，使肌肉兴奋性加强。钠还直接参与细胞内钾、糖与氨基酸的运输。氯是胃液中的主要阴离子，在胃酸分泌中起重要作用。形成的盐酸可活化胃蛋白酶，并保持胃内酸性，有杀菌作用。犬饲料中钠和氯缺乏可使犬食欲降低，胃液分泌减少，并能降低饲料营养物质的利用，使犬的生长缓慢。因此，氯化钠是一种不可缺少的矿物质饲料。为满足犬的需要，在日粮中要添加适量的食盐，幼犬每日每千克体重需要钠 530 mg，成年犬每千克体重需要钠 375 mg。犬对大量的食盐极为敏感，当按犬每千克体重一次供给 0.3 ~ 0.5 g 食盐时，会引起犬的中毒，每千克体重 3.5 ~ 4.0 g 食盐时，则会引起犬的死亡。因此，当日粮中含有咸鱼粉等含盐成分时，则不必再加食盐。

钾在细胞内的浓度很高，可调节血液和组织液的离子平衡，促进细胞对中性氨基酸的吸收及蛋白质的合成，有维持心脏、肾脏、肌肉正常活动的重要意义。此外，钾还参与肌酸磷酸化作用、丙酮酸盐激酶的活化，影响细胞对葡萄糖的吸收。

日粮中钾不足会影响犬的食欲，导致肌肉无力，出现心脏机能紊乱、低血压、肝和肾功能异常，并引起母犬不孕。成年犬每日钾的需要量为每千克体重 220 mg，幼犬每千克体重 440 mg。

（3）镁和硫。

镁是正常的细胞成分，参与体内许多生物化学反应，是胆碱酯酶、焦磷酸酶、三磷酸腺苷等多种酶的活化剂，在 DNA、RNA、蛋白质合成与糖代谢中起重要作用。骨骼是镁的贮存器，动物机体内镁的含量一半存在于骨骼中，剩下的镁存在于细胞外液。镁主要由粪便排出，少量由肾排出。

镁缺乏导致肌肉无力和肌肉严重痉挛，其症状通常表现为厌食、生长受阻、过度兴奋、肌肉痉挛、肌肉抽搐甚至导致昏迷死亡。镁过多可使动物中毒，主要表现为腹泻、采食量下降、运动失调、昏迷甚至死亡。

镁的不足常由长期下痢造成。日粮中镁缺乏会导致动脉管壁、心肌和肾脏内钙盐的沉积。幼犬镁每日需要量为每千克体重 22 mg，成年犬每千克需要镁 11 mg，妊娠和泌乳的犬对镁的需要量提高 2 倍，含镁饲料主要是禾本科植物的籽实。

硫分布于全身每个细胞中，存在于蛋氨酸、胱氨酸、生长素中，主要通过上述有机代谢物对机体起作用。

2. 微量元素的营养

（1）铁。

铁在犬体内含量很少，大约占体重的 0.004%。铁主要存在于血红蛋白和肌红蛋白中，在机体组织内氧的输送中起重要作用；少量存在于细胞色素和多种氧化酶中，与细胞内生物氧化过程密切相关；或与蛋白质构成铁蛋白存在于肝、脾和骨髓之中，参与机体造血。

成年健康犬需量很少。当犬患有寄生虫病、长期腹泻以及饲料中锌过量时，会出现铁不足的症状。铁不足会导致犬贫血，临床表现为可视黏膜变白、呼吸频率增加、昏睡、抗病力减弱，严重时甚至死亡。血液检查时，血红蛋白比正常值低。

铁过多同样是有毒的，会引起犬厌食和失重。过多的二价铁的硫酸盐毒性最强，氧化铁则没有毒性。

（2）铜。

铜主要分布于心、肝、肾、脑的色素部分以及毛发中，是多种酶的成分和激活剂。铜参与了血红蛋白的合成、骨骼的构成、铁的吸收、被毛色素的沉着及脑细胞和脊髓的质化。含铜较多的饲料是肝脏。

铜不足导致犬的慢性红细胞性贫血及被毛色素缺乏症；摄入过量可导致犬中毒，主要是对肝的毒性作用。当肝脏中铜蓄积大于一定水平时，大量的铜转入体液中使红细胞溶解，发生血红蛋白尿和黄疸，并使组织坏死。铜过量甚至可导致肝炎和肝硬化，该疾病可被遗传。成年犬每日铜的需要量为每千克体重0.16 mg，幼犬、怀孕及泌乳犬铜的需要量稍高。对犬的特殊饲养中，为防止铜中毒，最好放弃使用含高铜的饲料，避免使用含铜矿物质作为添加物。

（3）硒。

硒分布在全身所有细胞中，以肝脏、肾脏、肌肉中含量最高。硒是谷胱甘肽过氧化物酶的基本组成成分，对保护细胞膜的完整性起着重要作用，并可保护胰腺细胞的正常功能，还有助于维生素 E 的吸收和存留。

硒缺乏会引起犬的心肌、骨骼肌变性。肉和谷物都是硒元素很好的来源，喂商品粮的犬很少缺硒。

（4）锰。

锰可以激活体内许多金属酶系统，参与多种反应。锰在犬营养中是必要的。

锰缺乏会引起与神经活动过程相关的一种或多种酶促反应的不激活或不起作用，导致脂质代谢障碍、生长受阻与繁殖缺陷。

锰是毒性最小的微量元素之一，但其毒性已经在许多动物包括犬中有所报道，过量锰会导致犬的生育力下降。其次，过量的锰会和铁竞争肠道吸收位，干扰铁的吸收，从而影响血红蛋白的生成。

（5）锌。

锌是动物的必需微量元素，参与体内多种酶的组成，可维持生物膜的正常结构和功能，保证激素的正常利用。在保持上皮细胞和被毛的正常形态、生长和健康中发挥重要作用。

犬发生锌缺乏时的症状是建立在以谷物干饲料为基础的情况下，而含锌量实际上是在最小需要量之上的。锌缺乏有时会出现生长缓慢、贫血、睾丸萎缩与消瘦，但主要表现为皮肤、被毛粗糙、凌乱。因为锌缺乏一般不使犬机体发生变化，但是对其皮肤、被毛状况产生影响，使动物外表价值明显减弱。锌是相对无毒的，但其可以干扰铁和铜的吸收和利用。因此，锌的危害依赖于饲料中其他微量元素的水平。如果饲料中铁和铜的含量正常，即使锌的水平上升到最小需要量的 8 倍，也不会产生不利影响。

（6）其他微量元素。

碘、钴、铬等同样为动物所必需的微量元素，它们参与动物机体的生长发育、繁殖等主要机能，维持机体的健康。当这些元素缺乏或过剩时，会引起某些组织的机能异常。

（六）维生素及其营养功能

维生素不是组成机体器官的原料，也不是能量物质，但它们是动物进行正常代谢活动所必需的营养素，主要以辅酶或酶前体的形式广泛参与体内代谢的多种酶反应，从而保证细胞结构与功能的正常，以维持动物的健康。除个别维生素外，大多数维生素不能在动物体内合成，必须由饲料或肠道寄生的细菌合成后提供。没有维生素的饲料是不具有完全营养价值的饲料。

虽然犬对维生素的需要量甚少，但维生素对机体调节代谢的作用甚大。维生素不但能促使伤口愈合，改进神经系统的状况，消除有毒物质的毒害，还能提高犬的繁殖力，增强犬对传染病的抵抗力，促进犬生长。维生素缺乏与过量均可引起机体代谢紊乱，影响犬的生长与健康。

维生素种类很多，根据其溶解性不同，可分为脂溶性维生素及水溶性维生素。

1. 脂溶性维生素

脂溶性维生素的特点是可溶于脂肪和脂肪溶剂中，但不溶于水，这类维生素包括维生素A、D、E、K。这类维生素被吸收后可在体内贮存，因此短期供给不足不会对机体生长发育和健康产生不良影响。

（1）维生素A。

天然维生素A只存在于动物性饲料中，植物性饲料只含有维生素A原，维生素A原进入动物体后，在肠细胞和肝脏内转变为维生素A。维生素A贮存于动物的肝脏与脂肪中，当机体需要时再从这些组织中释放，进入血液。

维生素A是一般细胞和亚细胞结构必不可少的重要成分，有促进机体生长发育，维护骨骼的正常生长修补，维护上皮组织的完整和健全，促进结缔组织中黏多糖的合成，增强机体对疾病的抵抗力，维护细胞膜和细胞器膜结构的完整，维持正常视觉等作用。此外，维生素A还参与性激素的形成，与动物的正常繁殖机能有关。因此，维生素A缺乏将对犬产生广泛的影响：

①机体不能合成视紫红质，产生夜盲症。

②呼吸道、消化道、泌尿及生殖器官发生病变。呼吸道与消化道上皮组织发生角化，导致生长期的幼犬出现下痢和肺炎。尿道上皮角化，引起公犬尿道结石。母犬子宫黏膜上皮发生病变，常引起流产、胎儿畸形、死胎以及产后胎盘滞留于子宫内。黏膜上皮的角化降低了对病原微生物的抵抗力。因此，在犬患病期间适当补充维生素A，能够提高犬的抗病能力。

③影响幼犬骨骼的正常生长发育。维生素A不足会造成犬骨骼发育不良，引起骨骼系统和中枢神经系统生长的差距，从而引发神经系统机能障碍。

④影响繁殖机能。维生素A严重不足时，母犬的性周期会出现异常，公犬的精液品质下降，从而出现公、母犬的不孕症。

维生素A过多同缺乏一样有害。有研究证实，维生素A过量会引起犬的骨病、牙龈炎和牙齿损害。因此，含有大量维生素A的饲料如肝、鱼肝油必须严格控制用量。若犬日粮中维生素充足，应该避免添加这些维生素原料。犬维生素A的需要量为：每千克湿日粮中含1 500国际单位，干日粮中含5 000国际单位。或按体重计算，成年犬为每千克体重100 mg，幼犬为200 mg。

（2）维生素D。

维生素D是类固醇衍生物，共有十余种，只有维生素D_2和D_3对动物起重要作用。维生素D的最主要的作用在于调节钙、磷代谢，维持牙齿、骨骼的正常发育。此外，还参与柠檬酸代谢，维持血液中的氨基酸含量。动物可在皮肤内形成或从饲料中获得维生素D。

维生素D缺乏，幼龄动物会出现佝偻病，妊娠、哺乳期的成年动物和老年期的动物易出现骨质疏松。此外，血中钙、磷含量降低还影响肌肉和神经系统的正常功能。

维生素 D 长期不足严重影响钙、磷代谢，从而影响骨骼正常生长发育。生长期的幼犬表现为佝偻病，主要症状是骨和软骨连接处以及骨垢部位增大，骨骼部位变形，出现“O”形或“X”形腿，胸廓凹陷，脊柱弯曲。严重时，幼犬因血钙降低引发痉挛。成年犬尤其是妊娠、哺乳和老年期的母犬易出现骨质疏松，表现为骨质不坚、跛行。

犬摄入过多的维生素 D 也会对犬产生不利影响，可使钙从骨组织中转移出来沉积于软组织中，导致肾、肺、胃的广泛钙化，并使骨和爪子畸形。维生素 D 摄入量特别多可引起犬的死亡，所以必须限量维生素 D 的使用，一般每千克日粮中含维生素 D_3 1 248 国际单位为宜。

（3）维生素 E。

维生素 E 又称生育酚，是一组有生物活性的化学结构相近似的酚类化合物，天然存在的生育酚有 α、β、γ、δ 四种，其中以 α－生育酚分布最广，活性最强。

维生素 E 具有很强的抗氧化作用，可保持细胞和细胞内部结构的完整，防止某些酶遭到破坏。维生素 E 也是细胞呼吸的必需因子，参与体内维生素 C、辅酶 Q 和 DNA 的合成。此外，维生素 E 还与动物的生殖机能、免疫机能密切相关。

维生素 E 缺乏会引发犬多种病变：

①骨骼肌营养障碍。可使动物发生肌营养不良或白肌病，急性表现为心肌变性，犬常发生死亡；亚急性表现为骨骼肌变性，犬的运动机能障碍，严重时不能站立。

②贫血。长期缺乏维生素 E，可使红细胞膜溶解，寿命缩短，出现溶血性贫血。

③水肿或血肿。维生素 E 和硒不足易发生渗出性素质，因毛细血管壁损害而使其通透性增强，渗出物大量蓄积，形成皮下水肿或血肿。

④肝脏疾病。维生素 E、硒及饲料中含硫氨基酸不足是导致肝坏死的主要因素。

⑤繁殖机能紊乱。公犬的睾丸生殖上皮变性，精细胞形成受阻，精液品质下降。母犬的受胎率下降，由于胎盘及胚胎血管受损，易产生死胎或胎儿被吸收。

食物中维生素 E 含量过高时，一般对犬的影响不大，但若长期饲喂，可对犬的甲状腺和凝血产生影响，后者可能是由于抑制了维生素 K 活性而产生的。犬维生素 E 的需求量为每千克日粮含维生素 E92 国际单位。

（4）维生素 K。

维生素 K 是一组化合物的总称，现已发现有多种化合物具有维生素 K 活性，

其中最重要的是 K_1、K_2、K_3。维生素 K 只有 K_1、K_2 两种天然存在形式，维生素 K_1 仅存在于绿色植物中，K_2 则由微生物合成。

维生素 K 能促进肝脏合成凝血酶原，故具有促进血液凝固的作用。此外还参与动物体内的氧化还原过程，能增强胃肠道蠕动和分泌机能。在正常的情况下，犬不会出现维生素 K 缺乏，因为它广泛存在于饲料中，且在大肠内的细菌也能合成维生素 K，但抗生素可以影响肠道内维生素 K 的合成。因此，当需要给犬口服抗生素时，应同时考虑补充维生素 K。为满足犬的需要，每千克干日粮中应含维生素 K 10 mg。如若按犬的体重计算，成年犬每千克体重需维生素 K 0. 03 mg，幼年犬为 0. 06 mg。

2. 水溶性维生素

水溶性维生素主要有维生素 B 族和维生素 C。由于很少或几乎不在体内贮存，水溶性维生素短时间缺乏或不足均会引起机体代谢变化，影响动物的生长发育和抗病能力，一般较长时间后才出现缺乏症状。

(1) 维生素 B_1（硫胺素）。

维生素 B_1 是一种含有嘧啶环和噻唑环的化合物，又称之为硫胺素。其主要功能是参与碳水化合物代谢，在能量代谢和葡萄糖转变成脂肪的过程中作为一种辅酶。另外，对维持神经组织及心肌的正常功能，保持正常的肠蠕动及促进脂肪在消化道的吸收均起一定作用。

大多数饲料中硫胺素的含量都很丰富，特别是禾谷类籽实加工后的副产品及酵母中含量高。一般情况下，犬不易发生硫胺素的不足，但饲料经高温处理或含有硫胺素酶时，就容易发生硫胺素不足症。硫胺素酶主要存在于生鱼中，具有水解硫胺素的作用，因此生鱼要煮熟后饲喂。

虽然硫胺素的毒性很低，但给犬静脉注射硫胺素时，可以引起呼吸中枢抑制而导致死亡。成年犬对维生素 B_1 的平均需要量为每千克体重 20 ~ 30 μg。犬每千克干日粮中含维生素 B_1 1. 0 mg，每千克湿日粮含维生素 B_1 0. 3 mg 为宜。

(2) 维生素 B_2（核黄素）。

维生素 B_2 由一个黄色素和一个还原核糖组成，也被称为核黄素，广泛分布在于动植物组织中。动物体的肝和肾含有较高浓度的核黄素，但机体的贮存能力有限。核黄素参与能量代谢，是生物氧化过程中不可缺少的重要物质，对促进生长，维护皮肤和黏膜的完整性，对眼睛感光过程、水晶体的角膜呼吸过程具有重要作用。

核黄素缺乏可导致皮肤异常、动物眼受到损害、睾丸发育不全、生长停滞、食欲减退、被毛粗乱、眼角分泌物增多等。肠道中的细菌可以合成一部分核黄素，饲喂高糖低脂的饲料时表现特别明显，但其核黄素的合成量远不能满足犬的需要，必须从饲料中供给，成年犬对维生素 B_2 的需要量为每千克体重 40 μg。

（3）维生素 B_3（泛酸）。

维生素 B_3 由泛解酸和 β-丙氨酸组成，因为它在动物体和植物组织中广泛存在，就如名字暗示的那样，来源于“任何地方”。泛酸是辅酶 A 的成分，参与碳水化合物、脂肪和蛋白质代谢，特别是对脂肪的合成与代谢起十分重要的作用。泛酸还是形成乙酰胆碱所必需的物质。

犬的泛酸需要已得到证实。缺乏泛酸时，表现为生长缓慢或不生长，皮肤受损，神经系统紊乱，抗体形成受阻，脂肪肝及肠胃紊乱。在正常情况下，喂饲混合饲料一般不出现泛酸缺乏。喂饲单一饲料时，犬会出现脱毛症状。

（4）维生素 B_4（胆碱）。

维生素 B_4 是卵磷脂结构中的一个关键部位，在体内有重要的生理功能。作为某些磷脂类物质的一种成分，通过脂肪代谢防止脂肪肝；作为不稳定甲基来源，用于肌酸的生成及几种激素的合成；作为乙酰胆碱的成分，在神经传导过程中起作用。

胆碱缺乏可导致犬脂肪代谢障碍，生长缓慢。

（5）维生素 B_5（烟酸）。

维生素 B_5 在生物氧化过程中起重要作用，对维护神经、消化系统及皮肤的正常功能、扩张末梢血管和降低血胆固醇也有作用。

烟酸缺乏可使动物生长受阻、食欲丧失、发生鳞状皮炎、运动失调、神经反射紊乱、骨骼发育异常等症状。犬日粮中烟酸缺乏则会引起“黑舌病”，表现为口腔炎症和溃疡，口内流出浓厚的带血唾液，口齿抽搐，呼吸恶臭。大剂量烟酸则会对犬产生催情反应。

（6）维生素 B_6（吡哆醇）。

维生素 B_6 有吡哆醇、吡哆醛和吡哆胺三种，在蛋白质、碳水化合物和脂肪的代谢中起重要作用。此外，也是能量产生、血红蛋白合成、糖原代谢及中枢神经系统活动所必需的营养元素。

维生素 B_6 缺乏症最常见的是中枢神经系统紊乱，外周神经发生进行性病变，动物易产生惊厥，甚至运动失调，最后死亡。吡哆醇已被证明为犬所需要的一种元素，该元素的缺乏可导致犬的体重减轻，引起某一类型的贫血，偶尔发生皮炎和秃病。同其他水溶性维生素一样，吡哆醇及其衍生物不被认为是高毒的。犬的需要量为每千克干日粮中含 1.5～2.4 mg，每千克湿日粮中含 0.45 mg。

（7）维生素 B_7（生物素）。

现已证实，犬需要维生素 B_7（又称为生物素）。在通常情况下，犬肠道内的微生物都能合成生物素，并且合成的数量可以满足其营养需要。但当使用抗生素来抑制细菌作用时，缺乏症状才会在犬身上表现出来。因此，对犬使用抗生素时，应考虑生物素的补充。犬生物素缺乏症状早期表现为皮炎，继而出现食欲不佳、生长减缓等症状。

(8) 维生素 B_{11}（叶酸）。

维生素 B_{11} 是由喋磷啶、对氨基苯甲酸与 L-谷氨酸结合而成的一组化合物又称为叶酸，参与细胞及机体一碳化合物的形成，并与核酸的合成有关。

一般动物体内微生物可合成叶酸，无菌动物或肠道菌群紊乱时易缺乏叶酸。对犬的研究证实，当喂饲半纯净的饲料并在使用抗生素的情况下，会出现叶酸缺乏症状，表现为犬的生长受阻，食欲减退，脱毛，巨红细胞性贫血，白血球与血小板均减少。

(9) 维生素 B_{12}。

维生素 B_{12} 是一种含钴的化合物，参与碳水化合物、脂肪和蛋白质代谢，维护神经系统正常功能，为造血器官的正常作用所必需。在自然界中的唯一来源是微生物合成，一般情况下动物不易出现维生素 B_{12} 的缺乏。现已证明维生素 B_{12} 为犬所需要，但需要量较少。每千克干日粮中含 15～28 μg，每千克湿日粮中应含 10 μg 即可满足犬的营养需要。

(10) 维生素 C。

维生素 C 是六碳糖的衍生物，有 D 型和 L 型两种异构体，但只有 L 型对动物有生理作用。维生素 C 存在于一切生命组织，但实验动物中的灵长类和豚鼠，不能合成。维生素 C 参与叶酸、酪氨酸、色氨酸代谢，调节脂肪、类脂及胆固醇代谢，对于骨骼组织细胞间质中骨胶原的形成，以及这些组织正常功能的维持都是必需的，对于机体的防御机能也有促进作用，维生素 C 还可促进肠道内铁的吸收，具有较强的解毒作用及抗氧化作用。

维生素 C 缺乏时，动物表现为生长阻滞，食欲减退，皮下及关节弥散性出血，易骨折、贫血、下痢。犬的许多疾病可以通过维生素 C 得到改善，如骨骼过度肥大、骨营养不良、腰角发育不良等疾病。但犬不需要在饮食中补充维生素 C，因为它们可以利用葡萄糖合成维生素 C。

三、宠物犬的营养需要

（一）犬的营养

犬的食物与营养是两个不同的概念。犬的食物是指给犬提供的可食物质，这些物质可以是各种动物的肉、内脏、蛋和奶，也可以是各种谷物、蔬菜和水果等；营养则是指犬从食物中获得或自身合成的营养素，用以维持生命，促进生长发育，构造和修补机体组织，改进健康状况，增强机体对疾病的抵抗力。同时调节机体生理机能，有助于繁殖后代，还可使体内各组织器官正常运行而不紊乱。

充足的营养能使犬将其优秀的遗传潜力表现出来，是使犬更有勇气、更聪明和掌握各种技能的主要途径。充足的营养与正确饲养不仅仅是为了使犬维持生命，更是使犬保持洁净明亮的眼睛、牢固的牙龈与牙齿、闪光的被毛、健康的皮肤、优美的体态等最佳的方法。

（二）犬的营养需要

犬的营养需要是指每只犬每日对蛋白质、脂肪、矿物质和维生素等营养物质的需要量。不同品种、性别、年龄、体重及生理阶段的犬，其营养需要存在差异。犬的营养需要量是通过饲养试验、消化试验、屠宰试验、平衡试验以及生物学等方法测得的。

犬的营养需要包括所需营养素的数量及各营养素间的适当比例两个方面。使用时应注意：首先，营养表中列出的一般是推荐值，往往是最低需要量，使用时应根据实际情况进行修正。其次，由于对犬的营养需要的研究有限，营养表中的许多数据仍是过去的科研成果，许多数值可能并不能恰当地反映犬的实际需要量。最后，不同体重、不同体型的犬单位体重所需的营养素的量是不相同的。因此，在根据犬的体重喂食时，不能照搬表上的内容，应根据食物中含水量的多少来确定。犬的不同营养需要如表 5－3 与表 5－4 所示。

表 5－3　犬对氨基酸的需要

氨基酸	成年（mg）	生长发育期（mg）
精氨酸	200	1 000
组氨酸	140	200
异亮氨酸	310	500
亮氨酸	480	600
赖氨酸	390	650
蛋氨酸	110	350
蛋氨酸和胱氨酸	220	700
苯丙氨酸	250	500
苯丙氨酸和酪氨酸	500	1 000
苏氨酸	220	500
色氨酸	50	150
缬氨酸	370	450

表5－4　犬的营养需要

营养成分	单　位	100 g风干饲料中含量		每天每千克体重的需要量	
		成年维持期	生长肥育期	成年维持期	生长肥育期
蛋白质	g	22	35.5	4.8	9.6
脂肪	g	5	23	1.1	2.2
亚油酸	g	1	1.7	0.22	0.44
钙	g	1.1	1.3	0.24	0.48
磷	g	0.9	1.0	0.2	0.4
钾	g	0.6	0.7	0.13	0.26
氯化纳	g	1.1	0.87	0.24	0.48
镁	g	0.04	0.07	0.009	0.018
铁	mg	6	11	1.32	2.64
铜	mg	0.73	2.7	0.16	0.32
锰	mg	0.5	1.7	0.11	0.22
锌	mg	5	5.7	1.1	2.2
碘	mg	0.15	3.6	0.034	0.068
硒	μg	11	13	2.42	4.84
维生素A	国际单位	500	2 850	110	220
维生素D	国际单位	50	771	11	22
维生素E	国际单位	5	16	1.1	2.2
维生素B_1	mg	0.1	1.74	0.022	0.044
维生素B_2	mg	0.22	0.9	0.048	0.094
泛酸	mg	1	4.4	0.22	0.44
烟酸	mg	1.14	16.3	0.25	0.5
维生素B_6	mg	0.1	0.73	0.022	0.044
生物素	μg	10	12	2.2	4.4
叶酸	μg	18	29	4.0	8.0
维生素B_{12}	μg	2.2	3	0.5	1.0
胆碱	mg	120	400	26	52

第二节 宠物犬日粮配制技术

一、宠物犬的消化特点

犬在动物分类学上属肉食目。犬的祖先以捕食小动物为主，世代相传，形成了肉食的特性。但在与人类的长期共同生活中，经过人类长期驯养，其饮食已有所改变，犬已变为杂食或素食动物。但只靠植物性饲料不能维持犬的生活，还必须采食一定数量的动物性饲料。

犬的门齿短小，但犬齿特别发达，体现了肉食动物善于撕咬猎物的特点。犬的臼齿也比较尖锐，能切断食物，啃咬骨头时，上下齿的压力可达165 kg，但不善于咀嚼食物，尤其是比较硬的植物纤维。因此，犬吃东西时会显出“狼吞虎咽”的样子，很少咀嚼。

犬的唾液腺特别发达，分泌的大量唾液可湿润口腔和饲料，以利于咀嚼和吞咽。与草食和杂食动物明显不同的是犬的唾液中除含有极少量的唾液淀粉酶外，几乎没有消化酶。唾液中含有的溶菌酶具有杀菌作用。犬的汗腺不发达，在炎热的季节，犬主要依靠唾液中的水分进行蒸发散热，借以调节体温。因此一到夏天，我们就常常可以看到犬张开大嘴，伸出长长的舌头，就是为了发汗散热。

犬的胃呈歪梨形，胃液中盐酸含量约为0.4%~0.6%，居家畜首位。盐酸能使蛋白质膨胀变性，便于消化吸收。因此，犬对蛋白质消化能力很强，这是其肉食性的基础。但犬的胃排空速度比其他单食或杂食动物快很多，在食后5~7小时能将胃中的食物全部排空。

犬的肠管较短，大约只有体长的3~4倍，而同样是单胃动物的马和兔的肠管则为其体长的12倍。犬的肠管不具有发酵能力，对粗纤维的消化能力差。犬的肠壁厚，吸收能力强，对蛋白质和脂肪能很好地消化吸收。犬的肝脏较大，相当于体重的3%左右，分泌的胆汁有利于脂肪的吸收。

犬的排粪中枢不发达，不能像其他家畜在行进状态下排粪。但呕吐中枢很发达，当犬吃进有毒或变性食物后会引起强烈呕吐反应，这是一种防御保护本能。

二、日粮的配制技术

（一）配制的目的

目前，国外养犬者多使用商品型饲料饲喂犬，因为这类饲料是经过科学方法配制而成的，适口性好，营养全面，容易消化吸收，且使用方便。我国已有部分商品型犬饲料出售，但因其价格贵而不被养犬者重视。多数养犬者不太重视日粮调配，只给犬喂一些剩余的饭菜，这样饲喂的犬大多表现为营养不足，生长缓慢，且易患病。因此，为了使犬能够健康生长，应该根据犬的消化特点和营养需要，将各种饲料按一定比例混合在一起，制成营养较全面的日粮。

（二）配制的原则

（1）配制饲料时须考虑犬的消化生理特点，选用适宜的饲料原料。犬是肉食动物，对蛋白质、脂肪消化吸收能力强，而对粗纤维的消化力较差，配制饲料时应限制粗纤维的含量。

（2）营养要全面。配制日粮时应根据犬的营养需要，将各种单一饲料进行合理搭配。首先要满足对蛋白质、脂肪和碳水化合物的需要，然后再根据需要适当补充维生素和无机盐。配制饲料时应注重饲料的质量而不是数量。

（3）单一饲料应品种多样化。不能长期饲喂单一饲料，因为长期饲喂会引起犬厌食。饲料品种多样化则可使各种饲料之间的营养成分相互补充，使营养更全面，充分满足犬的营养需要。

（4）考虑食物的消化率。吃进体内的食物并不能全部被消化、吸收和利用。如植物蛋白质的消化率是80%，其中有20%是不能消化吸收的。因此，在配制日粮时应考虑食物的消化率，各种营养物质含量应高于犬的营养需要量。

（5）讲究卫生。饲料要新鲜、清洁，易于消化，不能使用发霉、变质的饲料。

（6）经济实惠。尽量选用营养丰富而价格较便宜的饲料进行配合，以降低饲养成本。饲料选择的原则是因地制宜、因时制宜。

（三）犬日粮的加工调制

1. 一般加工调制方法

为了保证犬的健康和快速生长发育，防止疾病感染与寄生虫的侵袭，选择的饲料应经过适当的加工处理，以增进犬的食欲，促进消化。调制方法大致有粉碎、晒干、打浆、糖化、发酵、蒸煮、浸泡和膨化等。常用的犬饲料加工方法是蒸、煮、烤，不同种类的饲料可用不同的加工方法。

（1）生肉或内脏的加工。生肉或内脏加工前要用凉水浸泡，时间不宜过长，否则会使肉中的蛋白质损耗。然后洗净，切碎煮熟，再混入蔬菜，短时间煮沸，使之成为混合的肉菜汤。煮的时间长以达到杀菌、肉熟为宜，不应过烂，肉汤可与犬粮一块拌食，保证养分的充分利用。

（2）蔬菜加工。生的肉和蔬菜不宜直接喂犬，以防寄生虫病和传染病。新鲜的青菜应充分冲洗，除去泥沙，再切碎，加到热粥糊中，稍加热汤就饲喂，以保持维生素等营养成分不被破坏或少被破坏。也可将单一蔬菜煮熟后与肉、鱼粉、骨粉、食盐等一起拌入饲料内饲喂。块根类蔬菜尽量不要削皮，洗净后切成块，单独或与肉汤一起煮熟，再与饲料拌和饲喂。

（3）粮食类的饲料可以磨成粉，加入鱼粉、骨粉、食盐，蒸成糕、窝头或其他形状的面粉类，也可以煮成比较稠的粥糊。大米也可以做成米饭，面粉做成馒头，玉米面做成饼，然后与肉菜汤一起拌喂。

（4）骨头加工。犬有啃骨头的天性。对犬来说，啃骨头是一种娱乐和享受。啃骨头能使犬颚及口腔肌肉运动，锻炼牙齿和咀嚼功能，并促进胃液分泌。喂犬一般选股骨、蹄骨、肩胛骨和软肋等。若犬小则可把股骨切成几节，切断面要平整，不可有尖锐的骨刺，以免伤害犬。骨头也可制作成肉骨粉后，与其他饲料拌喂。

（5）剩饭菜的加工。有的家庭用部分饭店或食堂中的剩菜、饭加上饲料喂犬，这样做是可以的，但应注意卫生和食盐中毒。一般剩饭菜易受微生物感染，易变质，食用后是引起犬呕吐或拉稀。且剩饭菜含有大量的食盐与酱油等，可能引起犬食盐中毒。所以，使用剩饭菜喂犬时，最好先用清水洗淘，再用高温煮沸，然后拌入到其他饲料中使用。

总之，犬饲料的加工调制，一般是将粮食类饲料制成半流动的糊状，青菜和块根类蔬菜洗净切碎后煮熟，连同煮烂的肉、鱼粉、食盐和骨粉等一起拌入饲料内，维生素如酵母、鱼肝油临喂前加入。

2. 犬的颗粒饲料加工

颗粒饲料是经过轻度膨化、熟化、干燥加工而成的配合型饲料。其加工原理是：通过挤压加热式颗粒饲料机，给原料加水、加热、加压，当达到过热饱和状态时，将原料急速喷射到空气中，此时过热状态的水分会急剧汽化，在原料中产生膨胀力而形成多孔状态。这种饲料的特点是膨松，口感好，易消化。如玉米、高粱在未进行膨化加工前的消化率只有25%～35%，经过加工后消化率能提高到70%以上。另外，这种饲料易于保存和贮藏，且携带和投喂都很方便。通过调整配方和更换出料模孔，可制成供犬各个不同生长阶段和生理状态下食用的膨化颗粒饲料。

（四）注意事项

由于各种日粮类型不同，其营养成分与理化特性也各不相同，在进行日粮加工调制时，应针对性地注意以下几个问题：

（1）犬为肉食动物，不能直接消化生淀粉。另外，犬喜温食。因此，在饲喂前犬饲料均需经过煮熟处理。

（2）用鸡蛋喂犬时，必须将鸡蛋煮熟，因为煮熟的鸡蛋有利于消化吸收。

（3）喂谷物类饲料时，必须将谷物熟化，因未经熟化的谷物会造成腹泻。谷物熟化的手段有蒸、煮和炒等。

(4) 饲料不得夹生或烧糊，否则会影响犬对饲料的适口性及消化吸收。

(5) 新鲜犬食应现做现吃，不宜过夜。尤其是天气炎热时，贮存不当很容易引起食物酸败变质，导致犬食物中毒。

(6) 不要给犬吃贝类和乌贼，因为犬对这些海味难以消化，严重时会引起腹泻，即使少给一点也不行。另外，洋葱会导致犬中毒，引发血尿与贫血等疾病。

(7) 用剩饭菜喂犬时，应避免喂尖锐的鱼刺、鱼骨等，以防犬的口腔受伤。

(五) 犬日粮的参考配方

1. 日粮配制标准

(1) 小犬（断奶至7.5 kg以下）。

代谢能12.55 MJ/kg，粗蛋白质20.5%，磷0.75%，钙0.93%，粗纤维3%，赖氨酸1%，蛋氨酸和半胱氨酸0.4%。

(2) 大犬（体重7.5 kg以上）。

代谢能11.72～12.13 MJ/kg，粗蛋白质18%～19%，磷0.9%，钙0.95%，粗纤维4.3%，赖氨酸5.98%，蛋氨酸和半胱氨酸0.43%。

2. 日粮的参考配方

(1) 仔犬配方。

①仔犬人工乳配制：将骨肉熬汤300 g、鲜牛奶200 mL、婴儿米粉50 g与鲜蛋1个，混合后煮熟，待凉后加入赖氨酸1.1 g、蛋氨酸0.6 g与0.5%的食盐即可。

②仔犬哺乳期补饲料配制：瘦肉或动物内脏480 g、鲜蛋3个、玉米粉320 g、新鲜蔬菜500 g、生长素与多维适量，赖氨酸5 g、蛋氨酸3 g、食盐4 g，加少许骨肉汤混合均匀。

③断奶期日粮配制：玉米42%，豆饼19%，麸皮18%，米糠10%，鱼粉7%，骨粉3%，食盐与生长素各0.5%。

(2) 幼犬配方。

①玉米粉40%，豆饼粉11%，麦麸10%，米糠10%，鱼粉10%，高粱粉9%，肉类7%，骨粉2%，食盐1%，新鲜蔬菜150 g。

②玉米粉42%，大米28%，麸皮10%，肉类或动物内脏10%，米糠7%，骨粉2%，食盐1%。

③玉米粉25%，碎大米20%，米糠18%，麸皮17%，豆饼10%，鱼粉9%，骨粉1%。

(3) 肥犬配方。

①玉米49%，豆饼16%，麸皮19%，米糠6%，鱼粉5%，骨粉4%，食盐0.5%，生长素0.5%，新鲜蔬菜100 g。

②玉米51%，麸皮18%，米糠12%，豆饼11%，鱼粉5%，骨粉2%，生长

素 0.5%，食盐 0.5%，新鲜蔬菜 150 g。

③玉米 30%，麸皮 25%，碎米 20%，米糠 10%，豆饼 10%，菜籽饼 5%，鱼粉 2%，肉粉 2%，食盐 0.5%，生长素 0.5%。

（4）成年犬配方。

①大米 31%，玉米粉 30%，豆饼 11%，麸皮 10%，高粱面 9%，鱼粉 6%，食盐 1%，骨粉 2%，肉 250 g，新鲜蔬菜 150 g。

②玉米粉 35%，大米 24%，青绿蔬菜 16%，麸皮 12%，奶渣 5%，骨粉 0.9%，动物脂肪 0.6%，鱼肝油 0.5%，酵母 0.4%，盐 0.6%，猪肉 400 g。

③蔬菜 20%，肉类 20%，面食 15%，大米 10%，奶渣 10%，骨粉 10%，动物性脂肪 5%，胡萝卜素 5%，鱼肝油 2%，酵母 3%，盐 10 g/kg。

三、犬饲喂的一般原则

（一）定时、定量

定时是指每天饲喂时间要固定。定时饲喂可使犬形成条件反射，每到喂食时间，胃酸分泌增多，胃肠蠕动加强，饥饿感加剧，从而使其采食量增大，消化吸收能力也增强。不定时饲喂的犬易患消化道疾病。一般情况下，早晚各喂一次比较合适。

定量是指每天喂的饲料量要相对固定，防止犬吃不饱或暴饮暴食而导致犬的消化不良。满足幼犬的食量尤其重要，因为幼犬未吃饱会咬木板、沙发、拖鞋、犬箱等，但又不能无限制地过量吃饱。不同体重的犬每天的饲喂量如表 5－5 所示。

表 5－5　按犬体大小估算的日需采食量（干燥型饲料）

犬的体重（kg）	维持营养需要量		生长营养需要量	
	每千克体重（mg）	每条犬（kg）	每千克体重（mg）	每条犬（kg）
2.3	40	0.09	80	0.18
4.5	33	0.15	66	0.30
6.8	28	0.19	56	0.38
9.1	27	0.25	54	0.49
13.6	25	0.34	50	0.68
22.7	25	0.57	50	1.13
31.8	25	0.79	50	1.8
49.9	24	1.2	48	2.4

（二）定食具、定场所

犬应固定食具，不要经常更换。食盆要大一点，每次添食不要太多，盖住盆底即可。让犬舔食，吃完再添加，使其养成不剩食的习惯。

犬的喂食场所要相对固定。因为犬有在固定地点睡觉、进食的习性，有些犬在更换饲喂场所后食欲不振，甚至拒食。犬在固定地点进食是一个非常好的习惯，养成这种习惯的宠物犬一般不会到外面去乱吃东西。宠物犬的进食地点要远离厨房和餐厅，以免它养成到餐桌附近找东西吃的不良习惯。喂食地点最好是在犬窝附近。

（三）掌握好食物的温度

犬喜欢温热的食物，饲料的温度控制在40℃左右为宜，当食物的温度超过50℃时，犬有可能拒食。因此，应避免食物过热或过冷，太热的食物会烫伤犬的口腔，而太冷的食物则又容易让犬吃坏肚子。

（四）注意卫生

饮用水要清洁，不能饮地表积水，以免感染寄生虫和传染病。食具要定期消毒，新鲜的饲料要现做现吃，商品型饲料打开包装后也应尽快吃完，以防腐败变质。发霉变质的食物绝不能喂犬，以防食物中毒和消化系统疾病。

（五）注意观察犬的进食状况

喂犬时要注意观察其吃食情况，如有异常应查明情况，采取措施。影响犬进食的原因很多，但主要有三个方面：

1. 饲料方面

首先，饲料单一、不新鲜或有异味时，犬不愿采食。其次，饲料中若含有大量调味品，或含芳香、辣味等刺激性气味的物质，均会影响犬的食欲。最后，还应特别注意食物的咸度，应少放盐或不放盐，以防食盐中毒。

2. 喂食场所

喂食的场所如有强光，陌生人围观，嘈杂声很大，有其他犬或动物争食或抢食等情况，均会让犬不适应，影响犬的进食。因此，应尽量选择安静的场所饲喂犬。

3. 健康状况

同人一样，在非疾病状况时，犬偶尔也会食欲不振。若食物端上30分钟后还不采食，可先拿走食物，让犬饿一顿，下餐就会因饥饿而增加食欲。如上述原因都排除了，犬的食欲仍不见好转，应考虑疾病问题，应及时请兽医治疗。

（六）喂食次数

随着犬年龄增长，日喂次数减少。1月龄以内的犬每天喂6次，2月龄以内的犬每天喂5次，3月龄以内的犬每天喂4次，3月龄以上1岁以内的犬每天喂3次。一般成年犬每天喂1次，而且最好在上午喂饲，晚上喂食会导致犬消化不良，腹部肥大。怀孕犬、哺乳犬和病犬，可酌情掌握。

有些犬不一定按照上述方式饲喂，饲喂次数会因犬品种和饲料种类不同而变化。如腊肠犬喜食干燥型饲料，昼夜每隔2~4小时便小吃一次。

（七）不要喂犬吃不寻常的东西

植物性食物中，具有辛辣味的蔬菜如辣椒、胡椒、韭菜等，一般不能喂犬。不宜消化的东西，如竹笋、芝麻、玉米、大豆、海藻类等，也不宜喂犬。而洋葱、葱对犬来说是有毒的，不能给犬吃。

犬是肉食性动物，但不是所有的肉类都适合喂饲。有些动物性食物如章鱼、乌贼、鱿鱼、虾蟹、贝肉等对于犬来说，是难以消化的食物，易引起腹泻。而沙丁鱼、带鱼等脂肪太多的鱼类也不宜多喂，食入过量时，会引起湿疹与脱毛现象。

犬和人不同，不需调味剂。犬不宜吃含有大量化学调味品佐料以及特别甜或特别咸的食物，因刺激性气味会降低犬嗅觉的灵敏度，太甜的食物会引起犬的胃肠障碍。因此，一般的调味剂如酱油、味精、胡椒、辣椒、砂糖等不要给犬吃。白酒、啤酒等含酒精成分的饮料也不宜给犬食用。

也不要给犬吃零食，因为经常吃零食，会引起消化不良。特别是巧克力吃多了，犬会发胖，甚至会腐蚀牙齿。

（八）保证饮水

水对犬的意义重大，犬几天不食不会对身体造成很大影响，但几天不饮水，则会对其身体造成极大损伤，甚至导致死亡。根据季节、气温、运动、生理状况等不同情况，应经常保证给犬饮清洁的水。可在犬舍内或运动场所放一盆清洁的水，让其自由饮水。为保持水的清洁，应经常更换和补充水。

（九）喂养变化

为锻炼犬适应不同的时间、地点和饲料种类的喂养变化，可有计划地在其训练和使用过程中，用一些干粮、热食，如熟鸡蛋、烧饼、馒头、面包、饼干等喂饲。

另外，犬激烈运动后不能立即喂饲，喂饲后也不能立刻进行剧烈运动。

（十）不要养成用餐桌上的食物喂犬的习惯

很多犬主喜欢在吃饭时将碗中的食物赏给犬吃，以示宠爱。其实，这是一个很不好的习惯，会养成犬讨食吃甚至挑食的坏毛病。食物中的有些成分如调味品也可能会损害犬的食欲，造成犬的实质性营养不良。

（十一）杜绝挑食、玩食和甩食

当宠物犬不饿或已吃饱时，会出现挑食、玩食和甩食行为。杜绝犬的这些行为的最简单有效的做法是端走食具，等它吃完掉在地上的东西后，再端回食物让它继续吃。对上述做法不起作用的犬，犬主就要给予其一点训斥，先让犬停止进食，等犬安分后再让它接着吃。

第六章　宠物犬的训练

第一节　宠物犬训练的基本知识

一、犬接受训练的生理基础

犬之所以能被训练，是因为它具有发达的神经系统和高级神经活动的机能。训练犬学会与掌握各种本领的过程，就是建立各种条件反射的过程。根据反射活动形成的过程，可将反射分为非条件反射和条件反射。

（一）非条件反射和条件反射的概念

非条件反射是先天性的，是不需要学习就能实现的行为，也就是俗话所说的“本能”。如仔犬天生的吃奶、呼吸、排便、排尿和自卫等都属于非条件反射。

条件反射不是天生的而是后天获得的，是犬在生活过程中，不断受到环境刺激、训练而逐渐形成的。条件反射具有不稳定性，容易产生也容易消退。因此，犬所训练的每一个动作，必须定期进行重复训练、强化，才能得到巩固，否则经过一段时间后，犬就会忘掉已学会的训练动作。

训练犬的过程，就是利用犬的非条件反射作为基础，施加一定的条件刺激，使犬养成我们所需要的工作能力，这些能力就是在非条件反射的基础上形成的条件反射。例如，训练犬做出“立”的动作，当把“立”的声音刺激和手势刺激结合起来并使用若干次后，就会形成条件反射。以后只要做出“立”的手势，而不必发出“立”的口令，犬就会听话地“立”起来。利用犬能形成条件反射的生理特点，可有目的地对犬进行一系列的训练。

（二）训练犬建立和强化条件反射时应注意的事项

1. 合理应用条件刺激与非条件刺激

条件反射是条件刺激与非条件刺激结合的结果，没有非条件反射，条件反射是不能形成的。例如，“衔取”是犬的非条件反射，是建立条件反射的基础。在训练中，只要配合适当的衔取物和口令，就可训练犬完成“衔取”的动作。另外，条件刺激应发生在非条件刺激之前，这样易形成稳固的条件反射。因此，训练犬时，给犬的口令、手势等条件刺激必须先于牵扯引带和按压犬体某个部位的非条件刺激。只有这样才能使犬很快学会所教科目。如果两种刺激同时给出，条件反射的建立就比较慢。

2. 要注意刺激的强度

训练时应考虑犬的神经类型和它对刺激的敏感程度，同一强度的刺激作用于不同的犬时，其效果往往是不一样的。过强或过弱的条件刺激都不会取得好的训练效果。一般来说，只有当条件刺激的生理强度弱于非条件刺激的强度时，才能建立起条件反射。

3. 使犬保持良好的精神状态

要建立良好的条件反射，必须使犬的非条件反射中枢保持兴奋性，因为非条件反射是建立条件反射的基础。例如，犬饱食后参加训练，此时犬的食物中枢的兴奋性就很低，即使再用食物作为非条件反射刺激来强化条件刺激，作用也不大。另外，建立良好的条件反射，必须使犬的大脑皮层处于清醒状态。如犬正处于瞌睡、精神沉郁或过度兴奋状态，条件反射的形成就会很慢。

二、训练中使用的主要刺激

(一) 刺激的分类

在训练中使用的刺激，根据它们的性质可分为条件刺激与非条件刺激两大类。

条件刺激：口令、手势、哨声、铃声等。

非条件刺激：机械刺激、食物刺激、引诱刺激等。

(二) 非条件刺激的应用

1. 机械刺激

机械刺激包括抚拍、按压、扯拉牵引带、轻打、挑引等。除抚拍作为奖励手段外，其他的都带有一定的强制性，直接接触犬的皮肤和肌体，引起犬的触觉和痛觉，在这种刺激下，犬处于被动的防御状态。

使用机械刺激可迫使犬做出各种相应的动作，制止犬的不良行为。正确使用机械刺激训练出来的动作，比较正规而且稳固。另外，使用不当会影响犬对犬主的依恋性，甚至对训练产生抑制情绪，拒绝接受训练。因此，使用机械刺激应注意以下三点：

（1）正确掌握刺激的时机、部位与强度。在训练中必须根据受训犬的实际情况及所训科目的内容，正确选择合适强度的刺激，把握时机刺激与训练动作相适应的部位。

（2）机械刺激应与食物刺激结合使用。由于机械刺激易使犬产生抑制和被动的反应，结合食物刺激就可提高犬的兴奋性，缓和犬的紧张状态，使犬迅速建立条件反射。

（3）根据所训科目区别使用机械刺激。有些科目可使用机械刺激，有些科目就不宜使用，如果不加区别地乱用，就达不到训练目的，甚至使犬拒绝接受训练。

2. 食物刺激

食物刺激是指在犬受训成功或吸引其注意力时，给予犬美味食物，如猪肉、牛肉、糖块、点心等，奖励犬的正确动作和引诱犬做出动作。

食物刺激可调动训练积极性，使犬表现得兴奋、活泼、自然，但姿势往往不够正确、规范。使用食物刺激应注意以下三点：

（1）选用的食物要美味可口，能激起犬的食欲兴奋，且便于携带。同时食物刺激要适量，如果过多会影响正常食欲，也不利于以后的训练。

（2）根据训练情况合理选用。食物刺激适合于对食物反射强的犬，对食欲反射弱的犬，效果较差。另外，衔取、嗅觉作业、扑咬等科目不宜使用食物刺激，否则会影响科目的正常训练。

（3）食物刺激应与机械刺激结合使用。两者结合可扬长避短，易使犬产生条件反射。

3. 机械刺激和奖励相结合训练法

这种方法是训练中最常用的方法，是在犬拒绝接受训练时，用机械法强迫其按指令行动，同时在动作成功或有起色时给予奖励。单独使用外部的、生硬的机械刺激法训练时，犬对这一动作的接受是勉强的。如果将机械刺激法与奖励法相结合，可以达到奖罚分明，使犬知道该干什么，不该干什么。

4. 模仿训练法

模仿训练法是利用训练有素的犬的行为去影响或带动被训练犬的一种方法。如在我国东北地区，曾把要训练的犬和善于猎捕野猪的犬放在一起饲养，使彼此熟悉后带到猎场，让它向善于捕野猪的犬学习寻找、追赶、捕杀等技巧。有些善于捕鼠的母犬，在其育仔过程中，仔犬就会模仿母犬捕鼠的方法，学会捕鼠的技巧。

（三）条件刺激的应用

1. 口令

口令是以一定语言组成的具有指令性的声音刺激犬的听觉，指挥犬做出相应动作。一般要求口令要简短、清晰，不要附加其他语言。已采用的口令不轻易更改，要经常进行强化，防止消退。

口令不同的音调，可引起犬不同的反应。如用中等音量发出的普通音调，带有严格要求的意义，用它来命令犬做出动作。用强而严厉的声音发生的威胁音调，用来迫使犬执行动作和制止犬的不良行为。用温和的声音发出的奖励音调，用来奖励和强化犬的正确动作。在日常饲养管理和训练中，应将三种不同的音调结合实施，一般先用普通音调命令犬做出动作，如果犬不执行或延误执行口令就用威胁音调，强迫犬执行。犬执行动作后，再用奖励音调发出“好”的口令给予奖励。

2. 手势

手势是以手的一定姿势、动作组成的形象刺激犬的视觉，诱导其做出相应的动作。在使用手势时，应根据犬的情况，选择合适的时机和准确的手势动作，并经常给予支持、强化。

三、训练手段

训练手段是犬主在整个训练过程中，为了使犬建立条件反射，并能根据口令和手势顺利做出动作，而必须正确掌握和使用的要领。犬主必须努力遵循调教与训练原则，正确运用训练手段，通过强迫、诱导、禁止、奖励的有机结合，使爱犬迅速养成稳定的条件反射和各种技能。

（一）强迫

1. 强迫的概念

强迫是指犬主使用机械刺激强化口令，迫使犬做出相应动作和听从指挥的一种手段，这可以加快条件反射的形成。强迫的条件刺激是指威胁音调的口令，非条件刺激是指一定的机械刺激，如猛拉牵引带等，给犬造成肌体某一部分的重大压力和肉体疼痛，使犬就范。

2. 在训练上的应用

在训练的时候，只要犬一出现不执行口令、手势的苗头时，立即采用威胁音调的口令并结合强有力的机械刺激，迫使犬做出动作，毫不迁就。否则，犬就会养成有令不行的毛病。在犬被强迫完成动作后，应给予适当的奖励，以防止犬产生逃避心理。

3. 使用中应注意的问题

（1）及时、适度。第一个口令发出后，如果犬未执行，就应及时发出威胁音调的口令，采用机械刺激，使犬迅速执行动作。

（2）必须和奖励相结合。强迫手段易引起犬的抑制及影响犬对犬主的依恋性，所以在采用了强迫手段后，应给予奖励。一方面缓和犬的神经过程的紧张状态，另一方面又奖励和强化了犬的正确动作，达到了巩固条件反射的目的。

（3）强迫手段是适应于犬的神经类型的主要行为特征，根据犬的神经类型掌握刺激量的强度。

（4）犬生病或疲劳时，不应使用强迫的训练手段。

（二）诱导

1. 诱导的概念

诱导是指犬主使用食物、物品或其他因素诱使犬做出某种动作，或利用犬自发性动作，通过与口令、手势的结合使用，以使其建立条件反射或增强训练效果的一种手段。

2. 诱导的作用

当犬主下达口令、手势等指挥信号，犬未执行，而又使用不上其他非条件刺激时，可采用诱导的手段使犬做出动作。但是，在训练中，诱导只能作为辅助手段使用。

3. 使用中应注意的问题

（1）与强迫手段结合使用，取长补短，保证动作的规范性，增强服从性。

（2）为防止产生不良联系，不能长期使用诱导，否则就易产生有诱则动、令而不行等坏毛病。应随训练进度，逐步减少诱导。

（3）因犬制宜，掌握时机，多适用于幼犬、初训犬、兴奋性较低的犬。

（三）禁止

1. 禁止的概念

禁止是犬主为制止犬的不良行为而必须采用的一种强制手段，是通过用威胁音调发出“非”的口令，同时用强有力的机械刺激来达到目的。

2. 禁止的使用

对犬的一些恶习，如随意扑咬人、牲畜、家禽，随时拣食，随地大小便或其他不良行为，要及时制止，并应在犬刚有念头时就禁止。犬主的态度要严肃，口令始终保持强烈，同时要经常伴以机械刺激予以强化。每当犬的不良行为被制止后，要及时给予奖励，以缓和犬的紧张状态。反复这样的运用，犬就对“非”的口令形成了条件反射，长期使用可使犬的不良行为得到抑制。

3. 使用中应注意的问题

（1）“非”的口令是在犬产生不良行为时使用的，在科目训练上不允许使用。“非”的口令必须伴以机械刺激才能发挥作用。

（2）禁止的使用必须及时，一定要同犬产生不良行为的时间相一致，过早、过晚都无效。

(3) 禁止应与奖励相结合，当犬能按照口令中止不良行为时，应及时给予奖励，以缓和犬的神经活动的紧张状态，巩固和强化条件反射。

(4) 根据犬的年龄、神经类型及行为特征，正确掌握刺激量的强弱。

(四) 奖励

1. 奖励的概念

奖励是为加速培养和巩固犬的能力而采取的强化刺激手段。一般是用温和的音调对犬发出“好”的口令，并同时结合食物、抚拍等。

2. 奖励的使用

奖励的手段多种多样，比如，可在科目训练后，让犬游散，既可缓和犬的神经活动过程，又满足了犬的自由反射；也可用物品来满足犬的衔取欲，尤其是在训练与衔取欲有关的科目时；在犬执行科目动作的过程中，可用“好”的口令刺激犬加强正确动作的执行。奖励手段不仅用于巩固犬的能力、强化条件反射，而且也用于调整犬的神经过程，消除犬的被动防御反应。

3. 使用中应注意的问题

(1) 奖励的要点在于及时、恰到好处。当犬根据口令或在强迫作用下正确执行了动作，就应及时奖励，这样才能起到强化作用，过早、过晚均无效。

(2) 犬主的态度表情要和蔼，语气要温和，动作要轻柔，使犬感到舒服。

(3) 奖励手段也因犬、因动作而异。如食欲反射强的犬，就多给予食物奖励。如调教犬做“后腿着地”动作，在其动作完成以后应马上给予奖励，否则易导致犬的作业兴奋性降低。另外，在动作未完整完成之前不宜奖励，在其对动作极端熟练之后，就要考察它的综合运用能力并给予奖励。

四、训练犬的基本原则

训练犬的基本原则是：循序渐进、由简入繁、因犬制宜、分别对待。

(一) 循序渐进、由简入繁

犬的能力培养，都是按一定的程序进行的，由低级到高级、由简单到复杂，逐步培养犬的能力。能力培养的程序基本上分三个阶段进行。

第一阶段：培养犬对口令建立基本条件反射阶段。为了使犬能根据口令做出相应的动作，应遵循下列要求：选择清静的环境和干净的地面进行训练，以利于犬迅速建立条件反射；避免频繁单调的训练，防止犬对科目失去兴奋性而拒绝接受训练；对犬做出与口令不相符的动作，要及时纠正；对犬的正确动作要及时给予充分的奖励，以强化效果。

第二阶段：条件反射复杂化阶段。这个阶段要求将犬的各单一条件反射有机地结合起来，形成一种完整的能力，另外，对手势建立条件反射。这一阶段的重点是组合。训练的环境不应过于复杂，但可以在不影响训练效果的前提下，适当地更换训练时间和地点，并进行环境锻炼。为了使犬对犬主的口令能迅速、顺利地执行，对犬延缓执行动作，要及时纠正并采用强迫手段，适当加强机械刺激的强度，要求一令一动，对犬的正确动作要及时充分奖励。

第三阶段：环境复杂化阶段。在本阶段初期，犬可能会由于外界环境的变化而产生探求和防御反应，延缓或拒绝执行口令，这时应使用机械刺激，强迫犬做出动作，犬执行后及时给予奖励。在本阶段，除了用机械刺激强迫手段外，还应经常带犬去复杂的环境进行锻炼，使犬能适应外界的各种复杂环境，并能自觉抵抗外界引诱刺激，坚决地执行口令，顺利地完成动作。

（二）因犬制宜、分别对待

由于每只受训犬的神经类型和主要行为特征不同，因此我们对每头犬能力培养的要求及所采用的手段也不应完全一样，否则就不能达到预期的训练效果。犬主要区分为以下七种类型：

1. 兴奋型

这类犬的主要行为特征是兴奋过程强，抑制过程弱。建立兴奋性的条件反射快而且巩固，建立抑制性的条件反射慢而且不巩固。对待这类犬，主要是逐步培养和发展它的抑制过程。犬主在培养这类犬的抑制过程时，要严格遵守“循序渐进、由简入繁”的原则，不可急躁冒进。这类犬忍受刺激量比其他类型的犬强，在训练及纠正不良行为时，可用稍强的机械刺激。

2. 活泼型

这类犬的主要行为特征是兴奋和抑制过程都很弱，转换也很灵活，建立兴奋性和抑制性条件反射都很快。这类犬很灵活，如果训练员影响手段不当，就很容易产生不良联系，所以要求在训练中一定要严格遵守训练原则，正确使用影响手段。

3. 安静型

这类犬的主要行为特征是兴奋与抑制过程都很强，相对来说抑制过程稍强一点，主要是两种神经过程的转换不怎么灵活，建立条件反射较慢，但形成后则比较巩固。这类犬主要是培养灵活性，提高兴奋性。在训练中，应重复口令，并采用强迫手段，使犬经多次条件刺激和非条件刺激而建立条件反射。

4. 探求反射较强型

这类犬对周围环境中的某些新异刺激非常敏感，应多进行环境锻炼，使之逐步适应。训练时，应尽量选择清静、无外界刺激诱惑的训练场地。训练中出现探求反射时，犬主要设法把犬的注意力吸引到训练科目上来，也可适当使用强制手段来抑制探求反射。

5. 被动防御反应型

这类犬的特点是一旦遇到惊吓或害怕的事物，就采取消极的被动防御，使训练不能顺利进行。因此，训练这类犬时，语调要温和，动作要轻柔，以防止犬突然受惊吓而不敢接近犬主，影响亲近关系的建立。当犬遇到害怕的事物时，犬主要耐心诱导，使犬逐渐消除被动状态。

6. 食物反应强烈型

可充分利用这类犬食物反应强的特点，多用食物刺激进行训练。但训练良好的玩赏犬，应拒食别人给的食物和不随地拣食。因此，要加强“禁止”训练，使犬养成良好的习惯。

7. 凶猛好斗型

这类犬基本上属于兴奋性极高的犬，要适当加强机械刺激，发挥其抑制过程。犬主在管理训练中应严格要求，加强依恋性、服从性和扑咬训练，以充分利用其所长，但要防止其乱咬人和畜。

以上七种类型犬较为典型，所述对待方法不可能适应所有的犬。犬主应根据自己犬的实际情况，采用适合自己犬的行为特征的方法和手段。

五、训练犬的注意事项

家庭饲养的犬基本上都是作为宠物饲养的，每位养犬者，都希望自己有一只听话、能按自己意图办事的犬。因此，对宠物犬进行一定的训练是必要的。要训好犬，应注意以下七点：

（1）要有耐心和毅力，不要因犬的反应迟钝或拒绝训练而打骂。如果采取谩骂、踢打等粗暴的行为，会使犬形成训练和挨打之间有联系的条件反射，引起犬的畏缩和惊慌，就会使犬对训练产生抵触情绪。

（2）要坚持，不能半途而废。不要希望所有的犬都是“天才”，很多动作都是靠坚持不懈、反复训练而成的。因此，训练中的每个命令和动作要反复地进行，直到犬学会、做对为止，切勿中途放弃或迁就。完全学会一个动作再进入下一个动作的训练。

（3）训练由一人完成，切忌因多人训练造成口令和要求不一致而使犬无所适从。对犬的训练最好由家中与犬最为亲密的人来完成，如经常给犬喂食、刷毛、洗浴的人。即使一人训练时，语调和口令也要一致，不能随意改变。另外，全家人态度要相同，协力完成如教导犬吃饭、散步、上厕所等日常训练。

（4）语气必须柔和，语言要简短。犬是非常敏感的动物，训练时，尤其是开始教授新的内容时，使用语气要轻柔，同时配合适当的手势和表情。口令要清晰、简短、干脆利落，一般不要超过3个字，让犬容易理解、记忆和接受。另外，对不同性情的犬要采用不同的语气。例如，同是“坐下”，对被动防御反应型的犬要温柔地命令它，对活泼型的犬则大声地命令它，犬主可根据自己犬的性格类型选择不同的方式。

（5）每次训练的时间不要太长，最多不超过15分钟。凡犬做对动作时，要及时给予奖励，如称赞、抚摸，或给它爱吃的东西，使犬逐渐对训练感兴趣。另外，训练也可在日常生活中如散步、吃饭、来客等进行，使犬逐渐形成记忆。

（6）训斥犬时，不要直接呼叫犬的名字。在犬做了“错事”的时候，如果连犬的名字一起骂，会使犬形成一种条件反射，被叫到名字的时候，就会被挨骂。于是，下次再喊犬的名字时，它会惊恐甚至逃走。

（7）奖罚要分明。犬的感情丰富，对奖励与惩罚都很敏感。如果表现好，可拍它的头说“干得很好”，并给一点美味食物。如果犯了错误，就训斥它，并给予轻微的惩罚。另外，训练时千万不要戏弄犬，而是要尽力取得犬的信任，训练时才不会引起犬的恐慌或敌意。

第二节　幼犬培训

幼犬培训是指在一定的遗传基础上，对断奶后至6月龄的幼犬进行培养和训练。此期的幼犬，正处于早期的发育阶段，有较强的可塑性和适应性，行为反应在此阶段生活过程中开始获得并逐渐形成，可以通过外界条件和人为影响，塑造体质健壮、行为特征良好的犬。当犬年龄超过6月龄时，可塑性变得越来越小，虽然也能塑造出优良的行为特征，但需要花费较多的时间。因此，对幼犬进行培训具有可行性和必要性。

一、受训幼犬的选择

每只幼犬都有学会各种技巧的本能，但其掌握技巧的程度，常因犬而异，这与犬的品种、个性、年龄、神经类型等有关。因此，对受训幼犬应进行严格的选择。

体型外貌：身体各部结构发育匀称、肌肉发达、雄壮强健、姿态端正、行动机警灵活。尾活动时上翘不卷，静站时自然垂下。

神经类型：最好是活泼型和兴奋型犬，可在自然条件下和训练过程中，通过观察和研究犬对不同刺激反应的情况，简略判定。

感官：要求听力、视力良好，嗅觉灵敏，嗅认方式好。

反应：应选择有良好的猎取反应、主动防御反应和食物反应的犬。凡反应迟钝，或探求反应、被动防御反应不传的犬，或是猎取反射退化的犬，都不能作为受训犬。此外，训练猎兔犬或衔回犬等工作和玩赏兼用型犬类，除应根据上述一般条件外，对听觉、视觉、嗅觉、速度以及探求反射和猎取反射的要求更高。

二、培训目标

通过培训的幼犬必须达到发育良好、兴奋活泼、服从主人、行为良好的要求。具体的培训目标有以下几个方面：

(1) 发育良好，体质健壮，四肢有力，跑动迅速，有一定耐力，身体活动敏捷、自如。

(2) 胆大灵活，对他人的挑逗不害怕，或能表示“示威”。能适应较复杂的环境，对光、声、车、马、行人等刺激，无被动防御反应；能顺利通过各类简易的障碍物或自然的沟、坡、矮墙等；对他人的逗引无恐惧反应，适应乘坐各类交通工具；有一定的衔取欲望，敢于迎接挑战。

(3) 兴奋好动、注意力集中、反应灵敏，尤其是对主人的口令、手势及手持物兴奋。

(4) 依恋性强，不随意离开主人，习惯主人的牵引和抚摸；服从性好，不能让幼犬养成高兴时服从命令，不高兴时就发脾气，拒绝执行命令；必须在听到喊它的名字时，立即跑过来，听到主人的呼唤能迅速来到跟前。

(5) 平时的卫生习惯较好，不随地大小便，不随地拣食脏物，不追咬人畜。

(6) 允许主人拿走它的食盆、玩具等，而不应反抗或者吠叫。不得随意对客人吠叫，应根据主人的示意行事。

三、实施幼犬培训的步骤

幼犬培训是一项有目的与具体要求的工作，要在有限的时间内达到目标，就必须合理而科学地安排时间，制订具体的培训计划，分步骤逐一完成。在制订培训计划前，应先对幼犬进行全面考察，了解幼犬行为特征中的优缺点，然后根据各犬的不同情况来制订培训计划，可分七步进行：

第一步：让幼犬熟悉犬主及其周围的环境，与主人建立亲和关系。

第二步：幼犬由群居群放过渡到单居单放。

第三步：使幼犬习惯牵引和呼名。

第四步：培养幼犬的服从性，使其听从犬主简单的口令指挥。

第五步：使单个幼犬能适应较为复杂的环境，习惯遇到各种声响。

第六步：使幼犬行为敏捷、奔跑迅速、体格健壮。

第七步：使幼犬具有初步的玩耍、衔取能力。

四、幼犬常规训练

（一）亲和训练

训练的目的是建立犬和人之间的亲和关系，即建立犬对主人的依恋性的训练过程。对待不同类型的犬应采取不同的方式进行训练。对食物特别兴奋的犬，应采用食物奖励的方法；而对待食物消极的犬，当多采用耐心、温和的态度，使犬能够主动接近犬主。对积极防御占优势的犬，犬主应胆大细心，可利用喂食或游散等机会和犬多接近，慢慢取得它的信任，然后再进行后面的训练。亲和训练应在犬与犬主之间进行，在训练过程中，犬主应当亲自参与犬的饲养管理工作，尽量避免犬与他人接触。犬主在与犬的接触过程中不可操之过急，对犬的态度要温和。

（二）呼名训练

犬有了名字，才能进行训练，它能保证在以后的训练中，当叫犬的名字时，都能把犬的注意力吸引到主人身上。给幼犬起名，最好选用容易发音的单音节或双音节词，使犬容易记忆和分辨。呼犬名时应语气和善，幼犬才易接受。尽量不要给幼犬起两个以上的名字，随意更改犬名会使幼犬不知所措，甚至对主人的呼唤根本不予理睬。

呼名训练应选在幼犬进食、心情愉快、嬉戏玩耍时，容易使犬建立呼名反射。训练时，要利用犬较感兴趣的东西，如皮球玩具、骨头、糖果等，来吸引犬的注意力。当幼犬在听见主人喊它的名字后，机灵地转头张望，摇尾巴表示高兴，说明犬认同此名。重复多次后，幼犬逐渐知道这是自己的名字，听见后会主动跑到主人的跟前来。这时犬主应爱抚幼犬或者给犬吃爱吃的食物进行奖励。注意不要在惩罚时对爱犬进行呼名训练，因为此时幼犬很紧张，易将自己的名字同警觉联系在一起，不但未能纠正错误习惯，还使幼犬害怕听到这种声音。

（三）体质锻炼

体质锻炼主要是利用自然环境的条件，让幼犬进行散放和运动，从而提高幼犬的身体素质，保证幼犬的身体健康。幼犬的体质锻炼可分三步进行：

第一步：幼犬3月龄前，让其群居群养。犬舍活动场地大，幼犬可相互追逐嬉耍和跳跃，使幼犬的体质得到自然的锻炼。另外，选择平坦清静的场地，带整群幼犬出来徒步散放，并进行适当的奔跑。

第二步：幼犬3月龄后，可选择自然条件较复杂的场地进行奔跑训练，或用自行车带幼犬奔跑和衔取物品而使幼犬奔跑。

第三步：5月龄后的幼犬，选择一些障碍进行跳跃。如在幼犬散放运动时，诱导幼犬跳跃小沟、小坎等，然后再用专门的栅栏、障碍板等训练器材加以训练，注意障碍的高度要适中。

训练中应注意的问题：

（1）奔跑的速度和时间长短要视犬龄和体质强弱而定，由慢到快，有间歇地进行，不能使幼犬过度疲劳。

（2）用自行车带幼犬奔跑时，要防止幼犬被自行车压伤。

（3）选择障碍跳跃时，要注意高度和宽度，以幼犬能自然通过为宜。

（四）环境锻炼

环境锻炼是通过犬主有目的地选择特定环境或故意施放各种烟火、音响等来使犬适应不同环境。幼犬的环境锻炼的原则是：先清静后复杂、先白天后晚上、先弱刺激后强刺激。从幼犬熟悉的环境逐步过渡到有声响、车马、行人等复杂环境条件的锻炼。

第一步：在白天整群幼犬散放时，有目的地带幼犬到较清静的环境，再逐渐带至较复杂的环境。

第二步：在白天带整群幼犬去接触特定物体，如家禽家畜、烟火灯光、车辆、火车、飞机、轮船以及其他不常见的物体。

第三步：在白天带整群幼犬到一空旷场地，然后制造各种音响。如燃放鞭炮、敲锣鼓、鸣枪、按喇叭等。

第四步：将上述三步环境锻炼改在晚上进行。

第五步：由整群幼犬进行锻炼改为单个进行。

训练中应注意的问题：

（1）在进行环境锻炼时，如果幼犬出现害怕或探求反应，不能生拉硬拽施以暴力，应多用抚拍和食物来鼓励幼犬，要耐心诱导，让幼犬消除疑虑。

（2）进行声光锻炼时，要由弱到强、由小到大，绝不能搞突然袭击。

（3）进行特定物体锻炼时，要由远及近，自然地诱导，特别要防止幼犬攻击畜禽。

（4）对被动防御反应强烈的幼犬，应特别耐心而持久地进行慢慢诱导，以免个别幼犬出现“音响恐惧症”和“惧物症”。

（5）尽量避免接触病犬，不去病犬常去的地方。因为3个月龄左右的幼犬未完成疫苗接种程序，所以它对传染病的抵抗力低。

（五）乘车锻炼

在犬的生活当中，经常会遇到车辆的运载。许多犬对此不适应，有的甚至晕车呕吐，严重影响了犬的精神状态和工作质量。因此，在幼犬时期就应该进行必要的乘车锻炼。

第一步：带幼犬到停放的车辆跟前，让幼犬熟悉车辆。并让车辆原地发动，使幼犬熟悉车辆发出的声响。

第二步：带幼犬跳跃上下车，让它在车上活动片刻，使之慢慢习惯。让车辆由慢到快，沿平坦的道路再到不平的道路开动，进行实际的乘车锻炼。

训练中应注意的问题：

（1）乘车锻炼时，犬主一定要跟在幼犬的旁边，以免发生意外。

（2）幼犬表现不安时，犬主应不断抚拍、鼓励。

（3）如幼犬发生呕吐，应及时停车，带幼犬下车散放片刻，必要时可服用晕车药物。

（4）幼犬刚进食后，不要进行乘车锻炼。

（六）衔取欲望的培养

幼犬的衔取欲望的训练也是在群犬中进行的。

第一步：助训员利用破护袖在幼犬面前反复拍打和摇晃，激起犬对护袖的占有欲望。当犬衔住护袖后，助训员扯拉护袖以增强犬衔取的牢固性，在确定犬衔取牢固后，放开护袖让犬获得，犬主应及时给予充分的奖励。助训员要再次挑逗，让幼犬的兴奋性第二次达到高峰后结束训练，犬主要再次奖励犬。

第二步：助训员利用长约1m的麻条棒在犬群中反复逗引，让犬衔取欲望达到高峰后，把麻条棒甩给犬衔往，然后反复扯拉，增强犬的兴奋性，当犬的衔取兴奋性达到高潮后再把麻条棒送给犬，结束训练方法同前。

有了上面的两步骤训练基础后，可以逐渐过渡到利用较小的棉质物品进行训练。

（七）勇敢进攻性的培养

幼犬天生有一种群体进攻的能力，但单条犬对挑逗的主动进攻性要差得多。因此，该训练特别适宜集体进行。

第一步：利用幼犬先天具有保护食物的行为，来培养其勇敢进攻的特性。把幼犬拴系好，并在其旁边放上一盆食物，安排一个陌生人牵引一条犬靠近食盆，幼犬出于护食的本能而发生狂吠，犬主应立即表扬犬，同时赶走陌生人，把食盆送给幼犬进食以示鼓励。

第二步：利用陌生人的挑衅和群犬的助威，来激发幼犬的进攻行为。将群犬带到训练场后，让穿着破旧服装的陌生人，手拿棉布条、树枝或麻棒不停地挑逗幼犬，并做出假进攻、真后退的动作，当幼犬出现吠叫和追逐表现时，适时将棉布或麻棒给幼犬撕咬并扯拉。此时犬主应发出“好”的口令，用手轻抚幼犬以示奖励。对于胆小怕事的幼犬，犬主要不断地给予鼓励，让它们通过观察同伴的撕咬过程，来增强信心，提高进攻欲望。这种培训每次都要让幼犬获胜而告终，以促进它的进攻欲望。

第三步：在上述训练的基础上，助训员去掉护袖的帮助，专门利用树枝的挑逗动作来培养幼犬的进攻意识，但要注意攻击时速度要慢，退的动作一定要快。犬主在助训员逃跑时，发出“袭”的口令，大声鼓励幼犬勇敢地冲上去追赶，一般不要让幼犬咬到。该步骤训练不宜过多，在幼犬的胆量和勇敢性有了一定程度的提高后应停止训练，以免由于勇敢性过强影响幼犬的个性平衡发展。

（八）服从性的培养

服从性的培养主要是犬主与幼犬之间建立了良好的亲和关系后，通过严格要求和必要的专门训练来实现。

第一步：日常管理中必须对幼犬有严格要求。

第二步：使幼犬习惯戴脖圈。在幼犬喂食或散放前，选一款较柔软的脖圈，先抚拍幼犬的前胸及头部，趁机把脖圈套上，然后喂犬食或带出去散放。

第三步：使幼犬习惯牵引。当幼犬习惯戴脖圈后，再用牵引绳牵引幼犬外出散放运动。先是在散放前，把幼犬逗引至跟前，轻轻地拉住脖圈把牵引绳扣上，然后逗引一下幼犬，再一同慢跑散放。幼犬不听指挥时，可轻轻地提拉牵引绳来刺激幼犬，但刺激不宜太重。

第四步：当幼犬习惯牵引后，应在日常管理中多进行牵引控制，并有意识地改用长绳来牵引控制，以培养犬良好的服从性。

（九）兴奋性的培养

兴奋性的培养主要是通过玩耍，尤其是通过衔物训练来进行。

方法一：幼犬生性活泼，喜欢追逐犬主。因此，犬主可充分利用幼犬这一特性，用抚拍、挑逗、翻滚等方法与幼犬玩耍，以培养其兴奋性。同时，在幼犬舍内，可添置一些玩具供幼犬玩耍。

训练中应注意的问题：采用此法训练时，幼犬因兴奋往往会轻轻地撕咬或爬到主人身上。对此，主人应高兴地与幼犬玩耍，切忌简单粗暴地斥责或刺激幼犬。

方法二：利用物品衔取来培养幼犬的兴奋性。

第一步：训练前选好清静的场地，助训员手持顶端绑有麻片的竹枝，由远而近直至幼犬面前反复逗引，以引起幼犬的追扑欲望。犬主应不停地采用“好”的口令和抚拍等奖励。助训员在把犬的兴奋性挑逗得比较高涨的情况下，选择1~2条表现突出的幼犬让它衔到麻片，然后反复扯拉，激发幼犬争强好胜的心理，最后让幼犬获得麻片，胜利结束。犬主在幼犬获得麻片以后，应及时给予奖励，并适时地取下麻片扔给助训员。助训员要再次挑逗，让幼犬的兴奋性第二次达到高峰后结束训练，犬主要再次奖励幼犬。该训练要注意幼犬的体力，一般不宜连续训练，而且训练的次数不要过多，以2~3遍为宜，同时要明白挑逗幼犬的兴奋性是主要目的，让犬得到麻片，只是一种奖励手段。

第二步：犬主拿着一定面积的布片在手中晃动，引幼犬来撕咬。幼犬能撕咬时，给予很好的奖励，通过多次训练之后，犬主即可拿着布片在幼犬面前摇晃逗引，幼犬表现出要衔取时，立即将布片抛出3~5 m以外的地上，让幼犬追逐布片，并将其衔回，然后给予奖励。这种训练次数也不可过多，一般1~2次。等幼犬长到4~6个月后，犬对物品有一定的兴奋性了，才可适当增加训练的次数以及物品抛出的距离，甚至还可拿稍微硬一点的物品给犬衔取。

训练中应注意的问题：

（1）衔取次数不宜过多，每次务必成功。

（2）幼犬衔取物品回到主人跟前后，应稍停片刻后再奖给食物，以免产生衔取后便马上吐出物品来等待食物的坏习惯。

（3）群犬追逐物品时，犬主应当对参加撕咬物品的每条幼犬都加以奖励。不能袖手旁观，任其自然，否则抢不到物品的幼犬，兴奋性就会越来越低，而能抢到物品的幼犬也会因得不到主人的奖励而降低兴奋性。

（十）定点排便训练

玩赏犬大部分时间都生活在室内，如果不做好排便训练，会给主人带来许多麻烦，不仅影响室内卫生，还会使人产生反感，对养犬失去信心。因此，训练犬在固定地点大小便，无论对于家庭或社会公共场所的卫生都很重要。

定点排便训练最好从幼龄犬开始，因为幼犬自己控制排便能力较差，习惯随地大小便。正常情况下幼犬每天要小便10次，大便3次。定点排便训练的关键一点是要掌握犬在排便之前有无特殊的举动。一般大小便的时间为活动后、醒来后或喂食后，当犬出现嗅闻、翘尾、蹲下、来回转个不停等征兆时，立即把它带到事先安排好大小便的地方去。最好在这个地方先沾上一点幼犬的尿液。如果犬能在指定地点大小便，训练者应给幼犬一点爱吃的东西或抚摸它的头。如发现幼犬已开始小便，也要强行把它带到应去的地方。

对不到指定地点排泄的幼犬，要发现一次惩罚一次。另外，幼犬外出时，喜欢在路边撒尿做标记，这是犬的天性，应与随地大小便区别开。但在城市街道上，犬的这种习惯也有碍卫生。因此，养犬者领犬外出时，一定要给犬带脖圈，用皮带引导。如能训练幼犬到厕所大小便，则是最理想的。

（十一）训练犬听话

犬不懂人说的话，不明白每个字的意思，但对人的语气和手势很敏感。因此，在训练犬听话时，必须用坚定的语气和配以手势，如家中养的犬，听到门外有人活动时就狂吠，这不仅是一种不礼貌的行为，而且也影响家人休息。此时应立即用手握紧犬的嘴。同时用十分肯定的语气，摇头说“不行”，经过数次训练之后，它就会明白狂吠是不对的。

当有客人来访，犬也会变得兴奋，常会围绕客人的脚前脚后不断嗅闻，往往使客人感到很紧张。为了训练犬听话，犬主应站在犬的前面，发出“别动”的口令，同时向前推出右手做拒绝姿势。如果犬欲走动，则向前将其按住，再发出“别动”的口令。并用手指向犬窝的方向，发出“回去”的口令，然后将犬拉到犬窝里，令其别动。如果犬欲逃走，则将其按住，同时坚定地说“不准”。如果犬按着口令回到窝里，要及时给予爱抚和奖励。这样反复多次训练即成。

有的犬主溺爱犬，对上述情况不采取坚定的语气加以纠正，反而用手抚拍犬头，柔声说“不要这样顽皮”，这样容易使犬误解为主人在“鼓励”它。无论是表扬或禁止，必须当场进行，否则时过境迁，就收不到预期的效果了。

（十二）“鼻子”训练

幼犬嗅觉的早期开发，对今后有关嗅觉科目的训练有很大意义。在幼犬培训初期，幼犬对外界各种新的环境充满着好奇和探求，如果能掌握时机，运用正确的方法加以诱导，会让幼犬养成仔细嗅认的习惯。幼犬嗅觉早期开发和培训采用食物刺激法。

（1）在饥饿的状态下，把幼犬最爱吃的食物抛撒在草地上，幼犬通过嗅闻来找食物。同时通过食物的奖励作用，不断提高嗅寻的兴奋性。

（2）利用幼犬喜爱的物品来培养嗅寻，用物品逗引后抛到草丛中，鼓励幼犬通过嗅闻搜寻到物品。

（3）随着幼犬嗅寻能力的提高，尽量减少食物刺激而用其他物品。将物品轻轻放于幼犬鼻子旁边，幼犬对外来而新奇之物颇感兴趣，会用鼻子嗅认。若它对此有反应，犬主应即时奖励赞赏一番。最好重复以上动作几遍，使它懂得触及物品，便应赞赏它以示鼓励。

（4）当幼犬对物品有相当的关注时，可提高训练难度。如把该物品移到较远的地方，或是将物品放在高处，让幼犬追索物品。

（十三）训练犬摆出优美姿势

目前，国内外已举行名犬的展示评比活动。在评比中，除要求犬的外貌美观外，还要求犬有良好的站立姿势。因此，平时就要训练犬摆出优美的姿势。首先将犬抱到小桌上，让它的后腿靠近小桌的边缘部分。松开手，犬由于怕跌，便四肢发软想卧下，这时要用一只手托住它的前胸或下巴，另一只手轻轻向后拉犬的尾巴，注意不能只拉尾毛，以免引起疼痛。托着前胸的手也配合着向后推，使犬不能坐下。当犬发觉后脚将失去支撑，再后退就要踏空时，就会本能地把身体向前倾，向上挺起，前肢踏实，脚趾收紧，呈现出一种四肢挺直、昂首挺胸的标准姿势。只要用这种方法重复多次，犬就可学会，以后即使站在平地上，只要拉住尾巴向后牵引，犬便会反射性地摆出标准的优美姿势。

五、训练中应注意的问题

（1）幼犬训练的目的是激发和培养幼犬的各种欲望和意识，为将来打基础。因此，训练要求应区别于成年犬。

（2）幼犬的骨骼、器官、牙齿等发育还不健全，训练时特别要注意拉扯的力度和强度，以免对幼犬造成伤害。

（3）幼犬的体力不足，容易疲劳。训练应科学计划，防止劳累过度产生抑制反应，影响训练效果。

（4）幼犬训练不能急于求成，应根据幼犬的生长发育情况，严格按照训练步骤进行。且训练中尽可能不要给幼犬高强度刺激。

（5）幼犬普遍存在争强好胜的心理，犬主每次训练一定要让幼犬胜利，满足幼犬的欲望，并使其保持余兴。

（6）幼犬的学习欲望强，可塑性也大，犬主应尽量采用对幼犬进行驯服的手段。

六、服从性科目的训练与调教

服从性科目训练为使用科目的训练和实际应用奠定了基础，培养了犬的服从性，使犬更好地服从犬主的指挥。

（一）随行

1. 目的

培养犬根据犬主的指挥，靠近犬主左侧并排前进的能力，并保持在前进中不前不后的正确姿势。

2. 口令

“靠”。

3. 手势

左手自然下垂并轻拍左腿部。

4. 训练方法

选择一个清静环境，犬主先带犬游散片刻，然后用左手拉住牵引带，并唤犬的名字，以引起犬的注意，并发出“靠”的口令，同时用左手把牵引带向前一拉，以较快的步伐前进。反复多次训练，即可形成条件反射。每次训练随行的行程，一般不能少于 100～150 m。如犬能正确随行，应立即发出“好”的口令或抚拍加以奖励。当犬有超前或落后行为时，应立即发出“靠”的口令，并拉牵引带刺激犬，予以纠正。如犬能不用牵引带而根据口令正确地随行时，可训练犬在没有任何牵引的情况下随行。

5. 注意事项

（1）开始训练时，最好是在犬较熟悉的环境中进行，并注意让犬排完大小便，不要在空腹或饱腹的情况下进行训练。

（2）牵引带的使用要灵活，不能缠绕妨碍犬的行动，也不能扯得太紧，使犬失去行动自由。脱绳训练后，也要穿插牵引，以纠正错误行为，巩固动作。

（3）随行训练必须与日常管理密切配合，即在日常管理中不能对犬放任自流，否则会使之前的训练前功尽弃。

（二）游散

1. 目的

游散是为了使犬养成按照犬主的指挥进行自由活动的能力，并以此来缓解犬因训练或使用过程中引起的神经紧张状态，也是犬主奖励犬的一种手段。

2. 口令

“游散”。

3. 手势

右手向让犬活动的方向一挥。

4. 训练方法

犬主用训练绳牵着犬向前奔跑，待犬兴奋后，立即放长训练绳，同时用温和的音调发出“游散”的口令，并结合手势指挥犬游散，当犬跑到犬主前方后，犬主应徐徐停下，使犬自由活动几分钟，然后令犬回到身边，给予抚拍或食物奖励。随后，可解去训练绳，使犬进行充分的自由活动，但距离犬主不应超过20 m。如离得太远，立即召唤回来，加以抚拍后继续游散。在同一时间内可连续训练2 ~3 次，通过多次训练后，犬便能根据犬主的口令和手势进行自由的游散。在整个训练过程中，训练人员的态度应和蔼可亲，表情应活泼。

5. 注意事项

（1）训练初对犬的要求不能太高，只要犬稍有离开表现就应及时奖励，以后再逐渐延长距离。

（2）犬在游散过程中，不可放任犬自由散漫，以免形成不听指挥的恶习。同时，犬主应密切监视犬的活动，及时制止犬可能出现的不良行为。

（3）游散训练不能用抛物品或抛食品等方法来达到目的，否则达不到预期的效果。

（三）坐

1. 目的

坐下是培养犬衔取、鉴别等能力的组成部分。训练犬能根据犬主的指挥，迅速而正确地做出坐下的动作，并保持这一动作的持久性。

2. 口令

“坐”。

3. 手势

正面坐的手势：右大臂向右平伸，小臂向上伸直，掌心向前成“L”式。

左侧坐的手势：左手轻拍左腹部。

4. 训练方法

左侧坐的训练方法：犬主先让犬靠左侧站好，右手贴着犬的胸部，左手轻轻地从背后往下按，在尾部施加压力，并做出“坐”的口令，让犬坐下。或犬主向左转身90°角，发出“坐”的口令，同时用右手上提脖圈，左手按压腰角，使犬坐下。如犬坐歪或夹尾，可用左手轻轻地整理犬的坐姿，使之规范。如果犬站起来，要重新令犬坐回原位，然后奖励犬。

正面坐的训练方法：犬主左手拉住牵引绳，设法将犬引到面前，发出“坐”的口令。右手做出正面坐的手势，同时左手上提牵引绳，迫使犬做出坐下的动作，而后给予奖励。当犬在这些机械刺激的作用下，被迫做出“坐”的动作后，应立即予以奖励。经过多次重复训练，犬就形成了条件反射，能完成“坐下”的动作。

5. 注意事项

（1）接压腰角的部位要准确，不要引起犬的反感。

（2）在培养兴奋性类型犬的坐延缓时，要有耐心，每次要求不能太高，提高的幅度不要太大。

（3）当犬完成动作训练时，犬主每次都应亲自到犬跟前进行奖励，不能唤犬前来奖励。

（4）训练应遵循循序渐进的原则，坐延缓和距离改变不要同步进行。

（四）前来

1. 目的

前来的训练是培养犬根据犬主指挥，顺利而又迅速地回到犬主跟前，并靠左侧坐下的服从性。

2. 口令

“来”。

3. 手势

左手向左平伸，随即自然地放下。

4. 训练方法

犬主趁犬拖着训练绳游散之际，先呼唤犬名引起犬的注意，然后发出“来”的口令，当犬来到跟前时，应及时予以奖励。经过反复训练，犬就能根据“来”的口令顺利地回到犬主面前，以后可逐渐变拖绳为脱绳。也可在发出“来”的口令同时，拿食物或物品引诱犬来到身边。经过多次训练后，犬便对“前来”的口令和手势形成条件反射。

在此基础上进一步培养犬“前来”主人左侧坐下的能力。当犬“前来”时，用食物将犬引诱到身体左侧令其坐下，然后给予食物奖励。也可当犬“前来”时，用左手将犬的脖套拉住，轻轻向左后方带引。当犬身体转正后，令犬坐于左侧，并及时进行奖励。

5. 注意事项

（1）在训练初期，当犬对“来”的口令无反应时，犬主应采取一切足以引起犬兴奋的动作，如拍手、退后、蹲下等，促使犬迅速前来。绝对不能追犬或突然去抓犬，以免犬受惊吓。

（2）对不听口令、四处乱跑的犬，应用威胁音调发出口令，并急拉训练绳刺激犬“前来”。当犬来到跟前时，应及时给予食物奖励，以缓和犬神经活动过程。

（3）一定要在犬的注意力集中时下达“来”的口令，否则，条件反射很难建立。

（五）卧下

1. 目的

为了使犬养成根据指挥迅速正确地卧下的服从性，并在没有允许的情况下不能起立。

2. 口令

“卧”。

3. 手势

正面距离指挥是右手上举，然后向前平伸，掌心向下。侧卧是以右手从犬面前下方挥伸。

4. 训练方法和步骤

犬主令犬坐于左侧，将右腿向前迈出一步，身体弯向前下方，然后右手向犬嘴的前下方慢慢移动，对犬进行引诱。同时发出“卧”的口令，并以左手伴以向前下方扯拉犬脖圈，使犬在食物引诱和机械刺激下做出卧下的动作，当犬卧下后，立即给予食物奖励。随着条件反射的逐渐形成，可逐渐减少或取消食物和机械刺激，直至犬完全根据口令和手势完成卧下动作。

当犬具有在犬主身边卧下的能力后，要进一步训练在一定距离的情况下犬的卧下能力。方法是先令犬在距离犬主 1 ~ 2 步处坐下，犬主面向犬，左手持训练绳，右手做出“卧”的手势，同时发出“卧”的口令。当犬卧下时及时给予奖励。如果犬能根据口令和手势顺利地做出卧下动作后，可以将人与犬的距离延长到 20 m 远。成功后，可将训练绳放在地上进行训练，以逐步过渡到解去训练绳。如果犬因除去训练绳而不能顺利卧下时，则可采用威胁音调重复口令，并伴以机械刺激迫使犬卧下。当犬养成上述能力后，应进行卧下动作的延缓训练。若犬能在 20 m 左右距离内，按口令或手势迅速正确地卧下，延续 5 分钟以上即达到训练要求。

5. 注意事项

（1）犬卧下后，如出现后肢歪斜或头伏地等动作时，犬主应及时纠正，但要注意方法，以免破坏整个动作。

（2）卧下和坐尽量不要一起训练，以免犬产生卧后自动坐或坐下后自动卧的不良联系。

（3）卧延缓未巩固前，不要急于结合起来训练，以免破坏卧延缓。

（4）当犬卧下动作缓慢时，用食物或物品的诱导来纠正比用机械性刺激更为合适。

（六）站立

1. 目的

培养犬根据指挥，迅速做出站立动作，并具有站立延缓能力，以便于管理和使用。

2. 口令

“立”。

3. 手势

右臂自然地由下而上向前平伸，掌心向上。

4. 训练方法

将犬带到平坦而清静的地方，令犬坐下。犬主右手握住犬的脖圈，左手伸向犬的后腹部，在发出“立”的口令同时向上一托，使犬站立起来，当犬站立后，应及时给予奖励。反复训练多次后可逐渐减少牵引训练，当犬听到“立”的口令能自然两腿站立时，犬主可立即离开犬的身边，以锻炼犬站立的持久能力。如此反复训练，犬就能单独按主人的口令或手势，较长时间地进行站立。

5. 注意事项

（1）站立科目应单独训练，不要与坐、卧联系起来，以免产生泛化现象。

（2）训练初期，不能令犬前来而破坏动作，可回到犬身边进行奖励。

（3）当犬出现站立后向前走动的毛病时，犬主应立即把犬拉回原位，并适当降低要求，不能迁就犬，以免产生不良联系。

（七）吠叫

1. 目的

此项调教和训练的目的是使犬养成根据主人指挥而吠叫报警的能力。

2. 口令

“叫”。

3. 手势

右手半伸，掌心向下，对着犬做抓握动作三四次。

4. 训练方法

一是利用食物引诱犬吠叫。先令犬坐下，把牵引带的一端拴在牢固的物体上，发出“叫”的口令和手势，同时用食物在犬的面前逗引，食物的刺激会引起犬的兴奋，当吃不到食物时，犬就会吠叫。初期应在吠叫后给食物奖励，之后应逐渐减少食物诱惑，直至完全取消奖励，养成犬根据口令或手势就吠叫。

二是利用观赏犬的主动防御反应引起吠叫。犬主把犬牵到身边后，另一个人从远处慢慢接近犬，并做出逗引犬的动作，这时犬主以右手指向助手并发出

“叫”的口令。当犬吠叫后，应立即给予“好”或抚拍奖励。经过多次调教和训练后，犬就能形成吠叫的条件反射。

三是利用犬对主人的依恋性引起吠叫。将犬带到陌生而又僻静的地方拴住，主人设法逗引犬，然后离开犬一定距离，叫犬的名字后，发出“叫”的口令和手势。当观赏犬吠叫时，犬主应立即回到犬身边，给予抚拍和食物奖励，然后放犬游散。

四是培养犬对衔不着或衔不动的物品发出吠叫。可将引起犬兴奋的物品，放在犬衔不到的地方，令犬去衔取，并发出“叫”的口令，如能吠叫立即给予奖励，并将物品拿出让犬衔取。这样反复多次，即可培养犬对衔不着或衔不动的物品发出吠叫的能力。

（八）安静

1. 目的

培养犬安静的能力。

2. 口令

“静”。

3. 手势

右手置于嘴前，伸出食指，与鼻成一直线。

4. 训练方法

玩赏犬对主人的依恋性很强，当和主人在一起时，它会安心地玩耍或待在某一角落。当主人上床休息或离家时，它会发出呜咽乃至哭叫，影响主人或他人正常生活。因此，对犬进行安静训练非常重要。

训练这一科目时，先让另一人偷偷接近犬，当犬欲叫时，主人应发出“静”的口令，同时做出手势，并轻击犬嘴，禁止犬叫出来，以保持安静。也可以在犬窝的垫子下面放一个小闹钟或者声音开得很小的收音机，当主人要离开的时候，可以命令犬回到犬窝里面，然后关灯、关门、离开。训练几次后，再当主人有关灯、关门等动作的时候犬就会自觉地回到窝里，而犬窝里暗藏的闹钟和收音机的声音会让犬比较平静，等犬习惯了以后可拿走闹钟和收音机。

训练幼犬在主人离家时安静休息的办法是将幼犬关在它常住的屋子里，准备些它喜欢玩的物品。当主人离开时，听到幼犬叫声，主人便开门，发出“静”的口令，给些玩的东西，然后把门关上。以后逐渐延长开门观看的时间，使犬感到主人就在附近，经过多次训练后，犬便不会吠叫或喧闹了。

（九）禁止

训练这一动作的目的是为了纠正犬乱咬人、禽畜以及制止犬随地拣食和不吃生人给予的食物，防止发生意外事故。

1. 训练犬不拣食的方法

犬如果随便拣食有毒物或不洁的东西，会影响犬的健康。所以，必须使犬养成主人给食才吃的习惯。

训练时，可提前将食物放在显眼的地方，然后牵犬到此游散，在犬接近食物表现想吃时，立即用威胁语调，发出“非”的口令，并猛拉牵引带以制止。当犬停止拣食时，给予奖励。

2. 拒食的训练

乱吃他人给的食物，可能会影响犬的健康，并造成犬同主人的关系疏远。因此，让犬养成不吃他人给的食物的良好习惯非常重要。

训练时，犬主把犬带到清静的环境拴住它，并离开犬一段距离。助手手持食物，自然地接近犬，温和地给犬食物，当犬要吃食时，犬主立即发出“非”的口令，并轻击犬的嘴巴。此时，助手再给犬吃，当犬仍有要吃的表现时，主人再给予较强的刺激并发出“叫”的口令，假打助手给犬助威，以激起犬的主动防御反应。犬对助手发出吠叫时，助手应假装逃跑。也可让助手将食物扔到犬面前，当犬要采食时，犬主应立即发出“非”的口令，并猛拉牵引带给予刺激。如犬不采食，则给予奖励。

3. 禁止犬乱咬东西的训练

幼犬常常具有破坏性，特别爱咬沙发、拖鞋之类的东西。纠正的办法可将犬单独关在一个笼子里，给它一些玩具或咬骨，这样做可以使犬有安全感。

对乱咬人与畜禽的犬，应将其带到人与畜禽活动的场所，将牵引带放松，让犬自由活动，但要严密监视其行动。如犬有扑咬人、畜禽的表现时，应立即以威胁音调发出“非”的口令，并伴以猛拉牵引带的机械刺激，当犬停止不良行为时，就用“好”的口令加以奖励。反复训练后，可改用训练绳掌握，直到取消训练绳为止。

4. 禁衔他人抛出物品的训练

训练时，先由一名助手将手中的物品抛出，如犬欲追衔时，犬主应立即发出“非”的口令，并急拉牵引带加以制止，当犬停止后应给予奖励。接着由另一助手再抛出物品，若犬仍想追衔时，重复上述方法加以制止。可重复进行训练3~4次。

七、幼犬的游戏活动

本科目训练是根据幼犬的生长发育和生活习性的特点，运用游戏的手段来提高幼犬训练素质的一种有效手段。其目的是通过对幼犬的早期启蒙教育，进一步激发和培养幼犬潜在的素质，使幼犬的胆量、兴奋性、衔取欲望和勇敢性等得到很好的锻炼。

（一）口令和主要的非条件刺激

1. 口令

“衔”、“吐”、“袭”、“放”。

2. 辅助口令

“注意”、“好”。

3. 主要的非条件刺激

麻片、麻条棒和小树枝等的挑逗和抽打。

（二）训练方法和步骤

幼犬游戏训练不同于成年犬的正规科目训练，它着重培养幼犬的各种欲望和意识，是整个训练的启蒙教育阶段，因此训练中犬主一定要因势利导，耐心教育，同时遵循循序渐进、由简入繁的训练原则，切不可因急躁冒进和力求规范而使幼犬兴趣索然，以致达不到训练目的。

（三）几种游戏项目的训练

1. 作揖

作揖的训练是在“站立”动作的基础上进行的。训练时犬主站在犬的对面，先发出“立”的口令。当犬站稳后，发出“谢谢”的口令，同时一只手抓住犬的前肢，上下摆动。重复几遍以后，给予抚摸和食物奖励。然后与犬拉开一段距离，发口令时，不再用手辅助。如果犬不会做，则再重复数次，直到犬会做为止。训练开始时，可以加点简单的手势，但要防止犬对手势所产生的条件反射。当动作很稳固以后。只要发出“谢谢”的口令，犬就能很好完成站立和作揖活动。

2. 握手

犬握手的动作是根据口令伸出前腿与人握手，是增进人与犬亲密关系的训练。一个有默契的握手动作，只要把手伸到犬的跟前，它便会主动地与人握手。握手训练需要爱心和耐心，训练时让犬戴着项圈，坐在犬主的对面。当犬坐定后，用手轻点它的左前脚，犬就会本能地自然抬起，这时趁机握住犬的前脚，并对它说“握手”。当犬做完动作，马上给予食物作为鼓励。这时犬主应该表现出很高兴的样子，让犬感觉到犬主很满意它的做法，激发它的条件反射。接着，犬主发出“握手”的口令，同时伸出手握住犬的前脚掌，轻轻抖动前肢并发出“你好”的口令，同时给犬食物奖励。如此训练多次以后，犬主在发出“握手”口令的同时，伸出手掌，让犬主动递上前肢进行握手。如果犬还不能迅速地抬起前肢，犬主可用手指轻轻叩犬应该抬起的脚或轻拨脚背上的被毛来提醒犬。随着训练的进展，逐渐减少对犬的提醒。

3. 敬礼

犬敬礼的动作表现出犬的憨态可掬与机灵可爱，可利用诱导和机械刺激相结合的方法进行训练。先让犬靠左侧坐好，犬主左手牵住犬的脖套，右手拿食物稍作逗引。对犬发出“敬礼”的口令和手势，随即用食物向犬的头部后方引诱，同时左手向上向后牵拉脖套。在食物和脖圈的双重作用下，迫使犬做出敬礼的姿势。动作完成后给犬食物作为奖励。如犬不能保持平衡，犬主可用左腿支撑犬，但随着训练的进展应逐渐取消。同时，脖套的牵拉刺激也应逐渐减轻，直至完全去除。

当犬对“敬礼”的口令和手势形成条件反射后，就可以进行延缓和距离的指挥训练。犬主令犬靠左侧坐下，然后向前走 2 m 转身面向犬，对犬发出“敬礼”的口令和手势，犬敬礼后稍停几秒时，应立即给予奖励。如果犬没有敬礼，应及时上前拉扯脖套予以纠正。随着训练的进展，犬敬礼后停顿的时间应逐渐延长，一般可达到一分钟以上。

4. 寻回（衔取）

训练应选择在安静无干扰的地方，犬主手持一件犬喜欢的玩具，如橡皮球、塑料飞盘等在犬的面前晃动，引起犬的注意后向外抛出。犬跑过去接近物体时，发出“叼”的口令。如果犬衔住物体，你要跑过去从其口中将东西拿下来，同时仍发出“放”的口令，并予以夸奖；如果犬不肯松口，千万不要硬从它的嘴里抢夺过来，而是用它喜欢的食物作交换，口令依然是“放”，不要说其他容易混淆的词语；如果给食后犬仍不肯松口，应该先让犬坐下或趴下，以降低它的兴奋度，然后再设法将其口中的东西取下，取下东西的同时仍发出“放”的口令。一旦上面的目标达成了，就将物品抛得更远的地方让犬叼回来，直到达到训练目的。

有些犬则不愿意去衔取物体，很可能是因为它的兴奋性未被激发出来。你可以用手上的物体轻轻地、快速地挑逗、刺激它，吸引它去咬住。犬一旦咬住，你就立刻松手，对它奖励。不要在犬不情愿的情况下将物体强行塞进它的口中，那样会使犬感到厌恶，不愿主动去衔取物体。要鼓励犬主动咬住物体，道具可以选择能够弹跳、滚动的物品，以诱导其捕食活动物体的本能。

5. 跳跃

训练犬的跳跃动作，可从跳 30 ~ 40 cm 高的小板墙开始。犬主牵犬从距离小板墙 5 ~ 6 步处，跑到小板墙前时，发出“跳”的口令，同时向小板墙方向拉提牵引带，当犬跳过时给予奖励；犬如不敢跳过，犬主应先行跳过，再拉扯牵引带诱导犬跳过。训练在同一时间内可重复 2 ~ 3 次。经这样反复训练，犬根据口令和手势能熟练跳跃后，可逐渐增加小板墙的高度。若犬能熟练地根据指挥通过较高的小板墙，则可根据需要训练跳跃栅栏、高架、圈环、壕沟等动作。

6. 上下登降

将犬牵至阶梯前，在阶梯各层或最高层平台放上食品，犬主发出“上”的口令后，令犬上阶梯，由于食品能激发犬兴奋，就可能使犬顺利地走上平台。也可在发出“上”的口令后，犬主同犬一齐登上阶梯，然后再训练犬单独上下阶梯。

当犬能上下阶梯后，可进一步训练犬根据口令和手势自己上下。方法是令犬在离阶梯 1 m 处面向阶梯坐下，发出“上”的口令和做出手势，如犬表现犹豫，应提高音调重复口令。上去后，稍停一会儿，再发出“下”的口令，如犬不能根据口令走下阶梯，应发出“来”的口令，并装出要跑的样子，诱犬下来。当犬根据口令上下时，要及时给予奖励。下一步训练是在给口令的同时，配以手势。当犬能按口令和手势顺利地单独上下后，就可训练犬上下天桥、独木桥等。训练方法同上。

7. 匍匐

这一动作是在犬已养成“坐”、“卧”的能力后进行的。训练的目的是让犬能根据主人“匍匐”口令进行匍匐前进。训练时，令犬卧下，在发出“匍匐”口令的同时，两手前伸，掌心向下，左右手一伸一缩做“拉锯”动作，如犬按要求往前匍匐时，给予奖励。若犬不匍匐而站立时，应立即令其卧下，并用左手压住背部，使犬不能立起，同时重复“卧”和“匍匐”的口令。当犬可以完成动作时，主人应当马上给予奖励。经反复训练多次，即可养成匍匐前进的能力。

8. 舞蹈

“舞蹈”是在“站”的动作基础上训练而成，“舞蹈”训练源于犬的本能，这是一项很优雅的游戏。训练方法是犬主先对犬发出“立”的口令，让犬站立。犬完全站立后，发出“舞蹈”的口令，同时用双手牵着犬的前肢来回走动。刚开始的时候，犬会因为重心不稳，走路踉跄，这个时候应当鼓励犬，以示对犬的表现很满意。当犬来回走了几次之后，让犬休息片刻，给犬充分的奖励和表扬。经过反复训练后，犬主可以逐渐放手，只反复发出“舞蹈”的口令，让犬自己完成“舞蹈”这个动作。刚开始这个动作不能太长，看犬体力不支时就应停止，并且马上给予奖励。犬舞蹈时间最长可以持续 5 分钟左右。在训练后期，犬主可以固定播放一首音乐，慢慢强化犬对音乐和舞蹈的联系。经过多次训练后，犬听到音乐就会进行优美的舞蹈了。

9. 游泳的训练

游泳的训练是指训练犬听从犬主指挥下水，游出一定距离的能力。犬具有游泳的本能，但不加以训练，有些犬是不敢下水的。训练方法是犬主把犬带到水边，用容易引起犬兴奋的物品逗引犬。当引起犬兴奋的时候，把该物品扔到水中，与此同时发出“游”的口令，并将左手挥向水面，命令犬下水取回物品。如果犬不敢下水，犬主应当耐心地鼓励和抚拍犬。胆小怕水的犬进行初次训练时，犬主应当先鼓励，然后再把犬抱到水比较浅的地方，让其熟悉环境。经过多次的训练后，即可建立条件反射。

10. 翻滚

翻滚训练是在卧下动作掌握后进行的训练，是指犬根据犬主口令完成翻滚动作。训练方法是把犬带到地势平坦的地方，犬主左手拿出食物，右手手心向下，做出向翻滚方向转动的手势配合“翻”的口令。犬在食物的诱惑下便会自动翻滚，当犬完成这一动作时，犬主应当立即给予犬食物奖励。当犬不愿意完成指定动作企图站立时，犬主应用手压犬的背部，并向翻滚方向拉扯牵引带，强迫犬做出动作。

八、纠错训练

幼犬天性活泼好动，常常“犯错”。犬主眼中犬的坏毛病，也许正是犬快乐的源泉，但为了使犬能与人融洽相处，必须进行纠错训练。在纠错训练过程中，犬主要坚持一个原则：犬犯错了，立刻纠正；做对了，马上鼓励。

1. 钻垃圾堆或垃圾筒

犬对垃圾很有兴趣，喜欢钻垃圾堆或垃圾桶，这是犬祖先遗传下来觅食的习惯。幼犬尤其喜欢此项活动，以致弄得家里到处是垃圾。家中养有幼犬，应使用加盖的垃圾筒，或将垃圾桶放到犬够不着的地方。也可以用老鼠夹来吓吓犬，先调整好老鼠夹开关，放在垃圾筒旁，用纸盖好。当犬碰触后，老鼠夹发出的响声，会使犬一下子愣住，几次之后，它一定学乖，不敢再动垃圾筒。外出时，尽量使用牵引带，若犬对垃圾感兴趣，则发出“非”的口令，并拉扯牵引带使犬离开。

2. 破坏物品

对于幼犬来说，刨掘、啃咬或搔挠物体是一种正常的行为，随着年龄的增长会逐渐消失。对于犬经常破坏的物品要移走，放在犬够不着的地方，或在该物品旁放置一个倒放的捕鼠器，当犬啃该物品时，捕鼠器就会弹跳而将犬吓跑，多次以后，犬就不再啃咬该物品。最好的方法是捉到“现行犯”，立刻大喊“不可以”，然后轻弹它的鼻尖。有空时多陪它玩，给它可玩又可咬的玩具。

3. 上床、上桌椅

最好还是用老鼠夹，放在桌旁、床下和任何不要它爬上去的地方。同样的，看见它跳上主人的床就马上纠正，否则，它上了床就很难请下去了。

4. 乞食

看人吃东西，犬会立刻过去并露出贪吃相，此时，犬主要立刻斥责，并把犬放回窝里。绝不能破例，否则会养成它乞食的习惯，爱吃人吃的零食，甚至还会变胖。

5. 跳爬到别人身上

幼犬以为这样很讨好人，反而常常会把客人吓跑。纠正时可轻轻拉住犬的前脚趾，按在地上，同时出声制止，再犯就弹鼻尖，然后抓住犬的前脚掌轻轻向后推，使它往后翻筋斗。其次，用膝盖顶住犬的胸部，用力点，只要不伤了它就行。

6. 喜欢追逐

犬是天生的猎人，喜欢追逐猎物。家养宠物犬尤其喜欢追逐汽车、机车、脚踏车、邮差、路人等。这时，应突然将犬脖子上的绳子放长，然后再猛力拉回，大声斥责。若上述方法不奏效，就用绳子敲犬的背部，或敲其鼻头。

7. 跷家闲荡

用绳子（不是平时出门散步的链条）牵着犬走向大门，到门口时勒紧绳子高喊“不可以”。然后换个人用更长的绳子牵犬，当犬快走到家门时，大喊“不可以”，另一端勒紧绳子，经过几次下来，犬就不敢轻易跨出家门了。

8. 对小孩竞争性攻击行为

一条平时很温顺、对人不攻击的犬，突然在某一时期对主人家的小孩变得很不友好，甚至吠咬他们，使小孩受到惊吓和伤害。究其原因，主要是由于犬的嫉妒心理在作怪，矫正此种行为不能用惩罚的方法，而要用关心、奖励的方法才能收到满意的效果，否则，会适得其反。

具体方法是当小孩不在时，主人要冷落犬，甚至可完全不理睬犬，当小孩与犬同在时，主人要表现出对犬的关心、爱抚，并喂给犬喜欢的食物。每天重复几次，犬就会渐渐形成一种习惯，即有小孩的出现同样可得到主人的关心、爱抚，从而与小孩和睦相处，不再对其进行攻击。另外，有的小孩对犬不友善，经常殴打、蹬踢犬，也是造成犬攻击小孩的一个原因，这就要引导小孩与犬友善相处。蹒跚学步的小孩，不得单独与犬待在一起，以防发生意外。如果发现犬也有攻击其他小孩的现象，则应在没有调教好之前，对犬严加约束，如拴系饲养。经过调教纠正不了此行为的犬，要考虑淘汰。

9. 领地性攻击行为

犬具有看家的本领，犬主的家庭环境会被犬视为自己的领地范围，对于进入这一领地的陌生人会采取攻击行为，这是正常现象。但如果这种意识过于强烈，以至于犬主的亲戚或朋友都不能接近犬主的住所，则应予以矫正。

矫正的方法要奖惩并举，以奖为主。当来访者未出现时，犬主及家庭成员不要给予关心和爱抚。一旦来访者出现，犬主要给犬爱抚和食物，同时来访者应与犬主一样友善待犬。陌生人开始出现时，犬主要让犬安静地坐在一旁，如果犬不能安静下来，则要给予呵斥、击打等惩罚，从而将犬的行为控制在犬主的声音和手势之下。需要注意的是：来访者只能给犬爱抚，如温和地交谈、抚摸等，不要给食物，以防破坏犬拒食陌生人食物的习惯。犬主不要和来访者打闹，以防犬误解为主人受到攻击，便挺身而出，向来访者攻击。

10. 犬之间争斗行为

家庭中养有两只或更多的犬时，有时会出现这样一种怪现象：当主人出现时，犬之间会发生凶猛的争斗，而主人离开后则又相安无事。出现这种现象的原因是由于主人对待它们的方式不当所致。每头犬都想得到主人更多的关心与爱抚，而处于支配地位的犬总是通过威胁或攻击其他犬的方式来强化它的支配地位。如果主人不理解犬的这种心理特点，就会为其他犬打抱不平，而惩罚处于支配地位的犬的霸道行为，从而使其他犬知道这时它们可以得到主人的保护。于是，每当主人出现时，它们就试图通过攻击来夺取支配权，而主人不在时，则又会屈从于支配犬之下。

矫正的方法就是强化群间支配与屈从的等级关系。首先要在不被犬注意的情况下，观察哪一头是处于支配地位的犬，然后犬主在与犬接触时，要给支配犬应有的尊重与特权，如给予它更多的关心。带犬散步时，让它首先出门并始终走在前面等。如果发现其他犬不服从，犬主要对它们加以惩罚。这样就强化了犬群间的支配与服从，犬接受支配与服从的角色是一种本能，不可人为地破坏这种关系。如果发现犬主不在时犬群仍争斗，说明这种等级关系尚未建立或没有确定，犬主要帮助犬群建立起这种关系。

11. 异嗜癖

异嗜癖是指犬有意识地摄入一些如石头、橡皮、粪便等非食物性物质。有这种行为的犬，不但极不卫生，还可能因这些异物引起胃肠病。产生这种行为的原因还不是十分清楚。有可能是因为机体缺乏某种物质，如维生素、无机盐等。

矫正方法：由缺乏营养物质造成的异嗜行为，可通过补充营养物质来纠正。对不明原因的异嗜癖，要通过细致观察分析找出原因和规律，如异嗜物品的种类、在什么情况下异嗜等，有针对性地采取适当措施进行纠正。如属营养性异嗜，要补充所缺养分；非营养性异嗜，可采取惩罚的方法予以矫正。直接惩罚法是将异嗜物拿到犬的面前，当犬摄食时，则大声斥责和击打，并将该物拿走，以后再将异嗜物移至犬面前，如再想吃食，仍予以惩罚，直至犬不再摄食为止。有的犬慑于主人的惩罚，主人在时不敢摄取，主人不在时可能又恢复原状，这时要采用间接惩罚法，即在异嗜物上涂撒辣椒粉等刺激性强而对犬无害的物品，犬摄入后，会感到辛辣难受，而不敢再吃了。也可以用喷水枪纠正，即犬主拿几支装满水的喷水枪，藏在隐蔽处，发现犬欲摄入异嗜物时，即向犬喷水，使犬受到惊吓而逃开，这样反复几次以后，犬就会克服掉异嗜癖。但应注意不要将喷水的动作让犬看见，而与主人的惩罚联系在一起，应当让犬以为是由于它的摄食行为所引起的。

九、影响犬训练效果的因素

（一）犬主的影响

犬与长期生活在一起、照顾其日常生活的主人特别依恋，在很大程度上受其支配。因此，犬主对犬的训练影响最大。犬主的表情、行动、声音、气味等都可成为犬的各种刺激，并形成条件反射。如果处理不当，都可直接影响训练效果，如将训练口令同犬谈话的语句混同使用。这样，犬难以对口令形成条件反射，影响犬按照口令来执行训练的正常步骤。

（二）气候与环境的影响

1. 气流对训练的影响

风向、风速、风力可减低气味的浓度，改变气味的运行方向，或将鉴别物品气味与其他物品的气味相混淆，影响了犬的嗅认和气味鉴别能力，从而影响训练效果。

2. 气温的影响

气温过高或过低都会影响犬的正常训练。如气温超过25℃时，犬的呼吸和心跳加快，神经的兴奋性和注意力都降低，影响训练效果。当气温在0℃以下时，气味下沉，并与地面冻结在一起，明显影响搜索、追踪等训练的进行。

3. 湿度的影响

湿度过小，如过度干燥，能加快气味的传送和蒸发，保留时间较短。湿度过大，如大雨、大雪，能冲刷或覆盖物品的气味，影响气味的保留和传送。

4. 环境的影响

复杂混乱的场所不适合训练，如人员、车辆、畜禽流动量大的地带，容易分散犬的注意力，使犬不能分辨主人的口令，也难以形成正确的反射效果。因此，训练尽量选择在安静的、刺激少的场地进行。

（三）饲养管理的影响

1. 饲养对训练的影响

饲养与训练有密切的联系，只有正确的饲养，才能使犬参加正常的训练。如果餐具不干净、卧具不整洁、饲料不新鲜、过热或过凉、营养水平低、饮水不充足等，都将影响训练效果。如果主人提供的食物味道好，犬在训练时会增加对主人的信任。

2. 管理对训练的影响

在犬的管理过程中，切忌任意将犬交给他人照顾。要密切注意犬的行为，防止误咬事故；培养犬的良好习惯，做好卫生工作；防止犬私自交配，或与其他犬咬斗，或追逐猎物和其他动物等行为。

第七章　宠物犬的美容

宠物犬美容，是指宠物犬美容师借助一定的器材与用品，配合其精湛的修剪技术，对宠物犬进行恰当的洗浴、梳理、耳道清洗、眼睛护理、指甲修剪及修饰造型等美容项目，将宠物犬的优点表露出来，使其焕发出应有的气质与风度，增添美感并维持犬只健康的过程。

第一节　犬美容的常用工具

目前宠物犬美容已经形成了产业链，在宠物用品店里可供选择的专用工具和用品琳琅满目。美容常用器具有染毛刷、万能梳、针梳、开结梳、直梳、花齿剪、弯剪刀、直剪刀、电剪、电吹风、齿剪、软毛刷等（如图7－1所示）。

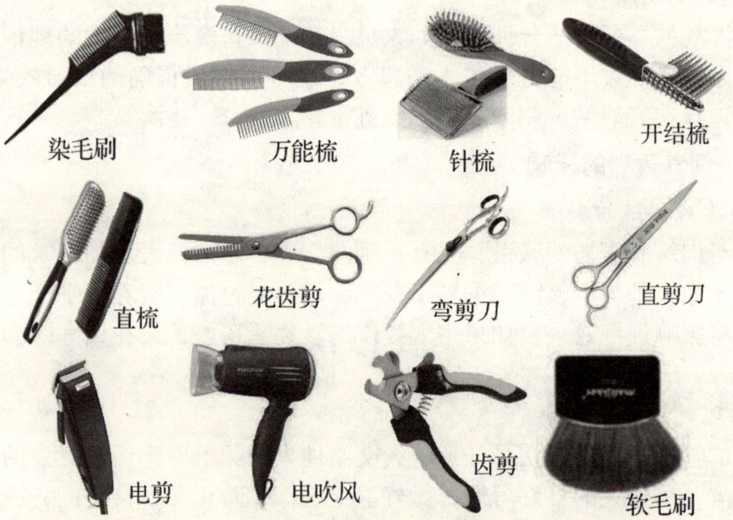

图7－1　犬美容常用器具

一、染毛刷

染毛刷是为了方便宠物犬染毛而设计的产品。一边是斜边毛刷，用来上染毛剂；另一边是梳子，可在染完毛发之后进行梳理，以便染发剂更快渗入毛发，增进染发效果。

二、万能梳

万能梳用于日常宠物犬的毛发梳理，是使用最多的一种梳理工具，适用于各种犬类。金属制成的万能梳的梳头密度高，可以轻松地将一些死毛梳下来，比较适合于具有细长毛发特点的宠物犬。

三、针梳

针梳专为比赛犬设计，与万能梳相比，针梳的密度更高、梳头更细，可梳理蓬松毛发。其适用于比赛犬换毛的时间段。因为这个时候新长的毛发很软，用万能梳的金属梳子梳理容易带下许多新长的毛发，损伤发根。用这种更温和的针梳梳理毛发，能增加毛量，帮助毛履完整，防静电，令皮肤健康。

四、开结梳

宠物犬喜欢在室外活动，其毛发会因沾染灰尘过重而形成死结，这时需使用开结梳，以理顺其毛发。开结梳的梳头呈锯齿状，比较锋利，使用时只要将梳头伸进死结内，就能立刻切开接口。开结梳的快口都设计在内侧，碰不到宠物犬的皮肤，可避免使用时造成误伤。

五、排梳

排梳手柄较长，一般由金属制成，十分牢固，有单排和多排之分，专为长毛犬设计。使用时横握排梳，就能轻松地梳理长毛犬的毛发。

六、电推剪

电推剪是宠物犬美容时最常用的一种实用工具，可以用在狮子式修剪、克耐尔式修剪、荷兰式修剪及城乡式修剪上。宠物犬电推剪外表形同人用电推剪，只是电机马力和尺寸大一些，刀头密度更高，刀口更加锋利，有利于宠物犬纤细柔软毛发的修剪。

在使用宠物犬电推剪前，应先将需要修剪部位的毛发梳理一遍，如果修剪部位毛发很脏，建议先清洗，将其吹干后再进行修剪。正确的修剪顺序是先脚底再躯干，后修剪头、脸上的毛发，让它慢慢适应，如毛需要留一定长度，可以在推剪头部装分毛套梳。

七、电吹风

宠物犬在修剪并洗浴完毕后，应用干浴巾擦拭后，再用大型吹水机吹干至七成，剩余水分用吹风机吹干。从头部开始，一边用毛刷梳理，一边用吹风机吹，直至毛根部完全吹干为止。吹风完毕后，应用直排梳将全身毛发重新梳理一遍，看是否有打结或没吹直的毛。

八、花齿剪

花齿剪的一边有花齿状梳口，用于最后定型时修剪出毛发的层次感。在修剪时，一般是先用直剪修理完，再用牙剪除掉剪刀的刀痕。

九、弯头平剪

弯头平剪是把刀端设计成弧形的剪刀，刀口相当锋利，具有特殊功能，适合用于线条及脚形等部位的修剪，如用于贵宾犬等犬种的造型设计。这些犬种的尾部要剪成圆形，使用弯头平剪修剪时可让被毛显出弧度，尽显美感，而普通的剪刀是很难做到的。

十、直剪刀

在电推剪为宠物犬做了修剪后，宠物发型师常用直剪刀作细节处理。直剪刀分为七寸与五寸两种。七寸剪刀比一般的直剪刀锋利，刀口间的缝隙也更加齐整，这是因为宠物犬毛质细软、蓬松，一般剪刀难以修剪。五寸直剪刀是配合七寸直剪刀而特别设计的，其尺寸更小，便于操控，主要用在一些七寸直剪刀无法完成的细节部位的修剪，如头部或脚部的一些绒毛的修剪。

十一、指甲剪

若宠物犬的指甲过长，长期行走会将一些脏东西及病菌带进指甲内，犬舔指甲后易将病菌带入体内，引起感染。另外，宠物犬还会因指甲过长，抓伤主人或损坏家中贵重物品。因此，要经常对宠物犬的指甲进行修整，犬用指甲剪的头较短，但很锋利，有多种尺寸。

十二、鬃毛刷

鬃毛刷分猪鬃毛刷和马鬃毛刷等，适合软毛犬使用。使用鬃毛刷可以刷去宠物犬被毛表面的尘屑，且不易弄断毛发，能促进血液循环，使毛发柔润整洁，富有光泽感，是护理软毛宠物犬的必备工具之一。

第二节　犬的美容项目

犬的美容已变成一种时尚。全套宠物犬美容主要包括刷理、洗浴、做造型、清耳道、剪指甲、剪脚底毛与清理肛门等。

一、刷理

刷理是指用鬃毛刷等为宠物犬刷理被毛，这不仅可以清洁犬的体表，刷去犬身上的灰尘、死毛与毛结，令被毛柔顺、整洁、富有光泽。刷理时首先要选择合适的刷子。长毛犬的被毛较长，应选择圆头针刷或鬃毛刷，使用钢丝刷会弄断被毛；短毛犬可使用平滑的钢丝刷；无毛犬则可选择橡皮刷。

刷理的顺序一般从犬的左侧后肢开始，从下向上，从左至右，依次刷理后肢、臀部、身躯、肩部、前肢、前胸、颈部、头部，一侧刷理完再刷另一侧，最后刷理尾部。刷理肩部时不要忽略腋窝部位。对长毛观赏犬和中长毛观赏犬，不能大面积地刷，而应一束束地细刷。刷理应分层进行，每层之间要看得见皮肤。用一只手抓住被毛，轻轻压于掌下；另一只手从被毛根部向外刷理，每个部位都反复刷理几遍。

二、洗浴

（一）目的

犬皮脂腺的分泌物带有体臭的蜡样分泌物，这些分泌物具有油脂的特性，如果在皮肤和被毛上积聚多了，再加上外界沾到身上的污秽物，会发出让人很不舒服的臭味。天气炎热时，如果不给犬洗浴，还容易感染病原微生物和寄生虫。因此，必须给犬洗浴，去除异味，保持皮肤的清洁卫生，预防皮肤疾病，从而促进毛发的生长。

（二）频率

犬天生会游泳，但喜欢让人洗澡的犬很少，因为洗澡会洗去它们喜欢的体味，因此建议不要把人的卫生习惯强加在犬的身上。犬的洗浴次数没有硬性规定，一般根据犬的品种、天气情况等而定，如短毛品种的犬，若每天擦拭体表，可以终生不洗浴。长毛犬则每月洗一次澡，我国南方天气炎热、潮湿，可 1 ~ 2 周洗一次澡。犬毛上本身附有一层油脂，它既可防水，又可保护皮肤，尤其是长毛犬，还可使犬毛柔软、光滑，保持坚韧与弹性。如果洗浴次数过于频繁，在洗浴过程中使用的洗发剂肯定会把犬毛上的油脂洗掉，这样一来会使犬毛变得脆弱暗淡，容易脱落，并失去防水作用。还会使皮肤变得敏感，容易引起感冒或风湿症。

（三）方法与步骤

水温要适宜，应在35℃ ~45℃。洗浴前用棉球将犬的两个耳洞塞住，以防进水。用水将犬肛门打湿，挤出肛门腺分泌物，用水冲洗干净。淋浴时，应先冲湿犬的前躯，再往后冲洗。然后用浴液均匀涂抹在犬的头部及全身，沿头部向背部、腹部和四肢轻轻揉搓。注意避免浴液进入眼里，如不慎进入眼内，应立即用清水冲洗。揉搓过后，为保持毛发的光泽度，可打点护毛素，再彻底冲洗干净，用手将水从毛发中挤出。用吸水毛巾包住犬，将水尽可能地擦干。再用吹风机吹干，吹风的温度要以不烫手为宜，吹风时须从后往前吹，躯干部可使用大风量进行吹风，而脸部则须小风量吹风。吹风时，不能离犬的身体太近，而且要不停地摆动吹风机，使风均匀散布而不是集中在某一点。在吹风的同时，要不断地梳理毛发，直到毛发干了为止。完全吹干后，再用针梳对犬全身被毛梳理一遍，做到全身毛发无毛结。

（四）注意事项

第一，半岁以内的幼犬或病犬不宜洗浴。半岁以内的幼犬抵抗力较弱，洗浴受凉易诱发呼吸道疾病，如北京犬一类的扁鼻犬，由于鼻道短，水洗后易发生感冒、流鼻涕，甚至咳嗽和气喘，同时水洗还会影响幼犬毛发的生长。因此，半岁以内的幼犬以干洗为宜，可每天或隔天喷洒稀释 1 000 倍以上的护发素和婴儿爽身粉，反复梳刷，从而代替水洗。

第二，要选择犬专用的浴液。选择浴液时要注意，不能用香味太浓的浴液洗澡，否则会让犬不知所措。尽量不要选择功能性很强的浴液，如杀蚤、除癣等作用的浴液，更不能使用人用洗发剂。

第三，洗浴要干净彻底。洗浴时一定要防止将浴液流到犬的眼睛或耳朵里，冲水时要彻底，不要使肥皂沫或洗发剂滞留在犬身上，以防刺激皮肤而引起皮肤炎。

第四，选择合适的时间洗浴。给犬洗浴应在上午或中午进行，不要在空气湿度大或阴雨天时洗浴。洗浴完毕后，应用吹风机吹干或用吸水毛巾擦干。切忌将洗浴后的犬放在太阳下晒干。

第五，洗澡的次数不能太过频繁。宠物犬本性喜欢臭味，洗浴会去掉宠物犬原有的体味，令犬感到惶恐。

三、梳理

（一）目的

室内饲养的犬一年四季都有毛发生长和脱落，尤其在春秋两季换毛时，会有大量的被毛脱落。梳毛不仅可除去脱落的被毛、污垢和灰尘，防止被毛打结，使犬的被毛清洁美观，而且还可按摩皮肤，促进血液循环，增强皮肤抵抗力，解除疲劳，防止发生寄生虫病或皮肤病。每天坚持给犬梳理，还可以增进主人与犬的感情。

（二）顺序

犬的被毛反映出犬的精神状态和外貌。因此，要经常注意被毛的整齐、清洁和美观。宠物犬最好每天早晚各梳理被毛一次，或养成每日梳毛 5 分钟的习惯，至少要保证每天散步回来后梳毛一次。梳理被毛的顺序应由颈部开始，自前向后，由上而下依次进行，即先从颈部到肩部，然后依次为背、胸、腰、腹、后躯，再梳头部，最后是四肢和尾部，梳完一侧再梳另一侧。

（三）方法

完成刷理步骤后即可进行梳理。在对长毛犬梳理时，应一层一层地梳理，即把长毛翻起，然后对其底毛进行梳理。犬的底毛细软而密，长期不梳理，易形成缠结，尤其是在夏秋潮湿季节，常因灰尘的积存、微生物或寄生虫感染而引起湿疹、皮癣或其他皮肤病。如果遇到毛结，应先用手轻轻将毛结拉松，再压住毛根，将毛结一点点梳开。如果毛结过大或缠结较严重，应用梳子或钢丝刷子顺着毛发的生长方向，从毛尖开始梳理，再梳到毛根部，一点一点地进行，不能用力梳拉，以免引起疼痛和脱毛。如果缠结严重无法解开，必须用锋利的剪刀紧贴犬的皮肤，剪掉所有的毛。

（四）注意事项

第一，梳毛时应使用犬专用的梳理器具，不要用人用的梳子和刷子。

第二，梳毛时动作应轻柔，不能粗暴拉扯被毛，以防引起犬的疼痛。梳理到敏感部位，如眼、外生殖器附近的被毛时动作更应小心。

第三，梳理被毛前，用热水浸湿的毛巾先擦拭犬的身体，被毛会更加发亮。

第四，梳理时要注意观察犬的皮肤状况。清洁的粉红色为良好，如果皮肤颜色异常或发现有蚤、虱等寄生虫寄生，应及时治疗。

四、被毛修剪

被毛修剪是犬美容中最富艺术性的工作，熟练的技术可以塑造出犬的完美形象。修剪时应注意：第一，剪毛时切忌剪破犬的皮肤。若犬剪毛时受到过伤害，以后就会对修剪被毛产生反感。所以在剪毛时，尽量将剪刀与皮肤呈平行状，逆毛方向修剪或由下往上剪，就不容易伤害犬的皮肤。第二，注意修剪长毛犬趾间的毛。长毛犬的脚底部、趾间也有许多较长的毛，在散步时容易弄脏脚甚至滑倒，所以趾间的毛也应进行修剪。第三，注意修剪外耳道和肛门周围的长毛。有的犬在外耳道生有较多的长毛，易招致寄生虫或外耳道炎，应定期修剪。长毛犬肛门周围也长有很多长毛，易被粪便污染，每隔 2 ~ 3 个月应修剪一次。

不同犬种的被毛修剪方法不同，具体内容见本章第三节犬的美容。

五、染毛

染毛就是要让宠物犬换个犬主喜欢的毛色，其过程和人染发差不多。只要选用适合的染毛剂，将它抹到宠物犬的身上，就能变换出各种颜色的毛发。最好采用天然材料的染毛剂，无毒、无害、无刺激性。在宠物犬有皮肤病或耳病的情况下不可染毛。

染色前准备好染毛剂、刷子、手套、直排、皮筋、发夹、分毛梳、锡纸与保鲜膜等器具。染毛顺序按背部、尾巴至头部进行。将犬身体上要染色的被毛与不染色的被毛，在分界处的毛根部位用分界梳分好，利用保鲜膜进行分隔，以防止在染色的过程中将染色膏染到不染色的被毛上，影响染色的整体效果。染色时以染毛剂梳毛，并经常用直排梳理一下，染好后，用手指将染色的部位进行揉搓，直到确认被毛已经染透，要保证每根被毛上都被均匀染色。将刷完颜色的部分用梳子梳理后，用锡纸包裹，用皮筋扎在后边。扎皮筋时一定要扎在有毛处，千万不可扎在皮肤等处，以免血液不流通，造成坏死。为加快干毛，可用吹风机加热 10 ~ 15 分钟，在加热时不要让出风口离被毛太近，防止损伤被毛。30 分钟后，打开锡纸，将染色部位用清水冲洗干净或清洗全身。将被毛彻底吹干，梳理通顺。

六、眼睛保健

首先检查眼睛是否有眼屎或炎症，是否有眼睫毛倒生的现象。正常的眼睛应该清澈、明亮，没有眼屎。某些眼球大、泪腺分泌多的犬，如北京犬、西施犬、吉娃娃、贵妇犬等，常从眼内流出泪液，沾湿被毛，影响整体美观，要经常检查眼睛。当犬患有眼病时，常引起眼睑红肿，眼角内有多量黏液或脓性分泌物。这时可用温开水或2%的硼酸水沾湿棉球或纱布后由眼内角向外轻轻擦拭，不可在眼睛上来回擦拭，棉球或纱布可进行更换。擦洗完后，再给犬眼内滴入眼药水或擦眼药膏，以消除炎症。

有些品种的犬，如沙皮犬，常因头部皱皮过多，使其眼睫毛倒生。倒生的睫毛可刺激眼球，引起犬的视觉模糊、结膜发炎、角膜浑浊，简易的方法是将倒睫毛用镊子拔掉，或请兽医做手术，割去部分眼皮。沙皮犬的倒睫毛是有遗传性的，因此，购买沙皮犬时，应了解其父母有无倒睫毛的缺点。西施犬、约克夏犬等的眼睛周围毛较多，眼睫毛要经常梳理，周围的毛要适当剪短。

七、耳朵护理

（1）拔耳毛。观察犬耳道内是否有耳毛，如果耳毛较多，应拔掉。一般常见耳毛较多的犬种有贵宾犬、西施犬、雪纳瑞犬、约克夏犬、比熊犬等。方法是美容师用左手夹住犬的头部，用左手大拇指和食指按压耳朵周围，使耳道充分暴露。将少量耳粉撒入耳中，按摩几下，然后沿着毛的生长方向拔除。手能够拔掉的毛用右手拔除，深处的毛用止血钳等工具小心拔除。

（2）清洗耳道。犬的耳道较深，容易积聚灰尘和油脂，尤其是大耳犬或耳道附近的毛较长的犬的耳道容易被遮盖，造成耳道空气流通不畅，污垢堆积，使耳道感染发炎。因此，要经常仔细地检查犬的耳道，发现问题应及时处理。清洗时应根据犬耳道的大小，把适量的脱脂棉绕在止血钳上，滴上3%碳酸氢钠滴耳液或2%硼酸水，在耳内打转清洗。从耳内取出的脱脂棉上若无污物，则可确认清洁工作完成。对有炎症的耳道，可用4%硼酸甘油滴耳液或2.5%氯霉素甘油滴耳液滴耳，每日3次。一定要注意，清洁耳朵时动作要轻柔。

八、保养牙齿

犬牙是犬啃咬和咀嚼食物的重要工具。当食物残渣贮留在牙缝里时，可引起细菌的滋生，造成牙齿的炎症，影响犬的正常采食。有些品种的犬，如约克夏犬和贵妇犬的牙齿容易长出浅黄至茶褐色的牙石。为此，应经常或定期检查犬是否有发炎、牙斑、牙结石等现象。幼犬换牙时应仔细检查乳牙是否掉落，尚未掉落的乳牙会阻碍永久齿的正常生长。

牙齿保养的关键是要让犬养成刷牙的习惯。开始时，只是用手指轻轻地来回摩擦犬牙龈外侧，等到它习惯这种动作时，再打开它的嘴，摩擦内侧的牙齿和牙龈。当犬习惯之后，可用湿棉球蘸取牙粉来清除牙渍牙垢。一般每周给犬刷1次牙即可。此外，要经常给犬喂骨头，这样不但可满足犬啃咬东西的欲望，也可达到磨牙和固齿的目的。

有牙结石的犬可用超声波洁牙机清洗牙齿。首先将犬肌内注射全身麻醉药，待其完全麻醉后平放在美容台上。其次，将犬脖颈处垫高，用2根绷带分别绑住犬的上、下颚，并拉动绷带使嘴巴完全张开，牙齿暴露在外。拿起洁牙机柄，将洁牙头对准牙齿进行清理，清理完一侧再清理另一侧。最后，在清理过的牙齿和牙龈处涂上少量碘甘油。犬洗牙后应连服3~4天消炎药，并连续吃3天流食。

九、修剪趾甲

大型犬和中型犬由于经常在粗糙的地面上运动，能自动磨短趾甲。而小型玩赏犬很少在粗糙的地面上运动，趾甲磨损较少，过长的趾甲会影响犬的自然平衡能力，使犬有不适感。而且，过长的趾甲也影响其他美容部位的整体效果。因此，要定期给爱犬修剪趾甲。

犬的趾甲非常坚硬，应使用一种特制的犬专用的趾爪剪进行修剪，最好的修剪工具是铡刀型修剪器。对退化了的“狼爪”，应在幼犬出生后2~3周内请兽医切除，可免除后患。日常对犬进行趾甲修剪时，最好在洗浴后，即趾甲浸软时再剪。注意不要剪到趾甲下的嫩肉和血管。白色和浅色犬的趾端的血管很容易看见，而黑色犬的血管却很难发现，处理后者时要仔细观察，特别小心。如剪后发现犬行动异常，要仔细检查趾部，看有无出血和破损，若有破损可涂擦碘酒。修剪趾甲的最后环节是使用磨趾甲器，这种工具的作用是磨光粗糙的趾甲边。

十、剪耳与剪尾

（一）剪耳

一般是为了显示犬的特殊气质或为了方便护理才施行剪耳。如美国拳师犬经剪耳后，就显得颈长，骨骼匀称，步法爽朗、轻巧、有气势，嘴皮阔而垂下，使体型线条与耳型相配合。雪纳瑞等一些梗类犬种，因为它们的耳道结构比较复杂，里面长满了硬硬的杂毛，又不会掉，经常会刺激到它们细嫩的耳道表皮，又容易滋生细菌，导致很多耳部疾病，所以一般对于这类犬种，给予其实施立耳手术。

在一些犬展比赛中，标准中规定必须做立耳术的犬只有实施剪耳后，才能参加比赛，这样能展现出这一犬种的独特魅力。然而对于大多数家庭来说，作为伴侣犬就没有必要实施剪耳了，养一只垂耳朵的杜宾犬或雪纳瑞也未尝不可。

（二）剪尾

以前给某些纯种犬如罗威纳剪尾是为了工作的需要，其目的是防止犬在打猎时被一些低矮的树丛勾缠。而目前在犬展中，对某些品种犬要求剪尾，纯粹是为了塑造“美感”。虽然对一些犬种实施断尾术已经成了传统的标准，但是现在人们已经意识到断尾是非常不人道的做法，所以很多家庭宠物犬不再断尾了。2006年，欧盟全面禁止给犬断尾、立耳；2007 年，中国台湾地区对参赛犬不再要求断尾了。

剪耳与剪尾的具体操作方法参见本书第十章第十节的内容。

第三节　犬的美容

目前，宠物犬美容已发展到包括剪趾甲、洗眼、洁耳、涮牙、解毛结、洗浴、修剪、美容套装、品种犬美容造型和比赛犬美容造型等多个层面。犬美容并不是根据个人的爱好随意对犬进行造型，而是利用修饰犬毛的技术，尽量地掩饰犬的缺陷，以便将该犬种的特征突出地表现出来，展现其个性和魅力。因此，犬的美容方法因犬的品种而异。

一、北京犬

（一）标准

美容后的北京犬的标准特征应是长毛、鬃毛和各部位的饰毛丰满、柔软，特别是颈部的鬃毛长而充沛，从肩部垂下，覆盖肩胛骨，形成裙褶围绕在脖颈周围。头顶平且宽。耳朵紧贴于头部，与头顶平。颈部粗而短，背线很直。

（二）美容方法

（1）躯干修剪：用美容梳将臀部的毛挑起，将尾根至飞节的长毛修剪出半圆弧线。将胸毛用美容梳梳起，从下颌至胸骨的部分作依次修剪，直至有圆滑隆起形状。拉起前肢，将胸底部的长毛向下梳整齐，用直剪作胸部与腹部的过渡修剪，使之衔接自然。

（2）四肢修剪：用直剪将腕关节以下的长毛剪去，呈斜面，肘关节部最长毛应和胸底最下端长毛相接。趾边毛也应剪整齐。由于北京犬四肢较短，在修剪时应注意比例。让犬自然站立，将四肢修剪成圆柱形，但不能太过细小，以免破坏身体的整体比例。

(3) 头部修剪：北京犬眼睛比较凸出，所以修剪时要格外小心。用牙剪将脸颊两侧的长毛稍加修剪，外观整齐、可爱，不要剪去太多，以免使得头部变小。根据个人喜好，可将长而硬的唇须从根部剪掉。头顶修剪时，用牙剪修剪头顶部碎毛，以头顶为中心做扇形修剪，使其圆润光滑。用直剪修短耳缘毛，剪成小圆耳朵，并剪短内外侧饰毛，使其整齐服帖。对于长毛耳朵，梳理顺滑后将末端修剪整齐即可。

(4) 尾巴修剪：用直剪将尾巴根部的长毛剪短，约 1 cm 左右。以尾根为中心，依中间界分开两边梳理，将尾巴拉伸后用直剪将尾毛作“半月状”修剪。

二、西施犬

(一) 标准

标准式西施犬的外貌应是雍容华贵、纤长飘逸的。全身覆盖着长而漂亮的被毛，头盖为圆形。耳朵大，耳根部要比头顶稍低，两耳距离大。体躯圆长，背短而水平。头部高抬，四肢较短。尾巴高耸，长毛密生，不可卷曲，内层绒毛有绒感，较为蓬松。头顶的顶结可扎成发束并配以饰物。

(二) 美容方法

(1) 剔肛门：用电剪将肛门周围的毛剃成 V 型，宽不超过尾根。

(2) 躯干修剪：被毛由背正中线向两侧分开，背线的左右 3 cm 处涂上适量油脂以防被毛断裂。为了防止腹部的毛缠结和便于行走，对腹下的被毛应剪掉 1 cm左右。脚周围多余的毛，应尽可能地剪掉。

(3) 头部修剪：整个脸部修成圆形，眼睛下方的毛略剪。头上的毛全往前梳，牙剪打斜 45°角，从一侧眼角至另一侧眼角剪刀横向修剪，修剪成临近额段处毛短、靠近头顶处毛长的形状。

(4) 尾巴修剪：尾巴修剪要与头成比例。将松散的尾巴拧成束，用牙剪剪掉尾束尖部突出的毛发，再修剪尾巴上层次不齐的被毛，剪成尾根部位毛长而尾尖部位毛短的形状。

(5) 修饰：西施犬脸部的毛长，容易遮盖双眼，影响视线，因此，对这些长毛应加以修饰，增加美感。先将鼻梁上的长毛用梳子沿正中线向两侧分开，再将鼻梁到眼角的毛梳分为上下两部分，从眼角起向后头部将毛呈半圆形上下分开，梳毛者用左手握住由眼到头顶部上方的长毛，以细目梳子逆毛梳理，这样可使毛蓬松，拉紧头顶部的毛，绑上橡皮筋，再打上小蝴蝶结即可。也可将头部的长毛分左右两侧，各梳上一个结或编成两条辫子。

三、博美犬

（一）标准

标准体型的博美犬身躯丰满，头的轴型特长，头盖扁平。脸短小。眼睛凹陷呈卵型。胸部不要太宽，自喉头、胸部至前肢应呈一直线。尾根部稍高，不要太低。充满美与活力，性情温顺，走路时很有活力，表情开朗，给人以小而优雅的感觉。

（二）美容方法

（1）躯干修剪：用直剪将臀部和大腿至飞节部修圆，并将大腿修成鸡大腿状。在后肢前面稍稍修剪出一条弧线，但不要特别突出腰部。腹线的修剪用直剪从后肢大腿处沿身体修剪直至前肢饰毛，平行剪下腹，并修成弧线。胸部修剪时，将毛挑起，直剪从上向下，从右向左横剪出两个圆，圆的最低点在肘关节。最后，用直剪将背部参差不齐的毛修齐修圆。

（2）四肢修剪：将犬脚向前伸，用小剪刀剪掉超过足垫边缘的多余饰毛，露出趾甲。然后处理断层，使脚看上去有弧度。将后肢飞节处的毛挑起，观察飞节与地面是否垂直，若垂直，则将层次不齐的毛剪掉；若飞节向前斜，则上部留毛短，下部留毛长；若向后斜，则上部留毛长，下部留毛短。将前肢剪成垂直于地面的形状。

（3）头部修剪：用拇指与食指抓住嘴，小指扣住后脑勺，挡住眼睛分别从上面和下面用直剪剪掉胡子与眉毛。用小剪刀剪掉耳尖多余饰毛，使耳尖、眼角、鼻尖成正三角形。

（4）尾巴修剪：掀起尾巴，捏住尾巴中间的饰毛，将尾部的毛向上挑起，将牙剪放在尾根位置，各打斜45°角，修剪尾巴根部的被毛至平顺，感觉从侧面看尾根提至腰部，并将侧面边缘的毛剪至扇形，使尾巴浮贴在背上。

四、可卡犬

（一）英国可卡犬

英国可卡犬比美国可卡犬的腿大而长，被毛较少，头部狭长，是极好的家居宠物犬。英国可卡犬头部毛短而精细，躯干部平展或稍有波浪，质地如丝，没有波纹也不卷曲，前腿、躯体和后腿的跗关节以上有羽状毛。

给英国可卡犬美容时，先用刮刷或针刷将犬毛刷一遍，然后用中齿梳去除缠结。选择合适的洗浴剂给犬洗澡，使用毛发调节剂有助于增强毛发的外观，并有利于毛发的平坦。再顺着毛发的生长方向用针梳梳理毛发，用 7 号刀片修剪躯干，头部、耳朵和喉部用 10 号刀片剪毛刀处理，腿部被毛稀少可不剪，保持自然状态或略微修饰以显其整齐。关节到肉垫要修剪成形，跗关节处不要修剪得太贴身。脚趾间修剪成圆形，并除去脚趾间任何多余的毛发。尾部从尾根至尾尖环绕修剪，逐渐变细以体现其自然轮廓。

（二）美国可卡犬

美国可卡犬躯体被毛长，丰厚密实，呈波浪状。耳长且饰毛丰富，长而呈大波浪状。经过适当美容，躯体被毛和长耳被毛的观赏性极强。纤巧的体形、娇好的容貌使它成为美国最受欢迎的品系之一，是居家宠物的理想选择。

根据的可卡犬美容美观需要，修剪前先用眼药水清洁眼睛污垢，然后用洗耳水清洁耳朵。剪毛前应梳理全身被毛，避免打结而影响剪出来的效果。首先，修剪一个漂亮的头型，将头盖骨底端顺毛打薄。顺毛生长方向修剪，从头顶最高点即头顶 1/2 处向后剃至枕骨。头顶前端 1/2 处在眉毛上留一小部分头花。然后修剪下巴和嘴巴，留毛不用太多。修剪耳朵应去掉上面的约 1/3，下面只需用剪刀修一下。躯体的修剪从头骨基部开始沿脊椎骨向后至尾根部，用 7 号刀片修剪，而手反复捋抹躯体两侧向下、前腿至肩关节、后腿至大腿上部，以淡化剪刀的剪痕。四肢被毛基本不用剃，只需略用剪刀修剪。尾巴用电推从根部到尾尖沿毛流方向修剪，剪去多余被毛。

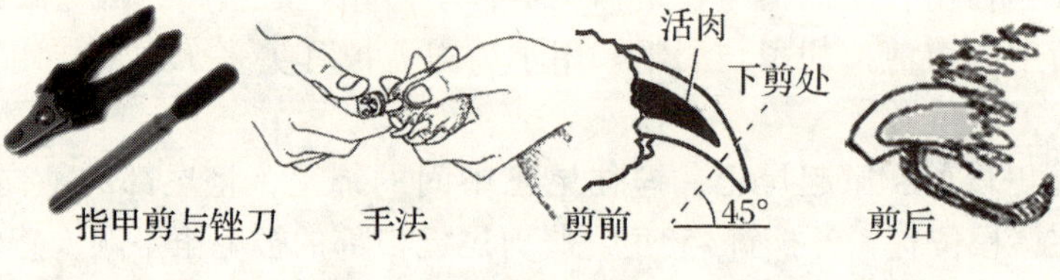

图 7－2　犬趾甲修剪

图 7－3　可卡犬造型效果图

五、贵妇犬

（一）造型

贵妇犬的美容技法最为复杂，造型设计也最多。根据贵妇犬流行宠物剪法，美容造型主要有欧洲大陆式（Continental Style）、英国马鞍式（English Saddle Style）、大陆式（Modified Continental Style）与芭比式（Puppy Style）的参赛剪法，还有春天清爽式（Utility Style）、皇家荷兰式（Royal Dutch Style）、迈阿密式（Miami Style）、比基尼式（Bikini Style）、运动式（Sporting Style）、普林顿式（Poodlington Style）、羔羊式（Lamp Style）、牛仔式（Cowboy Style）、荷兰式（Dutch Style）、城乡式（Town and Country Style）、泰迪熊式（Teddy Bear Style）、捆扎式（Corded Style）、瑞士式（Swiss Style）、披肩式（Shawl Style）、荷兰带环式（Dutch Band）与爹利式（Terrier Style）等。贵妇犬是唯一能够通过修剪毛来展现各种造型的品种。还可以为它染上各种颜色，系上彩带、戴上帽子、穿上花衣，这样，造型奇特、格调各异、风情万种的贵宾犬就呈现在我们眼前。

图 7－4　部分贵妇犬造型效果图

（二）美容方法

为了参加展览，应按一定的规格修剪，不能随便剪，以免影响美观。常见的修剪方法有“荷兰式”、“英国马鞍式”与“欧洲大陆式”。

（1）“荷兰式”：头顶部的毛应剪成圆形，长度适中，可留下胡须，面部、脚踝以下和尾巴根部的被毛都应剪短，臀部、肩部和前肢的被毛，剪至约 4 cm，而将腰部和颈部的被毛剪短，看上去好像穿上了“牛仔裤”一样。尾尖部应剪成一个大毛球。

（2）“欧洲大陆式”：修剪面部、喉部、脚和尾巴底部。犬的后半身在臀部被修剪成绒球状，其余剪净。修剪后，脚部和前腿关节处以上的部位都露了出来。身体其他部分的被毛可以不用修剪，但为了保持整体的平衡，可以适当修整。

（3）“英国马鞍式”：犬的面部、喉部、前肢和尾巴底部的被毛需要修剪。修剪后，前肢的关节处留有一些被毛，尾巴的末梢被修剪成绒球状。后半身除了身体两侧和两条后腿上各留出两片弧形的修饰过的被毛外，其余部分全部剪短，修剪后可露出脚部，前肢关节以上的部分也清晰可见。其他部分的被毛可以不用修剪，但为了保证犬整体的平衡，也可以适当修整。

有时，为掩盖犬的缺点，可采取不同的美容措施。如头部较小的犬，可把犬头上的被毛留长些，并剪成圆形，而颈部的被毛要自然垂下，耳朵的被毛要留长，这样才显得头部稍大而美观。头部较大的犬，则应将被毛剪短，而颈部的被毛不需剪短。脸长的犬，应将鼻子两侧的胡子修剪成圆形。眼睛小的犬，应将上眼睑的毛剪掉两行左右，起到放大眼圈的作用。颈部短的犬，颈中部的被毛要剪得深些，使人感到颈部长些。胖犬则将全身的被毛剪短，四肢剪成棒状，能使身体显得瘦些。

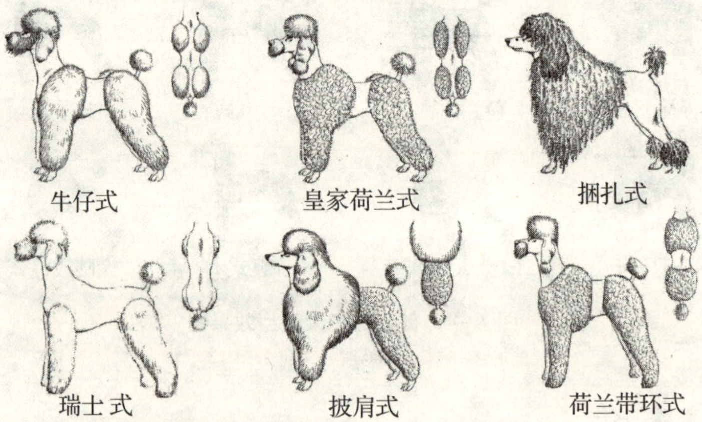

图 7－5　部分贵妇犬修剪示意图

六、玛尔济斯犬

（一）标准

标准式的玛尔济斯犬，纤长平整、绢丝般柔滑的纯白色被毛垂在躯体两侧，几乎垂落至地，无内层绒毛。身躯较长较矮，眼和鼻为黑色。卷尾上扬于背部，有丰茂而柔长的放射状饰毛，十分高雅。该犬体态健美，行动活泼、胆大，充满智慧，对于一切新鲜事物都充满好奇，是宠物犬的最佳选择之一。

（二）美容方法

（1）头部修剪：玛尔济斯犬美容时，要注意头部的修剪。对眼睛下缘的毛可剪掉一半，鼻梁上的毛从中线开始向两边平分梳开，唇周边较粗的胡子和长毛由根部剪除，两侧胡须的长度约为头长的1/3。

（2）躯干修剪：背部的毛沿背中线向两侧梳理，使其自然下垂。由于该犬的毛较长，梳理时，可由上往下分三四次梳，不要一梳子梳到底。修剪下摆时，让犬站立在修剪台上，左手拿梳子压住长毛，将梳子的一侧固定在修剪台上，再行修剪，这样便可修出漂亮的下摆。脚的四周应修剪成圆形，趾间长出的毛要小心剪除。

（3）尾部修剪：尾根周围1 cm处用梳子、剪子修整，尾毛应左右分开。

（4）修饰：左手抓握头发，右手执梳梳理顶结的头发后，用梳子把顶结的头发分成两股。取其中一股，梳理通顺后，把头发折叠一下，在发根处扎一橡皮筋，橡皮筋上缠一色彩鲜艳的绸带或配以小巧玲珑的发夹。以同样方式处理另一侧头发。

七、金毛犬

（一）标准

金毛犬内层毛浓密防水，毛质地不如蝴蝶犬柔软，也不像短毛猎犬那样坚硬，呈波浪或直立状态平整地盖于身上。前腿后方有一些小绒毛，大腿后部、颈部及尾巴下面长有稍厚一些的绒毛。

（二）美容方法

（1）躯干修剪：金毛犬身体的背线的标准是毛发平顺，可选择刮毛刀、青石和牙剪进行修剪。把身体的被毛用刮毛刀刮平顺，刮毛刀不起作用的毛，可以用牙剪修剪。身体毛发基本顺滑后，用青石打磨，这也是日常工作的一部分。修剪臀部时，从下尾根和尾根的侧面向下用牙剪修剪平顺就好。最后，整体要用刮毛刀将修剪的各部位自然衔接。

（2）四肢修剪：前腿的修剪要用牙剪完成，前肢前侧的饰毛很少很薄，在修剪时要注意不要修得过多、过薄。前腿的后侧会有很多饰毛，需要打薄些，不然会有前肢太重的感觉。后腿飞节下用钢丝梳逆毛梳理，修剪成一直线，从侧面看是一直线，从后面看是个饱满的圆柱。脚要修剪成猫足，先用钢丝梳逆毛梳理，把毛打篷后，用牙剪修剪，从肉垫向足的上方做饱满的、向前突的圆。

（3）头部修剪：用刮毛刀或青石操作，尽量把头顶做得平坦，一定要避免把毛刮得太秃或出坑。修剪耳朵的时候，把耳朵自然上提，从耳孔向下到颈部用牙剪修薄，耳朵内外侧毛一般先用刮毛刀将长毛割断，再刮薄内外侧的毛，注意要刮得自然平顺。用牙剪修剪耳朵的边缘，把其形状修剪成心形。注意金毛犬的耳朵很厚，边缘要注意收圆。

（4）尾部修剪：从末端处修剪，逐渐剪出羽毛形状，用食指和拇指夹住金毛犬尾巴末梢，修剪成弯曲的形状。

八、哈士奇

（一）标准

哈士奇属于典型的双层毛发品种。下层毛柔软、浓密，长度足以支撑外层被毛。外层毛平直、光滑、伏贴、不粗糙。

（二）美容方法

宠物级的哈士奇在修剪时，可以修剪胡须以及趾间的毛发以保持清洁，胡须要尽可能剪短，趾间的毛发用针梳或排梳逆毛梳理，再用牙剪将足部修剪成卵圆形。不允许修剪其他部位的毛。赛前的最后整理也是至关重要的，颈部的毛发向上梳理，并且适当地喷些定型水，使整个颈部看上去更强壮有力，四肢可以上些白粉，以更凸显其充足的骨量。在不违背自然的前提下，还可以针对自己犬只的不足进行细微的修剪。

九、比熊犬

（一）标准

双层毛，丝质丰盈，轻度卷曲。头、躯干、脚部修剪后给人以“胖嘟嘟”之感。幼犬毛应尽量将毛剪短些，而成年犬毛短于 5 cm 则不适宜参加展犬。

（二）美容方法

(1) 躯干修剪：从比熊犬颈的后部，经过肩部至臀部，修剪出一条直线，作为背线。后部线条应修剪得比较夸张，从尾巴根部到坐股结节剪成圆弧。从臀部向后肢呈弧形过渡修剪，后肢与臀部的毛发，要形成浑然一体的感觉。用直剪修剪跗关节，使其有角度感。腰部要从稍微往前的部分开始修剪，这样使犬的腰部细一点。腹部的毛发也剪成圆形，但侧腹部与正腹部要衔接上，腹部的毛稍微留短一些。胸部至腹部的部分剪成圆瓶形。

（2）四肢修剪：四肢修成圆柱形。腿毛的长度由脚到地面的长度决定，从下往上剪。剃脚底毛要拇指和食指将脚掌分开，小心地将其间杂毛剃去。足部修成圆形，不能露指甲和脚掌。

（3）头部修剪：把头部的毛向后梳，整个头部剪成圆形，鼻子是整个头部的圆心，以鼻为中心进行剪毛。从嘴巴至下颌的毛修剪成弧形，但下颌的毛要剪得较短。从鼻子至眼睛的毛发，左右分成两半后，与胡须一起向下修剪，鼻尖上多余的毛发要剪掉。

（4）尾部修剪：用牙剪将尾根的毛剪短，尾巴毛发用直剪修剪成与背线只有 2 cm 的距离。

十、迷你雪纳瑞犬

（一）标准

身体结实，骨量充足。头部呈矩形，具有双层被毛，即柔软细密的底毛和粗硬长直的上层毛。

（二）美容方法

（1）躯干修剪：美容师将犬全身的被毛梳理顺畅，用 10 号刀头的电剪将小腹的毛剪掉。背部由枕骨至尾尖用 7 号刀头电剪顺毛修剪，肩部由肩胛顺毛剃至前肢肘关节处，与前胸做斜线连接。身体侧面饰毛的位置由前肢的肘关节至后肢根部和腹相接处，有明显的收腹线。用梳子将胸部毛发挑起，从肘部向脚尖修剪直线，内侧修剪直线到桌面，肘后方修剪成直线。

（2）四肢修剪：用 10 号刀头的电剪将脚底的毛去掉，将直剪端平，从关节到脚底部以直线方向修剪一圈，使脚圈与前肢衔接处修剪成圆形，与地面呈 25°角，整体呈圆柱形。后脚也做柱状修剪，但要体现上细下粗的形状。脚边不可有长毛垂于地面，可露出 2 个趾甲。

（3）头部修剪：用 10 号刀头的电剪从眉骨后方紧贴头皮顺毛剃向枕骨。脸颊部分逆毛修剪，由上耳根处向外眼角直线剃过，由外眼角垂直向下至下颚。内下耳根至喉骨画斜线，颈部从正面看有明显 V 形。耳朵要剃得极贴，用 15 号刀头将耳朵内、外侧毛及耳洞毛剃除。然后，用牙剪做脸部修剪，先将头顶部和脸颊部的交界处做过渡修剪至无明显界限。将眉毛向前梳，以鼻子为中心形成一条平行线用剪子向前剪，眉毛要与周围的短毛相融合。将牙剪插入两眉心之间，修掉杂毛，使眉心一分为二。将胡子修成略圆，但要保持胡子的长度，略微修剪不平整凌乱的胡须。

（4）尾部修剪：将坐骨下、尾部后方电剪修剪过的地方用牙剪修剪服帖。尾尖用牙剪修成圆形。

第八章　宠物犬疾病的预防

第一节　犬病预防的基本原则

在犬的饲养管理过程中，由于各种各样的原因，常会引发某些疾病。因此，在犬没有发病之前，必须防患于未然，采取各种有效措施，预防犬病的发生。“预防为主，防重于治”是必须坚持的基本原则。要达到预防疾病的目的，应采用科学的饲养管理模式，给予犬全面营养，增强犬的体质；搞好犬体、饮食及环境卫生，经常消毒；还应定期驱虫、接种疫苗，提高犬对疾病的特异性抗病能力。

一、加强卫生管理

（一）饲料卫生

饲料要新鲜，禁止使用有毒、霉变、腐败的饲料。在传染病流行时期，禁止从传染病疫区采购饲料及原料。饲料加工前应清除原料中的杂质，如石块、铁钉等，谷物类饲料须蒸熟煮透，饲料加工后要防止腐败变质。生的畜、禽及鱼类的肉和内脏，应洗净并煮熟后再喂，最好不要生喂。因传染病死亡的动物的肉和内脏，禁止饲喂。

犬食最好现做现食，不要过夜。尤其是在天气炎热的夏季，由于剩食易腐败变质，当天做好的食物应当天吃完。用牛奶喂犬时，应将牛奶煮沸后喂饲，装牛奶的器皿也应清洗消毒。

（二）饮水卫生

最好使用专制的饮水用具给犬喂水。喂水前，应先将饮水用具内的剩水或污物倒掉，并用清水将用具冲洗干净，然后加入适量的新鲜饮水，每天至少换水 1 次，以保证饮水的清洁卫生。禁止饮用死水或污水。

（三）犬体卫生

保持犬体卫生，不仅可以保障犬的健康，还可以保持犬美观的外表。因此，应经常梳刷犬体，除掉污物，梳顺被毛，并定期驱除犬的体表寄生虫，以加强犬的体表新陈代谢活动。幼犬应每天及时更换垫草或垫被。

犬室外运动归来后，要给犬饮足清洁的水，用梳子和湿毛巾梳理毛发，清理污物和其他犬留下的口水，以达到预防外界疾病的作用。如果自家的犬和其他疑患病犬有过身体接触时，要对自家的犬进行适当的消毒。

（四）环境卫生

犬舍要保持良好的通风和充足的日光照射。天气暖和时，要打开犬舍的门窗，便于通风和日光照射。犬舍内的湿度要保持在50%～60%。湿度过高，容易造成犬夏季中暑或冬季着凉，从而影响犬消化系统和骨骼的发育与健康。湿度过低，空气干燥则容易引起犬口腔和结膜的干涩，并引发呼吸系统疾病。犬舍应每天清扫一次，犬舍的各种用品如垫布、箱体等至少每周消毒一次。用漂白水可以清除大部分细菌和寄生虫，5%烧碱溶液可杀灭犬瘟热等病毒。

饮食用具和便盆用后应及时洗刷干净，至少每月消毒一次。用0.1%新洁尔灭液浸泡5～10分钟，可杀死大多数病菌。注意不要使用毒性大的消毒液，防止犬舔舐后中毒。

二、坚持消毒

消毒可消除或杀灭外界环境中的病原体，这是预防犬病的重要措施之一。未发生传染病时，也应定期对可能受病原体污染的犬舍、场地、用具和饮水等进行消毒。发生传染病时，应每天连续或不定期地对传染病所污染的环境、物品及病犬排泄物进行消毒。

犬病防疫中常用消毒药品及用法如表8－1所示。

表8－1　常用消毒液及使用方法

药　名	剂量与规格	用法及适应症
漂白粉	粉末	1%～20%溶液用于犬舍、地面、水沟、粪便等消毒
过氧乙酸	溶液	0.2%溶液浸泡耐腐蚀物品，0.5%溶液喷洒犬舍地面、食具，5%溶液喷洒饲料间及兽医室
福尔马林	溶液含36%甲醛	2%～4%水溶液喷洒犬舍地面、墙壁、护理用具、饮水器皿、食具等，1%水溶液用于犬体表消毒

（续上表）

药　名	剂量与规格	用法及适应症
氢氧化钠	溶液	1%～2%水溶液用于犬舍、地面、用具等消毒，消毒后隔半天以清水冲洗消毒处方可使用
石灰乳	混悬液	10%～20%石灰乳用于犬舍、地面、沟渠和粪尿等消毒，随配随用
草木灰	粉末	20%草木灰水用于犬舍地面消毒
新洁尔灭	溶液	0.5%～1%新洁尔灭浸泡外科器械与犬体皮肤
来苏尔	溶液含50%煤酚	1%～2%溶液用于手、皮肤、器械等消毒，5%～10%溶液用于犬舍、用具、排泄物等消毒
乙醇	溶液	70%乙醇用于皮肤及器械等消毒
碘酊	溶液	2%～5%溶液用于皮肤消毒，不可与红汞同时使用
石炭酸（酚）	溶液	3%～5%溶液用于犬舍、食槽、场地与运输工具等消毒，低浓度还可作防腐剂；石炭酸有强烈的刺激性和腐蚀性，使用时应加以注意

在进行消毒时，做到合理使用消毒液，确保消毒效果。应注意以下几点：①有目的地选择消毒药品。不同种类的病原微生物，对消毒药的敏感性不同。因此，在消毒工作中，应该考虑病原微生物的种类及其特性，有目的地选择消毒药。②准确配制消毒药液。一般情况下，消毒药的浓度和它的杀菌力成正比，消毒药的浓度愈高，杀菌力也愈强。但药物的浓度愈高，对组织的毒性也越大。应注意消毒药对人、犬组织的毒性作用。③确保药液作用时间。消毒药的作用时间和它的杀菌力有很大关系，一般在其他条件相同的情况下，消毒药的作用时间愈长，杀菌力愈强。④消毒药的抗菌力与温度相关。在一般情况下，消毒溶液加温后，杀菌力显著增加。夏季消毒药的作用效果强于冬季。⑤消毒与清扫工作相结合。几乎所有的消毒药液，当环境中存在粪、尿、血、脓汁等有机物时，杀菌力大大减弱。因此，应先充分清扫或洗净被消毒的对象，除去表面的有机物质后再用消毒液，使消毒药能充分发挥效力。

饮水也是犬疾病传染的一条重要途径，为了防止发生介水传染，必要时应对犬的饮用水进行消毒，常用消毒剂是漂白粉。

三、预防接种

预防接种在预防传染病措施中具有重大意义。预防接种即将疫苗、菌苗或类毒素接种到健康犬的体内，使机体产生免疫力，防止、减少传染病的发生和流行。目前，预防病毒性传染病的疫苗有灭活疫苗和弱毒疫苗，预防细菌性传染病的免疫原有活菌苗、死菌苗、亚单位苗和类毒素等。疫苗接种后一般经1~3周才产生免疫保护力，但维持时间较长，可达半年至数年。

（一）常用犬疫苗概况

目前，国内宠物犬临床常用的犬疫苗分国产和进口疫苗两大类。国产犬疫苗主要有单狂犬苗、五联苗、六联苗与七联苗几种。目前，应用效果较好的国产犬疫苗是吉林五星动物保健药厂出品的百司特牌五联犬疫苗，能有效预防犬瘟热、犬细小病毒病、犬传染性肝炎、犬副流感、狂犬病等五种疾病。

进口犬疫苗常用的有荷兰英特威疫苗、美国辉瑞与福道疫苗、法国梅里亚与维克疫苗及西班牙海博莱德疫苗等。如荷兰英特威的犬四联苗可有效预防犬瘟热病毒、犬细小病毒、肝炎病毒和副流感。犬七联疫苗可预防犬瘟热、犬细小病毒病、钩端螺旋体、传染性肝炎、支气管炎、副流感、狂犬病毒。美国富道、法国维克生产的犬六联疫苗可预防犬瘟热、传染性肝炎、腺病毒、副流感、钩端螺旋体和犬细小病毒。美国辉瑞五联苗可预防犬瘟热、腺病毒Ⅱ型、副流感和犬细小病毒病。国内常用的进口疫苗，主要是六联疫苗和狂犬疫苗，用于预防狂犬病、犬瘟热、犬细小病毒病、钩端螺旋体、传染性肝炎、支气管炎与副流感等。

（二）免疫程序

犬疫苗预防接种应按一定的免疫程序进行。几种主要的犬传染病的最佳免疫程序如表8-2所示。

表8-2　犬几种主要传染病的最佳免疫程序

疾病类型	疫苗类型	接种途径	首次接种年龄（周）	再次接种年龄（周）	第3次接种年龄（周）	免疫保护期（月）
犬瘟热	弱毒苗	皮下或肌内	6~8	10~12	14~16	12
	麻疹弱毒苗	皮下或肌内	6~10			
犬传染性肝炎	弱毒苗或灭活苗	皮下或肌内	6~8	10~12	14~16	12
犬细小病毒病	弱毒苗	皮下或肌内	6~8	10~12	14~16	12
	灭活苗	皮下或肌内	6~8	10~12	14~16	12

（续上表）

疾病类型	疫苗类型	接种途径	首次接种年龄（周）	再次接种年龄（周）	第3次接种年龄（周）	免疫保护期（月）
副流感	弱毒苗	皮下或肌内	6～8	10～12	14～16	12
	弱毒苗	鼻内	6（最早可在2周龄时接种）			
布氏杆菌病	灭活苗	皮下或肌内	6～8	10～12	14～16	12
	弱毒苗	鼻内	6（最早可在2周龄时接种）			
钩端螺旋体	灭活苗	皮下或肌内	10～12	14～16		12
狂犬病	弱毒苗	肌内	12	64		36
		灭活苗	皮下或肌内	12	64	12或36
冠状病毒病	灭活苗	皮下或肌内	6～8	10～12	12～14	12

注：目前国内已生产包括狂犬病、犬瘟热、副流感、传染性肝炎及细小病毒病五种传染病的“五联苗”。

宠物犬在50日龄后可开始接种犬疫苗。国产五联苗应从断奶之日起连续注射疫苗3次，每次间隔2周，此后每半年接种1次；进口六联苗需连续注射3次，每次间隔4周，其后每年接种一次。此外，3月龄以上的犬，每年还应接种1次狂犬疫苗。

（三）注意事项

为了保证免疫效果，在预防接种时要特别注意以下几方面：接种前应驱除犬体内的寄生虫，尤其是肠道原虫；注射犬疫苗前，必须做体检，如果犬已经生病或健康状况不良，不应接受疫苗接种；接种疫苗时，不能同时使用抗血清，且禁止对怀孕母犬接种弱毒疫苗；仔犬预防接种必须严格按合理的免疫程序进行，以防母原抗体对免疫效果的影响，造成免疫失败；幼犬接种疫苗一周内，不要为幼犬洗澡，以免诱发呼吸系统疾病，导致免疫失败；社会各单位部门需要严密配合，定期做好预防注射，坚决捕杀流窜的野犬、野猫、鼠以及其他带病野生动物。

四、定期驱虫

定期驱虫是保证犬体健康的重要措施。一般采用犬的驱虫计划是：仔犬20日龄首次驱虫，幼仔犬每月驱虫1次，成年犬每季度驱虫1次，哺乳母犬的驱虫可和仔犬同步进行。每次驱虫前应进行粪便检查，根据粪检结果选择合适的驱虫药物。在日常饲养过程中，还应根据犬体状况，不定期抽检粪便，及时驱虫。

常用的驱虫药物有：左旋咪唑、甲苯咪唑、噻苯咪唑、驱蛔灵、驱虫净、吡喹酮和虫克星等。丙硫苯咪唑和左旋咪唑可驱除蛔虫、蛲虫和钩虫，口服，每 2.5 kg 体重吃 1 片，每天 1 次，连吃 3 天。甲苯咪唑可有效驱除蛔虫、蛲虫、钩虫、鞭虫和线虫，但怀孕犬最好不要服用该药物。吡喹酮按每千克体重 10 mg，口服 1 次，可以治疗绦虫感染。抗滴虫可以选择灭滴灵。磺胺药只能预防球虫感染，治疗球虫可用盐酸氨丙啉。

犬的外寄生虫病如蠕形螨感染、疥螨感染、耳痒螨感染、恙螨感染、跳蚤感染、虱子和蜱感染的发病率也很高，多易发生在夏季，应该引起重视。犬外寄生虫的防治与环境有密切关系。有些外寄生虫在正常情况下少量存在于犬的体表，不表现出临床症状。有些寄生虫与环境卫生差有关，如跳蚤、虱子、蜱等外寄生虫，室外饲养的犬易患此病，使用大颈圈、加强环境卫生可以预防这些寄生虫病的发生。皮肤化验可准确诊断犬的外寄生虫病，在此基础上再正确用药。

第二节　日常防疫工作

犬的某些疾病如狂犬病、钩端螺旋体病、弓形虫病等不仅损害宠物犬自身的健康，还可直接危害人和其他动物的健康。因此，必须做好犬的卫生防疫工作，以提高犬体的抗病能力，防止疫病发生，除了贯彻疾病防疫的基本原则，还必须认真执行日常防疫工作，其具体内容主要有以下几个方面：

一、加强饲养管理

科学饲养，能提高犬的疾病抵抗力，应给犬饲喂营养价值高而均衡的日粮，日粮中要少放盐，不要喂生饲料，及时供给足量的清洁饮水。仔犬要及时补食，成犬要定时定量喂饲，防止偏食、饲料单一和突然改变。市场上出售的火腿、香肠等肉制品不要长期喂饲，因为宠物犬比较娇气，这些食品中的色素、防腐剂可刺激犬发生疾病。除食物的合理搭配外，卫生管理也很重要，该部分内容已在第一节加以阐述。

二、坚持刷洗

犬体的刷洗既可以除去污垢及灰尘，保持犬体美观，又可促进皮肤新陈代谢，增进皮肤的抵抗力，有利于健康。另外，通过刷洗可以进行外寄生虫的检查和驱除。由于刷洗增加了皮肤的血液循环，因此，在换毛期间可以促进被毛生长。春季可以促进夏毛更新，冬季则可以促进冬毛的生长。在刷洗过程中如发现外伤，可涂碘酊加以治疗。

刷洗的顺序依次是犬颈部、背、胸、腰、腹、后躯、头部、四肢、尾部。刷完一侧再刷另一侧。刷拭时用棕刷先逆毛刷，清除毛根部的污垢和灰尘，再顺毛刷回。要注意一刷接一刷，全身都不要疏漏。

三、定期沐浴

定期给犬洗浴，既有助于皮肤卫生，促进皮肤机能旺盛，又能防暑降温，达到预防疾病和卫生保健的目的。犬自 6 月龄就开始洗浴，一般来说，冬季 15 天洗一次，夏季每周一次，洗浴次数过多反而会使犬的皮肤抵抗力下降，皮肤感染机会增多。

洗浴的程序为梳毛→洗浴→梳毛，最后用吹风机吹干，否则，容易造成毛发粘连和感冒。洗浴时切忌将污水弄进犬的眼睛和耳朵，否则会造成眼睛损伤及中耳炎。另外，皮肤有外伤时不能洗浴。

洗浴只能用犬专用或婴儿专用洗发精，绝不能用家庭用的肥皂或肥皂粉。干性洗发粉是理想的洗浴用品，既可避免手脏和臭，又便于洗洁。油性毛质应偶尔使用干性洗发精。

四、消除疾病传播媒介

犬的多种传染病及寄生虫病可通过鼠类、蚊、蝇和其他动物传播。尤其要注意灭鼠，因为鼠能传播钩端螺旋体病、伪狂犬病等多种疾病。犬场的灭鼠工作，应从犬舍的建筑和饲养管理着手，要加固地面和墙基建筑，注意关好饲料库的门窗。鼠类出入的地方应投放灭鼠毒饵或老鼠夹，但应防止犬误食或误伤。一旦发现死鼠应及时深埋或烧毁，严防被犬吃食而发生中毒或传染疾病。搞好环境卫生，着重对一些卫生死角进行清扫，对蚊、蝇滋生的场所进行彻底清理。

五、感染传染病后的防控措施

犬感染传染病后要积极采取措施，防止疾病蔓延。因此，要做到以下几点：

（1）要注意观察犬的饮食欲、粪、尿及全身状况，并请兽医及时确诊，以便采取相应措施，把已发生的疫病控制在最小范围内，加以扑灭。

（2）确定为传染病后，应迅速采取紧急措施，将病犬隔离，避免扩大传染。

对无治愈希望或危害性很大的病犬，要及时扑杀。

（3）加强饮水卫生、食品卫生的管理和监督，彻底清理环境，病犬用过的犬舍、垫床、美容用具、运动场地等要进行严格消毒，以消除环境中的病原体。剩余的饲料、污染的垫草、粪便应烧毁，病犬尸体应深埋或焚烧。有组织地开展消毒、杀虫、灭鼠工作。

（4）疫情扑灭后，应进行彻底清扫、消毒，犬舍关闭 2～4 周，方可进犬饲养。

第九章　宠物犬病的诊疗技法

第一节　犬病诊疗技术

犬作为一个生命的有机体，生活在十分复杂的自然环境中，需要调节机体的各个系统的功能，以适应环境的变化，使机体与环境之间达到平衡，并保持正常的生理状态。

一旦环境的变化超出了机体一定的生理适应范围，环境与机体之间的平衡遭到破坏，机体就会表现出种种异常现象——疾病，也就是说，疾病是机体各系统的正常功能遭到破坏而引起的异常现象，影响犬的生理机能，甚至危及生命。犬的某些疾病，不仅严重威胁犬自身的健康，而且也严重危害人和其他动物的健康。因此，犬病的预防和治疗是犬饲养过程中非常重要的一环。做好犬病的预防和治疗工作，能防止犬病的发生，降低犬的发病率和死亡率，有利于犬的正常生长、发育和提高生产性能，减少经济损失。为了能及时、正确地发现犬的异常表现并及时治疗，一般应了解和掌握以下几种诊疗技术：

一、病犬的保定方法

宠物犬经过驯化饲养，一般情况下都能听从主人的话，按主人的意图办事。但在犬的繁育与疾病诊治工作中，为避免犬骚动咬伤人或自身受伤，并保证诊断或治疗得以顺利进行，常需采取人力、器械或药物保定来限制犬的活动。其基本原则是安全、迅速、简单、确实。犬对主人有较强的依恋性，最好由主人亲自进行保定。保定的方法有很多种，可根据具体情况而定，不因犬的挣扎而造成损伤，保定器械应使用方便，易于清洗消毒。通常对犬的保定有以下几种方法：

（一）简易保定

1. 扎口保定

本法适用于一般检查或简单处理。经过驯养的犬在保定时，犬主可蹲于犬的右侧，一手将犬头抱于胸前，另一只手抱紧犬的后驱加以固定。保定未经驯服的犬，需一个人用捕犬钳夹紧颈部，另一人则用粗扁带绕犬的上下颌一周，在上颌上打一个结，然后转向下颌，再打一个结，最后将带牵引至头后颈背上打第三个结，此结应为活结。也可用皮革或铁笼套套住嘴，然后做进一步保定。

长嘴犬扎口保定法：用绷带在其中间打一活结圈，套在犬嘴后颜面部，下颌间隙处系紧。然后将绷带两游离端沿下颌拉向耳后，在颈背侧枕部收紧打结，如图 9－1 所示。

短嘴犬扎口保定法：短嘴犬扎口困难，易滑落。可用绷带在其 1/3 处打活结圈，套在犬嘴后颜面部，于下颌间隙处收紧。将其两游离端向后拉至耳后枕部打一个结，然后将长的游离绷带经额部引至鼻背侧穿过绷带圈，再返转至耳后与另一游离端收紧打结，如图 9－2 所示。

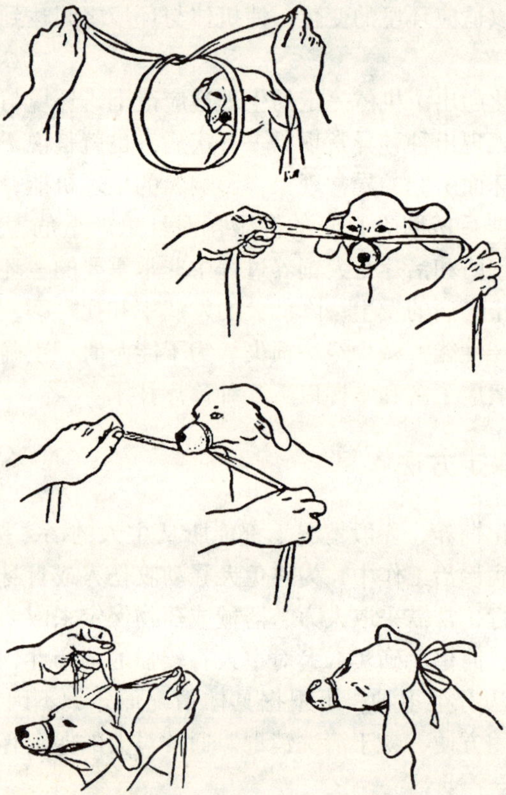

图 9－1　长嘴犬扎口保定法

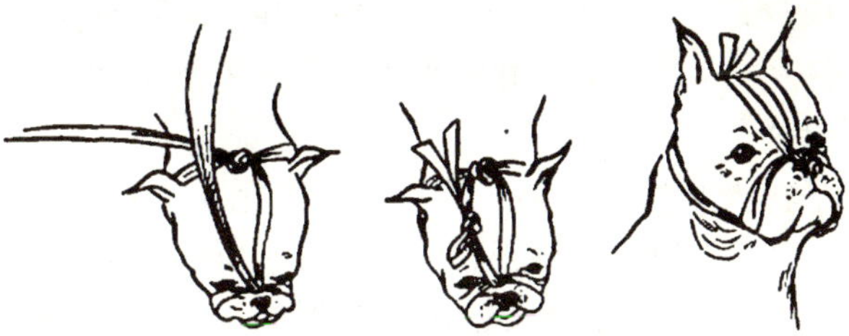

图9－2　短嘴犬扎口保定法

2. 嘴套保定

嘴套保定法主要应用于大型犬。嘴套有皮革制品和铁丝制品两种，多由皮革制成。嘴套有不同型号和不同形状，大小可调，可在宠物市场购买，也可自行制备。可根据犬个体大小选用合适的嘴套给犬戴上，并将带子绕过耳并扣牢，即可防止犬咬人，如图9－3所示。根据诊疗工作的需要，令犬站立或侧卧，保定人员抓住脖圈，固定好头部，防止头部活动即可。

图9－3　嘴套保定法

3. 徒手保定

此法适用于温顺的幼犬或训练有素的成年犬。保定人员站在犬的一侧，面向犬头，一只手固定犬头部，另一只手握紧犬嘴。

4. 站立保定

站立保定最好由犬的主人进行。其他人员进行保定时，声音要吻合，态度要友善，举动要轻柔，避免粗暴的动作和恐吓行为。保定人员要站于犬的左侧，面向头部，用温和的声调呼唤犬，一手轻拍犬的颈部和胸下方或挠痒，另一只手用牵引带套住犬嘴。

地面站立保定法：此保定法适用于大型犬。犬站立于地面，保定人员蹲于犬右侧，一手抓住犬脖圈，另一只手用牵引带套住犬嘴。

诊疗台站立保定法：部分犬在诊疗台上胆怯，不愿站立，影响诊疗操作，可采用此法保定。保定人员站在犬一侧，一手臂托住犬的胸前部，另一手臂搂住臀部，使犬靠近自己胸前。为防止犬撕咬伤人，也可先做扎口保定。

5. 倒卧保定法

倒卧保定法是将犬扎口保定后，让其侧卧于手术台上，保定人员站于犬背侧，两手分别抓住其前臂部和大腿部，两手臂分别压住犬的颈部和臀部，并将腹部紧贴犬背部。一般静脉注射或局部治疗处理时，用细绳或绷带将犬的两前肢和两后肢分别捆绑在一起，再用细绳将犬的前后肢系紧在手术台上，同时按住犬头部，即可进行诊疗工作。进行腹部或阴部手术时，常需采用仰卧保定法。将犬侧卧于手术台上，然后分别在四肢球节下方拴绳，在手术台上拴紧，使四肢伸展，并仰卧。另用一细绳将犬头保定于手术台上，防止其活动，即可进行诊疗或手术。仰卧保定时，应在犬的颈、胸、腹部两侧垫沙袋，以保持犬身平稳。

（二）器械保定

1. 犬夹保定

此法适用于保定未经驯服或凶猛的犬。用犬夹夹持犬的颈部，将其按倒在地，并由助手按住犬的四肢。

2. 棍套保定法

棍套保定器如图 9－4 所示。使用棍套保定器时，保定人员握住铁管，对准犬头用绳圈套住颈部，然后收紧绳索，固定在铁管后端。

图 9－4 棍套保定器

3. 颈钳保定法

颈钳保定法适用于凶猛咬人的犬或处于兴奋状态的犬的保定。颈钳保定法需要一个合适的颈钳。颈钳钳体用铁杆制成，钳柄长 90～100 cm，钳端由两个长 20～25 cm半圆形的钳嘴组成。进行保定时，保定人员手持颈钳，钳嘴张开套住犬的颈部，合拢钳嘴后，手持钳柄即可将犬保定。

4. 颈枷保定法

颈枷又称伊丽莎白氏颈圈，有圆盘形和圆筒形两种。如图 9－5 所示，根据犬头型及颈粗细，选择使用。

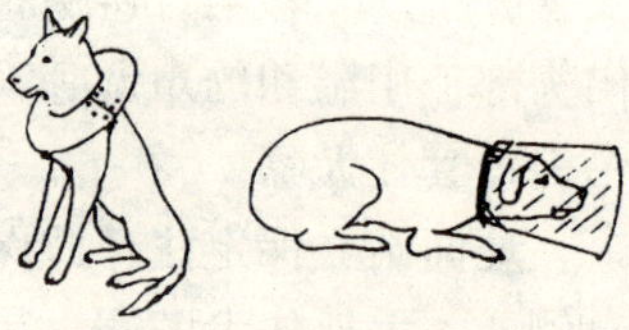

图 9－5 颈枷保定法

5. 窗台站立保定法

此法适合对小型宠物犬进行保定，简单易行。一人提起犬，使其两前肢站立在窗台上，面向窗户外，另外一人则可以给犬进行患部检查或者药物注射。

6. 特殊保定

对未经驯服或凶猛的犬，可借助一些现成的、临时的器械或特殊条件进行保定。如用开合的门将犬头部固定，利用护栏将犬固定在护栏的一侧等。特殊保定时应特别注意犬与人的安全。

（三）药物保定

药物保定也称为化学保定，适用于对犬进行外科手术或某些检查和治疗。药物保定是借助化学药物使犬处于麻醉状态，消除手术疼痛，确保犬生命安全及防止犬对人的损伤，为顺利进行疾病诊疗或手术创造有利条件，有利于犬术后迅速恢复健康。根据麻醉要求的不同，主要分为全身麻醉和局部麻醉两大类。

二、诊断技术

诊断就是依据疾病的临床特征，利用各种诊断方法，对病犬的状况作出推断和确认的过程。一般病犬的异常表现可通过兽医自己的感官或借助于简单的诊断器材如听诊器、体温计等建立初步诊断；而有些异常现象必须借助于特殊的仪器设备如X线诊断、超声诊断、心电图诊断等做了检查后，进行综合分析，才能最后确定病症。犬病的诊断方法有问诊、视诊、叩诊、听诊、触诊、嗅诊等。

（一）问诊

问诊是宠物医生通过与饲主或有关人员交谈，了解患犬疾病的发生经过、诊治过程与既往健康状况等，大体了解犬的发病情况。问诊是诊断宠物犬疾病的一个重要步骤，通过问诊可了解犬的品种、性别、年龄及特征，还有犬的现病史、既往病史和生活史等情况。有些疾病如消化性溃疡等通过问诊就可作出初步诊断。病情复杂的则要进行临床检查，将问诊情况和临床检查结果相结合，进行全面综合分析。

1. 病犬来源

重点了解病犬的来源地，是否去过疫病区，有无携带传染病、地方病或由于环境突变产生应激等因素所致的疾病。

2. 生活状况

主要了解病犬平时的饲养管理情况。是否饲喂不当或有恐吓、受凉等，有无饲喂腐败变质的饲料，尤其是在临床上由于饲养管理不当而引起的胃肠炎较多。此外，还应了解周围环境情况，有无特异性疾病流行，是否有做好灭蚊、灭蟑、灭鼠等工作。

3. 既往病史

询问病犬过去患病的情况，以前是否发生过类似表现的疾病，并详细阅读其病史记录，了解该犬或该犬群以前发生过什么病、治疗经过、治疗用药及其效果。另外，对预防接种的情况也应熟知。

4. 现病过程

现病史问诊主要询问患犬发病时间，临床表现（如病犬是否有腹病不安、咳嗽、喘息、便秘、腹泻或尿血等症状），病情是急剧还是缓和，是否治疗过，用过什么药，治疗效果如何，疾病发生经过，是单发还是群发，邻近有无此病先发。通过对现病过程的询问，借以推断疾病的性质及发生部位。

（二）视诊

视诊又称望诊，为疾病诊断的基本方法之一，是宠物医生直接用肉眼或诊断器如眼底镜、耳镜、内镜等来观察病犬全身或局部临床症状的诊断方法。视诊检查时，重点要注意以下几方面：

1. 精神状态

健康犬表现为精神抖擞，行动灵活，双目有神，对声音敏感，即使是睡觉时，也始终保持警觉状态，听到一点细微的动静，就竖耳侧听，表示出非常机灵的精神状态。

病犬的反应一般或异常。有些病犬表现出神情淡漠，喜静卧不动，对外来刺激反应迟钝或无反应，精神沉郁；有的患犬表现兴奋不安，到处乱跑，惊恐，尖叫，无目的地游走，狂躁。上述两种精神状态，都属不正常的精神表现。

2. 营养状况

判断犬的营养状况好坏，主要观察膘情和被毛状况。健康犬应肥瘦适度，肌肉健壮，被毛光滑而富有弹性，使人看后有一种舒适感。患病犬常表现为身体消瘦，肌肉松弛无力，被毛乱而无光泽，尾根毛逆立等。

3. 姿态

犬在站立或行走时，若四肢强拘，四肢软弱无力，则表明四肢有异常。若犬躺卧时体躯蜷缩，头置于腹下或卧姿不自然，不时翻动，则表明腹痛。

4. 体温

健康犬的体温保持在一定范围内，幼年犬38.5℃～39℃，成年犬37.5℃～38.5℃。通常清晨为最低，午后稍高，昼夜间的温差一般不超过1℃。判定犬发热的最简单方法是观察犬的鼻、耳根及精神状态。正常犬的鼻端发凉而湿润，耳根部皮温与其他部位相同。如果发现犬的鼻端干而热，耳根部皮肤温度高于其他部位，犬的精神不佳、食欲不良而渴欲增加时，则表明该犬体温高。犬患传染病、呼吸道疾病、消化道疾病、日射病与热射病时体温升高。而患中毒、重度衰竭、营养不良及贫血等疾病时，体温常会降低。体温通常测定直肠温度。首先把体温计水银柱甩至35℃以下，用酒精棉球杀菌消毒后涂少许润滑剂，缓慢插入被检犬的肛门内，3分钟左右取出，读取度数。

5. 呼吸系统的观察

（1）呼吸状况。

检查呼吸状况必须让犬处于安静状态下进行观察，应包括呼吸频率、呼吸方式及呼吸节律。

呼吸频率：一般根据胸腹部的起伏动作测定，即胸腹部的一起一伏为1次呼吸。成年犬每分钟16~20次，幼年犬14~22次。呼吸频率常受某些生理因素和外界条件的影响，如幼犬呼吸频率比成年犬稍多，妊娠母犬比未妊娠母犬多，运动或兴奋时呼吸频率可增加很多倍。此外，气温、季节的变化也可影响呼吸频率的变化。

呼吸方式：犬的正常呼吸方式是胸式呼吸。如果犬采用腹式呼吸或胸腹式呼吸，则表明胸部或腹部有疾病，如胸膜炎、胸水或肋骨骨折等。

呼吸节律：检查犬的呼吸节律对于呼吸系统疾病的诊断也有一定的帮助。健康犬的正常呼吸，是吸气与呼气准确而有节律地相互交替进行，很有规律，所以称为节律性呼吸。健康犬的呼吸节律也可因兴奋、剧烈运动、恐惧等发生短暂性的变化，应注意与病理性变化相区别。当犬出现疼痛、缺氧、过度兴奋及肺有实质性病变时，都会出现病理性呼吸频率增多。当犬中毒昏迷时，呼吸频率减少。患脑炎和毒血症时，呼吸频率时快时慢，出现潮式呼吸。

（2）鼻分泌物。

健康犬的鼻孔中几乎不流分泌物。当犬患有感冒或呼吸道炎症时，鼻孔中常流出分泌物。分泌物的性质有浆液性、黏液性。有化脓性炎症时，鼻分泌物为脓性。分泌物的数量常随炎症的程度而变化。有时见不到鼻流分泌物，很可能是被犬自己舔掉或擦掉了。但病情严重时，犬一般不舔舐鼻孔。

6. 消化系统的观察

判断犬的消化系统功能是否正常，主要观察以下几方面：

（1）口腔的观察。

首先要看口腔黏膜的色彩变化，健康犬的口腔色彩是粉红色。口色潮红表明口腔有炎症或体温升高，苍白则表明贫血；有肝、胆疾病时，可能出现黄红色或黄白色；当血液循环出现障碍甚至休克时，口色呈青紫色。在观察口色的同时，要注意观察有无舌苔、溃疡及破损等。健康犬的口腔较湿润，不会自然流出口水，如果口角处流出一条条黏稠的唾液，应检查舌面、齿龈、颊黏膜和咽喉部位有无水泡、溃烂和肿胀。也应注意有无异物或被尖硬物刺伤口腔。

（2）食欲的观察。

通过食欲的观察，可测知消化系统疾病和一些传染性或中毒性疾病。健康犬的饮食欲旺盛，喜欢的食物很快吃完，吃食时不准其他犬靠近。犬食欲亢进，可见于重病恢复期、肠道寄止虫病、甲状腺机能亢进、糖尿病及慢性消化道疾病。犬食欲不振或废绝，多发生于热性病、代谢病和胃肠病。但注意与拒食、挑食和吃食困难加以区别。犬异嗜，则可见于营养缺乏病、代谢病、慢性胃肠道疾病、肠道寄生虫病等。

（3）呕吐状况的观察。

犬是容易发生呕吐的动物，呕吐是犬的机体的一种保护性反应，健康犬如果饮食也会引起呕吐。因此，应根据犬发生呕吐的次数、呕吐物的数量、气味以及混合物来判断病情。呕吐物为深褐色或鲜红色，常因胃肠炎或胃溃疡引起。呕吐物为带泡沫的无色液体，则常是因空腹时吃入某种刺激食物所引起。

（4）排粪、排尿状况的观察。

排粪、排尿状况的观察应包括排尿的姿势、次数、颜色，粪便的形状、数量、气味、色泽等。

排粪状况：犬的排粪姿势都是下蹲姿势。如犬做排便动作增多，但无粪便排出或只排出少量黏液，这可能是直肠梗阻的表现。如犬排粪费力，排出的粪便干、硬，量少，色暗，表面带有黏液或伪膜，多见于便秘的初期、热性病或轻度胃肠炎等。若粪便变稀且数量增加，粪便内混有未消化的食物，说明该犬的消化功能下降。若排粪次数增多，不断排出水样、粥样或混有黏液、脓液、血液、气泡等，常见于肠炎等病。如粪便外附有鲜红色血液时，说明后段肠管出血，血液均匀地混于粪便中并呈黑褐色时，说明出血部位在胃及前段肠管。

排尿状况：公犬的排尿姿势是抬起一后肢，然后向身体的侧旁排尿；母犬则是后肢稍向前，稍稍下蹲，弓背举尾排尿。犬若患尿失禁、脊髓损伤、膀胱炎、尿道炎和尿道结石等病症，常见排尿姿势异常。膀脉炎、尿道结石、包皮炎、急性肾炎等病症则多见少尿或无尿、尿淋漓、尿频、多尿或不排尿。

通过上述视诊检查，可以发现异常现象，应及时诊疗，防止贻误病情。

（三）叩诊

叩诊是指宠物医生用手指或槌板叩击病犬身体表面的某一部位，使之震动而产生音响，然后根据震动和音响的性质，来推断内部器官状态的病理状况。叩诊的方法有间接叩诊法和直接叩诊法。此外，用手或叩诊锤叩击被检查的部位，观察疼痛程度、反射强弱也属叩诊。准确叩诊一般难度较大，需要长期临床实践，不断积累经验才能熟练掌握，准确运用。

（四）听诊

听诊有广义和狭义之分。广义的听诊指听病犬身体各部位所发出的任何声音，如呼吸、呻吟、咳嗽、肠鸣与关节活动音及骨擦音等。狭义的听诊是指直接用耳朵或借助听诊器听犬内脏器官发出的声音来检查病犬生理异常状况的一种方法。听诊可辨别出生理性的或病理性声音的差异，确定声音发生的部位与病变范围的大小。临床上常用听诊为听心跳、呼吸音和胃肠蠕动等，检查心血管、肺、胃肠等内脏器官功能状况。

（五）触诊

触诊又称扪诊，是用手指、手掌或手背触摸或轻压犬体可被触及的相应部位，来判断病犬某一器官特征的一种诊断方法。触诊可分为徒手直接触诊检查和借助于器材间接触诊检查两种。通过触诊，宠物医生可判定相应部位有无组织病变，并判断病变发生的位置、程度、形状、大小、湿度、波动、硬度、移动度、表面性质及敏感性等状况。此外，也可借助诊疗器械进行触诊，但需要一定的设备和医疗知识、技术，一般犬主家庭难以办到。因此，用手进行触诊在病犬常规诊断中较为常用。触诊可分为浅部触诊法、深部触诊法与感觉触诊法三种。

浅部触诊法：主要用于检查皮肤表面、脂肪、肌肉、浅表淋巴结、动脉、神经、骨骼气管、咽部、腮腺、耳下腺和食管等。浅部触诊时，手指伸直，平贴于体表，不加按压而轻轻滑动手指。通常以手背来触诊皮温，犬适于检查皮温的部位是鼻端、耳根和腹部。鼻端发热干燥多由热性病引起。若犬出现厌食，口流涎液，逆呕，呼吸困难，触诊时食管突然变粗、发硬，早期敏感、疼痛，后期出现麻痹，多提示食管异物梗阻。此外，浅部触诊也适用于检查肌肉的紧张性、骨骼和关节的变形。当肌肉痉挛而变紧张时，触诊感觉硬度增加；当肌肉因瘫痪而松弛时，感觉软而无力。

深部触诊法：兽医用不同的力量按压患部，即用指端缓缓加压，以触感深部器官如肝脏、胃肠道消化系统、肾脏和膀胱等泌尿系统的异常情况。触诊的原则应是先周围后中心、先浅后深、先轻后重。肠道触诊对诊断大肠便秘、肠套叠、肠嵌闭和肠绞窄及肠扭转等具有一定的诊断意义。若在脊柱下和骨盆入口处之前摸到一根硬固的香肠状粪块或粪条，是大肠秘结的症状。若摸到坚实而有弹性的、弯曲的、移动自如的圆柱形肠管，则是肠套叠的症状。肠嵌闭和肠绞窄时，可在腹腔的某处发现局部的触痛及膨气的肠管。触诊如感到肾脏肿大，压迫敏感并有波动感，则提示患有肾盂肾炎、肾盂积水或化脓性肾盂肾炎等。肾质地坚硬，体积增大，说明肾硬变及肾盂结石等。触诊膀胱充盈多提示膀胱蓄尿、尿道结石、尿道炎和尿道阻塞等。

感觉触诊法：宠物医生将一手或双手手掌置于犬身体的某一部位，依靠手掌的感觉来判断局部的震动，如检查心脏震颤、心脏搏动、肺部震颤和胸膜摩擦感等。

（六）嗅诊

嗅诊是用嗅觉嗅闻病犬呼出的气体，口腔、黏膜、呼吸道、胃肠道的异常气味，渗出物、呕吐物、排泄物、脓液、血液及其他病理产物的诊断方法。嗅诊对某些疾病具有一定的诊断意义。如呼出气体及鼻液有特殊的腐败臭味时，可能存在呼吸道及肺脏有坏疽性病变；皮肤及汗液有尿臭味时，常有患尿毒症的可能。

第二节　常见犬病的评估诊法

犬病的各种临床症状一般有交叉、混杂、先后、标本、合病、并病与交联等。因此，犬病诊断需要丰富的实践知识与长期的临床经验。犬病医生除了应熟悉医学的理论与知识外，还需要对疾病诊疗有帮助的各种资料进行综合、分析，才能在各种复杂的病情中抓住疾病的本质，作出合理的评估与正确的诊断。目前，犬病医疗工作者总结出很多实用的评估诊法，常见犬病的临床诊断方法主要有系统评估诊法与症状评估诊法。

一、系统评估诊法

（一）呼吸系统的评估

呼吸系统的正常生理功能主要由呼吸道等器官组织来保障。呼吸道可分为上呼吸道与下呼吸道，上呼吸道包括鼻、咽和喉，下呼吸道主要包括气管、主支气管、肺内各级支气管、肺脏和胸膜。呼吸系统疾病可根据呼吸道的临床症状来进行评估诊断。

1. 鼻喉疾病的症状

鼻部疾病临床症状：主要表现为不同程度的流鼻涕。一侧流鼻涕多为一侧鼻腔炎症；双侧流鼻液多为喉以下器官发生病变。鼻液中混有食物和唾液，说明有咽和食管等疾病，如食道阻塞与咽炎等；鼻液若混有气泡，则是肺水肿与慢性支气管炎等疾病的症状；鼻液呈透明水样，为呼吸道急性炎症早期或感冒症状；鼻液为黏液性，多为急性炎症中期症状；鼻液中混有血液，可能为呼吸道黏膜损伤和肺出血；鼻液为铁锈色，多见于大叶性肺炎。

喉部症状：咳嗽、喉部肿大与疼痛，触诊敏感，主要是由微生物感染或异物损伤所致的犬喉炎。

2. 胸肺疾病的症状

支气管炎：表现为咳嗽、流鼻液，胸部听诊发现支气管有啰音，经肺部X线检查，可发现有较粗纹理的支气管阴影。

肺炎：表现为咳嗽、流鼻液；肺泡呼吸音减弱或消失，肺部听诊存在局限性或大片浊音区；X线检查发现肺部有广泛性阴影。

胸膜炎：病犬呈腹式呼吸，不流鼻液，无咳嗽，胸壁触诊敏感，叩诊浊音，听诊出现摩擦音且肺泡音消失，胸腔穿刺有大量渗出液，其中富含纤维蛋白凝块等。

（二）生殖系统的评估

宠物犬生殖系统组织主要包括公母犬的生殖器官，本系统评估诊断也就是针对它们的生殖器官的临床症状而展开的。

1. 母犬生殖器官症状

乳房炎：母犬在哺乳期常发此病。犬表现出烦躁情绪，乳房肿大变硬，手感温热，乳房上淋巴结肿大，泌乳减少或停乳，常拒绝喂乳仔犬。

子宫蓄脓：患犬初期发热，精神沉郁，食欲下降，活动减少，嗜睡，有时呕吐，随着病程发展，食欲逐渐下降，饮欲逐渐增强，排尿次数增多，阴道分泌物恶臭，进行性消瘦，营养不良，腹围增大，体质衰竭。

子宫脱、阴道脱：临床表现为病犬子宫、阴道脱出于阴门外，犬焦躁不安，舔舐脱出部分，大小便异常，白带增多，排尿困难。

子宫炎、阴道炎：患犬疼痛、努责，尾根翘起，频频排尿但尿少，阴门流出脓性污秽腥臭物。

2. 公犬生殖器官症状

包皮炎症状：犬不愿行走，食欲下降，精神委顿，舔舐阴茎；阴茎头和包皮表面红肿，从包皮孔中流出浅黄色脓液，其味腥臭。

睾丸炎、附睾炎、睾丸肿瘤症状：阴囊肿胀，或者睾丸肿大，有热痛表现。

阴茎脱垂症状：常因神经麻痹所致。

（三）消化系统的评估

消化系统主要包括消化管与消化腺等组织，其中消化管有口腔、咽、食道、胃、肠和肛门，而消化腺有唾液腺、肠腺、肝脏和胰腺等。要评估消化系统疾病，需结合各部位临床症状来进行诊断。

1. 口、咽与食道疾病的症状

口腔异常：大量流涎，口中有异味、摄食或咀嚼困难，经口腔检查有红、肿、热、痛等表现。

咽部疾病：犬临床症状主要有头颈伸直，运动不灵活，咽部有隆起，吞咽困难，摄食时有水、食物和分泌物等从口、鼻中喷出，触诊局部明显肿胀或增温，并有热痛和咳嗽等反应。主要包括咽炎、扁桃体炎、咽部肿瘤与鼻咽癌等疾病。

食道疾病：患犬常有咽下障碍，多次吞咽动作后，食物和水会从口鼻处反流而出。主要疾病包括食道阻塞、食管痉挛、食管炎与食管麻痹。

2. 胃肠道疾病的症状

胃部疾病：主要有腹部胀大、呕吐与疼痛症状表现。主要的疾病包括：①胃扩张：腹痛号叫、不安，可见有嗳气、流涎和呕吐、呼吸浅快、心动过速、结膜绀红、腹围增大，触诊腹部动物表现疼痛感；②胃炎：呕吐、腹痛、精神沉郁；③胃内异物：腹痛、不食、呕吐、呕吐物中带血，通过X线检查可看到异物；④胃扭转：烦躁不安，干呕，口腔牙龈变白，腹部变硬肿胀疼痛，大量流口水，拱背，脾肿大，呼吸急促或困难，腹部触诊可摸到一个紧张的球状囊袋。

肠管疾病：主要症状有努责、呕吐、便秘、腹泻、腹痛与肠音增强等现象。主要的疾病包括：①胃肠炎：呕吐、腹泻、腹痛、肠音增强、迅速脱水、发热和毒血症；②肠梗阻：腹痛、腹胀、呻吟，排粪停止，触诊肠管内有坚实的异物团块，前端肠管胀气，X线造影可见造影剂完全停滞于梗阻的前方；③肠便秘：反复怒责，屡呈排粪状，但排不出，常因疼痛而吠叫，肠音减弱或停止，持续呕吐，触摸肠管内有串珠状坚实或坚硬粪团；④肠套叠：厌食、呕吐、腹泻、血便，触诊时摸到肠管有腊肠样、弹性增强的圆柱状肠段。

3. 肝脏与胰腺疾病的症状

胰腺炎：表现患犬采食或饮水时加剧，消化不良，体温略升高。急性病例严重呕吐、明显腹痛、厌食、无神，间有腹泻，粪中带血，严重者昏迷或休克。经B超检查可发现胰腺肿大增厚，X线检查可发现上腹部密度增加。

肝炎：角膜变蓝、黄疸、贫血、消化紊乱、粪便干稀不定、有恶臭、肝区触诊敏感、叩诊浊音；红细胞数、血色素比容下降，白细胞降低；血液生化指标丙氨酸转氨酶ALT、天冬氨酸转氨酶AST活性均明显升高，胆红素增多。

（四）心血管系统的评估

心血管系统疾病诊法主要通过对脉搏、心搏动、心音的临床表现异常来进行诊断。

1. 脉搏异常

脉搏大小：是脉搏跳动时振幅的大小，即脉波的高度。脉搏大小异常主要有大脉、小脉与交替脉三种。①大脉：说明心脏收缩力较强，每搏输出血量多，故收缩压高，脉压差增大。常见于兴奋、运动与使役时所致的心收缩加强，或者因热性病初期、左心肥大、主动脉瓣闭锁不全等疾患所致。②小脉：说明心脏收缩力弱，每搏输出血量少，故脉压差变小。常见于心动过速、心功能不全、血压下降、主动脉瓣口狭窄及二尖瓣口狭窄等状况。③交替脉：大脉和小脉有规律地交替出现不整脉，称为交替脉。多见于心肌炎、心功能不全等，是心肌疲劳的征兆。

脉搏紧张度：指触诊按压时所感觉到的血管抵抗力的大小，取决于血压的高低。脉搏紧张度异常主要包括硬脉与软脉。①硬脉：表明血管紧张度增高，血管紧张。常见于血压升高、左心肥大、急性肾炎与剧烈疼痛性疾病等。②软脉：表明血管紧张度降低，血管弛缓。见于血压下降、心功能不全、贫血、恶病质、营养不良等。

脉搏充满度：指主要排入血管内的血液量的多少，与心收缩力量和毛细血管的舒张有关，也与收缩状态所致的血管流床广度有关。判定的方法是将检指加压后再放松，多次操作，以感觉血管内径的大小。①实脉：表明血管内血液充盈，总量充足，心脏活动健全，见于热性病初期、心肥大、运动或使役等；②虚脉：表明血管内血液充盈不足，血容量减少，见于大失血、严重脱水、心功能不全等。

脉搏强弱：是指脉搏跳动力量的大小，取决于动脉的充实度和血管的紧张度。①强脉：强而充实的脉搏，搏动有力，见于热性病初期、心脏的代偿机能加强时；②弱脉：弱而不充实的脉搏，搏动微弱，见于心功能不全、主动脉瓣口狭窄、产生脉搏的动脉发生阻塞等。

2. 心搏动异常

心搏动增强：是指触诊时发现心搏动强而有力，并且区域有所扩大。多见于贫血性疾病与伴有剧烈疼痛的疾病。而热性病初期、心肌炎、心包炎、心内膜炎等心脏病的代偿期，主要是由上述可致心脏机能亢进的疾病所引起。造成心搏动增强的机理涉及心肌收缩力增强、心脏的紧张源性扩张和肌源性扩张、心脏肥大、心包容积增大等。如心搏动过度增强，并伴有整个体壁的颤动，称为心悸。

心搏动减弱：是指触诊时感到心搏动力量有所减弱，并且区域范围明显缩小，以致难以感知。多见于代偿机能降低时的心脏病。致使心肌收缩无力，或者因胸壁水肿、心包炎、胸膜炎、胸腔积液、慢性肺泡气肿等疾患导致胸壁与心脏间的介质状态发生改变所引起的。

心搏动移位：是指由于心脏受到邻近病变器官的渗出液或肿瘤等的压迫，从而心搏动位置发生改变的现象。主要表现形式有向右移位，见于左侧胸腔积液等疾患；或向前移位，多见于腹水、膈疝或胃扩张等疾患。

3. 心音强弱异常

心音增强症状：包括两心音增强，多见于兴奋、运动、恐惧等生理状态，或犬正处于剧痛、贫血或热性病初期等病理状态中。①第一心音增强：见于心肌收缩力代偿性增强、房室口狭窄、充盈度下降所导致的房室瓣位置降低及严重贫血等；②第二心音增强：其产生的直接原因是由于主动脉或肺动脉的血压升高，如急性肾炎主动脉压升高、心丝虫病或肺淤血二尖瓣闭锁不全等病患导致肺动脉压升高所致。

心音减弱症状：包括两心音减弱，常见于营养过剩、皮下脂肪沉积过度等生理状态，或心脏衰弱、心肌收缩力减弱、泵血量减少等病理状态。①第一心音减弱：较少见，常因房室瓣钙化、心肌梗死、心肌炎后期心肌收缩力异常减弱所致；②第二心音减弱：较常见，常因血容量减少及主动脉根血压降低的疾病所致，如主动脉瓣口狭窄及主动脉瓣口闭锁不全等。

（五）泌尿系统的评估

泌尿系统疾病的评估诊断，主要根据肾脏、膀胱与尿道等疾病症状来进行诊断分析。

1. 肾脏疾病的症状

肾炎：病犬精神沉郁、不愿活动、体温升高、厌食，有时有呕吐。站立时，弓腰收腹，四肢缩收于腹下。强迫运动时，步态强拘，小步行走。肾区触压敏感，肾肿大。

肾硬化、肾肿瘤、肾结石：肾脏质地坚硬，体积增大，表面粗糙不平。

肾功能衰竭：临床上以发病急骤、少尿或无尿、代谢紊乱和尿毒症等为主要特征。

2. 尿道、膀胱疾病的症状

尿道疾病：①尿道结石：常见于公犬，当尿道不完全阻塞时，病犬排尿困难，表现为尿液呈滴状或线状，有时有血尿。尿道全阻塞时，发生尿闭，膀胱充盈而使腹围增大，如不处理，病犬常在 72 小时内昏迷，甚至死亡。一旦发生膀胱破裂，可引起腹膜炎和尿毒症而死亡。②尿道炎：食欲减少或不食，初期经常呈现排尿姿势，中期排尿减少或排尿困难，后期不排尿。尿液呈暗红或红色。精神沉郁，不愿行走。下腹围稍大，触诊腹下部敏感。③尿道损伤：排尿不畅或尿频，尿中混有血液和出现漏尿等症状，触诊十分敏感。④尿道阻塞：尿困难或闭尿，频频努责，尿液呈滴状、线状，尿中带血，腹围膨大。

膀胱疾病：①膀胱炎：疼痛性频频排尿，或作排尿姿势，尿淋漓，且表现疼痛不安。严重时由于膀胱颈黏膜肿胀或膀胱括约肌痉挛性收缩，可引起尿闭，病犬疼痛不安，呻吟。尿沉渣镜检时，见有多量的白细胞、脓细胞、红细胞、膀胱上皮细胞及碎片。尿液混浊，间接或含有黏液絮片、脓液絮片和血凝块。触诊膀胱空虚，有压痛感。②膀胱结石、肿瘤：内有坚硬的团块，如在膀胱内游离性大，与膀胱壁无紧密联系，极可能是膀胱结石；反之与膀胱壁相连，则为膀胱肿瘤。③膀胱破裂：膀胱壁发生裂伤，尿液流入腹腔而引起的排尿障碍、腹膜炎和尿毒症，触诊膀胱空虚，腹部膨大，腹腔穿刺可抽出有尿臭气味的液体。

（六）神经与运动系统的评估

宠物犬的神经系统诊法主要从犬的精神状态、运动功能、感觉功能和反射功能等生理活动正常运转与否来展开诊断。而犬的运动系统主要由肌肉和骨骼组成，并与神经系统存在紧密联系。要对犬的运动系统疾病展开诊断，必须根据其行走姿势和运动状态，结合触诊、叩诊等方法，并综合骨骼和关节的常见病来进行。

1. 精神状态异常

精神兴奋：是中枢神经系统机能亢进的结果。犬表现为兴奋、惊恐、狂叫不安、顶撞墙壁等，多见于脑炎、狂犬病、日射病、热射病与急性铅中毒等。

精神抑制：多由神经组织的代谢障碍所致，如各种热性病、脑水肿、脑损伤、脑炎、贫血、低血糖、低血钙等。主要包括沉郁、昏睡与昏迷等情况。①沉郁：是中枢神经轻度抑制的现象，表现为精神萎靡、耳耷头低、两眼半闭，对外界刺激反应迟钝，对周围环境冷漠无情。主要见于一般热性病、普通病、慢性消耗性疾病及衰竭性疾病。②昏睡：是中枢神经中度抑制的现象。表现为卧地不起，闭眼嗜睡，强刺激下才能引起暂时性的苏醒，随后又陷入昏睡状态。主要见于重症脑病及中毒。③昏迷：是中枢神经高度抑制的现象。表现为卧地不起，意识不清，昏睡不醒，呼唤不应，强刺激下毫无反应或仅保留少量的反射功能。主要见于上述疾病的后期，在虚脱、休克时也可出现。昏迷常是愈后不良的征兆。

总之，发现宠物犬出现精神状况异常，如过度兴奋或抑制，这是脑病发作的征兆。

2. 运动行为异常

运动姿势异常：主要表现为强迫运动，即由于脑机能障碍所引起的不自主运动，常见的有盲目运动、骤前骤后运动、时针运动、圆圈运动、共济失调及跛行等。①盲目运动：即病犬无目的地徘徊走动，常达数小时，对周围事物反应冷漠，对外界刺激无反应。②骤前骤后运动：突然向前猛进或后退不止的运动。③时针运动：即以一肢为轴，呈现时针式运动。④圆圈运动：即动物按一定方向做圆圈运动，圆圈的直径或者不变，或者逐渐缩小。⑤共济失调：表现运动四肢配合不协调，走路摇摆，行走跌撞，呈醉酒状；或肢蹄高抬，用力着地，似涉水样。⑥跛行：因肢蹄的带痛性疾病而引起的运动机能障碍，称为跛行。跛行又分支跛、悬跛、混合跛。支跛表现为敢提不敢踏，病在四肢以下部位；悬跛表现为敢踏不敢提，病在肩与胯；混合跛则是因以上两种跛行情况交替发生，其疾患可能存在多种。

机体瘫痪：是指肌肉活动或随意动作的减退或消失。犬的瘫痪可分为中枢性与外周性瘫痪。①中枢性瘫痪：多见于脑和脊髓的损伤，如细菌性、病毒性和脑脊髓炎、中毒性脑炎、犬瘟热等；②外周性瘫痪：见于脊髓外周神经受损，如坐骨神经麻痹等。

3. 感觉障碍与反射异常

感觉障碍：开始以感觉异常或感觉过敏等刺激症状为主，逐渐出现感觉减退乃至消失。主要是因周围神经受压迫，脊髓神经横断性损伤或脑病所致的浅部感觉减退或消失，或脑水肿、脑炎所致的深部感觉发生障碍。

反射异常：主要是指正常反射途径被阻断或者反射强度发生改变等状况。①反射障碍：主要是由于神经末梢、神经纤维以及神经干的冲动被阻断后，正常反射难以完成，多见于神经麻醉、中毒或者神经损伤等情况；②反射增强：多发生于严重肝病、破伤风、士的宁中毒、有机磷中毒与狂犬病等；③反射减弱或消失：见于意识丧失、麻醉、虚脱等。

4. 关节活动异常

关节活动增大，并伴有疼痛和跛行，极可能是由脱位所致。或关节活动减小，一般与肌肉痉挛、骨质增生、关节疼痛及其周围组织炎症和增生有关。

二、症状评估诊法

犬病症状评估诊法主要针对犬在发病过程中出现的典型症状进行分析，找出临床症状的主次差别，抓住诊断要点，从而确定宠物犬所患何种疾病的判定过程。在临床中常见的犬病症状有：发热、咳嗽、呼吸困难、呕吐、腹泻、贫血、便秘与红尿等。

（一）发热的评估

体温超出正常范围，并具有发热症状，称为发热。发热时，犬常表现精神沉郁、食欲减少、脉搏与呼吸加快、恶寒战栗、粪干尿少等一系列症状。

1. 临床表现

根据体温升高程度不同，临床上常将发热分为微热、中热、高热和最高热四种。一般来说，发热程度可反映疾病的性质、程度与范围。

（1）微热：犬体温比正常范围高1℃，常见于一般性消化机能障碍与局部炎症，如鼻炎、喉咽炎或胃肠炎等。

（2）中热：犬体温比正常范围高2℃，通常见于消化道、呼吸道的一般炎症及其他亚急性、慢性传染病，如感冒、支气管炎、咽喉炎、胃肠炎与子宫炎症等。

（3）高热：犬体温比正常范围高3℃，可见于急性传染病和全身广泛性的炎症，如犬瘟热、急性腹膜炎、大叶性肺炎与败血症等。

（4）最高热：犬体温比正常范围高3℃以上，多见于某些严重的脑部疾病和急性传染病，如炭疽、脓毒败血症、日射病与热射病等。

2. 鉴别评估

（1）急性发热伴有咳嗽与呼吸困难：多见于犬副流感、急性喉卡他、肺坏疽、肺脓肿、急性支气管炎、传染性气管炎、支气管肺炎与胸膜炎等。

（2）急性发热伴有腹痛：常见于胃穿孔或破裂、膈下脓肿、盆腔脓肿与急性腹膜炎等。

（3）急性发热伴有血尿：多见于巴贝斯焦虫病、钩端螺旋体病与泌尿道出血性炎症等。

（4）急性发热伴有血便：多见于犬瘟热、犬细小病毒病、沙门氏菌病、大肠杆菌病与胃肠炎等。

（5）急性发热伴有神经症状：多见于犬瘟热、狂犬病、日射病、热射病与李氏杆菌病等。

（二）咳嗽的评估

咳嗽是犬的一种保护性反射动作，可将存留在呼吸道内的分泌物排出体外，还能清除侵入的异物，保护犬的健康。咳嗽是呼吸系统疾病的重要症状，常提示呼吸器官有原发性或继发性损害。临床上表现咳嗽的疾病主要有喉炎、气管支气管炎、肺炎与胸膜炎等。此外，犬瘟热、疱疹病毒感染、组织脑浆菌病以及心丝虫病等都伴随有咳嗽症状。

1. 临床表现

（1）咳嗽性质不同。

干咳：特征为咳嗽的声音清脆，干而短，无痰或很少。表明呼吸道内无分泌物或仅有少量的黏稠分泌物。多见于胸膜肺炎、急性喉炎初期与肺结核等疾病。

湿咳：特征为咳嗽的声音钝浊，湿而长，表明呼吸道内有大量稀薄分泌物。常见于慢性支气管炎、支气管炎、支气管扩张、支气管肺炎、咽喉炎、肺脓肿与肺坏疽等病。

痛咳：咳嗽时伴有疼痛或痛苦症状，表现为头颈伸直、不安或惊慌现象。多见于喉水肿、急性喉炎、异物性肺炎、胸膜炎、呼吸道异物、心包炎及肋骨骨折等。

（2）咳嗽频率不同。

根据咳嗽频率不同，可分为单发性、连续性、经常性和发作性咳嗽四种。

单发性咳嗽：骤然发咳，持续时间短，无反复性或有周期性，一般见于呼吸道内有异物、感冒与肺结核等情况。

连续性咳嗽：咳嗽非常频繁，连续不断，严重时因呼吸道黏膜遭受强烈的刺激，常伴有局部肌肉痉挛发生，多见于急性喉炎、急性咽炎、支气管炎、支气管肺炎、上呼吸道有异物及异物性肺炎等病。如果持续时间很长，极可能为慢性支气管炎与慢性肺气肿等疾病所致。

发作性咳嗽：特征为具有突然性和暴发性，咳嗽剧烈而痛苦，且连续不断，表示呼吸道内有强烈刺激，常见于上呼吸道内有异物且异物不易排除、异物性肺炎等。

经常性咳嗽：为周期性咳嗽，且连续不断，多见于上呼吸道感染、慢性支气管炎与肺结核等。

（3）咳嗽强度不同。

弱咳：当咳嗽嘶哑或低弱时，说明毛细支气管有炎症，肺组织有浸润或肺泡的弹性降低。可能患有细支气管炎、肺气肿与胸膜粘连等疾病。当全身极度衰竭时，咳嗽无力或无声。多见于胸膜炎、肺炎、肺气肿等疾病。

强咳：当肺组织正常，而气管、喉患病时，则咳嗽强大而有力。多发生于喉炎和气管炎等病的炎症初期或无痛而分泌物黏稠时。

（4）咳嗽时长不同。

根据病犬咳嗽的持续时间长短，可区分为慢性咳嗽与急性咳嗽两种。

慢性咳嗽：咳嗽时间长，常常长达数月乃至数年，其临床症状不消失。可能为慢性咽喉炎、慢性支气管炎、肺寄生虫病或肺结核等疾病所致。

急性咳嗽：咳嗽发生突然，持续时间较短，常提示宠物犬极可能患上支气管、呼吸道、肺充血及肺水肿等疾患。

2. 鉴别评估

（1）呼吸道异常致咳。

喉炎：主要是咳嗽。患犬开始是短声干咳，以后为湿咳。当遇冷空气、摄食、运动时常诱发阵咳；喉头敏感，触之引发咳嗽。

气管麻痹：气管麻痹在兴奋、运动、饮水、采食伸长脖子等时，发出“嘎”样叫声的干性间歇性咳嗽，黏膜发绀。

支气管炎：发作性咳嗽，急性干咳或痛咳，初为干、短、痛咳嗽，3～4天后分泌物增多转为湿长咳，疼痛减轻。随咳嗽常咳出灰白色或带黄色的痰液。流鼻液，初期为黏性，后期为黏脓性或脓性。胸部听诊，肺泡音增强而变粗厉。有时可听到干或湿性啰音，部位不固定。

支气管肺炎：咳嗽，流黏液或脓性鼻液，有支气管啰音，发烧，由于病变范围大小不等，听诊结果不一样。如果是在少数肺小叶发炎时，听诊、叩诊不显异常；如果病变范围较大则听诊肺泡音弱，有捻发音和气管啰音，听诊现浊音区。

胸膜炎：腹式呼吸，伴有咳嗽，常取站立或犬坐姿势，精神沉郁，食欲减退，体温升高。触诊胸壁疼痛，听诊胸膜有摩擦音或胸膜拍水音。叩诊时犬敏感，并可激发出轻而弱的干咳。当胸膜腔内积聚大量渗出液时，犬常张口呼吸。慢性发展的病犬，体温常反复性轻度升高，呼吸浅而快，其他症状不明显。

胸腔蓄脓：表情痛苦，腹式呼吸和张口呼吸，并伴有咳嗽，肘外展，叩诊胸壁有痛感，胸腔穿刺有脓液流出。

肺水肿：表现为呼吸急促和极度呼吸困难，心动过速，惊恐不安，头颈伸展，鼻孔张开和张口呼吸，体温升高，咳嗽，咯泡沫痰或粉红色血性痰，甚至黏膜紫绀等特征。听诊肺下部有支气管啰音，鼻有淡红泡沫样液体，严重时将导致窒息死亡。

肺炎：呼吸困难，听诊肺区有啰音，易疲劳，铁锈色鼻液，低氧血症。

大叶性肺炎：大叶性肺炎以高热稽留、呼吸障碍、肺部有广泛性浊音区为特征。

异物性肺炎：突然发生剧烈的咳嗽，随病程发展可呈现支气管肺炎的症状，如呼吸急促、腹式呼吸、焦躁不安、体温升高、脉搏快而弱。

肺结核：病初有干、短、慢性咳嗽，后咳嗽加重。消瘦、嗜眠、体表淋巴结肿大、跛行与皮肤溃疡。肺部听诊有啰音。X线拍片、结核菌素试验可提供有价值的诊断依据。

（2）寄生虫病致咳。

犬血丝虫病：主要表现为循环及呼吸障碍和贫血状态，如心率加快、心内杂音、间歇性咳嗽、血液红细胞减少等。病情严重时，还出现体温升高、呼吸困难、精神沉郁和食欲减退等全身症状。血液检查时可查到微丝蚴。

血色食管虫病：呕吐，吞咽困难，流涎，粪便中可查到虫卵。

类圆线虫病：犬感染后多表现为湿疹样皮炎，流涎，呼吸困难和咳嗽，脱水，衰竭，粪便镜检可发现幼虫和虫卵。

犬肺毛细线虫病：虫体寄生在犬的呼吸道、副鼻窦。有鼻炎症状与气管炎症状。重者呼吸困难，逐渐消瘦、贫血。进行鼻液和粪便的虫卵检查有助于确诊。

（3）传染病致咳。

感冒：除湿性咳嗽外，还出现精神沉郁、体温升高、食欲减退、结膜潮红、羞明流泪、流水样鼻液等症状。

传染性支气管炎：干性咳嗽、发热、流黏液脓性鼻液。

犬消化道型结核病：出现咳嗽、呕吐、腹泻、食欲减退、嗜睡无力、精神不佳等现象。

犬瘟热：脓性眼屎、呼吸道炎症、伴有咳嗽和神经症状。

副流感病毒感染：咳嗽、流涕、突然发热，病毒分离有助于其病原的确定。

（三）呼吸困难的评估

呼吸困难是指呼吸运动加强、呼吸节律异常和呼吸频率改变，有时呼吸方式也发生改变。高度呼吸困难时则称为气喘。呼吸困难是一种临床上最常见的症状，诱发的因素有很多，且是多种疾病的并发症状。主要表现为呼吸急促、胸廓和腹肌起伏运动，严重时脊背和肛门也随着呼吸活动而起伏。治疗犬呼吸困难的根本途径是要在临床检查的基础上，根据实验室化验、仪器检查结果，综合分析全身其他症状和呼吸困难的内在联系，找出原发病，进行对症治疗。

1. 临床表现

（1）强度咳嗽。

由通气障碍所致的呼吸困难，临床上表现为呼吸困难，因呼吸道狭窄所致，多见于鼻腔狭窄、鼻炎、喉水肿、支气管炎、气管炎、上呼吸道肿瘤及呼吸道异物。

（2）吸气性呼吸困难。

表现为吸气用力，时间延长，鼻孔扩张，头颈伸直，肘头外展，肋骨上举，肛门内陷，同时听到类似吹口哨的狭窄音。主要是由于上呼吸道狭窄造成的，常见于鼻、喉和气管的炎症等。

（3）呼气性呼吸困难。

表现为呼气用力，时间延长，脊柱弓曲，腹肌收缩，腹部容积变小，肛门突出，出现明显的二重呼气，并在肋骨和助软骨的交汇处形成一条沟或线（称为喘沟、喘线、息劳沟）。主要见于细支气管炎、慢性肺泡气肿等细支气管狭窄和肺泡弹性降低的疾病。

（4）混合性呼吸困难。

表现为吸气与呼气均发生困难，常伴发呼吸次数增多，是临床上最为常见的一种表现形式。往往是由于肺的呼吸面积减少，气体交换不全，使血液中氧气缺乏，二氧化碳增多，进而呼吸中枢兴奋所致。按其发生原因可分为以下几种类型：

①肺原性呼吸困难：当呼吸器官本身发生病变，气体的吸入、排出障碍，肺呼吸面积减少，肺组织弹性降低，使血液中氧气缺乏，二氧化碳增多，进而呼吸中枢兴奋所致。肺原性呼吸困难中除慢性肺泡气肿为呼气性呼吸困难外，其他疾病均表现为混合型呼吸困难，非炎性肺病包括肺水肿、肺充血、肺出血、肺张困难、慢性肺气肿、急性肺泡气肿与间质性肺气肿等。炎性肺病包括支气管肺炎、化脓性肺炎、纤维素性肺炎、坏疽性肺炎、间质性肺炎以及侵害肺的某些传染病及寄生虫病，如鼻疽与结核等。

②心原性呼吸困难：由于心脏机能异常，导致循环功能障碍，尤其在肺循环障碍时，换气受到影响，氧气和二氧化碳的吸入和排出紊乱，造成混合性呼吸困难。这是心力衰竭的体征，可见于心肌炎、心包炎和心内膜炎等。

③血原性呼吸困难：由于血液中红细胞数量减少或血红蛋白变性，携氧能力下降，供氧不足，导致呼吸困难。临床表现为黏膜和血液颜色的改变，常见于各类型贫血、亚硝酸盐或 CO 中毒等。

④中枢性呼吸困难：为呼吸中枢调节机能障碍引起，如重症脑部疾病，引起颅内压升高和炎性产物导致中枢神经系统损伤或机能障碍，致使肺通气和换气障碍，产生呼吸困难。临床表现为一般脑病症状和局部脑病症状，常表现为呼吸节律异常，见于脑水肿、脑肿瘤、脑震荡、脑溢血、脑炎以及高热、酸中毒、尿毒症等。

⑤中毒性呼吸困难：体内代谢产生的有毒物质直接作用于呼吸中枢，或由体外进入的有毒物质作用于血红蛋白，使血液携氧能力下降，血氧减少，二氧化碳蓄积，导致呼吸困难。常见于尿毒症、酮血症、代谢性酸中毒、亚硝酸盐中毒与氢氰酸中毒等。

⑥呼吸活动障碍性呼吸困难：是腹肌、膈肌、胸壁疾病所致的呼吸运动障碍性呼吸困难。胸壁活动障碍呈现腹式呼吸，常见于胸腔积液、胸腔积气、胸膜炎、肋骨骨折等；腹肌、膈肌活动障碍呈现胸式呼吸，常见于腹壁创伤、腹腔积液、腹膜炎、肠胃胀满、膈破裂、膈麻痹、膈肌炎等。

⑦腹压增高性呼吸困难：在急性肠膨胀、胃扩张、腹腔积液等情况下，腹部对胸部产生巨大的压力，使呼吸运动受阻从而导致呼吸困难。

⑧细胞性呼吸困难：为内呼吸障碍性呼吸困难，是由于组织氧丧失利用所致，表现为混合性呼吸困难，常见于氢氰酸中毒，其特点静脉血鲜红。

2. 鉴别评估

急性扁桃体炎、喉炎、呼吸道闭塞与膈疝等疾病常表现出呼吸突然困难，需使劲呼吸，表情痛苦；犬钩端螺旋体、心功能不全、肺部疾病与过度肥胖等疾患表现出疼痛性呼吸困难；犬恶心丝虫病、肥胖症与肺部疾病等心脏器质性病变则在安静不动时出现呼吸困难；日射病、肺部异常的疾病出现呼吸急促并伴有全身痉挛。

（四）呕吐的评估

呕吐是指犬不自主地将胃内容物返入食管，从口或鼻腔排出的行为，为一系列复杂的反射动作。呕吐中枢位于延髓，有两个不同的功能机构：化学感受器触发带与神经反射中枢。前者主要接受各种外来的化学物质或药物、内生代谢产物的刺激，由此发出神经冲动传至神经反射中枢。当后者即呕吐中枢，接受来自大脑皮质、内脏、内耳前庭以及化学感受器触发带的传入冲动后，即发出冲动至胃、小肠、膈肌和腹壁肌肉等处，协同完成呕吐动作。整个呕吐过程可分为恶心、干呕和呕吐三个阶段，也有些呕吐并无恶心或干呕的先兆。呕吐可将咽入胃内的有害物质吐出，是机体的一种防御反射，有一定的保护作用，但大多数却非由此引起。此外，频繁而剧烈地呕吐可引起脱水、低氯血症、低钾血症与代谢性碱中毒等水、电解质及酸碱平衡紊乱，还可导致营养不良、休克与上消化道出血等并发症，对机体健康进一步造成危害。

犬喜欢贪食，且食性杂，极易发生呕吐，尤其是幼犬表现更为突出。引起犬发生呕吐的疾病也有很多种，不论是什么病因引起的呕吐，都应被视为一种重要的临床症状。因此，对呕吐的评估在犬病的诊断中有重要意义。

1. 临床表现

（1）呕吐发生时间。

犬采食后即呕吐，多见于过度饮食、应激或兴奋、食管阻塞与急性胃炎等情况；采食30分钟后即发生呕吐，多因兴奋、过食、中毒代谢性疾病或食物不耐受等；采食后3～4小时呕吐，且呕吐物的消化程度不等，一般与小肠部位的疾病有关，如小肠炎、胰腺炎，以及胃通道阻塞或胃排空功能障碍等。

（2）呕吐的程度。

若摄食后1小时内发生3～5次呕吐，精神和食欲都正常，一般是由过食、抢食、食物过敏、突然换食或摄取异物所致，多见于幼犬和小型宠物犬。若呕吐剧烈甚至呈喷射状，则往往是因剧烈疼痛、过度兴奋或恐惧、颅脑外伤、大脑肿瘤、脑脊髓炎副伤寒、中暑或晕车晕船等所致。若采食或饮水后发生间歇性、不规律喷射状呕吐，则说明是幽门括约肌痉挛、持续性腹痛。若食后呕吐并号叫，回视腹部，则可能发生了肠扭转。

（3）呕吐物特征。

若呕吐物还没有充分混合胃酸，或者是边吃边吐，可能是由消化道上部异常所引起，如咽痉挛、食道狭窄与食管阻塞等；如呕吐时无发热及其他症状，只是呕吐物酸味过大，可能是胃肠道疾病，如胃内异物、胃扩张、肠炎、肠内异物、胰腺炎、肠道阻塞与肠扭转等；如呕吐物显黄绿色，混有胆汁且呈碱性，可能患有十二指肠阻塞、胆汁反流综合征、原发或继发胃运动减弱、肠内异物及胰腺炎等；若呕吐物呈粪臭味，多为大肠阻塞；如呕吐物中混有少量血液，则可能患有胃溃疡、慢性胃炎与胃内肿瘤等；如呕吐物含有大量血液、血凝块或咖啡色样物质，常反映为胃黏膜严重损伤，可能是严重的胃炎、胃溃疡、胃出血、胃穿孔和某些出血素质性疾病，如犬瘟热、犬细小病毒病与钩端螺旋体等；如呕吐物中含有毒物或毒物的特殊气味、颜色等，则为中毒性呕吐。

2. 鉴别评估

（1）胃肠疾病致呕。

肠梗阻：病犬精神沉郁，呕吐，伴有拱背或吊腹，脱水致口渴，呼吸与脉搏加快等症状。通过腹部触诊，可摸到致使梗阻的硬结，并可依靠 X 光造影进一步确诊。

胃内异物：临床症状以间断性呕吐和食欲不振为主，由幽门阻塞、胃扩张和异物刺激胃所致呕。患犬经常欲食而止，日渐消瘦，并伴有腹痛感，胃部压痛，还可经 X 光造影和 B 超检查以确诊。

胃肠炎：虽有呕吐临床症状，但以腹泻、腹痛、脱水、发热和毒血症为主。

急性胃炎：一般在采食后不久便发生呕吐，呕吐物并带血液，有时还会有腹痛与口腔恶臭等症状。

胃扩张和胃扭转：病犬腹痛明显，号叫不安，腹部迅速发生膨大，伴有喘气、流涎和急性干呕，浅表呼吸，脉搏加快，结膜潮红或发绀，主要特征为腹部膨胀和腹痛。后期多因脱水而自体中毒，并导致心力衰竭，使病情恶化加剧。

（2）其他疾病致呕。

神经性呕吐：如外伤性脑震荡、脑挫伤或颅内出血致呕，可借 B 超、X 光拍片或 CT 等检查来确诊。

中毒性呕吐：从病史检查或呕吐物中发现病因。

疾病性呕吐：如犬瘟热、犬细小病毒病、轮状病毒感染、钩端螺旋体、沙门氏菌病、立克次氏体病或球虫病等致呕，病因可通过病原分离法或血清学检查以确诊。

（五）腹泻的评估

腹泻为宠物犬患病的常见症状之一，是指排便次数明显超过平日习惯的频率，粪质稀薄，水分增加，或含未消化食物、黏液或脓血等异常成分，并时常伴有排便急迫感、肛门不适与失禁等症状。临床上将腹泻分为感染性与非感染性两种。

1. 临床表现

（1）感染性。

兽医临床上最常见的是感染性腹泻，各种年龄的犬均可发生，但以仔犬和幼犬多发。由于排便频繁及粪便刺激，可使肛门周围皮肤红肿、糜烂及破损。急性严重腹泻可因短时间内丢失大量水分及电解质而引起脱水、电解质紊乱及代谢性酸中毒等并发症。常由细菌感染（致病性沙门氏菌、大肠杆菌、金黄色葡萄球菌等）、病毒感染（犬瘟热病毒、细小病毒、冠状病毒等）、真菌感染（白色念珠菌、组织胞浆菌）、寄生虫感染（弓形体、蛔虫等）造成。有些病原体吸附于肠黏膜表面，不侵入肠黏膜，通过产生毒素引起肠黏膜上皮细胞变性坏死，同时产生的炎症刺激肠运动加快，造成腹泻；有些病原体吸附并侵入肠黏膜，繁殖和产生毒素，还引起炎性细胞浸润，这些炎性细胞释放炎性介质，引起肠黏膜的变性坏死和渗出，从而导致腹泻，如大肠杆菌、痢疾杆菌等；有些病毒感染侵入小肠上皮细胞，在细胞内繁殖，引起上皮细胞受损脱落，导致吸收功能障碍，从而产生腹泻，如犬细小病毒感染、冠状病毒感染等。

（2）非感染性。

一些非感染性因素也可引起犬腹泻。①肠道肿瘤、过敏等可造成肠黏膜损害和渗出，产生腹泻。②消化机能不全与吸收不良也常导致犬腹泻。过多的食物在还未来得及消化分解就排出体外，这样的腹泻物中可见大量的消化不全的颗粒饲料和食糜。消化机能不全多见于断奶仔犬，因为断奶仔犬胃肠功能不健全，消化酶分泌不足，从吃母乳变成了以饲料为主，加上断奶应激，体内酶的水平下降，影响了营养成分的消化和吸收，从而导致腹泻。吸收不良多见于小肠段，如体内胰酶缺乏、消化功能障碍等。③胃肠道菌群失调性引起腹泻。正常情况下，胃肠道处于有益菌和有害菌相对平衡的状态之中。如长期大量使用抗生素，会造成机体菌群失调，引起腹泻。④药物性腹泻，如胆碱能药物、洋地黄类药物可引起腹泻。

（3）粪便颜色。

细菌感染时表现为腹泻腹痛，有时排出黏液便、脓血便并带有酸臭味，里急后重；病毒感染时，粪便较稀，颜色灰白或黄，逐渐变为水样或番茄汁样的血便，恶臭，肛门被粪水污染严重；寄生虫感染时，排出黏液便，常见混有血丝或混有寄生虫的虫体或虫卵。

2. 鉴别评估

（1）胃肠疾病致泻。

急性胃肠炎：恶心、呕吐、腹痛与腹泻，时常伴有发热、黏液血便等症状，严重者可致脱水、电解质紊乱、休克等。

急性结肠炎：贫血、脱水、血便、黏液血便，反复发作，时常发生呕吐，严重时血样腹泻，迅速脱水而出现休克。

（2）传染病致泻。

犬瘟热：发热、流鼻液、急性腹泻、结膜炎、硬趾症、皮肤发疹与神经症状。

犬细小病毒病：呕吐，排腥臭，番茄样粪便，脱水，偶见心肌炎突然死亡，经免疫学检查可以确诊。

疱疹病毒感染：食欲减退，呕吐，流涎，呼吸困难，持续鸣叫，共济失调，粪便呈黄绿色或绿色，恶臭，突然死亡，多见于初生仔犬，经免疫学检查可以确诊。

轮状病毒感染：初生犬常在冬季发生，黏液粪便，末期体温下降，衰竭而死或突然死亡，免疫学检查可以确诊。

犬冠状病毒感染：持续性呕吐直至出现腹泻后才缓解，幼龄犬腹泻剧烈，多急性死亡，成年犬几乎不会死亡，经免疫学检查可以确诊。

沙门氏菌：发热、黏液血便、脱水、呕吐与腹痛，多见于幼犬。

弓形体病：发热、咳嗽、腹泻、神经症状、运动与视力障碍等。

（3）寄生虫病致泻。

球虫病：食欲废绝、发热、黏液血便、脱水、贫血，粪便镜检可见虫卵。

蛔虫病：食欲减退、呕吐、反复腹泻、腹围大、消瘦，偶见肺炎和神经症状，多发生于初生犬，粪便镜检可见虫卵。

（4）中毒致泻。

铅中毒：呕吐、腹痛、腹泻、贫血、神经症状。

磷中毒：大量流涎、流泪、呕吐、腹泻、腹痛、小便失禁、呼吸困难、咳嗽、结膜发绀、肌肉抽搐、继而麻痹、瞳孔缩小、昏迷。

砷化物中毒：剧烈腹痛、肌肉震颤、流涎、呕吐、运步蹒跚、腹泻、后肢麻痹、口腔黏膜肿胀、齿龈变成暗黑色，严重时，可见口腔黏膜溃烂、脱落。

氟化物类：躁动不安、呕吐、胃肠机能亢进、乱跑、吠叫、全身阵发性痉挛。

酚中毒：神经系统损害。与酚制剂接触的皮肤发红，有渗出。病犬精神不振、呕吐、强直性痉挛、麻痹。

（六）贫血的评估

犬贫血是指单位容积的血液中红细胞数、血红蛋白含量及红细胞压积容量（比容）低于正常值以下，以及由此而引起的综合症状的总称。贫血不是一种独立的疾病，而是许多疾病过程中的一种常见病症。临床常见多发，轻者影响犬运动、生长、发育，重则造成饲养价值障碍，甚至引起死亡，应引起注意。

在临床上根据贫血发生的原因与机理，可将贫血分为：失血性贫血、溶血性贫血、营养缺乏性贫血与再生障碍性贫血四种，共同临床症状是黏膜苍白、呼吸加快、全身无力。

1. 临床表现

(1) 失血性与营养性贫血。

失血性贫血与营养性贫血都是因合成血红蛋白的铁不足、血红蛋白的合成减少、血红蛋白量降低而发生的小细胞低色素性贫血。

失血量少及慢性出血的犬，初期症状不明显。但随着病程的延长，病犬可见逐渐消瘦，可视黏膜、皮肤苍白，四肢和耳鼻部发凉，精神不振，全身无力，嗜睡，不爱活动，脉搏快而弱，呼吸浅表。经常可见下颌、四肢末梢水肿。重者可导致休克或心力衰竭死亡。

营养性缺乏贫血症状表现较慢，主要表现在衰弱无力、进行性消瘦、可视黏膜苍白、腹部卷缩、被毛粗糙，后期运动高度无力，摇晃，倒地起立困难，直至卧地不起、全身衰竭。

(2) 溶血性贫血。

溶血性贫血主要是溶血毒、抗原抗体反应、红细胞丙酮酸激酶缺乏以及物理因素等侵害红细胞膜而引起血管内溶血。急性溶血性贫血多见于突然发病，伴随呕吐、腹痛、腹泻等症状，继后出现血红蛋白尿与黄疸，实质器官发生脂变，质地柔软易脆，浆膜、黏膜表面呈弥漫性点状出血，骨骼肌因肌红蛋白减少而呈苍白色，血液凝固不良，浆膜腔积水等。常因洋葱与硝基甲苯中毒、钩端螺旋体病、巴贝斯虫病等引起。实验室检查可见红细胞数、血红蛋白大量降低，血涂片可发现大量被破坏的红细胞和立克氏体等。

(3) 再生障碍性贫血。

再生障碍性贫血主要是生物因素、辐射与药物损伤骨髓造血功能，或骨髓原血细胞利用铁的功能障碍，使造血功能不同程度地受到抑制，而发生再生障碍性或再生不良性贫血。

再生障碍性贫血临床症状的发展比较缓慢，除有以上三种贫血症状外，还表现在血象变化，红细胞及白、红蛋白含量低，血液中网状红细胞消失。由于红细胞、血红蛋白减少，携氧能力和携氧量减少，进而引起全身各组织、器官缺氧等全身性变化，造成再生障碍性贫血，全身功能逐渐减退，终致衰竭死亡。

2. 鉴别评估

(1) 失血性贫血。

①急性失血性疾病所致。

急性失血性贫血，病程急促，如果出血不止病况就会立即恶化。诊断的着眼点是黏膜急速苍白，甚至洁白如瓷，血液成分平行地进行性降低，心肺机能障碍等全身症状加剧。

创伤：原因可查，创伤以后骤然起病。开放性创伤、体表可见创伤，清创止血后，疾病终止发展，逐渐康复。

外伤或手术：引起内脏器官，如肝、脾、腔动脉及腔静脉等及体外血管破裂造成大出血，使机体血溶量突然降低。

血尿：尿呈红色、酱油色乃至血样，尿中有多量红细胞或上皮细胞。多有感染或尿路损伤病史。

产后大出血：在产仔时因产道撕裂，大出血时可速发贫血。

内出血：多有外伤史，如摔伤、腹壁损伤（蹴踢伤，角突伤等）等原因可查，损伤后顿然起病，急剧增重。

②慢性失血性贫血疾病所致。

此类疾病常持续少量出血，以致诱发贫血，消瘦逐渐增重，不同程度地影响犬生长发育和饲养价值。血液变化的特点是呈小细胞低色素性贫血，红细胞偏小，大小不均，中央淡染区扩大。血清铁及骨髓外铁减少。起病隐袭，病程多缓长。

尿石症：多呈地区性发生。结石损伤尿路，反复少量出血而发生贫血。

蛔虫病：因感染蛔虫而发病，逐渐消瘦贫血。

圆虫病：犬因感染犬钩虫或狭头钩虫而致病，虫体寄生在小肠内，以口囊吸附在肠黏膜上，反复刺激黏膜，大量吸血而发生贫血。粪中检出钩虫卵。

心丝虫病：犬恶丝虫寄生在犬的右心室和肺动脉内，导致出现贫血。外周血液中可检出幼丝虫。

绦虫病：因感染绦虫的囊尾蚴而发病。逐渐消瘦贫血，粪中可检出虫卵和孕卵体节。

（2）溶血性贫血。

溶血性疾病主要有感染性、溶血毒性、免疫性和物理性溶血性贫血疾病四大类，症状上主要为黏膜苍白黄染，往往排血红蛋白尿，体温或正常或升高；血液学变化上，血清呈金黄色，血小板增多，间接胆红素增多，黄疸指数增高。

①溶血毒性溶血性疾病。

毒蛇咬伤：有毒蛇咬伤史，咬伤后顿然起病。

蜂蜇伤：有蜂蜇伤史，后期或重症病例可发生溶血。

洋葱中毒：犬采食大量洋葱可引起溶血性贫血。

②免疫性溶血性疾病。

免疫性溶血性贫血指自体抗体、补体或者同时附着于红细胞膜，引起红细胞免疫破坏，造成的溶血性贫血。

异型血型输血：有输入不相合血液史可查，且在异型血型输血后立即起病，出现过敏性休克及溶血性贫血症状。

药物免疫性溶血。许多药物如磺胺、青霉素、甲基多巴、氯丙嗪、抗组胺嗪等应用后，有时可引起溶血性贫血，其鉴别要点在于有各该药物的应用史，出现溶血性贫血症状。

新生犬的溶血性贫血：因新生仔犬的血型和母犬的血型不同，吃入母乳后发生抗原抗体反应而导致仔犬溶血性贫血。

③感染性溶血性疾病。

钩端螺旋体病、弓形虫病、疱疹病素与溶血性链球菌感染等均可导致犬感染性溶血性疾病。

（3）营养性贫血。

营养性贫血，主要是因为造血物质如铁、铜、钴等不足，或慢性反复少量失血：铁丢失过多，或幼龄动物生长过快，铁等造血物质需要量增多而致病。除缺钴性贫血外，多呈小细胞低色素性贫血，病程多缓长，逾年或数年不等。

铁缺乏：主要发生于吮母乳期的仔犬。补铁显效，历时一周，外周血液即显增生效应。

铜缺乏：主症为黏膜苍白、贫血消瘦，伴被毛无光泽与关节肿大。血液呈小细胞低色素性改变，血铜降低。

（4）再生障碍性贫血。

此类疾病的共同点是，严重贫血与白细胞减少症，血小板计数不定，常出现严重的血小板减少。除急性辐射病外，一般起病缓慢，病程缓长，进行性增重，全身症状越来越重，常伴有出血倾向和难以控制的感染，预后不良。

辐射病：大量接受 X 光射线及某些放射性元素，可破坏红细胞、骨髓细胞、骨样细胞及巨核细胞，使这些细胞遭受不可逆性损伤，导致造血机能丧失，出现再生障碍性贫血，并伴发内脏器官出血等出血性素质，以及难以控制的反复感染。

某些疾病：慢性肾脏疾病、白血病、骨髓瘤等，均可导致再生障碍性贫血。病程较缓长，逐渐消瘦贫血，最后多因衰竭死亡。

中毒：重金属金、砷、汞、铋等，某些有机化合物，如苯、酚、三氯乙烯等，某些过量的治疗性药物，如氯霉素、磺胺类药物、保泰松、安乃近、青霉胺与抗癌药物等均可抑制骨髓造血功能，发生再生障碍性贫血。

（七）便秘的评估

便秘是由于肠管的紧张力降低和蠕动减弱，粪便在肠内停留过久，水分太少，粪便变硬，以致排便延迟乃至停止。同时伴有腹胀、腹痛、恶心、食欲减退、口臭、全身无力等症状，有时可在患犬小腹左侧摸到包块即粪便以及发生痉挛的肠管。一般2天以上犬不排便，可提示存在便秘。

根据诱发的因素不同，可将便秘分为功能性、器质性便秘两种。导致功能性便秘的原因主要包括：①摄食过少或日粮缺乏水分和纤维素。没有足够的食物纤维以致食物残渣太少，饮水不足及肠蠕动过缓，导致从粪便中持续再吸收水分和电解质。②不良的排便习惯。犬缺乏散放或运动，使胃肠蠕动不够，从而导致排便不畅。排便也与条件反射有关，有规律的良好排便习惯，可定时刺激排便。③内分泌紊乱。甲状旁腺功能亢进或减退、全身性肌无力及脱水等代谢性及内分泌性紊乱。④药物因素。长期滥用泻药或强泻药，使肠道与排便反射刺激的敏感性下降，形成对泻药的依赖性，如安定、吗啡、抗胆碱能药物、抗组织胺药物与利尿剂等均可引起便秘。⑤病变。良性或恶性肿瘤、扭转、炎症、肛管狭窄等引起结肠运动功能障碍、肺气肿、重度营养不良、多次妊娠等引起的腹肌及盆肌张力不足。⑥盆腔手术或直肠、子宫、肛管手术的影响所致。⑦妊娠期影响。妊娠期间由于孕激素分泌增多，子宫逐渐增大，压迫肠管，使肠管蠕动减弱，盆腔血管受压，静脉淤血，导致肠蠕动功能减弱，从而引起便秘。

1. 临床表现

（1）便秘诊断。

便秘是犬的一种常见病症。粪便长时间停留在肠道内不能及时排出，然后变干、变硬，导致难以排出，表现为自然排便次数减少，常引起腹胀及下腹部疼痛；粪便在肠道细菌作用下产生大量有害毒素吸收入血，可引起食欲不振、乏力等。粪便过硬时，排便可引起肛门疼痛，甚至引起肛裂出血，而排便疼痛和便血使病犬惧怕排便，且可引起肛门括约肌痉挛而加重便秘。肛门指检过敏，按压时往往有疼痛的表现，可摸到大肠内干硬的粪块。

（2）便秘性质。

急性便秘多为器质性便秘，可有原发性疾病的临床表现，如各种原因的肠梗阻，患犬常伴有急性腹胀、腹痛、呕吐、肠鸣音亢进等症状和体征。慢性便秘多属单纯功能性便秘，多无特殊表现，部分病犬有食欲减退、腹胀、疲乏等神经功能紊乱的症状，但不严重。慢性习惯性便秘多发生在中老年犬与经产母犬。

2. 鉴别评估

（1）便秘：体温升高、精神沉郁、食欲废绝、努责、排便停滞、黏液血便、腹部有硬结物、肛门部肿胀。

（2）巨大结肠症：多见于幼犬，食欲不振、呕吐、消瘦、脱水、腹围增大、腹腔内有硬物、被毛蓬乱与黏液血便等。

（3）肠梗阻：精神沉郁或暴躁、不食、不时叫唤、呕吐、卧地翻滚、无法排便、腹围增大、腹痛，治疗不及时可引起梗阻处肠管淤血、出血、坏死直至死亡。

（4）前列腺炎：发热、努责、频脉、食欲减退、便秘与血尿。

（5）前列腺肿瘤：老年犬常见的一种疾病，表现为排尿困难、腹部疼痛、共济失调、消瘦、后肢跛行、便秘。

（6）前列腺肥大：多见于老龄犬，努责、消瘦，排尿排粪困难，尿道口有脓性或血性分泌物，常伴有膀胱炎、慢性前列腺炎。

（7）前列腺囊肿：前列腺局部或整个腺体肿大，压迫附近的直肠和尿道，导致排粪和排尿障碍。

（8）直肠狭窄：排便困难，触诊有狭窄部、疼痛，蹭臀部。

（9）直肠憩室：老年犬多发，使直肠积粪，消化功能紊乱，便秘，会阴部突出。

（10）会阴疝：多发于老龄公犬，母犬较少发生。会阴部突出、腹痛、呕吐、尿频、便秘、脱水。

（11）锁肛：幼犬生下无肛门孔，排便动作频繁，但不能排出，于是吠叫，有时在肛门处可见粪便蓄积、外突。如果是雌幼犬，有时可见直肠与阴道相通，形成阴道瘘，粪便从阴道排出。

（八）红尿的评估

红尿包括血尿和血红蛋白尿，前者指尿液中混有多量的红细胞，尿液静置后红细胞即发生沉淀，尿液转为清亮；后者指尿液中含有多量的血红蛋白，尿液静置后仍呈均匀的红色，无红细胞沉淀现象。此外，红尿也见于肌红蛋白尿或使用某些红色药物后。

1. 临床表现

血尿：

（1）肾性血尿：尿路外伤或结石、急性肾功能衰竭、血小板减少症、热射病、急性肾盂肾炎、肾小球肾病（淀粉样变性、全身性红斑狼疮、免疫复合物疾病）、肿瘤（肾癌、血管瘤、转移细胞癌）、钩端螺旋体感染、出血性疾病（丙酮苄羟香豆素中毒）与抗凝血杀鼠药中毒等。

（2）膀胱性血尿：如细菌性膀胱炎、药物性膀胱炎（环磷酰胺）、膀胱结石、膀胱外伤、膀胱肿瘤（息肉样膀胱炎）与毛细线虫感染等。

（3）尿道性血尿：如尿道炎、尿道结石、尿道外伤及肿瘤等。

（4）尿路外出血：如雄犬前列腺炎、前列腺囊泡、前列腺肿瘤、阴茎外伤与转移性性器官肿瘤；雌犬发情前期、胎盘部恢复不良、转移性性器官肿瘤与平滑肌瘤。

血红蛋白尿：如洋葱中毒、6-磷酸葡萄糖脱氢酶缺乏、自身免疫性溶血、输血反应、新生儿溶血、急性血丝虫病、巴贝斯虫病与烧伤等。

2. 鉴别评估

（1）泌尿系统疾患所致。

肾小球肾炎：一般认为本病的发生与变态反应、内外毒素或某些药物中毒，以及全身其他组织器官感染有关。病犬排尿次数增多，尿量减少，尿色深黄色或深红褐色，浑浊和混有黏液，以肾区敏感、疼痛、水肿、高血压、血红蛋白尿为特征。

尿结石：尿频、血尿、尿淋漓或尿闭、努责、腹围膨大。采用 X 线或 B 超检查有助于确诊。

膀胱炎或膀胱肿瘤：尿频、排尿痛苦、血尿且浑浊或脓血。通过 X 线或 B 超检查有助于确诊。

尿道损伤：血尿、少尿、排尿困难、尿道狭窄、尿道周围浮肿、尿毒症。

前列腺炎：发热、努责、食欲不振、便秘、脓尿、血尿、排尿困难，多见于 5 岁以上的犬。

（2）传染性病所致。

钩端螺旋体感染：发热、黄疸、血尿、出血和肾区压痛。

附红细胞体病：发热、呕吐、腹泻、便血、黏膜黄染、皮肤发黄、尿深黄色、血液稀薄、红细胞附着菌体。

（3）其他疾病所致。

犬巴贝斯虫病：是由蜱传播的一种严重的寄生原虫病，虫体多单个或成对寄生在病犬红细胞内，引起慢性感染症状。病犬间歇性发热，精神沉郁，不愿活动或运动摇晃，渐进性贫血，黏膜苍白，尿色深黄色或暗褐色，少数病犬黏膜黄疸，脾肿大，血红蛋白尿。

肾膨结线虫病：呕吐、便秘、腹痛、血尿、脓尿、尿频、体重减轻。

洋葱或大葱中毒：两者含有 N-丙基二硫化物或硫化丙烯等物质，可促使红细胞氧化变性而溶解。当犬食入含有洋葱或大葱的食物后 1 ~ 2 天，精神不振，食欲减退或废绝，不愿活动，呕吐，腹泻，黏膜黄疸，并排出淡红色、深红色或红棕色尿液。

药物反应性红尿：与药物治疗有直接的联系，如使用安络血后，犬排棕红色尿，尿液检查未发现红细胞、血红蛋白和肌红蛋白。

新生仔犬溶血症：是一种同种免疫性溶血性疾病。仔犬刚出生时完全正常，当吮吸母犬初乳后迅速出现贫血、黄疸、血红蛋白尿等，同窝犬患病，表现出精神极度沉郁，迅速衰竭，突然死亡。

输血反应：呼吸急促、流涎、兴奋、呕吐、眼球震颤、血色素尿、黄疸、虚脱。

第十章　宠物犬常见病的防治

第一节　病毒和细菌性疾病

一、犬瘟热

（一）概述

犬瘟热是由犬瘟热病毒引起的一种高度接触性、致死性传染病。此病的发生不分犬的年龄和性别，但主要发生于3～12月龄的幼犬身上。纯种犬、警犬比土种犬易感性高，而且病情反应严重，死亡率也高。此病主要的传染源是患病犬，通过与健康犬直接接触或通过空气飞沫经上呼吸道黏膜感染。病犬的眼、鼻分泌物，唾液、血液及粪尿中都长期有病毒存在，排毒时间长。一旦病毒侵入机体并得以繁殖，则引发葡萄球菌、链球菌以及支气管败血波氏杆菌等继发性感染，使得疫病复杂化。

（二）症状

此病的潜伏期为7～8天。犬瘟热最开始的症状是发烧（39.5℃～41℃），3～4天后体温降至常温，至11～12天时再升高，持续时间不定。病犬表现为厌食，精神不振，鼻、眼黏膜有浆液性或脓性分泌物，淋巴细胞及中性白细胞减少，扁桃体发炎，咽黏膜潮红。

根据临床症状和病变特点，犬瘟热可分为四种类型：

卡他型：此病型很常见，病犬表现为打喷嚏，有时咳嗽，结膜苍白，浆液或黏膜性结膜炎，厌食，有时轻度下痢。随后呈呼吸道型，使症状加重。除原有的咽炎外，还会发生喉炎，呼吸道黏膜感染，出现支气管炎。听诊有啰音，叩诊实变（浊音）。鼻分泌物呈脓性、淡黄绿色。病犬呼吸困难，张口喘气。

湿疹型：病犬体温正常或偏高（39.4℃）。在胸、腹部、腿内侧、腋窝等少毛部位皮肤上出现脓疱疹。最初是皮肤出现红斑，随后形成淡黄绿色水泡，进而形成脓疱。脓疱破溃后遗留下白点。

消化道型（胃肠型）：病犬口角流涎，口腔和舌溃疡。常发生呕吐和拉水样、果酱样甚至血性，或有泡沫的粪便等现象，致使病犬脱水、消瘦和衰弱。

神经型：此病型是特殊的一类，一般在病犬“康复”之后的第 14 天，突然出现该症状。病犬内脏无明显变化，主要表现为唇肌、颞肌、嚼肌及四肢和躯干的某些肌群有节律地持续痉挛，使病犬后肢行路不稳，不能站立，以致呼吸麻痹而死。另一种神经型表现为癫痫式发作，出现痉挛，犬号叫。严重时，犬的听、嗅、视觉完全消失。病犬会自我摧残，狂咬出现脓疱的部位，以至露出骨头。一般病型死亡率为 20% ~50%，神经型的死亡率在 90%，未死的病犬可获得终生免疫。

（三）诊断

根据临床症状，作出疑似诊断，要确诊必须从感染的组织内找到包涵体。实验室诊断可采用病毒接种、包涵体检测与荧光抗体技术诊断，配合血清学与病毒学诊断。

（四）防治

可用犬瘟热血清并结合抗生素治疗。在病犬出现临床症状后，从肌肉后皮下注射犬瘟热血清。对症综合疗法，应用抗病毒药物、抗生素药和免疫增强剂治疗。重病犬还应添加 VB_1、COA、细胞色素 CTP 等必要的营养物质，以恢复病犬的组织和神经功能。

最根本的防治方法是免疫注射犬瘟热疫苗。第一次是在断奶后，3 ~4 月龄以后再接种两次，中间间隔两周。

二、狂犬病

（一）概述

狂犬病是由狂犬病毒引起的人畜共患的接触性传染病。犬、狐、狼等动物都是病毒的贮存宿主，蝙蝠的唾液腺也携带该病毒。无症状的隐性感染动物可长期排毒。狂犬病毒主要存在于病犬的中枢神经组织、唾液腺内。通过病犬咬伤或皮肤、黏膜损伤传染。该病毒对各种消毒均比较敏感。

（二）症状

此病的潜伏期与咬伤部位距大脑距离、侵入病毒的毒力和数量密切相关。一般为 15 天，长者可达数月或数年。临床表现分为狂暴性和麻痹性。

狂暴性型：按临床表现分为忧郁期、兴奋期和麻痹期三个阶段，有时不明显。忧郁期：病犬表现为反复无常，脾气变坏，怕光，蜷缩于墙角或暗处，会毫无目的地乱叫。这一阶段约持续 1 ~2 天。兴奋期：病犬的反射兴奋性增高，对外界刺激如声音、强光、水声等反应敏感，有轻微刺激和响动就跳起，瞳孔缩小或放大，不认主人。眼肌麻痹，眼球震颤，斜视。无目的地乱跑，可以跑离很远，不再认识家，但此时不吠叫，对人畜有攻击性。麻痹期：大约经过 1 ~8 天之后进入麻痹期，病犬的下颌出现全身肌肉麻痹，起立困难，通常死于呼吸中枢麻痹和衰竭。

麻痹性型：病犬的头部肌肉麻痹，表现为下颌下垂，面部无表情、松弛，双眼无神，流口水，喉头因肌肉麻痹而吞咽困难。声音变哑，结膜充血，眼角有脓性分泌物，瞳孔散大，不吃不喝，站立时肌肉震颤。

（三）诊断

根据典型症状可初步诊断，由于不少病例症状不典型，但又存在着早期排毒、感染人畜等风险，故应及早确诊。荧光抗体法对解决此类症状既快速又准确。此外，取大脑海马角处涂片或切片检查神经细胞的胞浆内包涵体，或接种小鼠等方法，也能很好地解决此类症状，但需时较长。

（四）防治

狂犬病对人的危害很大，被狂犬咬伤后 24 小时内应注射疫苗。一旦出现狂犬病症状，死亡率高达 100%。因此，应定期对犬预防注射弱毒苗或灭活苗。一旦发现病犬应及时扑杀、焚烧和深埋。人、犬怀疑被病犬咬伤时，应对伤口进行彻底消毒，挤出淤血，并用肥皂水、0.1% 升汞水、酒精、碘酊进行消毒，用血清治疗或免疫接种。

三、伪狂犬病

（一）概述

伪狂犬病是由伪狂犬病毒所致的哺乳动物急性传染病，主要发生于牛、犬、猫、鼠与猪。伪狂犬病毒主要存在于病猪体内，并随其分泌物向外排毒。犬吃了患伪狂犬病的猪或鼠的内脏会感染此病毒，也可通过皮肤伤口感染，感染发病后 100% 死亡。病毒对外界环境的抵抗力很强，但对漂白粉、甲醛溶液等消毒药抵抗力不强，常用的消毒液福尔马林、氢氧化钠等可将其杀死。

（二）症状

此病的潜伏期为 3 ~6 天。病犬病初神情淡漠，蜷缩不动，对周围表现冷淡，不安，拒食，常有呕吐，并开始舐擦皮肤受伤处，随后搔抓、舐痒处。以后产生大范围的烂斑，周围组织肿胀。有的病例可见病犬撕咬各种物体、跳墙。咽麻痹，不能吞咽，口流涎。瞳孔大小不等，反射降低。头、颈及唇肌有时抽搐。

（三）诊断

通常根据上述临床症状作出初步诊断。确诊要做病原分离、免疫荧光实验及血清中和试验。

（四）防治

此症状无特效疗法，只有免疫血清及疫苗有效。病犬应及时隔离，犬舍用2%氢氧化钠液消毒，尸体应深埋。

四、传染性肝炎

（一）概述

传染性肝炎也称病毒性肝炎，是由Ⅰ型腺病毒引起的传染病。病犬的唾液、粪便和尿液均带有病毒，病愈后的犬仍可长期排毒。该病通过消化道和胎盘传染。各种年龄的犬都有感染，但2～3月龄的幼犬特别易受感染，死亡率也高。病毒对外界环境的抵抗力强，对乙醚、福尔马林、氯仿等有一定的耐受性，但不耐高温，故病犬用过的东西可在50℃～68℃高温下进行彻底消毒。

（二）症状

此病的潜伏期为3～5天。病犬病初体温高达41℃，白细胞减少；精神委顿，食欲废绝，烦渴；口腔黏膜充血，呈鲜红色，扁桃体发炎，颌下淋巴结明显肿大；眼结膜和鼻有浆液性分泌物；皮肤、黏膜出血，偶有黄疸、腹痛、腹泻，有时便血，拱背；肝区触痛，病犬痛苦呻吟，小便呈深黄或红茶色。有的病犬伴有神经症状，四肢和颈部肌肉痉挛，运动共济失调，后肢麻痹或昏睡。死亡率20%左右，病犬痊愈后有持久的免疫力，20%～30%的犬出现一次性的角膜混浊，俗称“蓝眼病”，常可自然消失。

（三）诊断

由于此病常与犬瘟热并发感染，故单依靠临床症状很难确诊。确诊要做病毒分离、免疫荧光实验，或发现肝细胞核内包涵体，需进行补体结合试验。

（四）防治

病犬病初可用成年犬血清10 mL皮下注射，隔日1次，共2～3次。除此之外，应用抗病毒药物、抗生素及输液支持方法。每日静脉注射50%葡萄糖液（加VC 250 mg）20～40 mL，或ATP连用3天。口服肝太乐3次，每次2～3片。

病犬应及时隔离，场地用3%氢氧化钠液消毒。新进犬要隔离检疫。疫病流行期间幼犬要皮下注射健康犬血清3 mL，每周1次，注2次。

五、犬细小病毒感染

（一）概述

犬细小病毒是由犬细小病毒感染引起的急性传染病。此病只见于犬，幼犬特别易感染。病犬的粪、尿、呕吐物和唾液中都含有该病毒，病毒污染食物、垫料和环境等造成传染。发病率在20%～100%，致死率在10%～50%，4周龄以内死亡率最高。在宿主体内，病毒在肠上皮细胞和心肌细胞上繁殖，引起肠炎和心肌炎。此病毒和猫瘟热病毒有相似的抗原性，两者存在着血清学交叉反应。康复犬的粪尿中可长期带毒，以及隐性感染的犬带毒，都是危险的传染源。此病毒对外界因素有较强的抵抗力，对一般消毒药物乙醚、氯仿等脂溶剂不敏感，但对福尔马林、β丙内酯和紫外线等敏感。

（二）症状

被犬细小病毒感染的犬，在临床上可分为肠炎型和心肌炎型两种。

1. 肠炎型

潜伏期为7～14天。病犬一般先呕吐，接着出现血样腹泻，排出番茄汁样或带血的腐臭稀便。精神沉郁、不食、呕吐，体温升高至40℃～41℃。病犬腹泻不止且迅速脱水，最后衰竭而死。有的病例呈间歇性腹泻，也有的病例口腔内出现小水泡，形成溃疡。血白细胞总数明显减少。

2. 心肌炎型

此病例多见于40日龄的幼犬，病犬一般不表现症状或仅有轻度腹泻。但有的病犬会突然出现呼吸困难、心力衰竭，短时间内出现死亡。

（三）诊断

根据流行病学和临床症状可作初步诊断，确诊靠测定抗体滴度及粪便血凝素滴度。

（四）防治

发现此病例应立即隔离，对病发环境可应用2%氢氧化钠溶液、10%漂白粉及次氯酸钠溶液消毒。

此病无特效治疗方法，多是对症治疗。脱水时应用葡萄糖盐水加入5%碳酸氢钠注射液静脉注射，同时使用抗生素防止继发感染。加强护理，注意保暖，腹泻期间应停止喂牛奶、鸡蛋、肉类等高蛋白饲料。国内现有犬细小病毒灭活疫苗可供使用。

六、犬冠状病毒感染

（一）概述

犬冠状病毒病是由犬冠状病毒引起的，以重型肠胃炎为症状的一种疫病。关于犬冠状病毒感染我国尚无报道，但国外已广泛流行。随着宠物犬市场的开放，应引起关注。犬冠状病毒可感染所有品种和各种年龄的犬，对幼犬伤害最为严重。感染途径是消化道，主要是由于接触了病犬排出的粪便及污染物所致。病毒在粪便里可存活6～9天，污染物在水中可保持数天的传染性。犬冠状病毒可与猫传染性腹膜炎病毒和猪传染性胃肠炎病毒的抗血清发生反应，说明三者可能是一组病毒。此病毒对热、紫外线和一般的化学药品敏感。次氯酸钠和漂白粉是有效的消毒剂。

（二）症状

犬冠状病毒的潜伏期为1～3天。此病传播迅速，数日内可蔓延全群。一般先表现为嗜眠、衰弱、反复呕吐，之后，粪便由糊状、半糊状至水样，呈橙色或绿色，含黏液或血液，发烧或不发烧，白细胞减少，迅速脱水，死亡。随着日龄的增长，死亡率降低。有的病例不表现临床症状。犬冠状病毒常和细小的病毒一起混合感染，构成犬腹泻大流行。

（三）诊断

根据流行病学和症状可作初步诊断。临床上以咽喉部红肿、阵发性干咳及明显局部气管、支气管的病变为主要特征，但最后确诊需做病毒学检查。

（四）防治

此病一般采用对症疗法、静脉输液、止吐、消炎、防止继发性感染等防治方法。无疫苗可供使用。

七、结核病

（一）概述

犬结核病是由人型或牛型结核杆菌引起的人畜共患传染病。犬可通过呼吸道和消化道途径感染，主要是由于舔食结核病人的痰或吸入含细菌的空气而感染，也可以因接触患开放性结核的病牛、病猫而感染。反之，病犬也可传染给人。室内豢养和缺乏锻炼的老龄犬发病率高。

结核分支杆菌在外界环境中生存力较强，对干燥和湿冷的环境抵抗力强，但对高温的抵抗力弱，60℃加热30分钟可将细菌杀死。70%酒精、10%的漂白粉等有可靠的消毒效果。

（二）症状

由于此病是慢性病，故病犬在相当长一段时间内不表现症状，以后则会出现食欲不振、容易疲劳、咳嗽（干咳或有浓痰）、虚弱、进行性消瘦、精神不振等症状。犬的消化道结核表现为消化功能紊乱，顽固性下痢，消瘦，贫血，常有腹水。皮肤结核多发生于颈部，有边缘不整齐溃疡，溃疡底为肉芽组织。

（三）诊断

可疑病犬通过结核菌素眼睑皮内变态反应试验确定。眼睑皮内变态反应试验是于睑缘下1 cm处，0.1 mL皮内注射，经36小时后，病犬在注射部位可发生明显肿胀，其中央发生坏死。

（四）防治

扑杀病犬，彻底消毒。需要治疗的病犬，应在隔离条件下，应用抗结核药物治疗，如肌注链霉素、卡那霉素。

八、布氏杆菌病

（一）概述

布氏杆菌病是由布氏杆菌引起的人畜共患传染病。病原是流产布氏杆菌和猪、犬布氏杆菌。此病多呈隐性感染，缺乏明显的临床症状。受感染的妊娠母犬在分娩和流产时将大量的细菌随胎儿、胎衣和胎水排出，流产后母犬的阴道分泌物及乳汁中也含细菌。患病公犬的精液也有大量的病原菌，常随配种而感染。此病主要通过消化道和结膜感染。

（二）症状

公犬可引起附睾炎、睾丸炎、前列腺炎和阴囊皮炎等。常引起妊娠母犬流产，母犬流产后阴道长期排出浅褐色或浅绿色的分泌物。

（三）防治

通过补体结合反应诊断，发现病犬立即扑杀。与犬接触的人员要提高警惕，注意防护。

采用抗生素疗法结合维生素疗法。如每日两次口服四环素每千克体重50 mg，土霉素片每千克体重0.1 g，维生素C每千克体重10～15 mg。

九、破伤风

（一）概述

病原是破伤风梭菌。该病菌广泛存在于施肥的土壤和尘土中，淤泥和人畜粪便内也有。当犬在户外活动或受到创伤特别是去势、断尾时，因消毒不严而致伤口受污染，最容易感染该病。

（二）症状

临床上表现为病犬肌肉强直性痉挛，反射兴奋性增强，易惊厥。典型症状是病犬两耳竖立、并拢、僵硬、瞬膜脱出、四肢伸直、牙关紧闭、口角后吊、呼吸困难等。

（三）防治

此症状采用消除病原、中和病毒、镇静解痉对症疗法。

消除病原：找到伤口，用 30% 过氧化氢冲洗，然后用 2% ~5% 碘酊处理，并静脉注射 6 万单位/千克体重青霉素抗菌消炎。

中和病毒：肌内注射抗破伤风血清，用量为 3 万 ~5 万单位/次，每日 1 次，连续 3 日。

镇静解痉：对病犬要精心护理，一般采用肌内注射每千克体重 5 mg 氯丙嗪，每日 2 次。当肌肉强直和痉挛时，可静脉注射 25% 硫酸镁2 ~5 mL。

十、钩端螺旋体病

（一）概述

钩端螺旋体病也称细螺旋体病。对犬致病的是出血性黄疸螺旋体和犬型螺旋体两个血清型。犬传染性出血黄疸由出血性黄疸螺旋体引起，主要发生于幼犬。犬发病是由于吞吃了病鼠，或者是于口、眼黏膜接触了被病鼠尿玷污的水而被感染。犬伤寒是由犬型钩端螺旋体引起的，主要发生于较老的犬，有时呈瘟疫流行。病犬的排泄物污染水源或器物，通过易感犬的黏膜和受伤的皮肤感染。一般的消毒方法均可迅速使该病菌致死。

（二）症状

传染性出血黄疸症状：病初发热、虚弱、食欲不振、呕吐。一周后，皮肤、黏膜黄染，并见出血，几天后死亡。通过血、尿及内脏的细菌学检查可诊断。

犬伤寒症状：发烧，烦渴，腹泻带血，口中有尿臭味，少尿或无尿，尿中蛋白质含量达0.2%，尿素量增多。慢性尚见感觉迟钝，甚至昏睡。颊、唇、舌、齿龈等处皮肤和黏膜上可见溃疡及肠痉挛、腹痛等症状。

（三）防治

链霉素、土霉素、四环素等抗生素对此病有较好疗效。结合对症治疗——补充维生素C、静注葡萄糖和强心利尿。犬舍、用具彻底消毒。

十一、肉毒梭菌病

（一）概述

肉毒梭菌病是由于吃了含有肉毒梭菌毒素的食物而引起的一种中毒病，潜伏期很短。病犬主要表现为结膜炎，随后有角膜溃疡，虹膜炎及眼前房出血，瞳孔缩小和斜视。病犬一般体温不高，但食欲丧失，吞咽食物困难、便秘。颈、肩肌肉麻痹，随后腿肌失去平衡。最后呼吸困难，死于窒息。不少病例可以康复。

（二）治疗

应用多价抗病毒治疗病犬，肌内注射3～5 mL。对症治疗，灌肠清理消化道。防止犬食入腐败变质的肉类和食物，应喂新鲜的肉，食物饲喂前应加热至100℃，约10分钟。

十二、卡他

（一）概述

“卡他”音译于英语“catarrh”，意为“黏膜炎”，即器官组织黏膜表层的炎症，常由病原菌、病毒、寄生虫或某些刺激性异物损伤而引起。临床上一般多为上呼吸道的黏膜炎症，该症状表现为咳嗽、流涕、打喷嚏、鼻塞等。鼻咽部卡他，也就是鼻咽部黏膜炎症，表现为鼻咽部黏膜充血、水肿、黏液腺分泌增多，其症状为鼻咽部有灼热感、异物感、堵塞感，分泌物增多，分为黏脓性或者为脓性。胃肠卡他以胃肠功能紊乱为主，伴有食欲减退、咀嚼缓慢、精神不振，以及常呕吐和逆呕等症状。

（二）治疗

此病治疗应根据不同组织器官的炎症，进行对症治疗。如治疗鼻卡他炎症，可将病犬头低下，采用1%～2%碳酸氢钠溶液、2%～3%硼酸溶液、0.1%高锰酸钾溶液、1%明矾溶液或1%～2%盐水等冲洗鼻腔，然后向鼻腔内滴入消炎剂；若要促使鼻黏膜血管收缩和降低鼻黏膜的敏感性，可用0.1%肾上腺素滴鼻，也可用1%氯化铵或1%克辽林溶液等进行蒸气吸入。

第二节　寄生虫病

一、蛔虫病

（一）概述

犬蛔虫病是由犬蛔虫和狮蛔虫寄生于犬的小肠和胃内而引起的疾病。犬蛔虫主要寄生在1～2个月龄的幼犬身上，狮蛔虫则寄生于6月龄以上的犬。这两种蛔虫都是通过病犬的粪便排出虫卵，在适宜的条件下，经3～5天发育成侵袭性虫卵。犬吞食了被虫卵污染的饲料、饮水，在肠内孵出幼虫。犬蛔虫幼虫进入肠壁随血流入肺，再沿支气管、气管上行至喉头被咽下，最后在小肠内发育成成虫；狮蛔虫幼虫则是钻至肠壁内发育，再回到小肠内成熟，没有体内移行过程。虫卵对外界抵抗力很强。

（二）症状

蛔虫在小肠内引起机械性损伤，夺取宿主营养并分泌毒素。病犬出现消瘦、黏膜苍白、食欲减退、呕吐，发育迟缓等症状。蛔虫大量寄生可引起肠梗阻或阻塞胆管，由于蛔虫毒素的作用还可引起癫痫样神经症状。另外，虫体移行还引起咳嗽，重者造成肝炎和支气管肺炎，体温升高。

（三）诊断

根据临床症状，再取粪便直接涂片或用饱和食盐水漂浮法检查虫卵，如果从粪便中发现较多的虫卵，即可确诊。

（四）治疗

用盐酸左旋咪唑，每千克体重10 mg，口服，每日1次，连服3日。或丙硫苯咪唑，每千克体重20 mg，口服，每日1次，连服3日，效果很好。

二、钩虫病

（一）概述

钩虫病是犬疾中重要的线虫病之一，多见于我国西北及南方。钩虫寄生于小肠之中，尤其是十二指肠和空肠。虫体长1～2 cm，前端弯曲，且口缘有三个锐利的钩状齿，可深深地“钉”在黏膜上吸血；虫体的分泌物能使血不凝固，从而引起不断出血，病犬由于不断多量失血，造成严重贫血。

钩虫卵在适宜的条件下（20℃～30℃）发育，一周后达到侵袭期，生活于水和潮湿的泥土中。幼虫主要通过皮肤传染，此外也可通过口侵入宿主体内，随血行到心、肺，经呼吸道、喉头再转到消化道寄生。怀孕的母犬，幼虫在移行过程中可到达胎盘并经胎盘进入胎儿体内。泌乳母犬的乳汁中也含有幼虫，当幼犬吮吸乳汁时，可使幼犬也感染上此病。幼虫在宿主体内3周就发育成成虫。

（二）症状

病犬出现食欲不振、呕吐，拉稀带血和黏液，严重贫血、消瘦，有时出现浮肿和生长发育障碍，有时出现皮炎。

（三）治疗

丙硫苯咪唑，每千克体重20 mg，口服，每日1次，连服3日；左旋苯咪唑，每千克体重10 mg，口服，每日1次，连服3日；伊维菌素，每千克体重1mg，肌内注射，每周1次。

三、犬恶丝虫病

（一）概述

犬恶丝虫较常见，是寄生于犬右心室中的丝虫，也称心丝虫，长25 cm，呈白线状。雌虫胎生，直接产生微丝蚴。蚴随血流至皮下，当蚊虫或蚤叮咬吸血时进入其体内发育，最后到达唾液腺和口器中。当蚊、蚤再叮咬其他犬时，微丝蚴逸出，钻入皮下、肌间、脂肪组织内发育长大，再经静脉移行进入右心室，待8～9个月成熟。

（二）症状

微丝蚴可阻塞肾、脑、肺等血管，成虫在右心室内随血流滚动，机械地引起心功能紊乱或致使发生心内膜炎。感染初期症状不明显，以后出现咳嗽、易疲劳、呼吸困难、贫血等症状。随着病情发展，病犬出现右心衰竭，肝、脾肿大，腹水，浮肿，血尿，皮肤特别是耳郭部因内含微丝蚴而有小结节或溃疡。

（三）诊断

可根据发病季节、临床症状作初诊，或采血做微丝蚴检查来确诊。取1 mL血加7%醋酸液或加1%盐酸溶液5 mL，离心2～3分钟，取沉淀物镜检，找到微丝蚴即可诊断。

（四）治疗

T波芬0.5～5 mL，每日肌注或静脉注射，直至血检蚴虫消失为止。海群生

（乙胺嗪）60～70 mL/千克体重或配30%的溶液一次肌注或皮下注射，连用3～5周，对丝虫成虫和微丝蚴均有杀灭作用。硫砷酰胺钠2.2 mg/千克体重，1日2次，缓慢静注，连用2天，可杀灭成虫。盐酸二氯苯胂2.5 mg/千克体重，以蒸馏水稀释成1%溶液缓慢静注，隔4～5天1次，也可消灭成虫。

四、食管丝虫病

（一）概述

食管丝虫是寄生于食管或胸主动脉壁的寄生虫。成虫呈红色，长6～8 cm，卷曲如螺旋形。虫卵随粪便排出后被粪甲虫吞食，在其体内发育成侵袭幼虫；蛙、鸡、鸭、刺猬等吃甲虫，犬吃甲虫或上述各种动物而被感染。感染后的幼虫钻入胃、肠壁中，经门脉、肝、后腔静脉、肺、心，最后到达食道寄生，引起肉芽肿。

（二）症状

一般症状不明显。有的病例可出现食欲减退、呕吐、吞咽困难等症状。

（三）诊断

检查粪便中的虫卵即可确定。

（四）治疗

海群生每千克体重10 mg，或用六氯对二甲苯（血防846）每千克体重100～150 mg，连用7～10天。

五、旋毛虫病

（一）概述

旋毛虫是一种很小的线虫，广泛地寄生于人、犬、猪、猫、鼠等多种动物体内，而犬又有吃动物尸体或粪便的习性，故农牧区养犬较易感染。

旋毛虫寄生于横纹肌中，特别是活动量大的膈肌、肋间肌等处。成虫在肠内雌雄交配，所产幼虫经肠系膜淋巴管入胸导管至右心，再经肺转入体循环，随血流至全身。只有到肌肉中的幼虫才能发育、成长，周围有一包囊，虫体卷曲其中，包囊幼虫在肌肉中可生活数年至25年。犬吃了含有包囊幼虫的动物尸体，包囊在胃内被溶解，释放出来的幼虫在十二指肠和空肠内变为成虫。

（二）症状

一般症状不明显。感染严重时可出现肌肉疼痛、吞咽、咀嚼困难和运动障碍等症状。

（三）防治

预防此病的主要措施是饲喂犬的肉类和屠宰废弃物一定要煮熟。治疗此病可用噻苯咪唑每千克体重40 mg，口服，连用5天，可驱杀肠道内成虫和肌肉内幼虫；丙硫咪唑每千克体重15 mg拌料饲喂，连喂15天，可灭杀体内所有旋毛虫。

六、绦虫病

（一）概述

绦虫主要寄生在犬的肠道内，是最长的一种寄生虫。犬绦虫病也是常见的寄生虫病，其危害在于绦虫蚴可感染人和各种家畜，危害生命，造成经济损失。犬的绦虫有多种，都是绦虫的成熟孕卵节片随粪便排出体外，为中间宿主食入，在各中间宿主体内的各个脏器中形成囊尾蚴，最终犬又吃了含有囊尾蚴的各种动物肉尸及内脏，囊尾蚴在小肠内发育、成熟成各种绦虫。

（二）症状

犬感染绦虫后症状一般不明显，只是从犬排出的粪便中见到乳白色的绦虫节片。当虫体在犬体内大量寄生时，会引起肠黏膜损伤和肠炎，机体营养不良、贫血、消瘦。当虫体在代谢过程中分泌毒素时，可出现神经症状。

（三）防治

吡喹酮每千克体重20 mg，1次口服，隔5日再服1次；灭绦灵每千克体重100 mg，1次口服；甲苯咪唑每千克体重20 mg，1次口服；另外，生南瓜子驱虫效果很好。预防关键是防止犬和中间宿主接触，不要让犬吃生肉和生食动物内脏。

七、弓形虫病

（一）概述

弓形虫病又叫弓形体病，是重要的人畜共患的寄生原虫病。弓形虫寄生在宿主的细胞内，终宿主是猫，中间宿主是各种动物。其在猫体内进行有性繁殖，形成孢子体和卵囊。卵囊随猫粪便排出体外污染环境，在适宜的条件下，发育成感染性卵囊。当犬和其他动物食入了含有弓形虫的病肉、内脏和饮水后，卵囊中的子孢体在肠内逸出，侵入血流，再分布到全身各处，钻入细胞内进行裂体生殖，破坏细胞并严重致病。慢性病例，在脑、肌肉、视网膜、肺、肝、肾等处形成包囊型虫体。弓形虫除经消化道感染外，也可经鼻、眼、呼吸道和皮肤、胚胎等途径侵入食肉动物和杂食动物体内；病犬和带虫者的肉、内脏、血、渗出液、排泄物、乳和流产胎儿、胎盘等物中带弓形虫；各种昆虫也可传播此病。

（二）症状

犬患弓形虫病多为隐性感染。严重感染者出现发热、咳嗽、厌食、虚弱，眼、鼻有分泌物，甚至发生出血性下痢、呕吐、麻痹，怀孕母犬发生流产或早产等症状。

（三）诊断

本病生前诊断较困难，确诊可取其组织、体液作涂片、切片染色，找到弓形虫，或将病料10倍稀释，0.5 mL腹腔接种小白鼠，2周后发病，取腹水涂片、染色镜检找弓形虫。通过血清学检查特异抗体也可确诊。

（四）治疗

治疗弓形虫病的特效药为硫胺加抗菌增效剂。硫胺嘧啶每千克体重70 mg，外加甲氧苄胺嘧啶每千克体重14 mL，每日2次，连用3天；用磺胺6甲氧嘧啶治疗效果好，但要在病初使用；晚期虽可使症状消失，但不能抑制弓形虫转成包囊型，从而成为带虫者。预防办法是猫犬分养或限制接触，控制野生动物，特别是啮齿动物。

八、球虫病

（一）概述

球虫病是侵害幼犬的寄生虫病。当环境卫生条件不好和饲养密度较大时可使疾病流行。球虫寄生于小肠黏膜上皮细胞内，经几代无性繁殖后，变成有性生殖，形成大小孢子。二者结合后形成卵囊，随粪排出体外。卵囊在合适的温度条件下，发育成含有子孢子的感染卵囊。幼犬吞吃了被感染卵囊污染的食物和饮水即可感染。无性繁殖产生的大量繁殖体、裂殖子破坏肠上皮，构成危害，出现症状，甚至死亡。

（二）症状

幼年犬比成年犬易染此病且症状明显：病犬食欲减退，腹泻，粪便混有黏液、带血，进行性消瘦，贫血，发育停滞，最后衰竭死亡。

（三）诊断

检查粪便发现球虫卵囊，即可诊断。

（四）治疗

呋喃类或磺胺类药均有效。磺胺6甲氧嘧啶每千克体重100 mg，口服，每日

2 次，连用 3～5 天；氨丙啉每千克体重 200 mg，混入食物，连续喂 7 天。

九、利什曼原虫病

（一）概述

利什曼原虫寄生于犬巨噬细胞和内皮细胞的胞质内，在组织抹片中也可见于细胞外。自然感染是由吸血昆虫——白蛉叮咬吸血时，原虫进入犬体内。犬可互相传染此病。

（二）症状

本病主要症状是贫血、消瘦和衰弱。有的病犬脾肿大，腹水，淋巴结肿大，后肢虚弱，呼吸困难。皮肤感染时，鼻镜、口角和眼睑可出现溃疡。慢性患病犬往往出现皮肤湿疹和大面积的被毛脱落。

（三）诊断

血涂片或从皮肤溃疡缘刮取组织做涂片检查，虫体可确诊。

（四）治疗

通常使用锑制剂，如新睇波芬、葡萄糖酸睇钠等药物治疗，但易复发。为此，除特别珍贵的犬种进行隔离治疗外，一般采取扑杀的办法，结合环境消毒来灭白蛉。

十、疥螨病

（一）概述

疥螨病是由疥螨引起的一种慢性寄生性皮肤病。疥螨是一种节肢动物，其发育过程包括卵、幼虫、若虫和成虫四个阶段，一般在 8～22 天完成。疥螨钻进宿主表皮挖掘隧道，雌虫在隧道内产卵，卵孵化为幼虫。幼虫也钻入皮肤、开掘小穴，发育成若虫，若虫再蜕变为成虫。

（二）症状

疥螨病主要发生于鼻梁、眼眶、耳郭基底部，有时也见于胸、腹下、四肢内侧、尾根等处。病初皮肤发红起皱褶，散在疹样小结，表面有黄痂。病犬搔抓、啃咬和摩擦患部致秃毛，当皮肤抓破或痂皮破裂后可出血，感染患病时有脓性分泌物，并带有臭味。该病易传染给人。

（三）诊断

根据临床症状和实验室诊断可确诊。用消毒的小刀深刮病变皮肤，将刮取物放在玻片上，滴加10%氢氧化钠，用放大镜观察，可看到活的疥螨虫。另外，要注意该病症应和湿疹，虱、蠕形螨寄生引起的皮肤病相鉴别。

（四）防治

病犬的患部经剪毛、用温肥皂水清除污垢后，用0.5%敌百虫液或滴滴涕乳剂，按1:9的比例与煤油混合涂擦，隔5~7天重复治疗1次。注意不要使犬舔食杀虫药。更重要的是要预防，保持环境清洁卫生、做好检疫是预防的关键。

十一、蠕形螨病

（一）概述

蠕形螨病也是犬常见的一种皮肤病，它寄生于5~6月龄的幼犬的皮脂腺和毛囊内。该病是由健康犬与病犬接触而传染。健康幼犬身上常有这种螨存在，当机体抵抗力降低或皮肤有发炎或经常洗浴皮肤而被浸软时，螨即可侵入并大量繁殖引起该病。

（二）症状

该病症状主要表现为在眼睑及其周围、颈、唇、鼻部，以及肘、脚爪等处发生毛稀疏，继而脱落形成圆形秃斑，并伴有皮肤渐红，有麸皮状皮屑，皮肤粗厚、龟裂。此后，皮肤变成灰白色，患部不痒。有继发感染时，则在红肿、没毛的皮肤上出现结节或脓疮。挤压时，有微红色脓液或黏稠的皮脂溢出。病变处覆有灰色或灰棕色痂皮及麸皮样鳞屑，甚至皮肤形成溃疡，有黄红色分泌物。

（三）诊断

取皮肤结节或脓疮内容物检查即可确诊。从症状上看，很容易与毛癣、湿疹、疥螨病混淆。

（四）治疗

病犬患部剪毛后，用酒精和乙醚等混合液擦洗，然后用0.5%敌百虫液、0.2%敌敌畏液或生石灰160 g、硫黄240 g加水3 600 mL熟煮而成的石硫合剂涂擦，每隔2~5天用药1次。仅有脱毛屑者，用酒精或碘酒每天涂擦1次。本病特效疗法是皮下注射伊维菌素，每千克体重1 mg，7天重复1次。

十二、虱

（一）概述

危害犬的主要是血虱和啮毛虱。血虱长1~5 mm，头窄，体呈圆锥形，以吸食血为主；啮毛虱长0.5~10 mm，头比胸宽大，以食毛和皮屑为主。

血蚤的寄生引起犬瘙痒与不安，有时皮肤会出现小出血点、小结节，甚至化脓，使幼犬发育不良。啮毛虱寄生则使犬出现脱毛，轻度痒。病犬患虱病时，病变部易见虱及黄白色虱卵。

（二）防治

用鱼滕粉或0.5%敌百虫水溶液喷洒或药浴。预防要加强管理，常梳刷犬身，打扫环境，消毒犬舍。

十三、蚤

跳蚤是一种外寄生性吸血昆虫，可引起犬瘙痒。跳蚤存在于尘土、地缝及垫草中。由于蚤不在犬体上发育，只要保持畜舍清洁，地面洒少许来苏尔，被褥经常日晒，即可预防该症发生。

十四、硬蜱

（一）概述

硬蜱是吸血的节肢动物，寄生于犬的体表，造成皮肤机械性损伤，使犬痛痒、不安而啃咬摩擦。雌蜱吸血，多量寄生会引起贫血。蜱还可传染疾病或作为中间宿主使犬患某些寄生虫病。

硬蜱在动物体表交配。交配后的雌蜱吸饱血落地，爬到地缝中或土块下蛰伏不动，4~8天后产卵。卵经1个月左右孵出幼虫，幼虫又爬到犬身上吸血，吸饱后又落地，蜕化变若虫，若虫再吸血、落地，经10余天后发育成成虫。

（二）防治

硬蜱主要蛰伏在地缝中或土块下，可用手捕捉或向犬舍缝隙喷洒一些有机磷杀虫剂。在引进动物时要仔细检查是否有硬蜱。

第三节　消化系统疾病

一、口炎

（一）概述

口炎是口腔黏膜的炎症，常发生于舌、齿龈、颊、唇、腭和口角部位。

（二）病因

机械性损伤，如鱼刺、骨头、过冷过热的食物等刺伤口腔黏膜；化学物质，如舔食腐蚀性药物等造成口腔黏膜损伤；老犬齿石及各种病原微生物，如病毒、坏死杆菌等，传染病如犬瘟热等均可引起口腔感染。

（三）症状

患轻度口炎的病犬因口腔疼痛而拒食，或小心咀嚼；硬物常从口中吐出，大量流涎，口腔黏膜潮红，口臭，舌苔重。患重度口炎的病犬开始时口腔黏膜有水泡，水泡破裂后出现鲜红的糜烂面或溃疡；随后犬门齿和齿龈暗红色出血、肿胀、组织坏死脱落形成溃疡，牙齿松动，口恶臭，咀嚼困难；唇、颊部也发生溃疡。

（四）治疗

首先用0.1%高锰酸钾液、2%氯酸钾溶液或2%明矾液冲洗口腔，清除口腔异物。清洗干净后，溃疡面以碘甘油或1%磺胺甘油混悬液涂擦，每日2次。慢性口炎用1%～5%的蛋白银，中药冰硼散疗效也较好。

二、扁桃腺炎

（一）概述

犬扁桃腺炎多见于腭扁桃腺发炎，不常发生于咽扁桃腺。寒冷因素刺激，如吃雪、喝冰水及突然的气温变化而引发，或细菌感染，如链球菌、巴氏杆菌、A型魏氏梭菌等也会引起此病。

（二）症状

急性扁桃腺炎多发生于1～3岁的犬，表现为体温明显升高（41℃），食欲减少，吞咽困难，轻压喉部引起咳嗽。口腔检查见两侧扁桃腺红肿，表面有淡黄色或白色脓点。慢性扁桃腺炎往往由急性扁桃腺炎治疗不及时转变而来。口腔检查陷窝口上有纤维组织增生，陷窝内有脓性物质存在。病犬有口臭或反射性咳嗽。

（三）治疗

用抗生素进行治疗，肌内注射青霉素每千克体重4万～8万单位，每日2次；或静脉注射四环素每千克体重10 mg，每日2次；局部用药，涂以碘甘油，配比为碘1份，碘化钾3份和甘油30份。

三、咽炎

（一）概述

咽炎是口腔和咽黏膜的炎症。临床上以吞咽困难和流涎为特征。机械性刺激、化学刺激与冷热刺激可引起此病，也常继发于扁桃腺炎。

（二）症状

急性咽炎的全身症状明显，病犬表现为精神不佳、无食欲、吞咽困难、流涎、体温升高。慢性咽炎发病缓慢，有吞咽障碍，食糜有时从鼻孔流出，伴有咳嗽。

（三）治疗

治疗原则是抑菌消炎，可肌注 5% 恩诺沙星每千克体重 0.1 mg，每日 1 次；肌注先锋霉素每千克体重 30 mg，每日 2 次。

四、食道梗阻

（一）概述

食道梗阻是指食道被食团、异物，如骨、鱼刺、软骨块、大块肌腱等阻塞，使犬正常吞咽功能丧失。多发生于咽腔之后或胸腔入口之前。

（二）症状

不完全梗阻时，犬表现出干呕和哽噎动作，摄食缓慢，吞咽小心。完全梗阻时，犬则拒食，不安，头颈伸直、大量流涎，搔抓颈部，甚至窒息。

（三）诊断

根据病史和特征性症状，或用 X 光或食道探诊可诊断，有条件的可用胃窥镜检查。如卡在颈部食道，可从外部摸出。

（四）治疗

治疗原则是润滑管腔，去除阻塞物体。将犬全身麻醉，如果异物不太大且比较圆滑时，可用胃管将阻塞物导入胃；如果异物较大而又带尖、角，并卡住不动甚至造成食道或胃管穿孔时，必须做手术取出。异物如骨、木棍、针等也可以刺入颊部、硬腭，造成犬拒食、流涎，甩头，搔抓口、面部。出现这种情况时可打开口腔检查，取出异物。

五、胃炎

（一）概述

胃炎是指胃黏膜的急性或慢性炎症，单独发生者少，多与肠炎一起发生，称胃肠炎。

（二）病因

犬食用发霉、腐烂的食物，过冷的饲料，难消化的物质，以及有刺激性的药物，甚至天气突变均可引起此病。另外，也可继发其他疾病，如犬瘟热、犬肝炎、钩端螺旋体病和某些寄生虫等。

（三）症状

胃炎主要表现为呕吐，食欲减少或不食，精神不振，腹疼痛，口渴等；严重时，呕吐带血。

（四）治疗

保护胃黏膜，止吐，防止脱水，给予易消化的稀食。通过灌肠，使用蓖麻油或石蜡油 20～50 mL 清理胃肠道。慢性胃炎，可投服稀盐酸，每天 3 次，每次 0.2～1mL，刺激胃液分泌，提高食欲。也可用苦味酊、龙胆酊或胃蛋白酶。

六、胃扩张

（一）概述

犬胃扩张是由于胃的分泌物、食物和气体聚积，使胃发生过度扩张所引起的一种疾病。断奶幼犬喂饲过量食物，或者吃了不易消化或容易发酵的饲料，如喂玉米片、麦片后没有大量饮水等均可诱发急性胃扩张。胃内异物、幽门狭窄、肠便秘、小肠梗阻时，由于食物较长时间停留而继发慢性胃扩张。

（二）症状

病犬表现出不安、呻吟、嗳气、呼吸渐快、腹痛。严重病例可因脱水、酸中毒、胃破裂及窒息而死亡。慢性胃扩张时，在肋后可摸到胀满的胃；空腹时，叩诊呈鼓音，食后呈浊音，消化不良等。

（三）治疗

使用胃管导胃；皮下注射阿扑吗啡 0.001～0.005 g 或碳酰胆碱 0.001 g/25 催吐；胃内异物如不能排除，应采用胃穿刺术、胃切开术将异物取出。对极度不安的病犬应适当给予镇静剂和镇痛剂，如皮下注射盐酸氯丙嗪每千克体重 2.0 mg，杜冷丁每千克体重 10 mg。

七、胃扭转

（一）概述

胃扭转不多见，主要发生于大型犬，是一种急性致死率高的疾病。当犬饱食后剧烈运动，遇有胃半充满，较沉重，或充盈液体内容时，则将以食道胃连接处为轴心，胃的幽门部从右侧转向左侧构成180°大转弯。

（二）症状

患犬突发腹痛，呆立或倒卧，行动僵硬、食物废绝。腹部迅速膨胀，推动胃下部，可听到溅水声。呼吸困难，多于1~2天内死亡。

（三）治疗

胃内减压放气后手术整复，术后4日绝食，全身进行补液、补充电解质、补碱以补充营养。

八、便秘

（一）概述

便秘是指肠内容物和粪便滞留，其水分被吸收，内容物变干最后阻塞肠腔，多发于中年犬。病原是长期喂干食又限制饮水，饲料中混有泥土和沙粒，营养不良，喂过量的骨头、骨粉或磷酸钙，骨盆或肛门疾病而引起便秘。

（二）症状

病犬常有排便姿势，但排出困难，用很大力气也只能排出几个干粪球，表面有黏液甚至有血丝。病犬还伴有不安、尾伸直、食欲减退等症状。

（三）治疗

根据病犬可有口服泻剂、灌肠或手术治疗。轻度便秘时，灌服液体石蜡50~60 mL；重度便秘时，用温肥皂水灌肠，有时使用盐类或油类泻剂。

九、肠变位

（一）概述

犬肠变位包括肠扭转、肠套叠、肠嵌闭和肠绞窄等。肠嵌闭是由于受肠外物体的压迫，或肠管掉进疝囊，疝孔将该肠段紧紧嵌闭，造成血液循环障碍和组织坏死等。肠绞窄和扭转是由于跳跃、翻滚、奔跑等剧烈运动造成肠段转位，使系膜绞窄。肠扭转多发生于空肠段，也常见全小肠扭转。肠套叠则是由于部分肠管功能增加而临近的肠管蠕动功能减弱，使功能强的肠管套入蠕动功能弱的肠管内，且套入的部分发生充血及坏死。

（二）症状

该病常见症状表现为病犬腹痛号叫，甚至打滚，或伸直四肢僵硬地倒地，食物废绝，呕吐。后期昏迷，脉弱无力，死于休克。

（三）诊断

根据症状及腹部触诊摸到坚实的肠段或结节，确诊靠 X 光检查。

（四）治疗

水合氯醛止痛，手术整复或切除。

十、肠梗阻

（一）概述

肠梗阻是局部肠段被毛球、粪块、肠道寄生虫、吞下的异物、手术后肠管粘连，或肠内肿瘤等引起，多发于回肠段。

（二）症状

肠梗阻的典型症状有腹痛、呕吐、腹胀、排粪停止、脉搏快等。时间稍长可引起肠穿孔、腹膜炎症状。

（三）诊断

根据症状，触诊腹部可能摸到肠梗阻的硬结，确诊靠 X 光造影检查。

（四）治疗

当确诊为肠梗阻时，应立即进行手术治疗。手术后应补充能量、液体，调整机体酸碱平衡，全身应用抗生素防止伤口感染。

十一、肠炎

（一）概述

肠炎是最常发生的消化道疾病，属于肠黏膜急性或慢性炎症。

（二）病因

原发性的因素主要有过冷的食物，受病原污染或腐败变质、难消化的饲料，有毒物质，塑料、石块等不能消化的异物，高度的神经紧张，以及大量应用抗生素，破坏肠道菌系等；某些传染病、寄生虫病及细菌、真菌及其毒素也可诱发肠炎。按肠炎的性质和严重程度分为卡他型肠炎、出血性肠炎、坏死性肠炎、纤维素性肠炎等。

（三）症状

肠炎的主要症状是腹痛、腹泻、发热和毒血症。病初犬的精神不好，食欲减退，呕吐，粪便水样，并有臭味。严重时，病犬严重脱水，精神沉郁，眼球下陷，双眼无神，皮肤失去弹性，酸中毒。粪便带血时，可根据血色判定出血部位，后段色鲜红，如呈煤焦油样则表明是胃内出血。

（四）治疗

一般应禁食 1～2 天，清理胃肠，用中性盐类泻剂加速胃肠腐败发酵的内物排出，进而用复方龙胆酊、人工盐等健胃。如果水泻不止，可用收敛剂如活性炭。为保护肠黏膜，可用次硝酸铋、氢氧化铝。止吐用胃复安每千克体重 2 mg，肌内注射，每日 2 次。用阿托品或颠茄酊止痛。如属细菌或病毒性肠炎，可用磺胺药、呋喃类药或抗生素，如磺胺咪、痢特灵、氯霉素等。有出血症状的，可用止血敏每千克体重 15～20 mg，肌内注射，每日 2 次。

十二、肛门腺囊肿

（一）概述

犬的肛门内、肛门两侧内外括约肌之间有两个肛门周围腺，借导管向外排分泌物。由于局部损伤、细菌感染或长期拉稀粪等原因，易造成腺体导管阻塞，使腺体分泌物滞留、发炎，形成肛门腺囊肿。此病疾多发生于老龄犬。

（二）症状

由于肛门腺肿胀、痛、痒，患犬经常啃咬会阴、肛门处或抵物磨蹭，导致尾根脱毛。

（三）治疗

用戴指套的食指伸入肛门检查肛门腺，并按压挤出积留分泌物。或向囊肿内注射 1～2 mL 植物油，软化滞留物使之自动排出。必要时进行手术切除。

十三、肝硬化

（一）概述

肝硬化是指肝组织损伤后因大量的结缔组织增生使器官变硬。此病的发生是一个缓慢的过程，常发生于老龄犬。

（二）病因

慢性中毒、肝炎、营养不良等都会造成不同程度的肝组织损坏，使结缔组织增生。肝蛭由于寄生在胆管中引起慢性胆管炎，导致胆管周围结缔组织增生，从而发生肝硬变。

（三）症状

患犬食欲不振，易疲乏；恶心、呕吐、消化不良或腹泻。严重肝硬化时，会出现腹水，肝、脾肿大，低蛋白血症等症状。临床上通过肝功能检查确诊。

（四）治疗

去除病原，对症治疗。静脉注射40%葡萄糖5～10 mL，以增加肝组织的糖元储存。给予甲硫胺酸、半胱胺酸等氨基酸，大剂量的复合维生素B，维生素C，类糖皮质激素保护肝脏。

第四节　呼吸系统疾病

一、鼻炎

（一）概述

鼻炎是鼻黏膜受寒冷、烟气、尘土、霉菌、花粉、氨气、氯气、农药、化肥等因素刺激后引起的炎症，多发于春秋季节。

（二）症状

患犬由于鼻黏膜受刺激感觉痒，故常打喷嚏、擦鼻子、流鼻涕，鼻黏膜潮红，鼻孔周围结干痂，有鼻塞音，呼吸困难。严重时可诱发喉炎、气管炎。慢性鼻炎时由于鼻黏膜肥厚，故呼吸困难，并发出鼾鸣声。

（三）治疗

用2%～3%硼酸溶液或0.1%高锰酸钾溶液等冲洗鼻腔，每天1～2次；或用碘0.5份、碘化钾2.5份加甘油、蒸馏水等量100份作蒸气吸入。有全身症状及发烧时用抗生素。有鼻塞时，用可卡因0.1g、1∶1 000肾上腺素液1 mL加蒸馏水20mL滴鼻，每日2～3次。

二、喉炎

（一）概述

喉炎是喉黏膜及黏膜下层组织的炎症。原发性喉炎主要是受寒冷、化学、湿热及机械性的刺激引起，继发性喉炎主要为细菌及病毒感染所致。

（二）症状

临床上以剧烈咳嗽及喉部肿胀、增温和疼痛为特征，主要是咳嗽。开始是短声干咳，以后为湿咳；当遇冷空气、摄食、运动时常诱发阵咳。喉头敏感，触之即咳嗽；严重的喉炎还会引起体温升高。

（三）治疗

为减轻咳嗽可用磷酸可待因0.3份，蜀葵糖浆10份+蒸馏水100份1次1茶匙，每日3次；盐酸乙基吗啡0.5份加蒸馏水20份，一次10～20滴，每日2～3次。去痰可用0.2%氯化铵溶液1～2匙。严重者有全身反应时可用抗生素疗法。

三、气管炎、支气管炎

（一）概述

气管炎多是由喉炎扩展而来，其原因和治疗见喉炎。支气管炎的病因是受寒和感冒、机械性刺激及某些传染病和寄生虫病感染。几乎所有的犬肺炎都伴有支气管炎。

（二）症状

主要症状是咳嗽。病初为干咳，以后转为长咳及湿咳，并伴有喘鸣音。鼻流黏液，有发烧，脉增数，呼吸困难。听诊肺部有啰音。X光检查可见肺纹理（支气管阴影）重。

（三）治疗

此病治疗原则是加强护理，祛痰止咳，制止渗出，抑制炎症。消除症状，用青霉素G或氨苄青霉素肌内注射，卡那霉素每千克体重7～10 mg，每日4次，庆大霉素每千克体重1 mg，每日3次。祛痰止咳，用盐酸吗啡0.1 g，杏仁水10 mL，茴香水300 mL，混合后每次1勺，每日2次。呼吸困难，可肌内注射氨茶碱0.1g，每日2次。

四、支气管肺炎

（一）概述

支气管肺炎指肺炎并发的支气管炎，也称小叶性肺炎。多发于幼犬和老年犬，晚秋至早春季节发病率较高。

（二）病因

支气管肺炎的发生主要是由于饲养管理不当、感冒、厩舍空气混浊、幼弱衰老、维生素缺乏、肺丝虫寄生和蛔虫移行等因素致机体抵抗力降低，为各种致病菌制造了可乘之机，如被巴氏杆菌、肺炎球菌、葡萄球菌、链球菌、大肠杆菌等感染。此病发生后，进而可引起周围犬的散发流行。此外，犬瘟热病也见小叶性肺炎。

（三）症状

咳嗽，流黏液或脓性鼻液，有支气管啰音，食欲减少或不食，体温升高至39.3℃左右，呼吸加快，进而引发呼吸困难。由于病变范围大小不等，肺部听诊结果也不一样。如果是少数肺小叶发炎时，听诊、叩诊不显异常；如果病变范围较大，则病灶区、肺泡音弱，有捻发音和气管啰音。血液学检查发现白细胞总数和噬中性白细胞总数增加，并有核左移现象。X 光检查可见肺炎灶阴影。

（四）治疗

消除炎症，使用青霉素每千克体重 5 万单位，链霉素每千克体重 3 万单位，地塞米松每千克体重 0.1 mg，混合肌内注射，每日 2 次，连用 7 天。祛痰止咳可口服氯化铵每千克体重 50 mg，咳必清每千克体重 2.5 mL，每日 2 次；或用盐酸阿扑吗啡 0.015 mL、稀盐酸 2.0 mL、甘油 10.0 mL、蒸馏水 150mL 混合剂，每 3 ~4小时 1 茶匙。止喘可用氨茶碱每千克体重 10 mg，口服，每日 2 次。强心用安钠加、樟脑剂等均可治疗此类病症。此外，还应加强护理。

五、肺水肿

（一）概述

肺水肿是指肺泡及小叶间充盈过量液体，同血液循环障碍、过敏及脑部疾病有关。心衰竭、左心瓣膜狭窄或闭锁不全、全身淤血、吸入闷热的空气或有刺激性的烟尘、过敏反应等原因引起肺泡及毛细血管通透性增加。

（二）症状

突然发病，呼吸困难，张嘴喘气，黏膜发绀，听诊肺下部有支气管啰音，两侧鼻孔流出淡红色泡沫状液体，口腔流出大量液体，严重时窒息死亡。

（三）治疗

皮下注射阿托品每千克体重 0.05 mg 或肌内注射地塞米松每千克体重 0.5 mg，减少体液渗出，吸氧。心力衰竭可口服洋地黄每千克体重 2 mg。注射先锋霉素及其他广谱抗生素控制继发细菌感染。

第五节 心脏和血液疾病

一、心力衰竭

（一）概述

心力衰竭也称心功能不足，是指心肌收缩性发生障碍、血液输出量减少、动脉压下降、静脉回流受阻的一种病理过程。分急性心力衰竭和慢性心力衰竭两种。

（二）病因

急性心力衰竭，一般由运动量过大，临床治疗时静脉输液过快或量过大超过心脏负担等引起。此外，注射对心肌有较强刺激性的药物，如钙、砷制剂等均可引发此类病症。某些传染病，如犬瘟热、中毒和发烧性疾病，也可引起继发性急性心衰竭。

慢性心力衰竭，除因长期、大量运动引起之外，也常在心包炎、心肌炎、心内膜炎、肺气肿等情况下引发。

（三）症状

急性心力衰竭发病时，病犬表现为心跳弱，动脉不能充盈，心音不能区分或第二音增强。由于氧交换不足，呼吸困难，可见黏膜发绀。多并发肺气肿，听诊有啰音，窒息。四肢和腹下浮肿，腹水。严重的心力衰竭会很快发生虚脱，于几分钟内死亡。慢性心力衰竭时，病犬表现为心跳与脉搏不符，心跳弱，易疲劳，呼吸困难，四肢末梢常发对称性浮肿。由于血液循环不足，造成神经系统缺氧，患犬表现轻度昏迷、痉挛、共济失调和行路蹒跚等症状。

（四）治疗

一般治疗措施有缓解呼吸困难、增强心肌收缩、减少运动、加强护理等。用汞撒利和补葡萄糖溶液的办法增加钠、水的排出。口服洋地黄毒甙每千克体重 0.03 ~0.1mg 增加心肌收缩力，同时用氨茶碱以保护心脏。

二、心肥大和心扩张

（一）概述

心肥大和心扩张通常一起发生，临床不易区别。正常心脏受到持续重负时，常发生心肌肥厚，赛犬与猎犬较为常见。心脏受到超负荷而疲劳时，易引发心肌扩张。扩张的心肌不能适应身体的需要，输出量减少，出现被动性充血。已经肥大了的心脏，如果负荷仍然加重，即变成扩张心脏。

（二）症状

心肥大时一般不会表现出明显的临床症状。如果心肥大并发心扩张，则会出现心功能不足的症状。心扩张严重时会引起心瓣膜闭锁不全，因而出现血流紊乱。听诊时，可听到颤动或沙沙声。此症状可用 X 光诊断。

（三）治疗

心肥大是生理性反应，无须治疗。心扩张的治疗方法同心力衰竭。

三、贫血

（一）概述

贫血是指单位容积的血液中红细胞数量减少或血红蛋白含量降低的临床表现。贫血分出血性贫血、溶血性贫血、营养性贫血和再生障碍性贫血。

（二）病因

出血性贫血，是指由于外伤或手术引起的肝、脾破裂出血，血友病的出血性素质，肾或膀胱结石引起的尿道出血，钩虫病时肠道的严重出血等，使机体血容量突然降低。溶血性贫血见于巴贝西原虫感染或溶血性链球菌病、铅中毒、新生仔犬的溶血性贫血、血型不符的输血、持续发烧等。营养性贫血多由于饲料中缺乏蛋白质、铁、维生素等营养物质所致。障碍性贫血是指由 X 射线、放射性物质、苯、重金属和严重感染所致的骨髓造血机能衰竭。

（三）症状

常见症状主要有：精神淡漠、虚弱、易疲乏、可视黏膜及皮肤苍白、四肢末梢冰冷、心跳加快、全身肌肉无力等。急性失血病犬，初期症状不明显，但随着病情的加剧病犬会逐渐消瘦，精神不振，嗜睡，四肢末梢水肿，血压降低，甚至引起休克。溶血性贫血尚见黄疸，肝、脾肿大。

（四）治疗

外伤性大出血应立即结扎止血、压迫止血或用止血带止血；注射止血药，肌注止血敏每千克体重 25 mg 或维生素 K_3 每千克体重 0.4 mg；输血，重症贫血犬可静注右旋糖苷、葡萄糖、复方盐水。缺铁性贫血应口服硫酸亚铁每千克体重 50 mg，每日口服 3 次，或肌注维生素 B_1 每千克体重 5 ~ 10 mg，维生素 B_{12} 每千克体重 5 ~ 10 mg，混合肌内注射，每日 1 次。再生障碍性贫血可肌注丙酸睾丸酮每千克体重 1 ~ 2mg，每周 1 ~ 3 次。此外，加强护理，饲喂富含蛋白质、氨基酸、维生素和微量元素的易消化饲料，均有利于病犬康复。

四、白血病

（一）概述

白血病是缘于制造白细胞的器官或系统的增生，临床表现为白细胞增多和淋巴结、脾脏肿大。犬的白血病按临床血液学检查，可分为淋巴型和髓源型两种。本病多发于 5 岁龄以上的犬，公犬比母犬多发。

（二）症状

患犬常卧下，精神不佳，体重减轻；体表可触摸到肿胀的淋巴结，淋巴结的肿胀压迫周围组织而出现水肿、腹水，尿积留。有时可能出现咳嗽、呼吸困难、吞咽困难等不同症状。由于有出血性素质，偶见皮肤、黏膜甚至眼内突然出血。诊断白血病的关键是检查血液中白细胞的数量。如果是淋巴细胞、成淋巴细胞、淋巴样细胞和多形核细胞增多，即是淋巴白血病。髓源性白血病的特点是多形核白细胞、颗粒性白细胞、成髓细胞、晚幼粒细胞和髓细胞增多。

（三）治疗

无特殊治疗方法，可试用输血。

第六节　泌尿系统疾病

一、肾炎

（一）概述

肾炎是犬的常见病，且往往性质严重。大多数病例是由血源性刺激引起的。疾病如犬瘟热、病毒性肝炎、钩端螺旋体病等，由肠内发酵产生的吲哚、粪臭素等有毒的代谢产物，大面积烧伤时产生的组织分解毒素都可引发此病。此外，汞、砷制剂、松节油、木溜油酚、斑蝥、煤焦油等有毒物质的直接刺激均可引起本病。犬肾炎从临床上可分为肾衰竭、急性和慢性肾炎及尿毒症四种。

（二）症状

肾衰竭表现为食欲丧失，口渴。由于尿不能浓缩，出现多尿，尿比重降低。相反，重吸收或滤出不足则出现少尿，尿色暗，尿比重增加。病情严重则完全无尿。急性肾炎表现为精神萎靡、食欲减退、呕吐、肾区疼痛、排尿次数增多且排尿痛苦。早期少尿，尿色暗或粉红，混浊比重高。慢性肾炎最常见的症状是剧渴并伴有多尿，尿液呈无色、水样，比重低。由于氯的逐渐丧失，造成组织的保水能力低，因而常出现脱水现象。临床上出现步态僵硬，弓背，结膜苍白，皮毛无光，局部脱毛。病情加重则出现酸毒血症和心肥大，特别是左心室。透明管型是慢性间质性肾炎的特征。尿毒症是肾病的晚期表现。患犬神情木讷，皮肤无弹性，消瘦，极渴。由于肾脏不能排出机体的代谢产物而发生中毒，口腔和舌上有溃疡，溃疡表面有灰绿色的渗出物，呼吸和皮肤散发出尿味。尿毒症的另一症状是持续呕吐。酸中毒时，呼吸慢而深，晚期肌肉痉挛或抽搐，最后昏迷死亡。

（三）治疗

肾衰竭治疗：强心，限制盐，饲喂富有营养的易消化食物。静脉注射 40% 葡萄糖，以调节排尿，用洋地黄增加心输出。肾区用微波、透热和热敷，以增加肾的血液供应。

急性肾炎治疗：静脉注射 500 mg 维生素 C 和 2 ~ 5 mL 葡萄糖酸钙混合物。尿中的细菌可用 6 甲基-4 铵使尿成酸性并在酸性尿中形成甲醛而消除。应注意 6 甲基-4 铵一定不能与磺胺合用，因两者在肾内会形成结晶。

慢性肾炎治疗：同急性肾炎。考虑到氯的丧失和脱水，应静脉注射 10% 氯化钠 3 ~ 8 mL。

尿毒症治疗：口腔用鼠尾草茶冲洗，溃疡涂碘甘油，碳酸钠调整酸毒血症，用炭末吸收肠内的分解产物等对症疗法。

二、膀胱炎

（一）概述

膀胱炎是指膀胱黏膜及黏膜下层的炎症。该病由多种原因引起，上行性感染，如用不洁的导尿管治疗，使病原菌大肠杆菌、变形杆菌进入；创伤如结石、刺激或直接损伤；尿的滞留、分解，形成氨和有害物质刺激黏膜；邻近组织器官的炎症蔓延，如肾炎、尿道炎、尿道结石、前列腺炎、阴道炎、子宫内膜炎等。膀胱炎可分为急性膀胱炎和慢性膀胱炎两种。

（二）症状

急性膀胱炎可见排尿频繁和尿少，排尿时伴有疼痛，病犬频频有排尿姿势。尿有氨味，颜色发暗、发黏，含有絮片，呈碱性或中性反应。当出现膀胱黏膜过度紧张时，可导致黏膜损伤出血，排出的尿液呈淡红色。慢性膀胱炎的症状轻微，排尿困难不明显，但病程长。

（三）治疗

抑菌消炎、对症治疗。休息，热敷膀胱保暖，用补液和利尿剂或向膀胱内注入温硼酸高锰酸钾液，每次用30~50 mL冲洗，使细菌由膀胱内排出。使用广谱抗生素和全身对症治疗。乌洛托品0.2~0.5 g制成10%溶液，每日2~3次；氨苄青霉素每千克体重30 mg，地塞米松每千克体重0.2 mg，混合肌内注射，每日2次。

三、尿石症

（一）概述

犬常见膀胱内结石，尿石症是犬常发的泌尿系统疾病。结石往往以细胞和管型为核心，钙盐不断在膀胱内沉积形成。这种情况发生于尿中钙盐浓度过高时，由于保护性胶体的作用而使钙盐沉积。结石由磷酸盐或尿酸盐构成。

（二）症状

膀胱内结石症状基本上与膀胱炎所见者相同，病犬总有紧急排尿感，但排尿困难，尿量少且带血。公犬尿道结石常见于尿道的阴茎段，如果结石阻塞不完全，则尿液呈滴状或线状；尿道全阻塞时，发生尿闭，膀胱充满。一旦发生膀胱破裂，可引起腹膜炎和尿毒症而死亡。触诊可在腹部摸到一圆形的硬肿。用导尿管试探，至结石部不通。X光检查可确诊。

（三）治疗

膀胱内结石可用手术去除，注意防止复发。如果结石是磷酸盐构成的，则应尽可能地保持尿呈酸性，多吃些鱼、肉、蛋等食物，少喝牛奶，少吃水果和蔬菜；若为尿酸盐结石，应多摄入水，包括牛奶。公犬尿道结石应采用尿道切开去石方法或在尿道注射玻尿酸酶，通过降低表面张力使结石分解排出。

第七节　生殖系统疾病

一、阴道炎

（一）概述

阴道炎是阴道前庭和阴道黏膜的炎症。主要表现为阴道黏膜发红，从阴道排出黏液。子宫颈口关闭，黏膜发红。原发性阴道炎多发生于某些性成熟前的大型犬，如德国牧羊犬、拳师犬等，继发性阴道炎多见于成年犬，诱因为发情过长、交配不洁、分娩时感染，以及继发于子宫、膀胱、尿道及尿道前庭感染。

（二）症状

犬原发性阴道炎多发生在性成熟前，病犬阴道持续流出大量脓性分泌物。继发性阴道炎可见病犬烦躁不安，经常舔舐外阴，并有尿频与少尿症状。阴道黏膜充血肿胀，有黏稠分泌物，全身症状不明显。分泌物检验，可见大量脓细胞及上皮细胞，并有β-溶血性链球菌和类大肠杆菌。有的犬阴道分泌物可吸引公犬，在非发情期交配而被误认为是发情。

（三）治疗

原发性阴道炎，可每天口服0.06～0.3 g三氧化铁等收敛剂，连续2周，或用0.1%高锰酸钾冲洗阴道，涂抗生素软膏，度过第一发情期后可自愈。继发性阴道炎，可进行阴道冲洗，洗前麻醉，洗后注入抗生素。

二、乳房炎

（一）概述

乳房炎也称乳腺炎，是指犬一个或多个乳头发生炎症的过程。可分为急性乳房炎、慢性乳房炎及囊泡性乳房炎等类型。急性乳房炎一般由幼犬吮奶时抓伤或咬伤乳腺后感染大肠杆菌、葡萄球菌或念珠菌等所致，也是乳汁滞留刺激乳腺的结果。慢性乳房炎则多见于老龄犬，可能与激素失调有关。此外，乳腺增生也可形成囊泡样肿物，诱发囊泡性乳房炎。

（二）症状

急性乳房炎可出现发热、精神沉郁、食欲不振等全身症状。发炎部位温热、疼痛，乳房硬肿、压迫时有少量血样或水样分泌物流出，乳汁呈絮状，若为化脓菌感染，可挤出脓液并混有血丝。血液学检验发现，白细胞总数增多。

慢性乳房炎全身症状不明显，一个或多个乳房变硬，强压亦可挤出水样分泌物。

囊泡性乳房炎多发于老龄犬，触诊变硬的乳房可触及增生囊泡。

（三）诊断

根据病史、临床症状与乳汁检验，必要时进行病原培养和分离诊断。

（四）治疗

发现乳房炎应立即隔离幼犬，清洗病犬的乳房并挤出乳汁，以缓解急性炎症的疼痛。经乳头管向乳池注入水剂氨苄青霉素，外涂鱼石脂或樟脑酮制剂，每日2次，以消除炎症。对乳房脓肿犬可在软处切开排脓，用青霉素生理盐水冲洗。对形成乳腺肿瘤的犬，可进行瘤变乳房切除术。

三、子宫内膜囊性增生和子宫积脓

（一）概述

子宫内膜囊性增生和子宫积脓肿症，多见于不育或只产过一胎的老龄犬，由激素的功能障碍引起，也可由治疗假妊娠用高剂量的动情素引起。也有观点认为黄体酮是引起子宫积脓的原发性重要因素。

（二）症状

初期临床症状不明显，后期可见犬精神沉郁，食欲不振，口渴，进行性消瘦明显。阴道常有淡黄色或巧克力色的分泌物，压迫腹壁时从子宫内流出脓样物，但气味不大。触诊腹部可摸到粗大的子宫角。临床化验发现，中性白细胞增多，核左移。有人研究证实，25%的病例脓汁不带菌。发病是激素平衡问题，而细菌感染是继发性的。B超诊断是确诊此病的最好方法。

（三）治疗

轻度患犬可肌内注射乙烯雌酚，每千克体重0.1 mg，24小时后，肌内注射缩宫素，每千克体重1个单位，使子宫排脓、消炎。严重患犬采用药物治疗效果不可靠，建议施行子宫切除术。

四、卵巢囊肿

（一）概述

卵巢囊肿很常见，包括卵泡囊肿和黄体囊肿。前者是卵巢内未破裂的卵泡积液肿大形成，后者是黄体本身成分发生变性、萎缩，形成球形空腔。病因至今未完全弄懂，一般认为是脑下垂体分泌的促性激素增多或黄体生成素不足所致。也可继发于子宫炎、输卵管炎和卵巢炎。

临床上，黄体囊肿主要表现为母犬不发情，而卵泡囊肿则表现为持久发情，性欲亢进，阴唇红肿，经常爬跨其他犬，但拒绝交配。

（二）治疗

肌内注射黄体生成素20～50单位，如效果不明显则1周后再注射1次；肌内注射黄体酮2～5 mg，每日1次，连用2～5次。

五、不孕症

（一）概述

1.5岁龄以上或以往能正常发情交配的母犬在较长时间内不见发情，或发情不正常且屡配不孕的，均可认为是不孕症。

（二）病因

先天性不孕：多见于近亲繁殖犬，其生殖器官发育畸形。患犬到达配种年龄时不发情，或有发情表现而配不上，检查生殖器有畸形，如阴道狭窄、卵巢过小、两性畸形等。

饲养管理不当引起的不孕：由于饲料营养不足，引起蛋白质、维生素、矿物质、微量元素等营养素的缺乏，造成犬的代谢紊乱，营养不良，导致性机能障碍，性激素生成不足，使犬不发情或发情不受孕，或受孕后流产、产死胎。

疾病性不孕：病原如布氏杆菌、结核杆菌、弓形虫、钩端螺旋体等感染引起的传染病可致母犬不孕。某些生殖器官疾病，如卵巢囊肿、子宫蓄脓、子宫炎及阴道炎等也可造成病犬长期不发情、不孕。

（三）治疗

首先要调查不孕的原因，饲养管理不当引起的不孕应改善饲养管理，给予营养丰富的饲料。由疾病引起的不孕，可针对病因进行药物治疗、物理治疗等。先天性不孕可试用孕马血清、绒毛膜促性腺激素及雌激素进行治疗。肌内注射孕马血清25～200单位，每日或隔日1次。肌内注射绒毛膜促性腺激素25～300单位，己烯雌酚0.2～0.5 mg。原则上，先天性不孕不作种犬用。

六、流产

（一）概述

流产是指由各种原因所致的妊娠中断，表现为胚胎被母体吸收及产出死胎与未足月胎儿等。流产分感染性流产与非感染性流产两大类。前者主要是感染大肠杆菌、葡萄球菌、沙门氏菌及流产布氏杆菌等。后者多见于孕激素不足，如黄体形成不全，则母犬于妊娠2~5周流产。黄体消退过早6~7周流产，7周以上流产多由胎盘机能不足引起。胎儿死亡或胎儿本身异常，饲养管理不当，妊娠毒血症，外伤及某些不明原因亦可造成流产。

（二）症状

胎儿被吸收或产出不足月胎儿，通常无外部表现。若为妊娠毒血症引起，则母犬有贫血症状。习惯性流产可见母犬阴道分泌血样分泌物，持续5~6天。

（三）诊断

主要依据临床症状，流产的病原需经血液学及寄生虫卵检验才能确定。

（四）防治

流产一般无保胎治疗价值，但须积极预防。母犬要加强管理，妊娠期间应尽量避免使用化学药物治疗；妊娠后期不要运动过量，防止受伤，保持犬舍安静；母犬不与弓形虫阳性公犬交配。

七、前列腺肥大

（一）概述

前列腺肥大多见于5~6岁龄以上的老龄犬，主要与激素紊乱、雄性激素增多有关；慢性前列腺炎也可引起此病。

（二）症状

前列腺肿大时，患犬排尿、排粪困难，尿道口有脓性或血性分泌物。常伴有膀胱炎、慢性前列腺炎。

（三）治疗

大剂量注射雌激素，每周2~3次；阉割或输精管结扎也有效。

八、睾丸炎

（一）概述

睾丸炎是睾丸实质的炎症，见于创伤、挫伤、结核和脓毒败血症时，常与附睾同时发病。

（二）症状

急性睾丸炎表现为睾丸和副睾肿大、发硬，体温升高，精神沉郁，食欲不佳。患犬可能舔睾丸。慢性睾丸炎则睾丸硬，热痛不明显。一般无全身症状。

（三）治疗

急性睾丸炎可用醋酸铅、明矾液冷敷。症状缓和后，可用温敷，也可在病患局部涂鱼石脂软膏，同时肌内注射或口服抗菌素。慢性睾丸炎可涂樟脑软膏，若治疗无效，应将睾丸摘除。化脓性睾丸炎应手术切开排脓或将睾丸摘除，并应治疗原发病。注意治疗此病时应佩戴犬项圈，以防止其舔舐睾丸。

九、公犬不育症

（一）概述

公犬不育症表现为阳痿，交配不射精，精液品质不良不能使卵子受精。精子品质不良主要是由于饲料营养不足，运动量不够，长期不配或配种过度，睾丸疾病包括睾丸炎、附睾炎、隐睾、前列腺炎等因素引起的。而饲养管理不善、公犬无性欲、肥胖等则引起公犬阳痿及不射精。

（二）治疗

针对病因采取不同治疗措施。改善饲养管理条件，给予公犬足够的营养物质。促使公犬加强体力锻炼，以增强体质。对公犬的配种要适度，防止配种次数过多或过少。对缺乏性欲的公犬，可口服甲基睾丸酮 10 mg 或肌内注射丙酸睾丸酮 20～50 mg。对于无效或年老体衰的公犬，应淘汰不作种犬用。

十、乳不足及无乳

（一）概述

乳不足及无乳是指母犬泌乳量减少甚至全无，使仔犬不能获乳的一种产后疾病。病因有以下几个：对母犬的饲养管理不当及母犬营养低下；产后患严重疾病，如子宫疾病、胃肠道疾病；乳房外伤、乳房炎；母犬过早孕育，乳房发育不全或母犬年龄太大，乳腺萎缩；母犬哺乳期受惊，神经过度紧张；调节乳腺活动的激素分泌紊乱。

（二）症状

病犬泌乳减少或无乳，仔犬寻乳频繁，母犬屡屡躲让，不愿哺乳。乳房松软、缩小。患有乳房炎时，乳房肿胀。

（三）治疗

一般实行综合性防治措施。改善饲养管理条件，注意补充食物营养；积极治疗乳房炎及其他疾病；施以药物催乳，如肌内注射促甲状腺素释放激素 20 μg 或垂体后叶素 20 国际单位，每日一次，连续 2 ~ 3 天。

十一、产后搐搦症

（一）概述

产后搐搦症是一种以低血钙为特征的代谢性疾病，表现为肌肉强直性痉挛、呼吸困难、体温升高。此病在产前、分娩过程中及分娩后均可发生，大多发生在产后 15 天左右，且多见于泌乳量高的母犬。

缺钙是导致发病的主要原因。胎儿骨骼的形成和发育需要从母体摄取大量的钙，产后随乳汁也要排出部分钙。如果母犬从日粮中不能及时补充所流失的钙，体内就会缺钙。缺钙会引起神经肌肉的兴奋性增高，最终导致肌肉的强直性收缩。

（二）症状

一般没有任何征兆，突然发病。病犬表现不安、兴奋、步态强拘、站立不稳、呼吸急促。不久出现抽搐症状，肌肉发生间歇性或强直性痉挛，四肢僵直，步态摇摆不定，甚至卧地不起。体温升高至 40℃ 以上，呼吸困难，脉搏加快，口吐白沫，可视黏膜呈绀红。从出现症状到发生痉挛，短的约 15 分钟，长的约 12 小时，经过较急，如不及时救治，可在数小时内窒息死亡。

快速诊断十分重要，根据临床症状和血液检查可以确诊。检测血钙含量，如血钙低于 6 mg/100 mL 即可确诊。

（三）防治

10% 葡萄糖酸钙每千克体重 0.3 g，葡萄糖盐水每千克体重 30 mL，混合静脉注射，每日 1 次，连续 2 ~ 3 天。同时肌内注射盐酸氯丙嗪每千克体重 1.1 ~ 6.6 mg，控制痉挛。母犬口服钙片或在食物中添加钙剂。

为预防产后搐搦症，在分娩前后，应提供足量富含钙、维生素 D 和无机盐等的食物。泌乳期间要注意日粮的平衡和调剂。

十二、假孕症

（一）概述

假孕症是指母犬发情或配种后45天，出现一系列妊娠母犬所特有的变化。假孕症虽然不会引起生殖道的疾病，但会影响母犬的正常繁殖。

一般认为，黄体活性的延长是引起假孕的主要原因。犬发情排卵后，无论受孕与否，都会在卵巢形成黄体。如果黄体存在时间延长，并且孕酮分泌量与怀孕犬相同时，就会引起某些母犬出现类似怀孕的征候。当犬患子宫蓄脓症时，卵巢也分泌黄体激素造成假孕。母犬长期栓系时容易发此病。

（二）症状

假孕症多发生在发情后的2～3个月这一期间。母犬出现腹部增大，触诊腹壁可感觉到子宫增长变粗，乳房增大，乳头可挤出乳汁。母犬表现出急躁不安，寻找暗处做窝，喜欢饮水，食欲不佳，不听主人使唤。有时还会出现呕吐、多尿等症状。根据配种史、腹部触诊、X线摄影及超声波诊断，排除真正的怀孕即可确定诊断。

（三）防治

有的假孕者可自愈，无须治疗。重症者可使用激素治疗，如内服甲基睾丸酮10 mg/次或肌内注射已烯雌酚0.2～0.5 mg/次。如因子宫蓄脓引起，则应使用抗生素，并配合注射垂体后叶素等促进子宫收缩的药物。对常发的母犬，不适作种犬用，并应做去势术，从根本上杜绝假孕的发生。

第八节 神经系统疾病

一、脑挫伤（脑休克）

（一）概述

脑挫伤发生于各种意外事故，如打击、撞伤等。

（二）症状

病犬一般症状是眩晕、转圈或躺倒。严重病例会先呕吐，后昏迷；眼球震颤、肌肉痉挛、抽搐或麻痹。最严重病例，发生创伤时立即昏迷，最终导致死亡。有的病例只是几小时内无意识，神经反射消失；有的出现号叫、不安、痉挛等全身症状，几天以后平稳，出现共济失调、转圈和脑神经功能障碍等。

（三）治疗

把病犬关在安静、暗而通风的室内，休息 4 ~ 8 天，避免任何刺激；冷敷头部以减少脑出血。如果有持续的意识丧失，可用刺激药。

二、脑炎

（一）概述

脑炎是由感染引起脑膜和脑实质的炎症。化脓性脑炎是由化脓性细菌所致，非化脓性脑炎多由传染病如犬瘟热、狂犬病和细菌性毒素中毒引起的。

（二）症状

主要根据病变在脑部的部位和程度而定，主要表现为不定型的神经症状。病发初期犬异常兴奋，号叫，对人发出攻击，甚至不认识主人。有的病犬还会出现转圈、后退或全身痉挛性抽搐。当炎症往脑深部发展时，可引起犬全身性麻痹，运动失调，瞳孔扩大，卧地不动，丧失对外界的反应。化脓性脑炎还伴有体温升高，食物废绝的症状。

（三）治疗

保持安静，给予丰富营养的食物。有脑刺激症状时用镇静剂氯丙嗪每千克体重 1 mg。发烧、细菌感染时，可大量使用抗生素，如静脉注射磺胺嘧啶每千克体重 50 mg，每日 2 次；静脉注射或肌内注射青霉素每千克体重 5 万国际单位，每日 1 次。减低颅内压可混合静脉注射甘露醇每千克体重 1 g，25% 葡萄糖注射液每千克体重 5 mL。

三、脑膜炎

（一）概述

脑膜炎的原发病例不多见，主要是邻近的器官、组织的化脓性病变继发，如中耳和内耳化脓性炎、鼻炎、额窦炎，颅腔附近的蜂窝织炎以及颅骨和椎骨的穿透性创伤等。此外，接种狂犬病疫苗后的变态反应以及高温、闷热等也可引起此病。

（二）症状

病犬表现出神志不清，呕吐，易惊厥，高度兴奋，最后昏睡，神志不清。当脑底部脑膜发炎时，会出现斜眼，两侧瞳孔大小不一样，对光反应迟钝，或面部肌肉痉挛，舌、喉、咽部肌肉麻痹等。大脑穹隆部脑膜炎时，病犬表现出神志不清、兴奋或痉挛。脑室膜炎时引起颅内压升高，病犬出现严重昏迷；慢性病例因脑积水而呆傻。脊髓膜炎时，由于背神经根受刺激，皮肤感觉增高，引起疼痛。弥漫性脑膜炎时，脑脊液增多，脑内压升高，病犬出现昏迷。

（三）治疗

镇静并进行精神护理。脑内压升高，可用静脉注射甘露醇。镇静，可用水合氯醛灌肠或巴比妥钠注射。细菌感染时，用大量抗生素或磺胺消炎。另外，静脉注射20%～40%的高渗葡萄糖液可减轻脑组织液。

四、脑积水

脑积水常发生于青年犬，但很少出现功能残疾，一般是先天性疾病。由于脑室中液体不断蓄积，压迫脑组织而出现呆傻症状，对一切事物表现冷漠，举止笨拙。当母犬发情时，上述症状会加重，并出现精神沉郁、昏迷、运动失调和转圈运动等症状。

建议：淘汰病犬。

五、脊髓休克和挫伤

（一）概述

脊髓休克和挫伤主要见于意外事故，如奔跳、打击、剧烈挣扎等均可引起椎骨骨折或脱位；此外也可发生于感染和中毒。

（二）症状

症状可在创伤后立即出现，也可能在几小时后出现，根据损伤的部位可有不同的症状。如延髓受损伤，可出现呼吸、吞咽困难，脉搏减慢。环椎脱臼则头部僵硬，甚至运动失调。颈椎损伤往往引起四肢、躯体及尾的运动障碍和感觉麻痹，腹式呼吸，进而前肢反射消失，大小便失禁或困难。胸椎受损害时，身体后半部出现感觉消失，大小便失禁或困难。腰椎损伤时出现后躯麻痹，后肢拖在地面，膝反射消失，大小便停滞或失禁。急性严重损伤往往在短短几秒钟内，因呼吸停止而死亡。一般可牵延数天，多由于继发感染引起败血症、肺炎、膀胱炎而死亡。

（三）治疗

保持安静，有兴奋不安时使用解痉、镇静药。病初冷敷，后热敷或用樟脑酒精涂布消炎。麻痹部位施行按摩或用直流电刺激。灌肠、导尿、疏通大小便。感染用抗生素、磺胺治疗。

第九节　一般外科疾病

一、创伤

（一）病因

创伤是指由锐性或钝性机械外力作用于机体组织或器官，引起的软组织开放性损伤。犬的创伤主要有刺创、切创、砍创、压伤、挫创、撕创和咬创等。

（二）诊断

创伤的主要症状为出血、疼痛、撕裂。严重的创伤可引起运动失调或麻痹等机能障碍，如四肢的创伤可引起跛行等。

（三）治疗

伤后经历时间较短的创伤称新鲜创伤。应在剪毛、消毒、清洗创伤附近的污物和泥土后，根据受伤程度，采取相应治疗措施。如小创伤可直接涂擦碘酒、5%龙胆紫液等。创伤面积较大，出血严重及组织受损较重时，首先以压迫法、钳压法或结扎法止血，并修整创缘，切除挫伤的坏死组织，清除创内异物，并在创腔内撒青霉素粉、碘仿磺胺（1:9）粉、碘仿硼酸（1:9）粉等，然后进行必要的缝合。

伤后经历时间较长的创伤称为陈旧创。根据有无感染可分为感染创、污染创、保菌创等。应将创口周围3~4 cm处剪毛或剃毛，以3%~5%过氧化氢溶液清洗创伤周围。对皮肤消毒后，在创面上涂以5%碘酒，并用外科手术法将创内坏死、化脓组织清除。清除后即可上药，可选用硫胺碘仿甘油（7:5:100）、硫胺尿素（95:5）等。创伤缝合如创缘缝合时，必须留有渗出物排泄口，并装纱布引流，也可装防腐绷带或实行开放治疗。

当犬出现全身症状时，应做全身治疗。对污染严重的新鲜创伤应全身应用抗生素，并注射破伤风抗病毒或类病毒；化脓创则可静脉注射10%氯化钙溶液或5%碳酸氢钠溶液。

二、脓肿

（一）病因

脓肿是指在组织或器官内形成外有脓肿膜包囊，内有浓汁潴留的局部性脓腔。此病主要继发于各种局部性损伤，如刺创、咬创、挫伤等感染了葡萄球菌、链球菌、大肠杆菌等致病菌。注射消毒不严格也可引起脓肿。强刺激性的药物，如 10% 氯化钙、10% 氯化钠等，在注射时误漏于皮下而形成无菌性的皮下囊肿。

（二）诊断

各个部位的任何组织和器官都可发生，其临床表现基本相似。初期表现为局部肿胀，增温，触摸时有痛感，稍硬固，以后逐渐增大变软，有波动感。脓肿成熟时，皮肤变薄，局部被毛脱落，发生自溃，流出黄白色黏稠的脓汁。

发生在深层肌肉内、肌间、骨膜下及内脏的深在性脓肿，因部位深，波动不明显，但其表层组织常有水肿现象，局部有压痛，全身症状明显，出现相应器官的功能障碍。根据临床症状诊断并不困难，必要时可行穿刺，如抽吸到脓汁，即可确诊。

（三）治疗

初期出现硬固性肿胀时，可冷敷复方醋酸铅散、鱼石脂软膏等，或以 0.5% 盐酸普鲁卡因 20～30 mL，节青霉素钾（钠）40 万～80 万单位对病灶周围进行封闭，以促进炎症消退。脓肿出现波动时，应及时切开排脓，冲洗脓肿腔，安装纱布引流或进行开放疗法，必要时配合抗生素等全身疗法。

三、骨折

（一）病因

各种直接或间接的暴力都可引起骨折。如摔倒、奔跑、跳跃时扭闪、撞伤或压伤、打击、肌肉牵引或从高处跌落等都可引起骨折。此外，当犬患佝偻病、骨软症、骨肿瘤时，也会发生四肢长骨骨折。

（二）诊断

犬易发生四肢骨折，尤其是后肢最为多见。骨折的主要症状有：骨头变形，骨折两端移位，肢体形态改变或呈异常姿势。让犬患肢负重或被动运动时，出现屈曲、旋转等异常活动。在骨断处可听到骨摩擦音。此外，还会出现出血、肿胀、疼痛和功能障碍等症状。

根据外伤史和局部症状可以确诊，必要时进行 X 射线检查。

（三）治疗

紧急救护应在犬发病地点进行，以防止移动病犬时骨折断处移位或发生严重并发症。如有出血应止血，在伤口上方用绷带、布条、绳子等结扎止血，并在患处涂擦碘酒，创内撒碘仿磺胺粉。在骨折处用纸板、木片进行临时包扎、固定后，立即送兽医诊所治疗。

整复：取横卧保定，在局部麻醉下整复。四肢骨折部移位时，可由助手沿肢轴向远端牵引，使骨折部伸直并正确复位。此时应注意肢轴是否正常，两肢是否等长。

固定：对非开放性骨折的患处作一般性处理后，在创面撒碘仿磺胺粉，再用铝条、塑料板、胶合板等小夹板固定。固定时，应填以棉花或棉垫，以防摩擦。固定后2周内应尽量减少运动，一般6~8周后可拆除绷带和夹板。

全身疗法：可内服接骨药如云南白药等，加喂乳酸钙、碳酸钙等，并补充鱼肝油。开放性骨折患犬全身应用广谱抗生素，注射破伤风抗毒素，以防感染。

四、脱臼

（一）病因

脱臼也称关节脱位，是指关节两相对骨端失去正常的连接关系。关节脱位分完全脱位和半脱位，严重的关节脱位伴有关节囊撕裂，甚至神经损伤。临床上可分损伤性脱位、先天性脱位及病理性脱位。先天性因素在犬中较常见，如髌骨脱位，多与遗传有关。

（二）症状

关节脱位的主要症状有：关节变形，关节的外形与轮廓发生改变；异常固定，因关节错位，加之肌肉和韧带异常牵引，使关节在非正常位置固定，被动运动时，表现出基本不动或活动限制；关节肿胀，严重外伤时，周围软组织受损，关节出血、炎症、疼痛及肿胀；姿势改变，在脱位关节下方发生姿势改变，如内收、外展、屈曲或伸展等；机能障碍，由于关节异常变位、疼痛，出现跛行，患肢不能举扬或负重。

（三）诊断

根据临床症状可作出初步诊断，确诊需经X射线检查，了解关节变位程度，有无骨折和关节畸形等。

（四）治疗

关节脱位治疗原则是早期整复、确定固定和功能锻炼等。

整复：应尽量争取时间做到早期整复，否则局部组织会出现炎症而使整复的难度加大。为减少肌肉、韧带的张力和疼痛，整复时应全身麻醉。整复有闭合性整复和开放性整复两种。轻度关节脱位，可采用闭合性整复。闭合性整复和方法视关节脱位部位而异，一般将犬侧卧保定，采用牵拉、按压、内旋、外展、伸屈等方法，使关节复位。如复位正确，手触可感觉到一种音响。对于中度或严重的关节脱位，多采用开放性整复。即在直视情况下，利用牵拉、旋转或杠杆作用，易于正确复位。

固定：整复后，为防止复发，应立即进行固定。固定有外固定和内固定两种。外固定是在闭合性整复下进行，可根据关节部位的特点采用不同的外固定方法。常选择夹板绷带、可塑性绷带、托马斯支架和外固定器等。内固定是在开放性整复时进行。也可根据脱位性质，选择断裂的韧带、髓内针、钢针缝合和固定等，同时配合外固定以加强内固定。

五、结膜炎

（一）病因

结膜炎是犬的一种多发眼病，是指睑结膜与球结膜的炎症。由各种刺激所引起，如异物、鼻泪管闭塞、药物、外伤等因素。也可继发于各种传染病中。

（二）诊断

该病的症状主要有结膜充血、羞明、疼痛、流泪、眼睑痉挛疼痛，眼角有分泌物，其性质视结膜炎的病情而异。有的呈浆液性，有的呈黏液性或黏液脓性，有的呈脓性。排出的脓性分泌物常把上下眼睑黏合在一起，病犬不时地用两前肢搔抓眼部。如不及时治疗，炎症波及角膜，会引起角膜溃疡，继发角膜炎。

（三）治疗

患有结膜炎的犬，应放于光线暗的犬舍内，防止光线刺激眼睛。对于单纯性结膜炎，可用3%硼酸液或生理盐水清洗患眼，将眼内分泌物彻底清洗干净。结膜肿、热、痛明显时，可用0.5%～1%硫酸锌溶液点眼，雷佛奴耳溶液冷敷。疼痛剧烈的可用2%盐酸利多卡因、普鲁卡因点眼。对化脓性结膜炎，应在小心清洗患眼后，涂以四环素眼膏、金霉素眼膏等。

六、外耳炎

（一）概述

外耳炎是指外耳道上皮以及耳轮和耳郭的炎症，常通过鼓膜影响中耳。外耳炎常因不正确洗耳引起耳道损伤、外耳畸形，细菌、真菌感染引起。犬耳螨也是引起外耳炎的重要原因。小型长毛犬与大型耳下垂的犬易感。

（二）症状

犬表现出焦躁不安，常摇头晃脑，后肢不时磨蹭搔抓耳朵。随着病情加重，局部肿胀加剧，或出现脓疮，流出黄褐色的带臭味的分泌物。常导致耳根部被毛脱落或发生皮炎，病犬听力下降。若治疗不及时，可发展为中耳炎、化脓性中耳炎及脑炎。

（三）治疗

消炎、止痒，清除耳道污物。对患犬镇静或适当麻醉后，以脱脂棉球堵塞外耳道，然后剪去周围的被毛，用温生理盐水、0.1%新洁尔灭或3%过氧化氢液冲洗外耳道。一般用硼酸甘油（1:20）液或鞣酸甘油（1:20）液涂擦外耳道，每日2~3次。对化脓性外耳炎，按前法清洗后，用抗生素软膏涂擦耳道。严重时，每天冲洗1~2次，然后涂软膏。由螨虫引起的中耳炎可用敌百虫（100 mL水中放入敌百虫2 g）浸入药棉清理耳道。症状严重的犬可用抗生素做全身治疗。

七、风湿症

（一）概述

风湿症是常胶原组织呈反复发作的一种个性或慢性非化脓性炎症。以肌肉、关节、心脏部位较为多发。

（二）病因

风湿症的发病原因至今尚未被完全阐明。但目前认为它是一种个体免疫性疾病，与溶血性链球菌的感染有关。风寒、潮湿、阴冷、雨淋、过劳以及咽炎、喉炎、扁桃体炎等都是引起风湿症的诱因。

（三）症状

风湿病的一般特点是突然发病，局部红肿，有游走性且反复发作性。

肌肉风湿病：常发生于肩部、颈部、背腰部和股部的肌肉群。患病肌群肿胀、疼痛明显，触摸时肌肉僵硬，可引起运动机能障碍。当患颈部肌肉风湿时，犬低头困难，头颈运动不灵活。背腰部肌肉风湿时，犬则背腰僵硬，凹腰反射减弱或消失。四肢肌肉风湿时，犬行动困难，经常卧倒。咬肌、吞咽各肌肉风湿时，犬咀嚼困难，饮水减少，发生便秘。若全身肌肉风湿，则患犬表现全身肌肉僵直，行走困难，常卧地不起。

关节风湿病：常发生于活动性大的关节，如肩关节、肘关节、髋关节、膝关节等。患犬关节囊及其周围组织水肿，关节外形粗大，疼痛。患犬起卧困难，运动时跛行显著，运步强拘，但随运动量的增加和时间的延长，跛行症状可减轻或消失。根据病史和上述症状，即可确诊。

（四）治疗

药物治疗：可应用解热镇痛抗风湿药，如水杨酸、水杨酸钠、阿司匹林等对急性风湿症有一定疗效。犬口服10%水杨酸钠20 mL，每日1次。口服阿司匹林每千克体重25 mL，每日3次。口服氯灭酸（抗风湿灵）每次0.05～0.4 g，每日3次。局部温热疗法、红外线疗法、中波透热疗法对慢性风湿病有疗效。针灸疗法对风湿病也有一定疗效。

加强护理：注意保温，犬舍保持干燥和有足够的阳光，勤换垫料，加强户外锻炼。

八、湿疹

湿疹是皮肤的表皮细胞对致敏物质所引起的一种炎症反应。其特点是患部皮肤出现红斑、血疹、水泡、糜烂、结痂和鳞屑等皮肤病，并伴有热、痛、痒症状。春、夏季多发。

（一）病因

引起湿疹的病因较多，也较复杂，至今仍未十分清楚，通常有以下因素：

外界因素：皮肤不洁，污垢蓄积在被毛形成刺激；犬舍过于潮湿，刺激机体；某些内服药物、外敷药物、消毒药物刺激；强烈日光照射、咬、抓、昆虫的叮咬、长期被脓性分泌物浸渍等都可导致湿疹的发生。

内在因素：消化道疾病、肠道腐败分解的产物被机体吸收、摄入致敏食物、某些抗原等均可引起机体的变态反应。营养、维生素、微量元素缺乏症等也可诱发湿疹。

（二）症状

湿疹多发部位为颈、背、腹部、尾根部、阴囊周围和趾蹼及蹼间。病初患部可见米粒大至粟粒大的红斑性湿疹，被毛粗乱。病犬表现焦躁不安，患处有瘙痒感，病犬不停地舔触、搔抓、啃咬或摩擦，从而加重局部损伤和感染。湿疹表面有小水泡，破裂后流出黄红色渗出液，干后形成痂皮。严重时可导致皮肤大面积坏死和全层剥脱。

（三）防治

采用抗生素与类固醇药混合治疗。对局部剪毛、清洗，除去痂皮后，涂敷醋酸氟轻松或醋酸去炎松软膏，同时用灭菌绷带包扎，并用下列药物之一做全身治疗：皮下注射氟美松每千克体重0.125～1 mg或强的松每千克体重0.1～0.4 mg，每日2～3次；脓疱期可肌内注射青霉素、庆大霉素，防止感染。

另外，为减少或停止犬的自我损伤，解除皮痒可给予镇静剂，或给病犬带上脖圈，防止其继续啃咬患部。搞好环境卫生，调整饲料的营养比例。

九、角膜炎

（一）病因

角膜炎是犬的常发眼病，是角膜表层或深层的炎症。通常由外伤或异物所致，营养障碍、角膜暴露或患某些传染病和寄生虫病时也可发生。

（二）症状

急性角膜炎的主要症状是羞明、流泪、疼痛、眼睑闭锁、角膜浑浊。外伤所致的角膜炎，在角膜上可见到明显的缺损。角膜表面粗糙不平，受损部位周围呈白色。传染病如犬瘟热引起的角膜炎，会使角膜变浑浊、不透明。角膜损伤严重时可引起角膜穿孔，丧失视力。根据病因和临床症状基本可以确诊。

（三）防治

促进角膜的吸收，可用1%～2%狄奥宁或1%白降汞或黄降汞眼膏，或撒甘汞粉末。为防止角膜干燥，可用2%～3%硼酸水或生理盐水冲洗，每日数次。用1%硫酸阿托品液点眼，解除眼睑痉挛和避免虹膜粘连。

控制或预防角膜感染，可在清洗病眼后，涂以低浓度的抗生素眼药水，如0.5%～1%链霉素或0.25%氯霉素，每天点眼4～6次。严重的可用高浓度眼药水每半小时点眼1次。

十、皮炎

（一）概述

皮炎是指皮肤真皮和表皮的炎症。临床上表现出红斑、水泡、湿润、结痂、瘙痒等特征。

皮炎的病因多种多样。外伤性皮炎是由皮肤受到机械性的刺激，如犬颈环套的摩擦、自体挫伤、经常搔痒抓伤引起；化学性皮炎是皮肤接触化学物质引起的，如给犬涂擦刺激性药物或使用洗浴液等；物理性皮炎多因热伤、冻伤、日光及射线的损伤引起。某些细菌、真菌、寄生虫以及食物、药物过敏等也可引起皮炎。

（二）症状

皮炎的特点是先在接触部位发生病变。皮肤损伤轻则局部呈红斑、丘疹，有时会肿胀，重则产生水泡、皮肤增厚、被毛脱落等。

患真菌性皮炎时，患部脱毛，局部有白色粉末状结痂，痂周围有红色突起。患寄生虫性皮炎时，出现红色疹状小结，表面有黄色痂皮，脱毛。

（三）诊断

详细了解病史和结合临床症状有助于诊断。对怀疑过敏药物引起的皮炎应进一步做斑贴试验。

（四）治疗

皮炎的治疗原则是除去病因，脱敏止痒，尽量避免外用刺激性较强和易致敏的药物。症状较轻的红斑阶段时可用鱼石脂水杨酸油膏（鱼石脂 10.0 单位、水杨酸 20.0 单位、氧化锌油膏 200.0 单位混合），每日 1 次，局部涂擦。真菌性感染可用达克宁软膏或克霉素软膏涂抹。细菌感染的皮炎可肌内注射林可霉素或庆大霉素予以控制。

十一、营养性皮肤病

（一）概述

此病是因饲养管理不当，消化道吸收障碍导致机体脂肪酸或维生素缺乏引起的皮肤病变。此病有一定群发性。

（二）症状

脂肪酸缺乏所致的皮肤病：脂肪酸是细胞膜的主要成分，并具有合成前列腺素及防止上皮水分丧失的功能。当必需脂肪酸缺乏时，除繁殖率降低外，还会使皮肤创伤难以愈合，皮屑增多，皮肤形成胶皮症，脱毛、水肿。外环道、趾间出现湿性皮肤炎。当缺乏不饱和脂肪酸时，易引起黄色脂肪症，皮肤形成结节状，有痛感。

微量元素缺乏所致的皮肤病：锌缺乏症，面部、趾端、掌部及腹部皮肤干燥、增厚，并形成痂皮，脱毛，尤以口轮、眼睑、肛门、趾端部位的病变最明显。铜缺乏症，被毛颜色改变，皮肤粗糙，脱毛，贫血，下痢。

（三）治疗

脂肪酸缺乏所致的皮肤病可用维生素 E 结合类皮质酮治疗，用量为维生素 E 每千克体重 50 mg，类皮质酮每千克体重 1 mg，以抑制炎症。

微量元素锌缺乏所引起的皮肤病，可在饲料中添加硫酸锌 200 ~ 300 mg，连用 1 ~ 2 周。铜缺乏所引起的皮肤病可口服每千克体重硫酸铜 5 mg。

十二、关节炎

（一）概论

关节炎是一种常见的慢性疾病，由炎症、感染、创伤或其他因素引起的关节炎性病变，常见的有骨关节炎和类风湿关节炎。主要是由外伤和某些传染病感染及化脓灶的转移引起的，另外，风湿病也可引发关节滑膜炎。宠物犬发生此病的最常见部位包括臀部、膝部、肩膀、肘部、腕部、脚关节、椎管节等。

（二）症状

患急性浆液性关节滑膜炎时，关节腔积聚大量浆液性炎性渗出物，或因关节周围水肿，关节肿大，热痛，指压关节憩室突出部位，有明显的波动。运动时，患病关节疼痛明显，站立时患关节屈曲，跛行。

患纤维素性关节滑膜炎时，其症状表现基本上与浆液性关节滑膜炎相同。被动运动检查时，有捻发音。

患慢性浆液性关节滑膜炎时，关节腔蓄积大量渗出物，关节囊膨大，触诊有波动，但无热痛。一般无明显跛行，但在运动时患病关节不灵活。

化脓性关节滑膜炎比浆液性关节滑膜炎的症状剧烈，表现为发热、疼痛、红肿和跛行。严重时患犬表现出厌食、衰弱和精神沉郁。最常见的症状为跛行和关节触摸有肿胀和波动。肩关节、肘关节、腕关节、膝关节及跗关节肿胀易于触摸，但髋关节则难触及。有的动物体温和白细胞计数正常。

（三）治疗

对于浆液性或浆液纤维素性关节滑膜炎应制止渗出，促进吸收，排出积液。在急性炎症阶段应使犬保持安静，并使用镇痛药物，向患犬关节内注射0.5%盐酸普鲁卡因青霉素。关节液过多，药物治疗无效时，可穿刺排液，然后再向关节腔内注射普鲁卡因青霉素液。

急、慢性关节滑膜炎可使用可的松制剂，醋酸氢化可的松1mL加青霉素10万单位，以0.5%盐酸普鲁卡因溶液1∶1稀释后注射入患关节内，隔日1次，连用3~4次。

对于化脓性关节滑膜炎应排出脓液，控制感染。可选用细菌敏感的抗生素，连用数周，直至感染消退。开始的48小时可静脉给药，以迅速控制感染。当关节内脓液积聚过多时，可穿刺或切开，安置引流管，排出脓性分泌物。另外，应适当活动关节，防止关节粘连，但3~4个月内不宜负重，以免关节软骨磨损破坏。

十二、脱毛症

（一）概述

脱毛症指皮肤在无明显可见病变的情况下发生的局部或全身被毛脱落。外界因素皮肤不洁，机械性、物理性、化学性、生物性因素刺激等均会引起脱毛症。营养失调，神经性、内分泌疾病，热性疾病如肺炎也可继发此病。

（二）症状

脱毛一般从局部开始，逐渐扩大，然后几个局部互相融合，变成较大面积的脱毛。此病症常伴有皮屑脱落。如果神经性、内分泌性疾病引起脱毛，多呈对称性，其痒程度不一。

（三）治疗

查明病因，根据致病原因消除病因和对症治疗。

营养性失调引起的脱毛，应提供搭配合理的饲料。加强营养，补充某些缺乏的物质。注意患处卫生，尤其是皮肤的卫生。

内分泌紊乱如甲状腺机能减退引起的脱毛，可口服甲状腺制剂；性机能失调应用性激素药物治疗。

局部脱毛治疗可用无刺激并能迅速干燥的洗剂，常用间苯二酚 5.0、蓖麻油 5.0、乙醇 200.0 混合而成；也可用水杨酸 5.0、橄榄油 50.0、秘鲁香脂 3.0 混合涂患部；或用水杨酸 18.0、鞣酸 18.0、乙醇 600.0 混合后涂患部。

第十节　宠物犬常用外科手术

一、去势术

（一）概述

去势术可使雄性犬绝育，行为变得温顺，消除雄性犬因发情造成的不良性行为。另外，可治疗睾丸或阴囊的创伤、挫伤、感染，睾丸肿瘤，精索炎，前列腺肿大及雄性激素分泌过剩等疾病。

（二）手术操作

仰卧保定，两后肢分别向外方转位，充分暴露会阴部。全身麻醉。术者左手将犬的睾丸挤入阴囊底部，使两个睾丸位于阴囊缝际两侧，用中指、食指和拇指固定睾丸，切口分别位于阴囊缝际两侧距离缝际0.5 cm处，切开阴囊皮肤、内膜和总鞘膜。将睾丸挤出阴囊外。在睾丸上方的精索处结扎。在结扎线下方1 cm处切断精索，摘除睾丸。将精索断端退入鞘膜管内。按同样方法摘除另侧睾丸。清理阴囊切口内的血凝块后，用2%碘酊对创口进行消毒。也可将切口确定于腹正中线阴囊上方3~5 cm处，将睾丸分别挤至切口，按上述方法分别摘除。切口作皮肤内缝合后涂以2%碘酊，着装腹绷带，7~10天拆线。

（三）术后护理

观察阴囊切口是否有出血。有较多的出血则表明精索结扎线松脱，找出精索重新结扎止血。

（四）注意事项

术前空腹，全身体检；术后犬主将犬带回家的途中，如动物仍处于麻醉状态，要确保其呼吸道畅通，防止窒息死亡；犬主回家后，不要灌喂犬药物、食物、水等，防止误入气管；在犬完全清醒前，有可能因认不清主人和自我保护意识而抓咬主人；术后为犬滴少量低刺激性眼药以防角膜过分干燥，角膜发炎；连续使用抗生素5~7天，防止继发感染。

二、剖腹术

（一）概述

剖腹术适应难产、膀胱结石、便秘结粪、腹部肿瘤等病症，其中以分娩难产最为多见。

（二）手术操作

将产犬仰卧保定，全身麻醉。母体衰竭时应局部麻醉。然后用1%高锰酸钾液擦洗肛门及阴户周围，以右手食、中二指探查阴道及胎儿状况。确定术部在脐部至耻骨前沿平行腹中线偏左1 cm处，进行剃毛与消毒。切开皮肤长度约4~6 cm，再分别切开肌层和腹膜。子宫暴露后，将一侧子宫角拉出体外，在无明显血管且对应胎儿的部分切开子宫角，依次将本侧子宫角内胎犬取出，再将对侧子宫角内胎儿绕过子宫体也从该切口取出，最后彻底清除子宫内的胎衣、胎盘碎片。子宫内的余血、积液用注射器吸出，拭净后撒入青霉素2支，链霉素1支，以手指涂匀。后缝合子宫。为使创面不被污染，切口上应涂碘酊，后再敷上纱布保护。

（三）术后护理

术后当日用5%糖盐水50 mL加10%安那咖0.5 mL，能量合剂1支，氨苄青霉素0.5 g，静脉缓慢滴注。

将产犬静置保暖，自然苏醒后给予少量流质食物，适当饮水。

术后次日再输1次上述液体，随后3天内每日肌注消炎、止痛针。如产犬创口愈合良好，无其他并发症，7日后则可拆去缝线。

（四）注意事项

犬对外界刺激非常敏感，应用全身麻醉；创腔需清理干净，子宫内的液体不得弥散到腹腔；抗菌消炎药不可投撒过多；术后不要急于催醒，要监护在凉爽或温暖的环境中，避免因护理不当而造成手术前功尽弃；整个手术过程动作要轻柔，尽量快，严格进行无菌操作；母犬苏醒后再与幼仔放在一起，需要注意的是，腹部绑绷带时要露出乳头，以免影响哺乳。

三、卵巢摘除术

（一）概述

卵巢摘除术常用于使母犬绝育，也适用于卵巢囊肿、卵巢肿瘤、化脓性子宫内膜炎等疾病。

（二）手术操作

将犬仰卧保定，全身麻醉。由犬脐孔处沿腹白线向后作3～10 cm长的切口。左右卵巢分别位于左右肾脏后方的腰沟内。用食指或小钝钩进行腹腔探查并将卵巢或输卵管钩出，用两把止血钳夹住卵巢两侧的输卵管和卵巢系膜，向前结扎卵巢系膜，向后结扎输卵管和子宫阔韧带，摘除卵巢。用同样方法摘除另一侧卵巢。常规方法闭合腹壁。着装腹绷带。

（三）术后护理

全身抗感染处置。在犬未清醒时，防止摔跤，防止结扎松脱或不牢固性出血，发现腹内出血要及时止血。

四、立耳术

（一）概述

犬的美容立耳术，常见于某些特定的品种，如大丹犬、拳师犬、杜宾犬、高加索犬、雪纳瑞犬、纽波利顿犬等，主要是犬展比赛的要求，以及某些人对外观的喜好。但是由于此类手术给动物带来的痛苦较大，在没有麻醉机的情况下，最好不做。

断耳术一般应在头部发育已稳定，软骨发育旺盛的2~3月龄间进行。手术应考虑到不同品种犬耳的标准类型、主人的爱好、脸的形状等方面。

（二）手术操作

将犬伏卧保定，全身麻醉，有吸入麻醉机的最好采用吸入麻醉。将耳部剃毛消毒，并在耳道内塞入棉球，防止手术中血液灌入耳道。用记号笔画出所要剪的耳线。用耳夹固定耳部手术部位，用手术剪沿耳尖外侧边缘切除耳夹子固定的耳外侧部分，用止血钳钳住断段的血管进行捻转止血。参照切除部分，同法切除对侧耳缘。用剪刀尖分出约0.2 cm的耳内侧皮肤，使其边缘与耳软骨组织分离，然后用可吸收肠线缝合，缝合尽可能不穿透软骨。缝合后用碘酊消毒，并用专用的耳支架将两耳固定在一起。

（三）术后护理

大多数犬耳手术后不用绷带包扎，但要戴防抓脖圈。犬在手术后应有专人看护，防止犬自伤或被其他犬咬伤。每日用碘酊消毒伤口。

（四）注意事项

术前12个小时禁食；耳部有耳螨等寄生虫感染或患有软骨病的犬，最好不要进行立耳手术；加强护理，防止犬自伤或被其他犬咬伤后感染；完全消肿后，可以做立耳固定；一般需要用绷带或抗过敏胶带固定1~2周，放开后隔1周再固定一次；拆线后不能马上给犬洗澡，最少要3~5天后再进行水浴，如果必须洗澡，可以用宠物专用干洗粉进行干洗。

五、断尾术

（一）概述

某些品种犬因为美容或防止狩猎损伤需要必须进行断尾术。另外，为了治疗犬的尾部损伤、肿瘤、溃疡、麻痹或尾的形态异常也要采取断尾术。

（二）手术操作

幼犬不需要麻醉，成犬则要求俯卧保定，全身麻醉。幼犬断尾一般应在出生后数日内进行，其优点是出血少、应激反应轻。为了美容而断尾一般选在第2~3尾椎。在尾根上装止血带，于切断处的尾椎关节的背面和腹侧面作一“V”形切口，用剪刀将该处的软组织与关节软骨切断，止血，间断结节缝合两皮瓣。装置尾绷带。

（三）术后护理

幼犬术后5天拆除缝线，避免舔咬术部，以防感染。成年犬术后应保持尾部清洁，要经常更换尾绷带，应用抗生素4~5日，术后7~10天拆除皮肤缝线。

六、悬趾截除术

（一）概述

犬悬趾截除术是指截除犬后肢第1趾的手术。正常犬后肢第1趾发育不全，其第1、2指节骨退化，残留的第3指节骨仅与皮肤和纤维组织相连接，故称为悬趾，个别犬长出两个悬趾。猎犬的后肢悬趾在狩猎时易受损伤，所以在临床上常施行悬趾截除术。一些小型犬出于美容的目的，也施行该手术。有些犬前后悬趾均需截除。

（二）手术操作

1. 幼年犬悬趾截除术

手术一般在幼犬出生后5天内进行。将犬仰卧或俯卧保定，全身麻醉。局部剃毛、消毒后，用手术剪剪除第1、第2指节骨，压迫止血。最后，再将皮肤缝合或用绷带包扎。

2. 成年犬悬趾截除术

实施手术的部位剃毛消毒，全身麻醉或镇静配合局部麻醉。用止血钳夹住悬趾爪部，向外拉开，使其离开肢体，用手术刀在悬趾基部椭圆形切开皮肤，分离皮下组织，暴露跖趾（掌指）关节。结扎趾背动脉后，切断关节。皮下作简单的连续缝合，并钮孔状缝合皮肤。用敷料和绷带包扎患部，术后10天拆除缝线。

七、眼睑内翻整复术

（一）概述

由于各种原因引起部分眼睑内翻，刺激眼球。常见于松狮犬、沙皮犬等品种犬。

（二）手术操作

侧卧保定，固定头部。全身麻醉。采用一般软组织切开、止血、缝合器械。

眼周围剃毛、消毒。在距离眼睑缘0.5~1.5 cm与眼睑平行部位进行第一切口。切口的长度要比内翻部的两端稍长为合适。然后再从第一切口与眼睑缘之间作一个半月状第二切口，其长度与第一切口长度相同。其半圆最大宽度应根据内翻的程度而定。将已切开的皮肤瓣包括眼轮肌的一部分一起剥离切除，而后将切口两缘拉拢，结节缝合。

（三）术后护理

术后为防止犬抓挠伤口，应在其颈部安装颈圈。术部涂抹红霉素软膏，10天后拆线。

八、眼球摘除术

（一）概述

眼球摘除术适用于化脓性眼球炎、眼球内肿瘤、角膜高度变形、眼球损伤严重引起的眼球凸出、难以治愈的青光眼与眼内炎等。

（二）手术操作

健侧卧保定，患眼在上。全身麻醉，配合眼球周围浸润麻醉或眼窝裂沟传导麻醉。采用眼科弯剪及常规手术器械。

将眼眶周围及眼睑剃毛、消毒，眼球表面及结膜窟窿用消毒溶液彻底消毒。用创巾钳开张上下眼睑，以镊子夹住巩膜固定眼球，用眼科弯剪沿眼球周围作环形切口，剪开球结膜，用钳子或锐钩牵拉眼球，同时分离结膜下脂肪组织及眼直肌附着部，用弯剪伸至球后剪断眼退缩肌及视神经。取出眼球后，立即用适量浸有温生理盐水的纱布塞入眶内，进行压迫止血。止血后，取出纱布并清洗眶内凝血块和坏死组织，撒抗生素粉，然后将上下眼睑作间断缝合，装置眼绷带。

（三）术后护理

术后2~3日更换绷带。为防止犬损伤自己，颈部应安装项圈。为防止感染，术后肌内注射抗菌素5~7天，每日2次。7天后拆除眼睑缝合线，取出眼内纱布。

九、气管切开术

（一）概述

气管切开术适用于各种病因引起的犬上呼吸道完全或不完全阻塞而导致严重呼吸困难，甚至危及生命时。

（二）手术操作

侧卧或仰卧保定，使颈伸直，局部浸润麻醉及全身麻醉。采用金属气导管或“T”形橡胶导管及一般软组织切开、止血、缝合器械。

在颈侧上1/3与中1/3交界处，颈腹正中线上作切口。沿正中线5~7 cm的皮肤切口，切开浅筋膜、皮肌，用创钩扩开创口，进行止血并清洗创内积血，在创口的深部寻找两侧胸骨舌骨肌之间的白线，用外科刀切开，张开肌肉，再切深层气管筋膜，则气管完全暴露。在气管切开之前再度止血，以防创口血液流入气管。在两个相邻的气管环上各切一半圆形切口，即形成一椭圆创口，深度不得超过气管环宽度的1/2，合成一个近圆形的孔。切气管环时要用镊子牢牢地夹住，避免软骨片落入气管中。然后将准备好的气导管正地插入气管内，用线或绷带固定于颈部。皮肤切口上、下角各作 1～2 个结节缝合，有助于气管的固定，若没有已备的气导管时，可用铁丝制成“双 W”形代替气导管。为防止灰尘、蚊蝇、异物吸入气管内，可用纱布覆盖气导管的外口。

（三）术后护理

气管切开后要注意观察护理，防止犬摩擦术部或用爪抓掉气导管。每日清洗气导管，除去附着的分泌物和干涸血痂。注意气导管气流声音的变化，如有异常立即纠正。根据上部呼吸道病势的情况，若确认已痊愈，可将气管环取下，创口作一般处理，皮肤作结节缝合。如有感染，待第二期愈合。10 天后拆线。

十、胃切开术

（一）概述

应用胃切开术可清除胃内异物，切除胃内肿瘤，急性胃扩张减压，胃扭转整复及采集胃内活组织等。胃切开术可取腹中线切开、腹中线旁切开、肋弓旁切开和包皮旁切开，这里主要介绍腹中线切开法。

（二）手术操作

仰卧保定，全身麻醉。采用一般软组织切开、止血、缝合器械。

腹底部剑状软骨前方至脐后部进行大范围的剃毛和消毒。在剑状软骨与脐连线的腹正中线切开皮肤、皮下组织、腹白线及腹膜。打开腹腔，将胃的大半部轻轻拉出。在胃的周围放置大块的湿纱布与腹腔及腹壁隔离，以防切开胃时污染腹腔。切开胃大弯部，注意要避开胃大弯的网膜静脉。创缘用舌钳牵拉固定，防止胃内容物浸入腹腔。必要时扩大切口，取出胃内异物或探查胃内各部进行其他手术。用温青霉素、生理盐水冲洗或擦拭胃壁切口，然后作两层缝合，第一层作全层连续缝合，第二层连续水平内翻缝合。再用温青霉素、生理盐水冲洗胃壁，后将其还纳于腹。常规闭合腹壁切口，装结系绷带。

（三）术后护理

术后 2 天停食，3～4 天开始给予少量易消化的流食，静脉输液补充营养物质。全身应用抗生素3~5天，防止感染。10天后拆线。

十一、肠管切除及肠吻合术

（一）概述

肠管内异物、肠套叠、肠嵌闭、肠变位、肠扭转、肠梗塞等各种疾病造成肠管坏死需进行肠管切除及肠吻合术。

（二）手术操作

仰卧保定，全身麻醉。采用一般软组织切开、止血、缝合器械两套，肠钳4把。

在腹底部脐前方至耻骨前剃毛、消毒。于脐下1~2 cm腹中线上切开腹壁各层组织，剪开腹膜，打开腹腔。全层切开腹壁后，腹腔探查，轻轻拉出病变肠段，经鉴定已发生坏死后，将病变肠管拉出腹外，并用大块浸有温生理盐水的纱布隔离腹壁切口和保护肠管。确定切除范围，双重结扎肠系膜血管，用肠钳分别钳夹预定切除线外1 cm处的健康肠段，预定切除线应成45°~60°，以保证肠管有良好血液供应。切除病变肠段，用剪刀剪去结扎线之间的肠系膜，剪去外翻的肠黏膜，将两断端肠管对应靠拢，进行断段吻合术。采用肠壁全层连续缝合。浆膜肌层用丝线作间断内翻缝合。接着将肠黏膜作螺旋连续缝合，用温生理盐水冲洗后送入腹腔，最后闭合腹壁切口，装着腹绷带。

（三）术后护理

术后禁食2天，静脉补充营养、电解质及维生素。然后给予少量流食或半流食，充分饮水，水中可加入适量的食盐。术后应用抗生素5~7天，防止感染。10天后拆线。

十二、声带摘除术

（一）适应症

声带由声带韧带和声带肌组成，声带上端起于勺状软骨的声带突或楔状突，下端止于甲状软骨腹内侧面中部，并在此与对侧声带相遇。常吠叫的犬，因对主人和他人的休息及工作造成影响，可施行声带摘除术。如需短期内消除犬的吠叫，可做经口腔喉室切除术，需长期消除吠叫，可做经腹侧喉室切除术。

（二）手术操作

将犬仰卧保定，头颈伸展，头的位置应低于喉部。采用一把双钝头小号弯剪及常规组织切开、止血、缝合器械。可采用口腔摘除法和喉切开摘除法两种方法进行手术。

1. 口腔摘除法

不切开喉部，在口腔内摘除声带。全身麻醉，由口腔切除喉室声带则用开口器将犬的口腔打开，向外拉舌。用压舌板压低会厌软骨尖端，暴露喉室内两侧声带，两侧声带呈“V”形。用一弯形长止血钳，钳夹声带，剪开钳夹处黏膜并切除。电灼止血或用小的纱布球压迫止血。术后要将犬的头部位置放低，尽量避免犬咳嗽。在手术期间或手术结束时，必须吸出气管中的血液，以防止血液阻塞气管。

2. 喉切开摘除法

颈部腹侧正中线上皮肤常规剃毛、消毒。以甲状软骨突起处为切口中心，上下切开皮肤 3 cm，分离胸骨舌骨肌至喉腹正中线两侧，充分暴露环甲软骨韧带和喉的甲状软骨，并充分止血。以甲状软骨突起为中点，切开甲状软骨 2 ~ 3 cm，暴露喉室、声带。用镊子夹住声带基部，向外牵拉，用弯手术剪将声带剪除。手术中应尽量避开声带背面附近喉动脉的分支，尽量避免出血。经电灼、烧烙、钳压或结扎止血后，清除气管内血液，采用间断缝合甲状软骨，全层连续缝合胸骨舌骨肌，再按常规缝合皮肤。颈部包扎绷带。

（三）术后护理

术后为防止声带创面出血，可注射止血剂，并将其头部放低。将犬单独放置在安静的环境中，以免其吠叫，影响创口愈合。术后全身应用抗生素 5 ~ 7 天，防止感染与继发感染。10 天后拆线。

十三、腹股沟疝手术

（一）概述

腹股沟疝指腹腔脏器小肠、大网膜、子宫、膀胱等经腹股沟内环脱出至腹股沟管内，形成局限性隆起。母犬多发。内脏器官进入公犬阴囊的称阴囊疝，内脏器官经腹股沟管进入公犬阴囊总鞘膜腔的，称腹股沟阴囊疝。腹股沟疝有先天性和后天性两种。先天性腹股沟疝与遗传有关，因腹股沟内环先天性扩大所致，北京犬、沙皮犬、巴圣吉犬和巴赛特猎犬等都有较高的发病率。后天性腹股沟疝常因妊娠、肥胖或剧烈运动等引起腹内压增高及腹股沟内环扩大，以致腹腔脏器落入腹股沟管而发生此病。

（二）手术操作

将犬仰卧保定，全身麻醉。采用一般软组织切开、止血、缝合器械。在腹股沟管外环处作一 4 ~ 8 cm 纵切口，钝性分离总鞘膜周围的结缔组织，使总鞘膜全部游离，还纳其中的内容物，若保留睾丸，可用结节缝合法缝合皮肤。若不保留睾丸，则将总鞘膜和睾丸一起沿精索的纵轴扭转360°～480°，结扎总鞘膜和精索后将其切断，除去睾丸。结扎线的线尾被固定缝合在内环两侧缘上，以闭塞内环口，防止内脏脱出。同时在靠近内环附近的疝轮缝合1～2针，最后缝合皮肤。在创部涂以碘酊消毒。

（三）术后护理

术后按常规给予抗生素或磺胺类药物，以防止感染。术后喂食减量，2～3日后达到正常食量。10天后拆线。

十四、脐疝手术

（一）概述

脐疝是指腹腔脏器经脐孔脱至脐部皮下，形成局限性突起，为幼龄犬的常发病。疝内容物多为网膜、镰状韧带或小肠等。根据病理特点，脐疝分为可复性疝与不可复性疝。可复性疝时大时小，或时软时硬，疝的内容物可通过疝孔还纳腹腔。不可复性疝的大小、形状、软硬程度都比较固定，疝内容物被疝孔嵌闭，或疝囊粘连而不能还纳入腹腔。

（二）手术操作

将病犬仰卧保定，全身麻醉。腹底部和疝囊周围做常规无菌准备。在脐病正中的腹中线作“一”字形切口，打开疝囊，将疝内容物暴露。若疝内容物无粘连、未嵌闭，可将其纳入腹腔；若疝内容物与疝囊或脐孔缘发生粘连，则需剥离粘连或切除。最后对脐孔进行修整，修剪部分脂肪和结缔组织，采用水平扭孔状缝合法缝合脐孔，结节缝合皮肤切口。外打结系绷带。

（三）术后护理

术后每日一次皮下注射氨节西林0.5 g，或每日两次肌内注射青霉素5万单位，链霉素5万单位，连用7天。7天后拆线。术后7～10天不宜喂得过饱，限制犬做剧烈活动，防止腹压过大使脐孔缝线过早断开，复发本病。

十五、膀胱切开术

（一）概述

膀胱结石、膀胱肿瘤的治疗时需要进行膀胱切开术。

（二）手术操作

将犬仰卧固定，全身麻醉。采用导尿管，一般软组织切开、止血、缝合器械。从耻骨前缘到脐部剃毛消毒，雄性在阴茎侧方 2 ~3 cm 作腹中线的平行切口，雌性从耻骨前缘向脐部在腹白线上作 5 ~10 cm 的平行切口。切开皮肤，将腹直肌与皮肤同方向切开到达腹膜并在其上切一小口，用组织钳把腹膜固定在腹直肌上，以防止腹膜滑脱。再继续切开腹膜使之与皮肤口同长，用创钩向左右拉开。手指伸入腹腔探查，找到膀胱，将其拉到创口。用浸有温生理盐水的纱布块隔离，防止手术时尿液流入腹腔。如膀胱充满尿，则用装有细针头的注射器，避开膀胱血管刺入膀胱顶部吸出尿液，膀胱缩小后用组织钳固定膀胱尖并向上牵拉，在膀胱顶部切开 2 ~3 cm 的小口，用麦粒钳或锐匙除去结石。若有膀胱肿瘤的，可在膀胱顶部或膀胱体切开 4 ~6 cm 的小口，翻转膀胱黏膜面，清除肿瘤。缝合前，用温生理盐水冲洗膀胱腔，以肠线连续缝合膀胱切口的全层，再作浆膜肌层内翻缝合。常规闭合腹腔，切口外置绷带。

（三）术后护理

术后定期使用尿路消毒剂和利尿类药物呋喃坦啶或乌洛托品。按常规给予抗生素，防止感染。为防止犬舔咬伤口，可给犬戴上嘴套；适当增加饮水量，限制剧烈运动。避免多食高蛋白、高磷、高钙等食物，减少膀胱结石的复发。10 天后拆线。

十六、尿道切开术

（一）概述

尿道切开术可用于取出尿道结石，也可用于对尿道阻塞病变如狭窄、瘢痕组织、赘生物的活组织检查。尿道切开术可分为阴囊前尿道切开术和会阴尿道切开术两种。为了避免发生术后尿道狭窄，在结石可以被推进膀胱的情况下，最好采用膀胱切开术而不适用尿道切开术。犬下部尿道结石发生较多，上部结石发生较少。

（二）手术操作

病犬仰卧保定，全身麻醉。采用导尿管，一般软组织切开、止血、缝合器械。

1. 阴囊前尿道切开术

将无菌导尿管插入尿道海绵体部直至阴囊或阻塞部位，在阴茎骨前和阴囊之间作 3 ~4 cm 切口，依次切开皮下结缔组织、阴茎后提肌、尿道海绵体和尿道黏膜后，用手术刀开 1 ~2 cm 尿道创口。用小镊子插入尿道内取出结石，并用温生理盐水轻轻冲洗尿道。创口可用细肠线缝合。不论是否进行尿道缝合，术后都要除去导尿管。

2. 会阴尿道切开术

病犬俯卧位保定，露出会阴部。将无菌导尿管插入尿道直至膀胱或阻塞部位。在阴囊和肛门中间的尿道上切开皮肤4~6 cm，探查、提起、牵拉阴茎退缩肌。分离脊部的成对球状海绵体肌。暴露尿道海绵体，然后切开尿道海绵体，进入尿道管腔。同阴囊前尿道切口术所述的缝合方法，缝合切口，防止潜在性皮下尿漏。会阴尿道切开术也可用于取出坐骨弓处的尿道结石，或对大型雄性犬安置膀胱导管。会阴尿道切开术在尿道切开术中比较少见。

（三）术后护理

术后肌内注射氨苄西林钠0.5 g，每日1次，连续7日。伤口每天用庆大溶液冲洗一次，再涂抹红霉素软膏。术后注意观察排尿情况，如尿闭或排尿困难时，应及时拆线。一般10天后折线。

十七、尿道造口术

（一）概述

尿道造口术一般用于治疗尿道结石，尿道畸形，尿道水肿、坏死，黏膜瘢痕增生，阴茎头损伤等造成的堵塞。

（二）手术操作

仰卧保定，全身麻醉。采用一般外科手术器械、导尿管等。根据结石所在部位确定术部，可分为尿道上部、尿道下部和阴囊基部等。

术前24小时禁食，灌肠，除去直肠内粪便并清理肛门囊腺，防止感染。术部剪毛，用碘酒消毒。

根据结石与切口部位可分为以下四种。

1. 会阴部尿道造口术

进行手术前应事先从尿道口插入无菌导尿管，以便确认尿道腔和排除尿液。在肛门与阴囊基部连线的中点切开皮肤2~3 cm，分离皮下组织使阴茎暴露。分离阴茎海绵体肌，暴露尿道。在尿道中部纵向切开尿道1.5 cm，取出尿道阻塞物。将皮肤上切口的终点和尿道上切口的终点用可吸收线进行结节缝合，然后向下将尿道黏膜和皮肤进行结节缝合，针间距约为0.25 cm。

2. 阴囊基部尿道造口术

手术前插入无菌导尿管。在阴囊的中部横向、环形切开，暴露总鞘膜和睾丸。如果犬未做过去势，应在鞘膜颈的部位进行双重结扎，将两侧的总鞘膜和睾丸摘除。分离阴茎周围的组织，充分暴露阴茎和尿道，切开尿道后取出阻塞物，将导尿管插入后部尿道至膀胱中，检查尿道是否通畅，然后进行尿道造口缝合。

3. 尿道下部尿道造口术

术前在尿道内插入导尿管，在阴茎骨后方正中线上切开皮肤 2 ~ 3 cm，然后依次切开皮下结缔组织，阴茎退缩肌和尿道黏膜，暴露尿道，开一 1 ~ 2 cm 的尿道创口，用小镊子插入尿道内取出结石。由尿道口插入导尿管经过切口进入后部尿道直至膀胱，检查尿道是否疏通。如果尿道畅通，可将尿道创口用可吸收线连续缝合，皮肤结节缝合，留置尿道插管。为了形成尿道造口，将尿道黏膜和皮肤缝合。为达到此目的，以插入的导尿管为标志识别尿道黏膜，同时也能固定缝合部位，将导尿管逆行通过切口部位向前方推进，以确定尿道和膀胱是相通的。缝合时注意黏膜与皮肤对合要严密，不要出现皱褶以及内翻、外翻的现象。

4. 尿道上部尿道造口术

术部为坐骨弓与阴囊中间，切开皮肤 4 ~ 6 cm。注意止血，其他方法同上。

（三）术后护理

注意观察排尿情况，连续应用抗菌素 5 ~ 7 天，并给犬提供足够的饮水。清除尿道口上的异物与血凝块，以保证尿液通过人工尿道口自由排出，在拆线前，应注意保持局部干燥，以利于伤口的愈合。让患犬安静休养，禁止剧烈运动。

十八、肛门囊摘除术

（一）概述

犬的肛门下方两侧各有一个特殊的腺体称为肛门囊。肛门囊位于肛门内、外括约肌和肛提肌之间，呈球形。肛门囊摘除术适用于消除慢性肛门囊炎、肛门囊脓肿、肛门囊瘘、肿瘤等疾病。

（二）手术操作

将犬伏卧保定，后躯抬高，尾上举，露出肛门部。全身麻醉配合局部麻醉。采用一般软组织切开、止血、缝合器械。术前 24 小时禁食，用生理盐水灌肠，防止粪便污染手术部位。清空肛门囊内的脓汁，并用 0.1% 新洁尔灭溶液清洗肛门部周围，术部消毒。用探针插入肛门囊底部，沿探针方向切开囊壁，分离肛门囊周围的纤维组织，切断排泄管，使肛门囊游离摘除。分离时不要损伤肛门内括约肌，对直肠动脉的分支要结扎止血。用青霉素生理盐水对创面进行冲洗，撒磺胺碘仿粉。从基底部开始缝合，不得留有死腔。采用同样方法摘除另一侧肛门囊。

（三）术后护理

术后全身、局部连续应用抗菌素防止感染。给犬佩戴颈圈，防止其啃咬伤口。7 天后拆线。

参考文献

［1］常纪文．动物福利立法应考虑我国的基本国情．中国社会科学院院报，2005（12）．

［2］常纪文．动物福利法——中国与欧盟之比较．北京：中国环境科学出版社，2006.

［3］丁岚峰，易本驰．宠物临床诊断及治疗技术．北京：中国农业科学技术出版社，2008.

［4］东北农业大学．兽医临床诊断学（第 3 版）．北京：中国农业出版社，2001.

［5］董君艳．巧法驯养宠物犬．济南：山东科学技术出版社，2002.

［6］方乐民，纪捷．新编训犬指南．北京：金盾出版社，2007.

［7］高得仪．犬猫疾病学．北京：北京农业大学出版社．1991.

［8］高得仪．养猫知识与猫病．北京：北京农业大学出版社．1987.

［9］苟建功．家有宠狗．哈尔滨：黑龙江科学技术出版社，2000.

［10］顾文荣等．心电图快速学习法．北京：人民卫生出版社，1981.

［11］郭新娜，赵彼得．实用理疗技术手册．北京：人民军医出版社，2000.

［12］［美］弗雷萨．默克兽医手册（第 7 版）．韩谦等译．北京：中国农业大学出版社，1997.

［13］侯加法．小动物外科学．北京：中国农业出版社，1995.

［14］李宝林．犬猫驯养与疾病防治．北京：中国农业出版社，1997.

［15］李春旺．犬美容指南．沈阳：辽宁科学技术出版社，2002.

［16］李学文．临床诊疗操作技术．北京：科学技术文献出版社，1996.

［17］林德贵．兽医外科手术学（第 4 版）．北京：中国农业出版社，2004.

［18］刘国信．世界各国的动物福利立法．动物福利，2005（3）．

［19］刘庆，张文才，李泰山．幼犬的饲养管理与培训．长春：吉林科学技术出版社，2003.

［20］刘志尧等．兽医诊断学．北京：中国人民解放军兽医大学，1984.

［21］骆剑明，谢九华．我国动物福利的现状及其制度完善．法制与社会，

2007（6）.

［22］马金成，董佩朗．爱犬养护与训练大全．沈阳：辽宁科学技术出版社，2005.

［23］毛树德，黄成定．实用犬病诊疗技术．兰州：甘肃科学技术出版社，2004.

［24］梅森等．驯养动物的进化．《驯养动物的进化》翻译组译．南京：南京大学出版社，1991.

［25］［日］其田三夫．犬病的诊断思路与鉴别诊断．姜玉富译．吉林畜牧兽医，2002（8/9/10）.

［26］强瑞春．心脏听诊．济南：山东科学技术出版社，1982.

［27］山东医学院等．诊断学（第 2 版）．北京：人民卫生出版社，1989.

［28］上海超声医学研究所．超声诊断学．上海：上海科学技术出版社，1978.

［29］史言等．临床家畜内科诊断学．南京：江苏科学技术出版社．1982.

［30］时玉声等．兽医常用临床检验及诊断意义．北京：农业出版社，1987.

［31］时玉声等．兽医临诊检验手册．上海：上海科学技术出版社，1989.

［32］兽医大学内科教研室．兽医心电图讲义．中国人民解放军兽医大学，1979.

［33］孙大成，郑木明．现代医学技术学．北京：人民军医出版社，2001.

［34］孙好勤，李成靖．肉用犬养殖技术手册．北京：中国农业出版社，2000.

［35］汤伯宽．家庭玩赏犬的鉴赏与饲养（第 2 版）．乌鲁木齐：新疆人民出版社，2002.

［36］唐芳索，李玉森．犬的营养与日粮．长春：吉林科学技术出版社，2002.

［37］田晓艳．论动物福利立法．法制与社会，2008（1）.

［38］王春璈，阎青．养犬与犬病防治．济南：山东科学技术出版社，2011.

［39］汪惠兰等．养狗与狗病防治．郑州：河南科学技术出版社．2000.

［40］汪世昌．兽医临床治疗学．哈尔滨：黑龙江科学技术出版社，1990.

［41］王祥生．爱犬训养与疾病防治大全．北京：中国农业出版社，2002.

［42］闻颖梅等．心电图入门．北京：人民卫生出版社，1981.

［43］武汉医学院第二附属医院．实用临床医学检验．武汉：湖北人民出版社，1980.

［44］谢富强．兽医影响学．北京：中国农业大学出版社，2004.

［45］谢决明．宠物犬饲养不求人．福州：福建科学技术出版社，2006.

［46］谢庭树等．兽医放射学．中国人民解放军兽医大学，1984.

［47］熊道焕等．兽医超声诊断．北京：农业出版社，1986.

［48］徐文．动物福利立法探析．绵阳师范学院学报，2007（1）.

［49］杨廷梓，曲素娟．犬的饲养调教与疾病防治．北京：中国林业出版社，1993.

［50］叶俊华，范泉水．中外名犬的饲养训练与鉴赏．北京：金盾出版社，2002.

［51］叶俊华．犬繁育技术大全．沈阳：辽宁科学技术出版社，2003.

［52］亦戈．国外的宠物管理规定比较．环球视野，2006（11）.

［53］游修龄等．中国农业通史·原始社会卷．北京：中国农业出版社，2008.

［54］占家智．宠物狗驯养技法．合肥：安徽科学技术出版社，2005.

［55］张江．宠物护理与美容．北京：中国农业出版社，2008.

［56］张立波．实用养犬大全（第2版）．北京：中国农业出版社，2009.

［57］张铁垣等．化验员手册．北京：水利电力出版社，1988.

［58］张为民．常见犬病防治技术．西安：西北农林科技大学出版社，2007.

［59］赵洪明．宝贝狗饲养与训练．石家庄：河北科学技术出版社，2005.

［60］赵洪明．狗的饲养与训练．石家庄：河北科学技术出版社，2005.

［61］郑雅文．观赏犬饲养·调教·服饰．沈阳：辽宁科学技术出版社，2001.

［62］中国人民解放军兽医大学．兽医检验．北京：农业出版社，1979.

［63］周本雄．河北武安磁山遗址的动物骨骸．考古学报，1981（3）：339~346.

［64］邹尧坤．幼犬饲养与疾病防治．北京：中国农业出版社，2001.

［65］朱维正．养狗驯狗与狗病防治．北京：金盾出版社，2006.

［66］Dick Lane. *Veterinary Advice For Dog Owners-A Complete Home Reference Guide*. Pet Book Publishing Company Ltd，2010.

［67］Mike Radford. *Animal Welfare Law in Britain*. Oxford. Oxford University Press，2001.

［68］Nancy Gyes. *Alphabet Drills Book*. Clean Run Productions LLC.，2011.

附录　世界名犬彩图

一、超小型犬

图 1　吉娃娃（Chihuahua）

图 2　约克夏（Yorkshire Terrier）

图 3　博美犬（Pomeranian）

图 4　腊肠犬（Dachshund）

图 5　贵宾犬（Poodle）

图 6　玛尔济斯犬（Maltese）

图 7 日本狆（Japanese Chin）

图 8 拉萨狮子犬（Lhasa Apso）

图 9 蝴蝶犬（Papillon）

图 10 迷你杜宾犬（Miniature Pinscher）

二、小型犬

图 1 北京犬（Pekingese）

图 2 哈巴狗（Pug）

图 3 西施犬（Shih Tzu）

图 4 比格犬（Beagle）

图 5 谢德兰牧羊犬（Shetland Sheepdog）

图 6 西高地白梗犬（West Highland White Terrier）

图 7 比熊犬（Bichon Frise）

图 8 查理斯王小猎犬（King Charles Spaniel）

图 9 中国冠毛犬（Chinese Crested Dog）

图 10 日本柴犬（Shiba Inu）

图 11 墨西哥无毛犬（Mexican Hairless）

图 12 曼彻斯特梗（Manchester Terrier）

图13a 卡迪根威尔士柯基犬（Welsh Corgi Cardigan）

图13b 彭布罗克威尔士柯基犬（Welsh Corgi Pembroke）

图14 日本银狐犬（Japanese Spitz）

图15 迷你雪纳瑞（Miniature Schnauzer Terrier）

三、中型犬

图1a 美国可卡犬（American Cocker Spaniel）

图1b 英国可卡犬（English Cocker Spaniel）

图2 苏格兰牧羊犬（Collie）

图3 松狮犬（Chow Chow）

图 4 中国沙皮犬（Chinese Shar-pei）

图 5 英国斗牛犬（English Bulldog）

图 6 北海道犬（Ainu Dog）

图 7 西藏梗（Tibetan Terrier）

图 8 荷兰狮毛犬（Keeshond）

图 9 波利犬（Puli）

图 10 牛头梗（Bull Terrier）

图 11 艾比赞猎犬（Ibizan Hound）

图 12a　英国猎狐犬（English Foxhound）

图 12b　美国猎狐犬（American Foxhound）

图 13　大麦町犬（Dalmatian）

图 14　伯德牧羊犬（Border collie）

图 15　金毛寻回犬（Golden Retriever）

图 16　巴塞特猎犬（Basset Hound）

图 17　西伯利亚雪橇犬（Siberian Husky）

图 18　拉布拉多寻回犬（Labrador Retriever）

图 19　萨摩耶犬（Samoyed）

图 20　凯利蓝梗（Kerry Blue Terrier）

四、大型犬

图 1　中国昆明犬（Chinese Kunming）

图 2　德国狼犬（German Shepherd Dog）

图 3　寻血猎犬（Blood Hound）

图 4　拳师犬（Boxer）

图 5　秋田犬（Japanese Akita）

图 6　灵缇（Italian Greyhound）

图 7　杜宾犬（Doberman Pinscher）

图 8　英国波音达（English Pointer）

图 9　阿拉斯加雪橇犬（Alaskan Malamute）

图 10　伯瑞犬（Briard）

五、特大型犬

图 1　大白熊犬（Great Pyrenees）

图 2　西藏獒犬（Tibetan Mastiff）